NUCLEAR POWER PERFORMANCE AND SAFETY

VOLUME 2
ACHIEVEMENTS IN CONSTRUCTION AND OPERATION

The following States are Members of the International Atomic Energy Agency:

AFGHANISTAN
ALBANIA
ALGERIA
ARGENTINA
AUSTRALIA
AUSTRIA
BANGLADESH
BELGIUM
BOLIVIA
BRAZIL
BULGARIA
BURMA
BYELORUSSIAN SOVIET SOCIALIST REPUBLIC
CAMEROON
CANADA
CHILE
CHINA
COLOMBIA
COSTA RICA
COTE D'IVOIRE
CUBA
CYPRUS
CZECHOSLOVAKIA
DEMOCRATIC KAMPUCHEA
DEMOCRATIC PEOPLE'S REPUBLIC OF KOREA
DENMARK
DOMINICAN REPUBLIC
ECUADOR
EGYPT
EL SALVADOR
ETHIOPIA
FINLAND
FRANCE
GABON
GERMAN DEMOCRATIC REPUBLIC
GERMANY, FEDERAL REPUBLIC OF
GHANA
GREECE
GUATEMALA
HAITI
HOLY SEE
HUNGARY
ICELAND
INDIA
INDONESIA
IRAN, ISLAMIC REPUBLIC OF
IRAQ
IRELAND
ISRAEL
ITALY
JAMAICA
JAPAN
JORDAN
KENYA
KOREA, REPUBLIC OF
KUWAIT
LEBANON
LIBERIA
LIBYAN ARAB JAMAHIRIYA
LIECHTENSTEIN
LUXEMBOURG
MADAGASCAR
MALAYSIA
MALI
MAURITIUS
MEXICO
MONACO
MONGOLIA
MOROCCO
NAMIBIA
NETHERLANDS
NEW ZEALAND
NICARAGUA
NIGER
NIGERIA
NORWAY
PAKISTAN
PANAMA
PARAGUAY
PERU
PHILIPPINES
POLAND
PORTUGAL
QATAR
ROMANIA
SAUDI ARABIA
SENEGAL
SIERRA LEONE
SINGAPORE
SOUTH AFRICA
SPAIN
SRI LANKA
SUDAN
SWEDEN
SWITZERLAND
SYRIAN ARAB REPUBLIC
THAILAND
TUNISIA
TURKEY
UGANDA
UKRAINIAN SOVIET SOCIALIST REPUBLIC
UNION OF SOVIET SOCIALIST REPUBLICS
UNITED ARAB EMIRATES
UNITED KINGDOM OF GREAT BRITAIN AND NORTHERN IRELAND
UNITED REPUBLIC OF TANZANIA
UNITED STATES OF AMERICA
URUGUAY
VENEZUELA
VIET NAM
YUGOSLAVIA
ZAIRE
ZAMBIA
ZIMBABWE

The Agency's Statute was approved on 23 October 1956 by the Conference on the Statute of the IAEA held at United Nations Headquarters, New York; it entered into force on 29 July 1957. The Headquarters of the Agency are situated in Vienna. Its principal objective is "to accelerate and enlarge the contribution of atomic energy to peace, health and prosperity throughout the world".

Printed by the IAEA in Austria
July 1988

PROCEEDINGS SERIES

NUCLEAR POWER PERFORMANCE AND SAFETY

VOLUME 2
ACHIEVEMENTS IN CONSTRUCTION AND OPERATION

PROCEEDINGS OF AN INTERNATIONAL CONFERENCE
ON NUCLEAR POWER PERFORMANCE AND SAFETY
ORGANIZED BY THE
INTERNATIONAL ATOMIC ENERGY AGENCY
AND HELD IN
VIENNA, 28 SEPTEMBER - 2 OCTOBER 1987

In six volumes

INTERNATIONAL ATOMIC ENERGY AGENCY
VIENNA, 1988

NUCLEAR POWER PERFORMANCE AND SAFETY, VOL. 2
IAEA, VIENNA, 1988
STI/PUB/761
ISBN 92-0-050188-5

FOREWORD

The International Conference on Nuclear Power Performance and Safety, organized by the International Atomic Energy Agency, was held at the Austria Centre Vienna (ACV) in Vienna, Austria, from 28 September to 2 October 1987.

The objective of the Conference was to promote an exchange of worldwide information on the current trends in the performance and safety of nuclear power and its fuel cycle, and to take a forward look at the expectations and objectives for the 1990s. This objective was accomplished through presentation and discussion of about 200 papers at the Conference.

Almost 500 participants and observers from 40 countries and 12 organizations discussed three major questions which were posed as the focus for this Conference:

(1) What are the current trends and major issues with regard to performance and safety of nuclear power, the nuclear fuel cycle and radioactive waste management?
(2) What steps are being taken or need to be taken to resolve outstanding issues in order to improve the performance of nuclear power with assured safety?
(3) What performance objectives and achievements can be anticipated for the 1990s?

The trend of nuclear power plant performance is demonstrated by the improvement which has been achieved since the Conference on Nuclear Power and its Fuel Cycle in 1977. At that time, the average energy availability factor for the 137 nuclear power reactor units reported to the IAEA Power Reactor Information System (PRIS) was only 64.7%. By 1986, the most recent year for which complete data are available, that figure had improved to 70.4% for the 288 nuclear power reactor units listed in PRIS. It is even more significant that 55% of these nuclear power units are operating with an energy availability of 75% or better. Indeed, since 1984 some 40% of the units have been consistently reporting an energy availability of more than 80%.

These data clearly show that there are lessons which can be learned through means such as this Conference, by improving the information exchange among all concerned and highlighting the standards of performance which can be achieved.

Essentially all countries with nuclear power plants have carefully analysed the Chernobyl accident in relation to the safety of their own nuclear power plants and concluded that this type of accident would not happen in other types of nuclear power reactors. Nevertheless, the issues of nuclear power safety were of high interest during the Conference, demonstrated by the fact that more than 70 papers on safety were presented and discussed.

The discussion of severe accidents has received much attention during the last year and this was reflected in a number of papers. An overview assessment of the source term discussion was presented by the International Nuclear Safety Advisory Group (INSAG); this concluded, among other things, that accident management is a fruitful path to reduce risk. Another important goal must be to protect the containment function. Both these aspects were discussed in a number of papers.

Many papers in the Conference discussed aspects of safety goals on the basis of probabilistic methods. Apart from quantitative methods for improving the precision of probability and consequence predictions, there are some fundamental points of terminology and criteria needing clarification and agreement. The papers provided some insight into the problems, but not solutions for them. The way in which various relevant parameters should be combined and limited for individual and societal (collective) risk such as mortality, low dose effects, land use, capital loss, etc., is still very much debated. Therefore, decisions on design bases will continue for some time to be made on the basis of deterministic engineering judgement supported by quantitative probabilistic analyses.

The communication of safety information to the public was also addressed in the Conference. Factual and objective information routinely made available is one prerequisite for clarifying to the public the risks of nuclear power. It is clear that not only must nuclear power plants be safe but also that their safety must be made evident to the public.

Considering that the nuclear fuel cycle is an inseparable part of nuclear power performance and safety, it is not surprising that about one third of the papers presented during the Conference dealt with this subject.

Notwithstanding the positive experience in the operation of water cooled nuclear power plants with uranium oxide fuel and the good performance of existing schemes of fuel utilization, research and development continue on improvements in reactor fuel design, performance, reliability and utilization, with the aim to make nuclear energy more competitive. Assessments reported during the Conference show that advanced fuel management schemes (including extended burnup, low leakage loading patterns, fuel assembly reconstitution, etc.) can reduce uranium consumption for light water reactors by about 20% and enrichment requirements by 10 to 14%.

The back end of the nuclear fuel cycle is currently of concern to the nuclear community, not only because of its impact on uranium requirements (reprocessing and recycling can reduce natural uranium requirements by up to 40%), but also because of its political, environmental, socio-economic and technical aspects.

In the back end of the nuclear fuel cycle there is a clear trend to a rapprochement of positions, and countries which in previous years were very strong in supporting the so-called once-through fuel cycle now take a more flexible policy which does not in principle exclude the possibility of accepting the reprocessing strategy in the future.

Policy decisions for waste management have already been taken in many countries and the 1990s should be a period of demonstration and implementation of these policies. As illustrated by data presented from a number of countries, many years of experience in radioactive waste management have been achieved and the technology exists to implement the national plans and policies that have been developed.

The establishment of criteria, the development of safety performance methodology and site investigation work are key activities essential to the successful selection, characterization and construction of geological repositories for the final disposal of radioactive waste. Considerable work has been done in these areas over the last ten years and will continue into the 1990s. However, countries that are considering geological disposal for high level waste now recognize the need for relating the technical aspects to public understanding and acceptance of the concept and decision making activities. The real challenge for the 1990s in waste disposal will be successfully to integrate technological activities within a process which responds to institutional and public concern.

The International Atomic Energy Agency wishes to record its sincere thanks to the Federal Government of Austria and to the authorities of the City of Vienna for the facilities made available and the substantial support provided. These contributed greatly to the smooth running and success of the Conference.

EDITORIAL NOTE

The Proceedings have been edited by the editorial staff of the IAEA to the extent considered necessary for the reader's assistance. The views expressed remain, however, the responsibility of the named authors or participants. In addition, the views are not necessarily those of the governments of the nominating Member States or of the nominating organizations.

The use of particular designations of countries or territories does not imply any judgement by the publisher, the IAEA, as to the legal status of such countries or territories, of their authorities and institutions or of the delimitation of their boundaries.

The mention of names of specific companies or products (whether or not indicated as registered) does not imply any intention to infringe proprietary rights, nor should it be construed as an endorsement or recommendation on the part of the IAEA.

The authors are responsible for having obtained the necessary permission for the IAEA to reproduce, translate or use material from sources already protected by copyrights.

Material prepared by authors who are in contractual relation with governments is copyrighted by the IAEA, as publisher, only to the extent permitted by the appropriate national regulations.

SUMMARY OF COMPLETE CONTENTS

CONTENTS OF VOLUME 2

PLANT CONSTRUCTION ACHIEVEMENTS
(Technical Session 2.1)

PLANT AVAILABILITY ACHIEVEMENTS
(Technical Session 2.2)

CONTROLLING AND FINANCING NUCLEAR POWER COSTS (Technical Session 2.3)

ACHIEVEMENTS IN TECHNOLOGY TRANSFER AND INFRASTRUCTURE DEVELOPMENT (Technical Session 2.4)

ADVANCED SYSTEMS
(Technical Session 2.5)

PLANT CONSTRUCTION ACHIEVEMENTS

Technical Session 2.1

Chairman

A.A. ABAGYAN
Union of Soviet Socialist Republics

THE KWU CONVOY CONCEPT: EXPECTATIONS AND ACHIEVEMENTS DURING PROJECT IMPLEMENTATION

V. SCHOLTEN
Kraftwerk Union AG,
Offenbach/Main

H. SEIDELBERGER
Kraftwerk Union AG,
Erlangen

Federal Republic of Germany

Abstract

THE KWU CONVOY CONCEPT: EXPECTATIONS AND ACHIEVEMENTS DURING PROJECT IMPLEMENTATION.

Kraftwerk Union established the Convoy concept in 1980. For a series of successive nuclear power plants, the procedure provided for uniform planning using identical software and hardware for all site-independent areas. In a few weeks the first plants will be brought to initial criticality. Enough information is therefore available to allow a review of the success of the Convoy concept. This concept features: (a) detailed preliminary planning prior to commencement of construction, (b) reduction of the engineering effort per plant, (c) streamlining of specifications and procedures, (d) sharing of tasks between authorized inspection agencies, (e) economical manufacture of large numbers of identical components, (f) rationalization of the licensing procedure. The successful implementation of this concept is illustrated by numerous examples. As a consequence, construction schedules and costs have been stabilized, and, in some cases, reduced and the favourable economics of nuclear power plants assured. Today the Convoy plants are between three and seven months ahead of schedule.

The Convoy concept was born approximately seven years ago. In a few weeks, the first plants will be brought to initial criticality. This situation provides a good basis for evaluating whether and how the set targets have been met.

In the Federal Republic of Germany the usual procedure following contract award was in the past to develop a customized concept for the individual project, taking into account the latest technology and valid licensing requirements. It was still possible, however, to incorporate new knowledge or licensing requirements even at an advanced stage in the erection of components and piping.

The early 'seventies were marked by a phase of consolidation in the evolutionary development of engineered safeguards and safety requirements for 1300 MW PWR plants. The opportunity was taken to make the next generation of PWR plants, namely Grafenrheinfeld, Grohnde and Süd, as identical as possible.

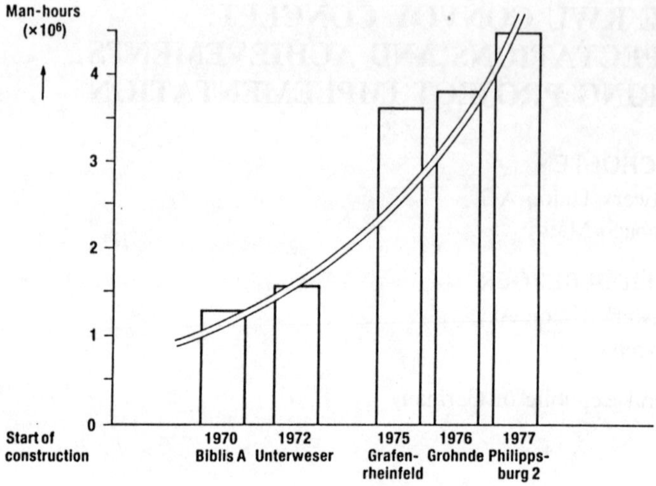

FIG. 1. Turnkey 1300 MW PWR plants: increase in engineering man-hours.

This was only partially successful because the construction of Grohnde was delayed by the courts and construction of Süd nuclear power plant was postponed indefinitely due to court action.

Further standardization then followed with the Philippsburg 2 plant.

Figure 1 shows the increase in engineering man-hours for various 1300 MW PWR plants constructed one after the other by Kraftwerk Union (KWU) on a turnkey basis.

This development has shown clearly that besides technical standardization, distribution of the engineering effort over several plants is the only economically reasonable way.

Based on the experience and knowledge outlined above, Kraftwerk Union established the Convoy concept in 1980.

For a series of successive nuclear power plants, the procedure provided for uniform planning, using identical software and hardware for all site-independent areas of the plants. In the process, the planning work was to be done sufficiently early to ensure that the partial construction permit for all the mechanical and electrical systems could be issued before the commencement of erection work.

In consultation with plant owners a common concept had to be found for the technical requirements and deviations were to be limited to the differences resulting from the specific site conditions.

In order to achieve this aim and to divide the engineering effort among several plants, planning was initiated for a large number of projects. These were:

- Biblis C
- Borken
- Isar 2
- Emsland
- Neckarwestheim 2
- Süd
- Hamm
- Pfaffenhofen.

Standard documents to be used for all projects were prepared for all site-independent buildings, starting from structural analysis documents up to form-work plans and reinforcement drawings. In this connection it was, for example, also decided to use the same enveloping seismic loads for all sites. As a result, site-specific seismic analyses were to be avoided and uniform loading data for the structures were to be submitted to the authorized inspection agency at an early stage in the planning phase.

The concept also included reorganization of the specifications to differentiate between different requirement categories, to adapt quality control measures, to suit the manufacturing process and to reduce the amount of documentation.

Three partial construction permits and one operating licence were envisaged for the licensing procedure. The first partial construction permit was to cover the

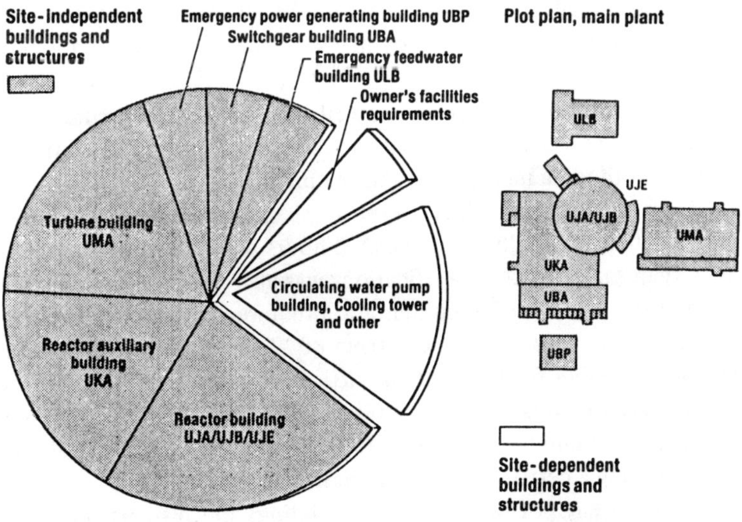

FIG. 2. Degree of standardization of Convoy plants.

concept and the civil engineering part, the second the entire mechanical and electrical part and the third the initial loading of the core.

Where similar conditions existed at several plants, the authorized inspection agencies involved in the licensing procedure in accordance with the Atomic Energy Act were expected to perform a uniform evaluation, whereas detailed analyses as well as document review and approval were to be divided up between the various authorized inspection agencies involved.

The planning of activities of the individual trades was to be completed prior to commencement of the construction work.

What has been achieved?

Among the projects listed at the beginning, the Isar 2, Emsland and Neckarwestheim 2 plants were actually built. Isar 2 and Emsland will reach criticality at the beginning of 1988. Enough information is therefore available to allow us to review the success of the Convoy concept.

The engineering know-how included in the planning was based to a great extent on the experience gained with earlier 1300 MW plants. In particular, the safety-related features of the conceptual design for the Grohnde, Philippsburg 2 and Brokdorf nuclear power plants were adopted unchanged in order to avoid elements of uncertainty in the planning.

Intensive consultations with the electric utilities concerned allowed standardization of the planning for all the plants with the exception of that for site-specific facilities, which for the most part concerns the cooling water systems and the connection to the power grid, where differences are unavoidable (Fig. 2). This figure shows the degree of standardization of the Convoy plants, which are subdivided into a standard and a site-specific part.

This approach made it possible to reduce the number of engineering man-hours required and to stabilize prices by placing large orders for components of identical design.

Discussion of all process systems, as well as instrumentation and control systems, with the electric utilities provided feedback of current operating experience which could then be incorporated in the planning.

If the Convoy plants are added to the graph shown in Fig. 1 it can be seen that the target of substantially reducing man-hours was indeed achieved (Fig. 3).

The reorganization of the specifications was also a success, as is shown by the example of the amount of documentation required for heat exchangers (Fig. 4). The total number of pages was reduced from 8072 for Grafenrheinfeld and 5928 for Philippsburg to 1444 for Isar 2. It is particularly impressive that the number of examination records was cut from 5000 to 1000 because the 'yes/no' statement for non-destructive examinations was no longer documented individually but recorded by entering a certification stamp in inspection plans.

The identical design of the main plant buildings and systems and the submission of identical documents for the review and approval of the Convoy nuclear power plants allowed the work involved in this phase of the licensing procedure

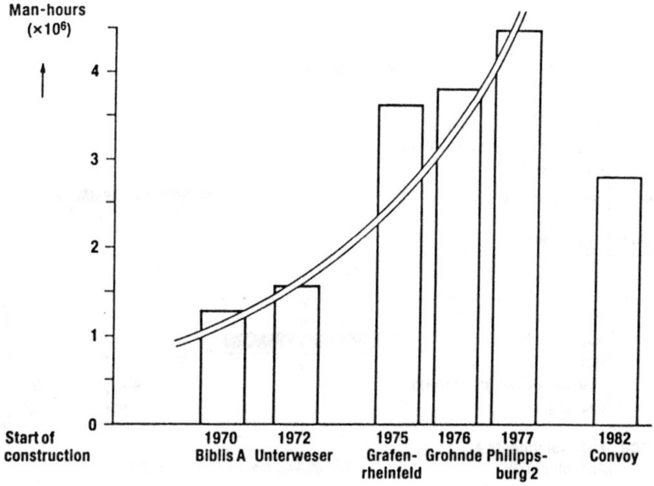

FIG. 3. Turnkey 1300 MW PWR plants: increase in engineering man-hours.

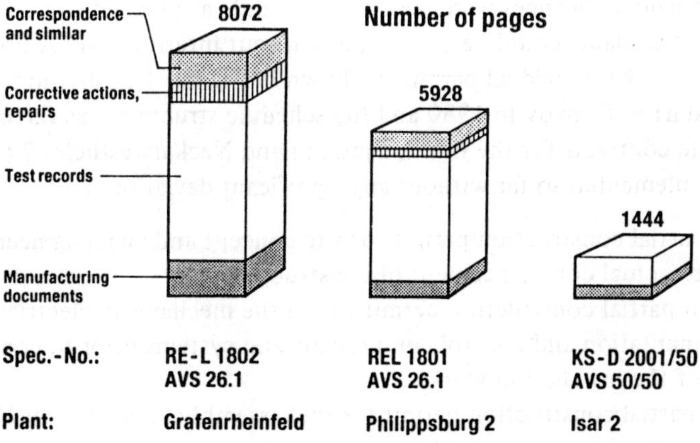

FIG. 4. Documents required for heat exchangers: comparison of overall volume.

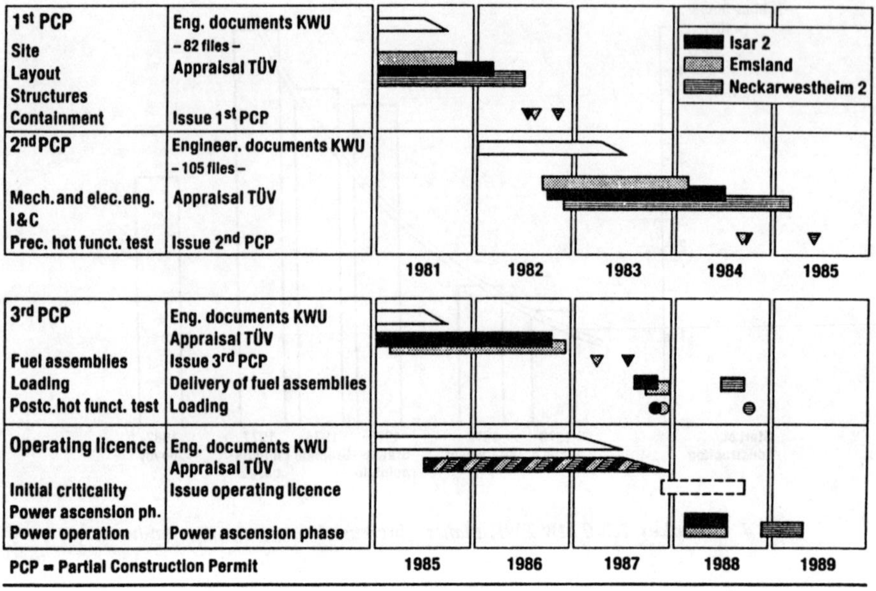

FIG. 5. Convoy concept: licensing procedure for Convoy plants.

to be divided between the authorized inspection agencies. In other words, a specific aspect of the power plant design was reviewed and approved by one of the inspection agencies participating in the Convoy licensing procedure, and this approval was accepted by the other inspection agencies.

The individual licences were issued on schedule as planned so that the construction of the plants could be carried out without interruption. A breakdown of the scope of the individual permits is shown in Fig. 5. This division was worked out at the start of Convoy in 1980 and the schedule structure was fixed upon awarding the contracts for the Isar 2, Emsland and Neckarwestheim 2 plants. It has been implemented so far without any significant deviation, i.e.:

- First partial construction permit for site concept and civil engineering part prior to actual commencement of construction
- Second partial construction permit for all the mechanical, electrical and instrumentation and control components and systems prior to commencement of the installation work
- Third partial construction permit for fuel assemblies and fuel loading prior to delivery of the fuel assemblies and
- Operating licence prior to initial criticality.

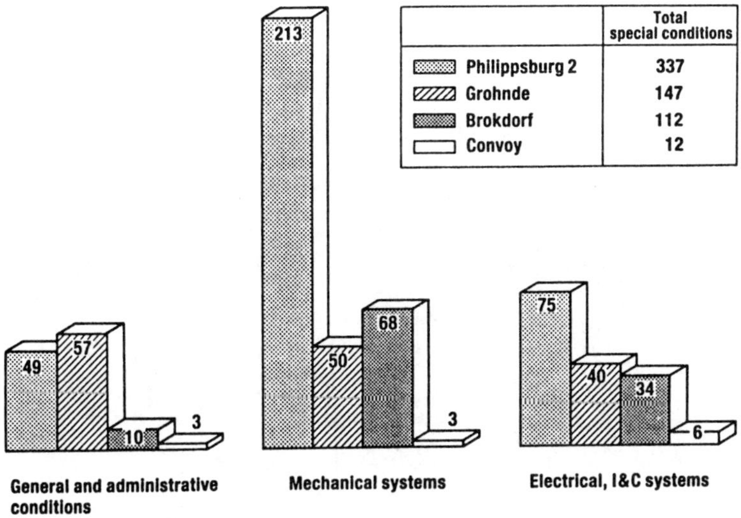

FIG. 6. Number of special conditions in the construction permits.

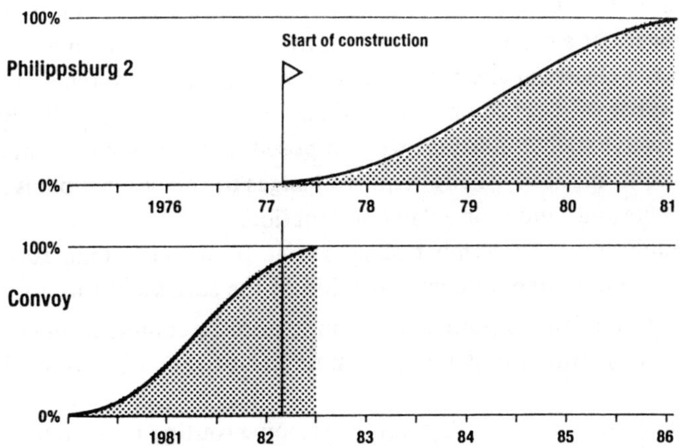

FIG. 7. Planning for pipe routing: reactor building.

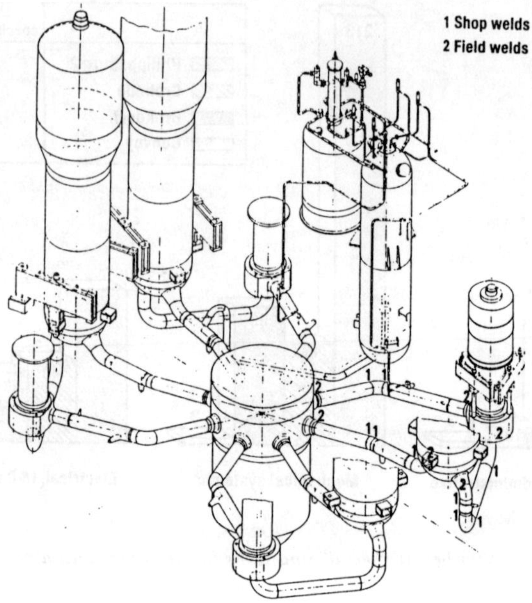

FIG. 8. Prefabricated reactor coolant pipes.

Figure 6 compares the Convoy plant Emsland with the precursor plants Philippsburg 2, Grohnde and Brokdorf. The special conditions stipulated in the construction permits for the mechanical, electrical and instrumentation and control systems are compared.

A total of 337 such special conditions were stipulated for Philippsburg 2. 49 of them were of a general or administrative nature, 213 involved the mechanical part and 75 the electrical and instrumentation and control systems. For Grohnde, the total number of special conditions still amounted to 147 and for Brokdorf to 112. Only twelve such conditions were imposed on the Convoy plants.

Conditions imposed usually require changes to the original plans and result in additional costs and hinder or delay construction.

The reduction of the number of such conditions to less than 10% of those for earlier plants is an impressive demonstration of the success of this concept.

Completion of the preliminary planning prior to commencement of construction work was a further prerequisite for uninterrupted construction. This was also achieved.

As clearly shown in Fig. 7, planning for pipe routing in the reactor building was not only considerably shorter for Convoy plants than, for example, for Philippsburg 2, but was also practically complete when construction began.

For the first Convoy plant, pipe planning was approximately 95% complete when construction work began, whereas for Philippsburg 2 this status was not achieved until $3\frac{1}{2}$ years after the commencement of construction.

The very comprehensive and, as a result, very detailed planning was accompanied by continuous quality control.

For example, the arrangement of components, pipework, cables and ventilation ducts in the buildings was planned using models on a scale of 1:25. Models were built for the reactor building, reactor auxiliary building and the turbine building.

The precise, detailed preparation of the work contributed not only to meeting deadlines reliably but also made it possible to bring forward important milestones if the civil work was sufficiently advanced.

In order to achieve this, finishing work such as formwork removal, concrete finishing work, laying of floor topping, prime coat application and steel construction work, which were previously planned as a whole, were now broken down into individual activities with detailed time scheduling and performed immediately after completion of the concrete.

As a result, the rooms in which mechanical equipment was to be erected were available three months earlier than the deadline.

The increased extent of prefabrication of piping in addition to the detailed preparation of the erection work and the ready availability of material further facilitated the progress of the erection work.

This is illustrated very clearly for the reactor coolant lines (Fig. 8) which were welded together at the factory so that all that remained to be done on site was to make connecting welds to the components.

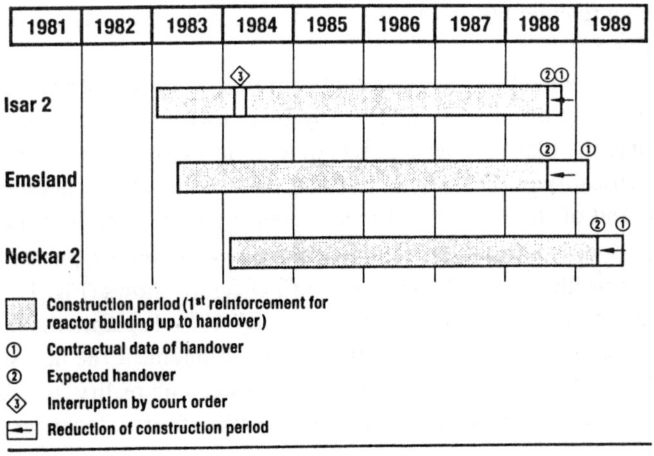

FIG. 9. Time schedule for Convoy plants.

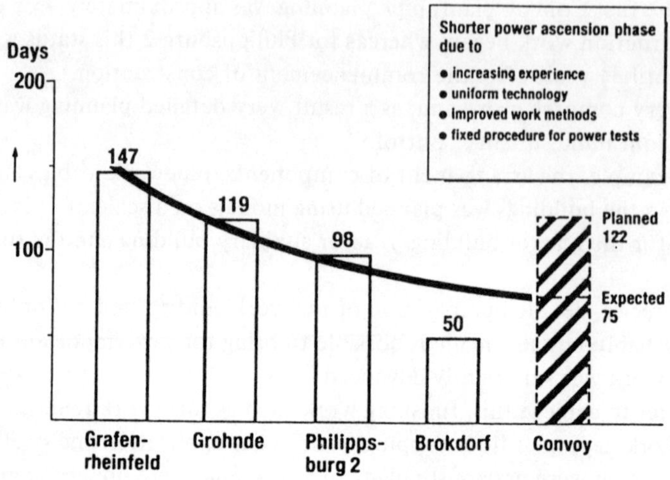

FIG. 10. Duration of power ascension phase.

Nine of the 15 welds per loop are shop welds.

An additional aid during the preparation of the erection work was the survey data for all the anchor plates in the main buildings. These allowed the necessary adaptations to be made to the pipes and supports with respect to their actual points of attachment to the building structure prior to commencement of the actual erection activities.

In combination, the actions listed allowed largely uninterrupted erection work within shorter periods than scheduled.

This in turn improved the conditions for commissioning. The results achieved to date in the implementation of time schedules for three plants can be summarized as follows (Fig. 9):

- The three months lost due to the interruption of the construction work on Isar 2 by court order were made up again and with regard to the initial criticality, the plant is ahead of schedule by more than two months.
- Initial criticality of the Emsland nuclear plant is ahead of schedule by seven months and of the Neckarwestheim 2 plant by more than four months.

KWU also anticipates a shortening of the power ascension phase, that means, from initial criticality to handover. As the final figure shows (Fig. 10), the length of this phase is constantly being shortened for KWU PWR plants thanks to increasing experience, uniform technology and fulfilment of the necessary pre-requisites ahead of schedule. If the expectations become reality, the date of the actual handover will be brought forward by a further four to seven weeks.

IAEA-CN-48/270

ДОСТИЖЕНИЯ В ОБЛАСТИ СООРУЖЕНИЯ АЭС В СССР

И.А. БАСОВА
Всесоюзный институт по проектированию организации энергетического строительства "Оргэнергострой"
Министерства энергетики и электрификации СССР,
Москва,
Союз Советских Социалистических Республик

Abstract–Аннотация

ACHIEVEMENTS IN THE AREA OF NUCLEAR POWER PLANT CONSTRUCTION IN THE USSR.

The paper considers the main achievements in the construction technology of nuclear power plants in the USSR. A standardized plant design using WWER-1000 reactors has been developed and is being introduced in practice. Advanced building and construction technologies are described.

ДОСТИЖЕНИЯ В ОБЛАСТИ СООРУЖЕНИЯ АЭС В СССР.

Рассмотрены основные достижения в области технологии сооружения АЭС в СССР. В настоящее время разработан и внедряется унифицированный проект АЭС с реакторами ВВЭР-1000. Представлены прогрессивные технологии строительных и монтажных работ.

В целях решения задачи по ускоренному вводу энергомощностей на АЭС разработан и в настоящее время внедряется унифицированный проект АЭС с реакторами ВВЭР-1000.

В унифицированном проекте применена компоновка с размещением каждого энергоблока в отдельном здании (моноблок). Общестанционные системы, необходимые для обеспечения работы энергоблоков в режимах нормальной эксплуатации, выделены в отдельные здания АЭС – спецкорпус, объединенно-вспомогательный корпус, дизельгенераторные станции, лабораторно-бытовой корпус и другие. Компоновка каждого энергоблока в отдельном главном корпусе позволяет одновременно развертывать строительство по нескольким энергоблокам с различной степенью задела и создает возможность применения наиболее эффективной схемы механизации работ и транспорта.

К наиболее ответственным сооружениям, обеспечивающим безопасность эксплуатации АЭС, относится защитная оболочка реакторного отделения. В унифицированном проекте АЭС реакторами ВВЭР-1000 принята предварительно напряженная железобетонная цилиндрическая оболочка. В качестве каналообразователей используются гибкие полиэтиленовые трубы. Герметичность под оболочкой обеспечивается сплошной металлической облицовкой, которая доступна для осмотра и проверки герметичности в процессе эксплуатации. Пол герметичного объема защищается набетонкой и металлической облицовкой.

Унифицированный проект и основанная на нем индустриализация строительства позволили разработать и внедрить прогрессивную технологию строительных и монтажных работ.

Были разработаны и внедрены основные положения по строительству АЭС, типовые технологические карты по видам работ и типовые проекты производства работ, эталон комплексного сетевого графика строительства АЭС мощностью 4 × 1000 МВт.

В целях ускоренного ввода энергомощностей на ряде АЭС, совершенствования технологии, организации и управления строительством, совершенствования проектных решений для последующего распространения накопленного опыта на строительстве других АЭС – организовано опытно-показательное поточное строительство Запорожской АЭС мощностью 6000 тыс. кВт из шести энергоблоков.

Проектные решения стен и перекрытий промышленных и административно-обслуживающих зданий АЭС были подчинены задачам повышения индустриализации строительных конструкций и получения гладкой внешней поверхности в целях исключения дополнительных работ по отделке помещений – затирки и штукатурки.

Проектировщиками были разработаны две разновидности конструкций стен и перекрытий – железобетонные и металлические ячейки. Эти конструкции не имеют аналогов в зарубежной практике и являются достижением отечественного атомного энергостроительства. Разработанные конструкции позволяют возводить здания индустриальным методом. Первые используются для помещений негерметичной части реакторного отделения, спецводоочистки спецкорпуса, дизельгенераторных и частично для блочных насосных станций гидротехнических сооружений, вторые – для помещений герметичной зоны.

Стеновые конструкции негерметичной зоны представляют собой две плоские железобетонные плиты толщиной 80 мм, объединенные пространственными металлическими конструкциями (фермами) в монтажный блок с уставленными закладными деталями и блоками технологических проходок. Как правило, все закладные детали и проходки устанавливаются заподлицо с поверхностью плиты.

В зависимости от назначения плоские плиты с лицевой поверхности могут быть облицованы профилированным полиэтиленом (гидроизоляция) или металлом и изготавливаются в заводских условиях – что гарантирует качественное соединение бетона с облицовкой.

Железобетонные ячейки перекрытия негерметичной зоны состоят из сборных железобетонных элементов: плоских или ребристых плит в зависимости от пролета перекрытия.

Ребристые плиты укладываются ребрами вверх для создания гладкой поверхности потолков (высота ребер 500 мм). В полках между ребрами возможен пропуск технологических коммуникаций (в вертикальном положении) и кабельных трасс (в горизонтальном положении). После монтажа проходок, технологических трасс и дополнительной арматуры пространство между ребрами заполняется бетоном.

Для стен и перекрытий герметичной зоны реакторного отделения, где по условиям эксплуатации помещений выполняется облицовка из углеродистой или нержавеющей стали, применяется индустриальная конструкция заводского изготовления – стальная ячейка.

Металлическая облицовка стальной ячейки выполняет две функции, в период бетонирования работает как опалубка, в период эксплуатации – как арматура.

Стальная ячейка состоит из двух стальных листов, соединенных между собой поперечной арматурой, а также вертикальными и горизонтальными фермами, обеспечивающими пространственную жесткость ячеек в период их транспортировки и монтажа. Стальные ячейки изготавливаются в заводских условиях с установкой всех закладных деталей, проходок для технологических, электрических и других коммуникаций.

В настоящее время разработаны два вида стальных ячеек: "чистая", принимающая на себя функции рабочей арматуры и "смешанная", в которой кроме облицовки устанавливается арматура.

На строительстве Запорожской АЭС была разработана и внедрена технология изготовления и монтажа крупных тяжеловесных строительных блоков заводской готовности, позволяющих возводить реакторные отделения индустриальным методом. Применение крупных тяжеловесных блоков при сооружении цилиндрической части и купола защитной оболочки на первом и последующих энергоблоках, а также стен и перекрытий герметичной зоны реакторного отделения с отметки 13,2 м до отметки 39,9 м способствовало систематическому сокращению сроков строительства и трудозатрат на монтаже указанных технологических узлов.

Возможность выполнить такой монтаж был обеспечен благодаря наличию на строительной площадке башенных кранов большой грузоподъемности – К-10 000, СКР-35 000 и СКР-2200.

Необходимо отметить, что монтаж конструкций крупными блоками цилиндрической части и купола оболочки реакторного отделения с отметки 21,93 м и до отметки 55,6 м постоянно совершенствовался в ходе сооружения каждого последующего энергоблока. Так, при сооружении первого энергоблока конструкции цилиндрической части защитной оболочки подавались в монтаж за три приема: укрупненные арматурные блоки, комплектующие крепежные элементы и закладные детали технологических проходок. Все эти работы выполнялись на высоте и потребовали значительных трудозатрат. На последующих втором и третьем энергоблоках с целью исключения операции доукрупнения монтажных блоков на полигоне была пересмотрена проектная разрезка в плане цилиндрической части защитной оболочки вместо 12 равных частей тей (как на первом блоке) – на 14 неравных более технологичных.

Были усовершенствованы схемы механизации, состав и оснастка монтажных блоков, их кантовка, раскрепление и вертикальная стыковка.

Перед монтажом крупные тяжеловесные монтажные блоки были оснащены съемным оголовком, воздуховодами, навесными лестницами и площадками, переходными площадками, ограждениями, распорками, консолями под полярный кран, велосипедным краном, механизмом, обслуживающим купол, верхним столиком, направляющими "шагающей" опалубки. Съемный оголовок предназначен для подъема блока при его монтаже и совместно с двумя стропами оголовок использовался при кантовке блока ограждения. Навесные и переходные площадки использовались при монтаже блоков и бетонировании оболочки. Масса каждого блока не превышала 120 т.

Подача конструкций тяжеловесного монтажного блока в зону монтажа осуществлялась с укрупнительно-сборочной площадки стройбазы специальными железнодорожными платформами грузоподъемностью 200 т.

Каждый монтажный блок после перевода блока в вертикальное положение транспортировался краном К-10 000 и устанавливался на ловители и монтажные столики в проектное положение. В проектном положении первые монтажные блоки временно раскреплялись распорками к металлоконструкциям машинного зала и частично к выполненным конструкциям гермозоны. Точность установки блоков в плане обеспечивалась ловителями, установленными по универсальному шаблону. Положение по вертикали и пропеллерность блоков корректировали распорками и лебедками и выверяли с помощью отвесов и теодолитов.

Карнизные блоки защитной оболочки (опорного кольца) выполнены из 12 монтажных блоков массой от 55 т до 90 т.

В состав блока входят: стальной пространственный каркас, стеновые и купольные анкерные блоки для последующего предварительного напряжения пучковой арматуры, полиэтиленовые каналообразователи диаметром 225 мм, арматурные сетки и отдельные стержни, офактуренные сборные железобетонные плиты, облицовка складок, образованных купольными и анкерными блоками.

Перед монтажом карнизные блоки подвергались контрольной сборке на полигоне.

Отличительной особенностью схемы монтажа купола защитной оболочки первого энергоблока заключалась в том, что его монтировали единым блоком общей массой 230 т, состоявшим из двух частей: нижней (карнизной) и верхней (купольной). Обе части собирали отдельно на сборочных стендах, после чего укрупняли в единый блок и сваривали. Перед монтажом купольной части на ней в условиях строительной площадки были смонтированы и окрашены спринклерная система и другое навесное оборудование и оснастка. На втором и третьем блоках карниз и купол устанавливали отдельно из-за стесненных условий. Накопленный опыт проведения монтажных работ и высокая точность изготовления монтажных укрупненных блоков обеспечили их безвыверочный монтаж при отличном качестве монтажных работ.

Стены и перекрытия внутри герметичного объема реакторного отделения первого энергоблока с отметки 13,2 м до отметки 19,34 м состоят из плоских металлических ячеек массой от 0,7–3 т и соединительных элементов (массой до 100 кг).

В стыках между монтируемыми ячейками на монтаже производилось дополнительное армирование из отдельных стержней.

Для реакторного отделения второго и последующих блоков конструкции стен герметичного объема были укрупнены на строительном полигоне в крупногабаритные объемные тяжеловесные монтажные блоки весом до 61 т. В результате укрупнения количество монтируемых блоков сократилось до 19 единиц.

Стены реакторного отделения в отметках 19,34–25,7 м (общим количеством единиц 188 шт.) были также укрупнены в монтажные блоки массой до 51 т и общим количеством до 21 шт.

Перекрытия на отметках 19,34 м и 25,7 м, запроектированные на первом блоке из отдельных армоблоков, сеток и стержней, были укрупнены в блоки массой до 37,5 т, в результате чего количество монтируемых элементов с 28 сократилось до 18 штук.

Укрупненные тяжеловесные блоки стен и перекрытий длиной 20 м и шириной 8 м перевозились со строительной базы до места монтажа на железнодорожных платформах, оборудованных специальными грузовыми рамами.

Внедрение разработанных методов монтажа крупными блоками конструкций реакторных отделений 2 и 3 энергоблоков позволило сократить количество монтажных элементов с 1797 до 104 и снизить трудозатраты на монтаже по сравнению с первоочередным проектным предложением конструкций гермозоны на 1295 чел.-дней.

Технология монтажа внутренних конструкций герметичной зоны на втором энергоблоке претерпела значительные изменения по сравнению с реализованной на первом. Новая технология основана на принципе укрупнения монтажных блоков стен в монтажные фрагменты размерами на помещение. Монтажные блоки укрупняли до максимальных габаритов, позволяющих их транспортировать по внутриплощадочной железной дороге на специально оборудованных платформах. С этой целью генпроектировщиком в состав рабочего проекта была включена координатная сетка стен и перекрытий с отметки 13,2 м до отметки 36,9 м. По координатам сетки на полигоне стройбазы выполнялась геодезическая разбивка основных точек контура помещений, по которым производилось укрупнение фрагментов помещения из монтажных блоков.

В результате укрупнения стен вентиляционного центра и кабельных галерей вместо 179 элементов, предусмотренных на первом энергоблоке, было выполнено 14 укрупненных монтажных блоков. Масса самого крупного блока составила около 36 т.

Благодаря значительному улучшению доступа к швам стыков (с инвентарных катучих подмостей) существенно повысилось качество сварного шва.

Перед монтажом все блоки были подвергнуты металлизации и были нанесены спецпокрытия.

Изменение технологии монтажа конструкций герметичной оболочки на втором энергоблоке позволил в 2,5 раза сократить трудозатраты.

На третьем энергоблоке технология возведения конструкций внутригерметичного объема была дополнена новыми, эффективными решениями. В состав монтажных фрагментов помещений (где было возможно) включались площадки обслуживания технологического оборудования, а также арматурные детали перепусков в узлах сопряжения стен между собой и нижележащего перекрытия со стеной. Все эти детали временно крепились в монтажном блоке в местах, близких к проектным. Кроме того, в состав укрупненных монтажных блоков введены закладные детали под технологическое оборудование, которые требуют точной установки. Они временно крепились при подаче блока к месту монтажа; после установки их в проектное положение выверялись по разбивочным осям и окончательно закреплялись.

Суммарные трудозатраты, связанные с изготовлением и монтажом конструкций внутригерметичного объема на третьем энергоблоке реакторного отделения по сравнению с первым энергоблоком – снизились почти в 3 раза.

На монтаже конструкций обстройки реакторного отделения второго блока был также применен принцип укрупнения стен до максимальных размеров, что позволило сократить количество монтажных подъемов в 3 раза. Была выполнена перекомпоновка плит блок-ячеек, что обеспечило максимально возможную ликвидацию мелких доборных вставок. Перевозка монтажных блок-ячеек выполняется в вертикальном положении на железнодорожных платформах в специальных кассетах.

Укрупнение фрагментов стен и перекрытий по вышеупомянутой технологии позволило свести к минимуму объем работ, выполняемых на высоте в условиях монтажа, улучшить условие труда рабочих, значительно уменьшить затраты монтажного кранового времени и ускорить сдачу помещений под монтаж оборудования.

Для определения оптимальной схемы механизации работ на главном корпусе в качестве опытной проверки было разработано и внедрено несколько вариантов проектов производства работ, каждый из которых был реализован на Запорожской, Балаковской и Ровенской АЭС.

На Запорожской АЭС основными кранами являлись: К-1000, СКР-3500ЭМ и СКР-220ЭМ и два крана БК-1000Б.

На Балаковской АЭС основными кранами являлись: К2х100(190) и два крана СКР-2200ЭМ, на Ровенской АЭС – три крана БК-1000Б и один кран СКР-3500ЭМ.

В результате проведенного сравнительного анализа технико-экономических показателей использования кранов по вышеупомянутым вариантам была разработана и рекомендована в качестве оптимального варианта следующая модификация – комплект из двух кранов СКР-3500 АЭС и трех кранов БК-1000Б. Кран СКР-3500 АЭС грузоподъемностью 160 т приспособлен для спаренной работы на монтаже конструкций или оборудования массой до 300 т. Кран БК-1000Б максимальной грузоподъемности 75 т.

Строительные краны для возведения конструкций главного корпуса располагаются:

- вдоль реакторного и машинного отделений с каждой их стороны по одному крану БК-100Б и СКР-3500 АЭС (всего 4 крана). Краны БК-1000Б работают на реакторном отделении до отметки 10,8 м, затем перегоняются на возведение конструкций машинного и деаэраторного отделений с этажеркой электротехнических устройств, после чего возвращаются для работы на реакторном отделении. Краны СКР-3500 АЭС работают на реакторном отделении после готовности конструкций до отметки 10,8 м;
- в торце реакторного отделения один кран БК-1000Б, с помощью которого возводятся конструкции до отметки 10,8 м, после чего кран перегоняется для работы на следующем энергоблоке.

Указанный комплект кранов, используемый на каждом главном корпусе энергоблока, обеспечивает монтаж строительных конструкций укрупненными блоками (до 300 т), совмещает работы по заброске тяжеловесного оборудования и широким фронтом одновременно выполняет строительно-монтажные работы по конструкциям реакторного отделения обстройки, оболочки и внутригерметичного объема – что повышает производительность и эффективность использования комплекта кранов.

Строительство современных АЭС связано с возведением большого количества сложных монолитных и сборно-монолитных железобетонных конструкций, а также выполнением значительных объемов работ по укладке бетонных смесей.

Особенность бетонных работ при сооружении АЭС, и в первую очередь реакторных отделений, заключается в необходимости выполнения работ отдельными ярусами по высоте на ограниченной площади с высоким качеством укладки бетонных смесей. Время, отводимое на бетонирование каждого яруса, должно измеряться часами.

Другая особенность бетонных работ состоит из большого разнообразия типов конструкций.

При разработке схем бетонирования прежде всего руководствуются имеющимися опытом и техническими возможностями стройки. В настоящее время получили распространение три схемы бетонирования: гусенично-стреловых кранов и бадей, высокопроизводительных бетононасосов и конвейерных систем.

На строительстве Балаковской АЭС при выполнении бетонных работ используются все три схемы механизации в различных комбинациях.

Причем наличие мощного бетонного хозяйства и хорошо организованный лабораторный контроль позволили успешно решить задачу скоростной укладки бетона в массивные густоармированные конструкции. Так, с интенсивностью 1000 м^3/сутки были забетонированы плиты первого (с применением крановой технологии) и второго с использованием комбинированной схемы: бетононасосы и краны) реакторов, а также плита фундамента под турбогенератор (с помощью высокопроизводительных бетононасосов).

На бетонировании нижней плиты второго фундамента под турбогенератор внедрен комплект высокопроизводительного конвейерного бетоноукладочного оборудования, состоящего из

– самоходного бетоноукладчика – крана, оснащенного системой конвейеров для подачи и распределения бетона. Основной телескопический распределяющий конвейер располагается на телескопической стреле специального крана. Специальная запасовка ленты позволяет изменять длину конвейера, т.е. радиус его действия. На концевом участке закрепляется брезентовый хобот. К крану прилегает наклонный подающий конвейер, загружаемый через воронку одним или двумя автобетоносмесителями;
– бетоноукладчика, вращающегося вокруг своей опоры и способного изменять радиус действия благодаря поступательному движению. Бетоноукладчик-конвейер опирается на фундаментную плиту машинного отделения и имеет две стоянки. Прием бетонной смеси осуществляется через бункер вместимостью 4,2 м^3. Подача ее на ленту конвейера регулируется частотой вращения шнека и высотой открытия затвора. Из бункера бетонная смесь транспортируется на бетоноукладчик-конвейер тремя, а после перестановки – двумя секциями конвейера протяженностью соответственно 45 и 60 м.

Кроме указанных средств подачи и укладки бетона на строительной площадке использовались стреловые краны и телескопический конвейер, смонтированный на колесной базе.

Бетонная смесь доставлялась на объект 44 автосамосвалами емкостью 3,2 м^3 (для бетонной смеси) и 12 автобетоносмесителями, вместимостью 3,44 м^3 каждый. В связи со значительным расстоянием транспортировки бетона к месту укладки (400 м) был организован узел перегрузки – металлическая эстакада с бункером-накопителем, оснащенным вибратором и гидравлическим затвором. Одновременно разгружаться могли две машины. Бетонная смесь укладывалась с наклоном под углом 12° на всю высоту бетонирования несколькими ступенями. В каждой ступени бетонная смесь укладывалась двумя слоями толщиной по 0,3–0,4 м. В результате анализа технико-экономических показателей укладки бетонной смеси различными способами пришли к выводу, что укладка бетона конвейерами радиального и бокового действия вдвое дешевле крановой. Производительность конвейера даже в зимнее время доходила до 75 $м^3$/ч. Расходы на ремонт и эксплуатацию оказались незначительными.

На строительстве Запорожской АЭС практически 90% монолитного бетона укладывается с помощью бетононасосов. Производство бетонных работ с применением бетононасосов и их эффективность зависят от обеспечения фронта работ. Поэтому перед началом укладки бетонной смеси разрабатывается проект производства бетонных работ. Решающее значение в производстве бетонных работ имеет правильное приготовление бетонной смеси. Наилучшее использование бетононасосов достигается в случае укладки литых бетонных смесей (осадка конуса 18–20 см). На Запорожской АЭС для обеспечения такой подвижности используют модифицированную доставку-суперпластификатор, позволяющую почти вдвое повысить подвижность смеси без увеличения количества цемента. Кроме того, введение пластификатора в количестве 0,4–0,5% массы цемента дает возможность получить бетонные смеси со сниженным водоотделением, расслаиваемостью и трещинообразованием. Пластифицирующий эффект сохраняется в течение 2,5–3 часов.

При применении пластифицирующей добавки время схватывания бетонной смеси и время потери его подвижности – сокращается по сравнению с обычной бетонной смесью.

Проектно-техническим институтом "Энергомонтажпроект" проделана большая работа по созданию новой технологии, механизмов и приспособлений, обеспечивающих сокращение трудоемкости и продолжительности монтажа оборудования АЭС, снижению роли ручного труда, уменьшению металлоемкости механизмов и приспособлений для тепломонтажных работ.

Так, был сконструирован, изготовлен и внедрен на строительстве Балаковской АЭС козловой кран К2х100 грузоподъемностью 200 т. С помощью этого крана удалось реализовать новую, прогрессивную технологию скоростного крупноблочного монтажа строительных конструкций и оборудования реакторного отделения. Для указанного крана было дополнительно создано и внедрено на строительстве той же электростанции устройство для монтажа тяжеловесных (массой до 360 т) монтажных блоков, использование которого позволяет вдвое повысить уровень монтажной блочности.

В машинных залах унифицированного проекта внедрены новые эксплуатационные краны однобалочной конструкции грузоподъемностью 125 и 15 т. Внедрение схемы механизации с использованием этих кранов способствовало значительному сокращению продолжительности монтажа оборудования машинных залов (на каждом блоке АЭС сокращение на 3 месяца). Кроме того для монтажа оборудования и трубопроводов внедрены оригинальные грузоподъемные механизмы, позволяющие механизировать монтажные работы в зоне, не обслуживаемой основными грузоподъемными средствами, а также решить проблему механизации такелажных и транспортных операций.

В основу технологии изготовления и монтажа металлических облицовок, выполняемых тепломонтажной специализированной организацией на строительстве АЭС, закладывались следующие принципы:

- максимальный перенос работ на укрупнительно-сборочную площадку;
- отказ от последовательного выполнения строительных и монтажных работ, создание комплексных блоков, состоящих из облицовок, армокаркасов, закладных деталей;
- сокращение объема ручной сварки и по возможности замены ее автоматической;
- сокращение объема сварочных работ, выполняемых в потолочном положении и на большой высоте путем создания объемных блоков облицовок стен и потолков помещений.

Проектно-технологическим институтам по монтажу оборудования были разработаны, а монтажным управлением внедрены следующие индустриальные предложения:

- по баку бора три укрупненных блока пола, омоноличенных бетоном, массой 30 т и два объемных блока облицовки стен и потолка массой 41 т и 43 т;
- объемный блок бассейна выдержки и перегрузки топлива высотой 9 м для второго энергоблока был собран в укрупненный блок совместно с армокаркасами стен;
- монтаж закладных деталей и облицовок шахты реактора вместе с армокаркасами, пространственными комплексными блоками массой до 140 т;
- монтаж технологических закладных деталей и облицовок, металлоконструкций, трубопроводов выполняется комплексными блоками, включающими в себя строительные конструкции;
  - монтаж блока опорной фермы весом 180 т на втором энергоблоке выполняется с заполненными полостями фермы серпентиновым бетоном (масса блока первого энергоблока – 110 т без бетона);
  - организованы площадки промежуточного складирования и доукрупнения тепломонтажного оборудования в непосредственной близости главного корпуса и спецкорпуса с использованием строительных кранов.

Благодаря внедрению разработанной технологии сборки и монтажа укрупненных блоков облицовки помещений на втором энергоблоке удалось сократить на 55 дней продолжительность работ по реакторному отделению и сократить трудозатраты тепломонтажников на 800 чел.-дней.

На строительстве Запорожской и Балаковской АЭС постоянно проводится большая работа по совершенствованию технологии производства, что способствует сокращению сроков сооружения энергоблоков и снижению трудозатрат. Тенденция разработки и применения на строительстве АЭС крупных тяжеловесных строительных блоков высокой заводской готовности сохранится и в дальнейшем.

На всех стадиях сооружения АЭС организуется систематический пооперационный контроль качества материалов, изделий, конструкций и оборудования в соответствии с требованиями проекта, нормативных действующих документов и технических условий.

Учитывая широкое использование на АЭС конструкций, облицованных металлическим листом, разработан метод контроля наличия и глубины пустот за облицовкой с использованием поверхностных радиоизотопных приборов. Разработан специальный прибор-акустический течеискатель повышенной помехозащищенности, позволяющей контролировать герметичность сварных швов при их испытании опрессовкой.

Для контроля длины каналообразователей в защитных оболочках АЭС разработан акустический метод и специализированный измерительный прибор.

На строительстве АЭС широко применяются сборно-монолитные железобетонные конструкции стен и перекрытий. В связи с этим был разработан комплекс методов и оборудования для определения плотности бетона омоноличивания в таких конструкциях радиоизотопными методами.

Разработана методика оценки содержания в бетонной смеси цемента в течение 10–15 мин электрофизической аппаратурой.

Разработанные нормативы обеспечивают все виды строительно-монтажных работ на АЭС по регламенту контроля качества, включая периодичность, объем и методику испытаний.

St. LUCIE 2: A NUCLEAR PLANT BUILT ON SCHEDULE IN THE USA
Lessons for the 1990s

W.B. DERRICKSON
New Hampshire Yankee,
Seabrook, New Hampshire,
United States of America

Abstract

St. LUCIE 2: A NUCLEAR PLANT BUILT ON SCHEDULE IN THE USA. LESSONS FOR THE 1990s.

The full power licence for St. Lucie Unit 2 was received from the Nuclear Regulatory Commission (NRC) on 10 June 1983, just six years after construction began. The industry average for construction of nuclear plants at this time in the USA was about ten years. During the course of the project we were constantly on or near our schedule and always ahead of industry averages. This was done despite issuance of numerous regulations by the NRC (including post-Three Mile Island); a 1979 hurricane which did considerable damage to the reactor auxiliary building; labour problems and an NRC schedule review team that determined the best we could do was to complete the plant a year later. The final cost of the plant was about US \$1.45 $\times$ 10^9, including interest cost. Many plants completed in this time frame were in the US \$2–5 $\times$ 10^9 range. In addition to the cost and schedule achievements, the excellent performance of the plant to date indicates a high quality technical effort as well. The cumulative capacity factor of the plant is over 84%, substantially above the industry average in the USA. The management techniques developed during the St. Lucie 2 project were applied to the Seabrook project in New Hampshire in 1984 and utilized from 75% complete up to and including fuel loading. The results achieved were similar to those for St. Lucie 2. The project was on or near schedule to fuel loading, the cash to complete was under budget and the NRC Systematic Assessment of Licensee Performance (SALP) Report in 1986 was among the best ever earned. Despite these and other accomplishments in the industry, no new nuclear plants have been ordered in the USA in over a decade. This paper looks at how the lessons for our successes can be applied for the future to help revive the industry.

1. INTRODUCTION

While a nuclear plant is complex and has tens of thousands of components assembled into dozens of operating systems, the success of both building and operating it depends on something equally complex – people. For it is how you enable people to understand your intentions, each other and external factors, that ultimately seems to determine the fate of a project. Consequently, the management of people becomes even more important.

Florida Power & Light Company (FPL), the owner of the St. Lucie Plant, is a large, forward-looking electric utility serving a dynamic, growing area of the State of Florida. In 1986, for example, FPL's operating revenues were over four billion dollars[1] from nearly three million customers[2]. Rapid growth promotes innovation and stimulates creative solutions to problems. Growth also means more people. More people means attention to people's ambitions. It means training, benefits, career path planning, working together, and planning for the future. It is in this environment that FPL's four nuclear plants were built and now operate.

St. Lucie 2, an 800 MW PWR, was FPL's fourth nuclear plant. The project was initiated in 1973 and, following resolution of environmental issues, the construction permit was issued by the Nuclear Regulatory Commission (NRC) in May 1977. Construction on St. Lucie 2 began in June following the course of a 65-month schedule developed during the winter of 1977. The project progressed through construction and startup, and on 10 April 1983 a low power licence was received from the NRC. Four months later, on 8 August, St. Lucie joined FPL's other plants in commercial operation. In addition to the schedule performance, the final cost of the plant enabled placement in FPL's rate base with virtually no rate increase. This was accomplished despite record inflation, record interest rates, and over a thousand regulatory changes issued by the NRC. Performance to date has been excellent, with an 84.6% cumulative capacity factor[3], nearly 20 percentage points above the US average.

The following pages describe how the schedule was achieved, problems encountered and how they were overcome, how the learning was applied to the Seabrook project in New Hampshire, general observations, and lessons for the future.

2. HOW THE SCHEDULE PERFORMANCE OF St. LUCIE 2 WAS ACHIEVED

FPL management decided at the outset that the utility would depart from tradition and take complete control of the project. It has been customary to hire an architect-engineer/constructor on either a fixed-price contract or construction management arrangement. The economy and regulatory uncertainty made it virtually impossible to get a fixed-price contract, and in a construction management arrangement the utility bears the risk anyway, thus the decision to take control of the project.

---

[1] Includes revenue from subsidiary operations. Billion = 10^9.

[2] FPL Group 1986 Annual Report, FPL Group, North Palm Beach, Florida.

[3] US Nuclear Power Plants: Operating Experience, Nucl. Ind. **34** 5 (1987) 18–19.

To do so, FPL established a project management organization to direct, inspect, survey, monitor and audit the performance of all services performed by FPL personnel, contractors and/or subcontractors (Fig. 1). A Project General Manager, through a project team organization, was FPL's designated representative, having the responsibility and authority for total management of the project.

The construction site organization was under the direction of the Site Director, who reported directly to the Project General Manager. This was an integrated organization (Fig. 2) consisting of personnel from Ebasco Services and selected other contractor staff. For contractual reasons, Ebasco personnel supervised construction craftsmen.

FPL had elected to maintain total direction of quality assurance and quality control, purchasing and inventory management, planning and scheduling, cost control and contract/office administration. For many of these functions FPL had considerable capability and personnel available to support the St. Lucie 2 effort.

A second major contributing factor in the nearly on-schedule completion of St. Lucie 2 was the ability to turn over components and systems to the operating department in an orderly and timely manner. The success of this phase of the project was due to the early planning, scheduling and implementation of a startup programme, and probably more importantly, to FPL's overall philosophy concerning acceptance and testing of equipment and systems. This overall philosophy had as its primary objective the earliest possible acceptance of equipment, components and partial systems, in order to enable early testing and problem identification.

First, an overall startup plan and schedule was developed which required early on-site presence of operating department personnel 35 months prior to the scheduled 'start of fuel load' date. This was not just a token work force, but rather a sizeable commitment of manpower, amounting to over 60 people.

The detailed startup schedule and logic were then integrated with the construction schedule to develop one combined schedule that the jobsite worked to and engineering and design supported.

In the course of the startup phase of the project, the construction organization objectives gradually shifted from a bulk quantity installation effort and area concept of control to a total support of startup turnover requirements and work performed on a discipline basis (i.e. electrical piping, and so forth).

A third factor for success was an ongoing critique of the project. Many times during the life of the project, independent teams were brought in to review various facets of the job to ensure that the project team was not overlooking problems. This was done, for example, in the areas of schedule, quality, engineering, welding and project management.

These teams operated on a task basis and reported results to the project team for review and corrective action if necessary. Corrective action could then be taken before the schedule was affected.

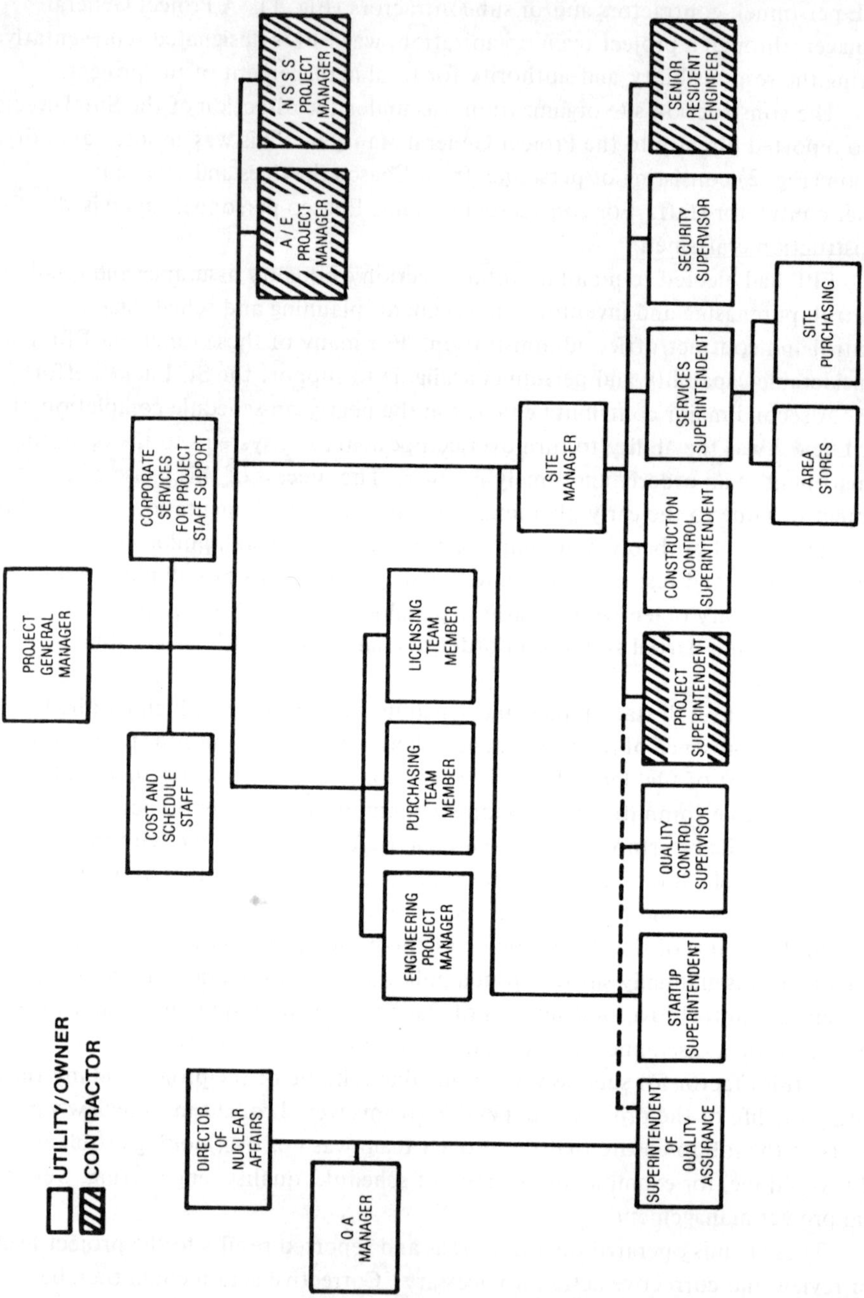

FIG. 1. St. Lucie 2 project organization chart.

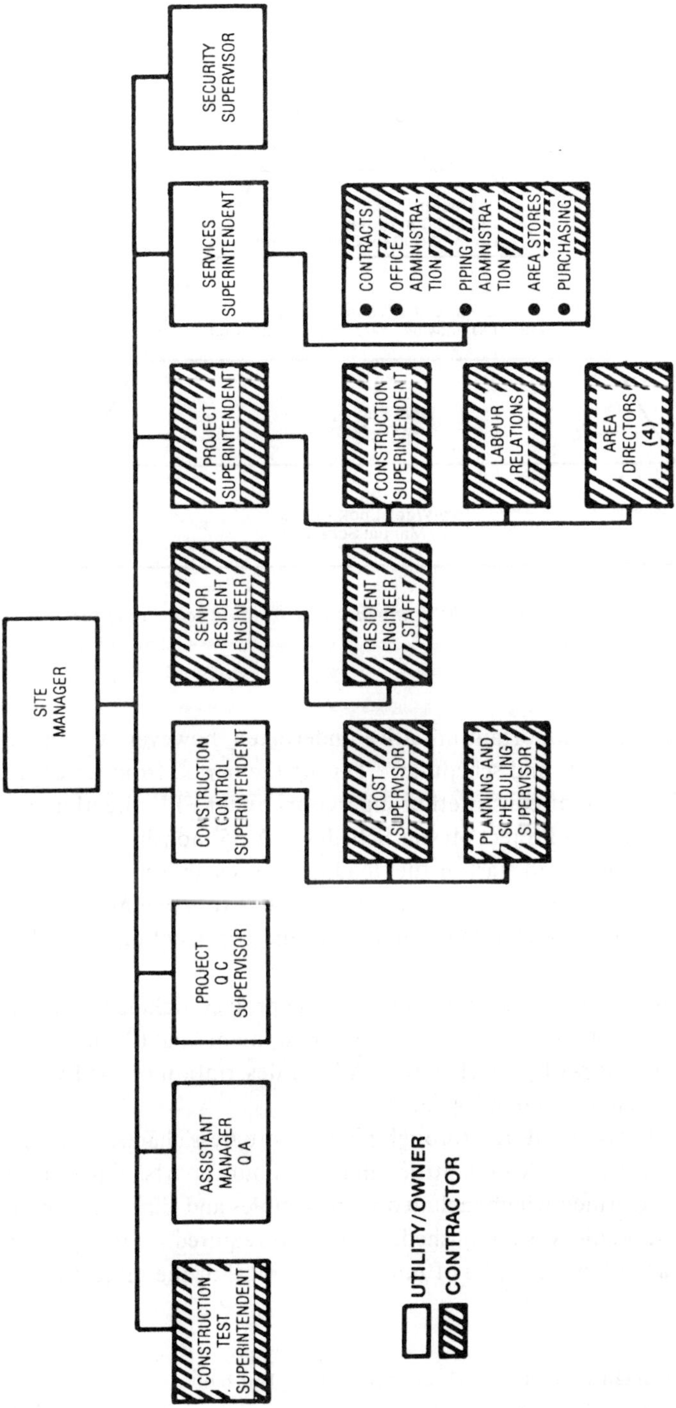

FIG. 2. St. Lucie 2 site organization chart.

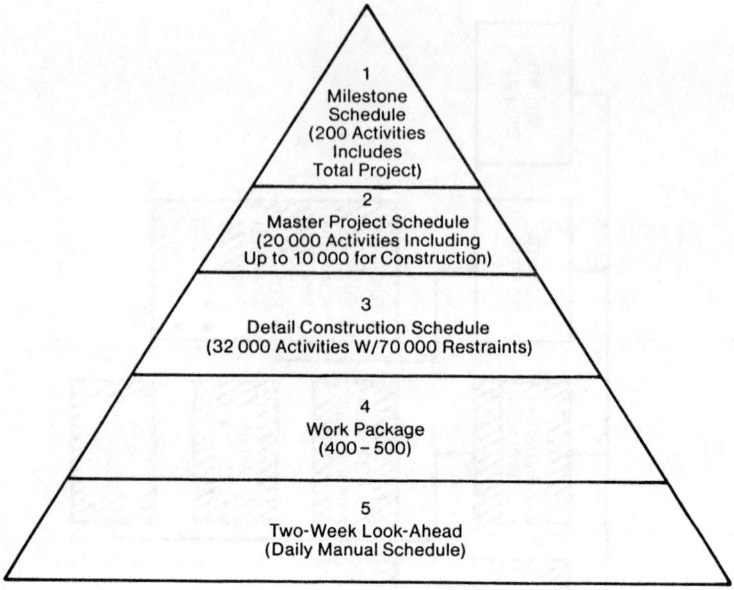

FIG. 3. Florida Power & Light Company: construction scheduling format.

Perhaps the most important initiative undertaken, however, was the total commitment to planning and scheduling. During the period from October 1976 to March 1977, a team of construction supervisors under FPL direction developed what was to become the Project Master Schedule. A 65-month schedule for the project (start of concrete to start of fuel loading) was established and major milestones were identified. This set the stage for all future planning. This schedule consisted of an integrated engineering and construction plan which included summary startup logic.

The schedule control system adopted by the project included: (1) implementation of five levels of control and schedule development, and (2) maintenance of key schedule indicators of project status. A brief description of the five levels of schedule control can be seen in Fig. 3.

The project was monitored through physical progress charts, cost reports, productivity reports, installed quantities and man-hour reports. Operations analyses were performed which included work samples and time-lapse photography[4].

Once the schedule was established, action was required to 'make it happen'. The following are a few examples of innovation typical of the project team's commitment.

---

[4] For more detail see W.B. Derrickson: "A nuclear plant built on schedule", Proc. Project Management Institute Symposium/Seminar, Houston, Texas, October 17–19, 1983, Paper V-E-2.

2.1. Reactor auxiliary building 'stair stepping' concept

One of the innovative ideas that went into the initial plan and schedule was the 'stair stepping' concept for the construction of the reactor auxiliary building. In this plan, the building was constructed with emphasis placed on early completion of the west end of the building. The philosophy was that early completion of that end of the structure provided an early construction start of the more critical areas of equipment installation in the reactor auxiliary building; i.e. the control room and the reactor auxiliary control boards, the cable vault area, and NSSS auxiliary equipment.

2.2. Reactor containment building

Foundation design considerations were finalized when plans called for both St. Lucie 1 and 2 to be built simultaneously. To meet seismic criteria, a plant island was constructed by excavating, backfilling with well-graded sand and then compacting to required specifications. This plant island resulted in a compacted Class I fill measuring 780 by 920 feet[5] and $78\frac{1}{2}$ feet deep. The plant island was sized as small as possible by spacing the plant structures at minimum distances apart. When it was decided to delay construction of St. Lucie 2 this spacing was technically feasible, but unique design and construction efforts were subsequently required for the second unit. Thus a seismic excavation was required and performed for the Unit 2 foundation.

2.3. Slipforming

Another innovative construction accomplishment at St. Lucie 2 was the 'slipforming' of the concrete containment shield wall for the reactor containment building, in lieu of the traditional 'jump' method. This concrete cylinder has a three-foot-thick reinforced wall, approximately 190 feet high with an inside radius of 74 feet. It is supported by a ring wall (9 feet thick and 4 feet high) which, in turn, rests on a 10 foot thick base mat. The shield wall contains more than 1000 short tons[6] of reinforcing steel with another 23 tons of embedded materials such as electrical conduits, grounding cables and anchor bolts.

Wall placement through slipforming of 10 000 cubic yards[7] of concrete averaged $11\frac{1}{2}$ feet per day, and the operation took place without interruption in only $16\frac{1}{2}$ days in November 1977. Manpower for slipforming averaged 398 craft workers, working three shifts a day, seven days a week until

[5] 1 foot = 30.48 cm.

[6] 1 short ton = 900.72 kg.

[7] 1 cubic yard = 0.7646 m^3.

completion. Immediately after completion of slipforming, construction on the steel containment vessel started inside the shield building.

3. PROBLEMS OVERCOME

The St. Lucie 2 project, however, was not without problems. Among the many encountered, the following three have been selected as examples of how the project team reacted, mobilized and brought the project back on track.

3.1. Hurricane David

When the project was 26% completed, a severe storm seriously jeopardized the ability to meet objectives and be ready for start of fuel load in November 1982. The high winds of Hurricane David struck on 3 September 1979, toppling a 150 ton construction derrick being used to supply materials into both the reactor containment building and the reactor auxiliary building. The falling derrick severely damaged the reactor auxiliary building under initial construction. Lost schedule time to repair the damage and replace equipment was estimated at 13 weeks.

Immediately, engineering and construction supervisors formulated recovery plans. A task team was assembled to develop schedules, write procedures and order material. The impact of David was removed from the critical path within a few weeks.

3.2. FSAR preparation and review cycle by the NRC

A significant threat to the project schedule occurred in 1980 during the Nuclear Regulatory Commission's caseload forecast panel review of the site and project schedule. The NRC estimate of project completion generally follows a statistical schedule model. Using the model and other data obtained during their on-site visit in February and September of 1980, the NRC projected a fuel load date of December 1983, which was 13 months later than that established by the project. Since the NRC schedule for review of the Final Safety Analysis Report (FSAR) was based on this later date, it was necessary to convince them that the project would meet our schedule. Through concerted FPL upper management efforts, the NRC accepted the project schedule and completed the FSAR review in a record time of 9 months[8].

As a result of these efforts, licensing was removed from the critical path of the project.

---

[8] For more detail see W.B. Derrickson: "A nuclear plant built on schedule", Proc. Project Management Institute Symposium/Seminar, Houston, Texas, October 17–19, 1983, Paper V-E-2.

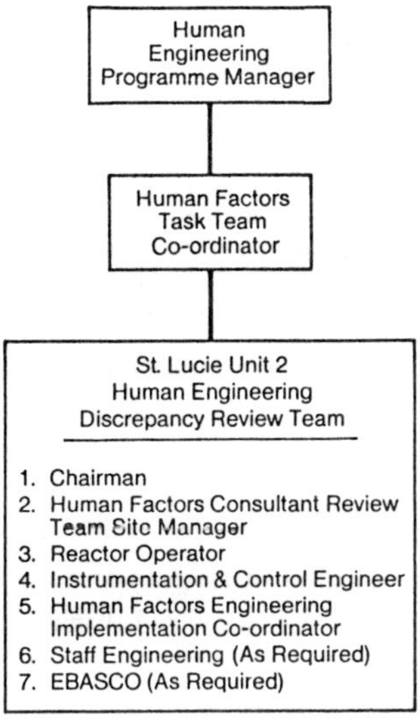

FIG. 4. Florida Power & Light Company: control room review programme organization.

3.3. Control room design review

In response to an NRC post-Three Mile Island requirement, a control room review programme organization was established (Fig. 4). The review was conducted as delineated in four phases – project planning, control room review, enhancement and design solutions and reporting.

The items identified and reported on in Phase 4 that required completion prior to the issuance of the operating license were turned over to the startup department. Startup handled the interface with construction and the integration into the overall construction schedule.

This effort was undertaken and completed during the summer of 1982 after the plant was essentially tested. The assigned team completed the task, however, without affecting the project schedule.

4. INGREDIENTS FOR SUCCESS

Upon completion of the St. Lucie 2 project, the NRC asked FPL to prepare a booklet analysing the construction success. This effort lead to development of a list, by the project team, of what they thought were the ingredients which made the project a success (Fig. 5). Several of the ingredients, namely management commitment, financial resources, realistic and firm schedule, clear decision making

- Management Commitment
- Financial Resources
- Realistic & Firm Schedule
- Clear Decision Making Authority
- Flexible Project Control Tools
- Engineering Ahead of Construction
- Early Startup Involvement
- Ongoing Critique of the Project
- Owner Takes the Project Lead

FIG. 5. Ingredients for a successful project.

authority, engineering ahead of construction, early startup involvement, and owner takes the project lead, were planned initiatives and have been covered earlier. Three, however, were developed or discovered during the course of the project and will be discussed here.

4.1. Teamwork – individual commitment

Clear roles and responsibilities, selecting the best person for the position, streamlined management organization – all lead to better project team work. For St. Lucie a matrix organization was established with an FPL Project General Manager, who was given overall authority and responsibility. The project team was made up of members from 21 FPL departments, plus the project managers from Ebasco and Combustion Engineering.

One concept for obtaining commitment that caught on especially well was the 'mother' programme. Problems that had trouble finding a home were assigned a mother (responsible individual) for taking corrective action and reporting on progress. The 'mother' concept was used extensively and promoted a nurturing attitude in the team, and created a sense of accountability among the staff.

Obviously, orchestrating and directing a large complex project involved many people both in and outside the projects. FPL held regular meetings with the Building Trades Council to improve communications, and at one point FPL's executive management involved the entire Florida congressional delegation to support licensing of the unit. Open houses were used to permit the workers, their families and residents of the surrounding communities to tour the nuclear units while under construction. Teamwork was also promoted through the use of milestone celebration 'critiques' involving the entire site population.

4.2. Organizational flexibility

The Project Manager must have the ability to reorganize the project to respond to potential obstacles. Changes were made near the end of the project to replace the piping contractor and to bring an Ebasco Vice President to the site to oversee electrical completion activities. The transition from bulk commodities to system startup required subordinating the construction supervision to the manager of startup and creating milestone co-ordinator positions to direct specific completion activities. Near the end of the project, the Project Completion System (PCS) co-ordinator became leader of the system completion schedule through 'war room' type daily meetings.

4.3. Bethesda office for licensing

This ingredient has received much attention since few other utilities undertook this approach. The decision was made to share an office in Bethesda, Maryland (NRC office location), with the NSSS vendor (Combustion Engineering) as the only feasible way to meet the FSAR review schedule. Groups of engineers worked out of the office to facilitate communications with NRC staff reviewers, thus avoiding 6–9 months of delay. In addition to the Bethesda office, an overall efficient working relationship was developed between the owner and NRC at the site, and in the Atlanta region office. The NRC project manager, resident inspector and regional inspectors were quick to voice any disagreements so they could be resolved without affecting the schedule.

While each ingredient is important and played its part, the team felt that it was the combination of all ingredients that made the project a success.

Additionally, the ingredients represent a retrospective view of the fourth of FPL's nuclear projects, which incorporated the learning from the previous three, one of which was St. Lucie 1.

5. TRANSFERRING THE KNOWLEDGE

In early 1984 the present author was asked to go to New Hampshire to assume responsibility for completing the Seabrook Nuclear Plant. To Seabrook went the St. Lucie 2 philosophy, programmes developed, and a few of the people.

A realistic schedule was developed, an integrated organization was established, the Nuclear Power Plant Stabilization Agreement was granted by the AFL-CIO, fixed-price contracts were signed with United Engineers & Constructors to complete the buildings shown in Fig. 6, and a full time Independent Review Team was established (Fig. 7). The results were similar to those achieved at St. Lucie 2. Virtually all milestones were met (Fig. 8), the cash budget was underrun by more than US $50 million (Fig. 9) and the NRC Systematic Assessment of Licensee Performance (SALP) Report (Table I) was one of the best in the industry.

Despite these achievements, a dispute over emergency planning with the Governor of the neighbouring Commonwealth of Massachusetts is keeping the plant from operating. This delay adds approximately US $50 million per month to the cost of the plant.

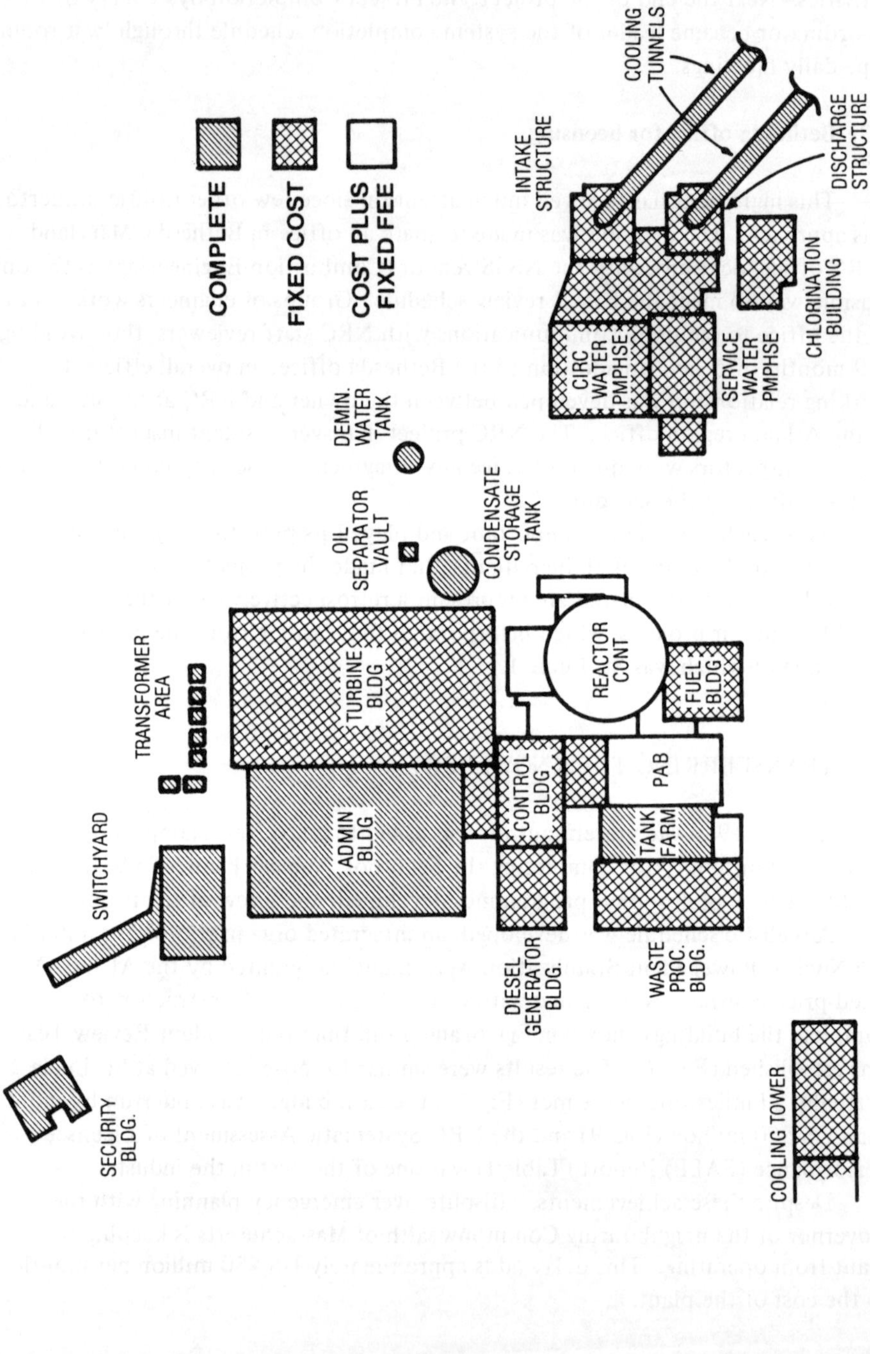

FIG. 6. Fixed cost building completion.

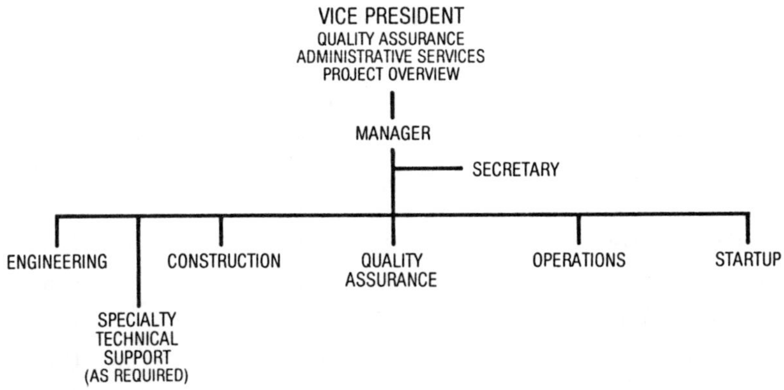

FIG. 7. Independent review team organization.

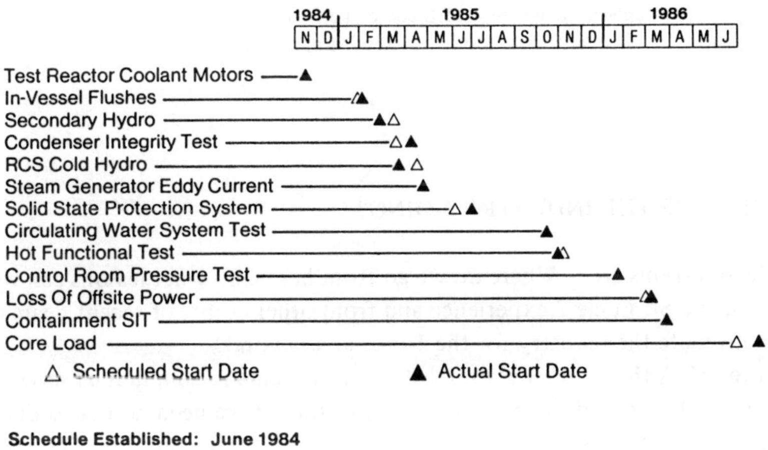

FIG. 8. Seabrook Unit 1 & Common: project milestones.

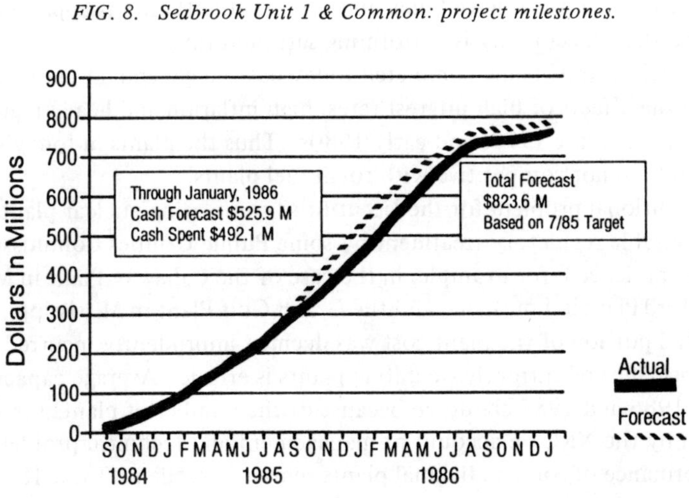

FIG. 9. Seabrook Unit 1 & Common: monthly total cash forecast, excluding AFUD'C and fuel.

TABLE I. NRC SALP REPORT (JUNE 1986)

Functional area	Rating	Trend
Construction	1	Consistent
Pre-operational testing	1	Consistent
Fire protection and housekeeping	1	Consistent
Operational readiness	1	Consistent
Emergency preparedness	2	Improving
Assurance of quality	1	Consistent
Licensing	1	Consistent

Note: SALP – Systematic Assessment of Licensee Performance.
Ratings: 1 = Excellent; 2 = Good; 3 = Needs improvement.

6. WHERE IS THE INDUSTRY GOING?

The questions are – Where do we go from here, and what lessons can we learn from the St. Lucie 2 experience and from other events of recent years that could rejuvenate the industry for the 1990s and beyond?

In the USA there are now over 100 nuclear plants in commercial service, producing 16% of the electricity. Despite this there have been no new orders for nuclear plants in the last decade. In fact, there have been many cancellations and abandonments. Oil prices have fallen and stabilized, inflation is apparently under control and the US economy is performing satisfactorily.

The nuclear units being completed today cost, in general, at least $4000 per kW due to the effects of high interest rates, high inflation and heavy regulatory impact during the late 1970s and early 1980s. Thus the plants in today's economic environment are not competitive with fossil fuel plants.

An additional problem for the US utilities completing nuclear plants now is the unfavourable regulatory treatment by some Public Utilities Commissions. This was experienced, for example, in the case of the Callaway Plant in Missouri, the Waterford Plant in Louisiana, and the Grand Gulf Plant in Mississippi, where a substantial portion of the plant cost was deemed imprudently incurred.

Performance of currently operating plants is erratic. Average capacity factors in 1986 and 1987 are down because of the number of plants forced to shut down by the NRC on account of management and technical problems. Yet the performance of some individual plants remains excellent (Table II), demonstrating that the technology can be managed effectively.

TABLE II. PERFORMANCE OF SELECTED US PLANTS
(From Nuclear Industry Vol. 34, No. 5, May 1987)

Plant	Capacity (MW)	Cumulative cap. factor (%)	Date of commercial operation
Calvert Cliffs 1	825	73.6	5/75
Calvert Cliffs 2	825	79.6	4/77
Farley 2	807	83.1	7/81
Conn. Yankee	569	80.6	1/68
Kewaunee	503	79.8	6/74
Point Beach 1	485	72.2	12/70
Point Beach 2	485	80.2	10/72
Prairie Island 1	503	78.8	2/73
Prairie Island 2	500	82.7	12/74
St. Lucie 1	827	71.1	12/76
St. Lucie 2	837	84.6	8/83

The Chernobyl accident in the USSR, however, has further eroded public confidence in nuclear power and increased public concerns about safety. Yet in the USA, despite some operational problems, no member of the public has been killed or injured as the result of operation at a commercial nuclear plant.

Scientific and political leaders agree that nuclear power is an important ingredient for the energy mix of the USA. Senator Bennet Johnston said in his paper 'The future of nuclear power'[9], "There is no scientific, engineering, or economic reason why commercial nuclear power cannot make an important contribution to future energy supplies". Evidence from around the world supports that conclusion.

If this is true then we must identify actions which must be taken to ensure such a contribution. While certainly not all-inclusive, the following are musts if any new nuclear plants are to be ordered in the USA.

- Regain public confidence through education, improvement in performance of existing plants, and resolution of the waste issue.
- Locate future plants on publicly acceptable sites.

[9] Bennet Johnston: "The future of nuclear power", Forum for Applied Policy and Research and Public Policy (1986).

- Develop an advanced, intrinsically safe plant design. This would be a design that utilizes passive safety systems, does not require emergency diesel generators and does not require operator action to shut the plant down safely.
- Improve the local regulatory process involving Public Utilities Commissions. Obtain up-front binding agreements about how costs will be treated.
- Continue an intensive training process to develop sufficient talent to design, construct and operate future plants.
- Simplify and standardize plant designs so as to reduce the number of personnel required in operation, in an overall effort to reduce operating costs.
- Obtain all licences at the outset of the project. (This would necessitate nuclear regulatory reform to allow 'one step' licensing.) Under the present rules three licences are required: a construction permit, a low power licence and a full power licence. The process invites regulatory ratcheting at each stage and, toward the end of the project, protection of the investment virtually assures utility compliance. It is doubtful if another plant will be ordered in the USA without licensing reform.
- Utilize the management lessons from the St. Lucie 2 project to promote 'on schedule' performance and build competitively priced plants.

Through history there have been objections to new technology, especially in the area of energy. This was true in the Roman Empire when water power was introduced. It was true in Europe in the 18th century when coal technology was developed[10] and history appears to be repeating itself today.

Co-operating internationally, pooling our knowledge, and sharing our successful experiences offer the best ways to develop nuclear power as a safe and environmentally acceptable way to meet the world's future electricity needs.

[10] Raymond F. DeVoe, Jr., "Up from slavery", Barrons (28 April 1980).

IAEA-CN-48/138

L'AUGMENTATION DE LA PUISSANCE DES TRANCHES FRANÇAISES DE 900 MWe

G. SERVIÈRE
Service Etudes et projets thermiques et nucléaires,
Electricité de France,
Villeurbanne, France

Abstract–Résumé

THE INCREASE IN POWER OUTPUT OF THE FRENCH 900 MW(e) SERIES.

As part of its nuclear power programme, France has built thirty-four 900 MW(e) units, 28 of which belong to the CP1-CP2 series and the last two of which are Chinon B3 and Chinon B4. An increase in the rated power of each unit by approximately 5%, when applied to such a large park, makes possible a considerable gain since it permits 'saving' the equivalent of the construction of one unit. In addition, as applied to a unit taken individually, it permits a reduction in the specific cost of the kilowatt-hour. Thanks to some provisions made initially, this power increase was effected at slight additional cost and without significant modifications. The paper describes in detail the changes in characteristics and the studies carried out, which have made it possible to carry out an initial operation on the Chinon B3 unit, which became operative at the end of 1986, and to draw the first lessons from this. It also describes how EDF sees this development in relation to other developments with a view to reducing operating costs.

L'AUGMENTATION DE LA PUISSANCE DES TRANCHES FRANÇAISES DE 900 MWe.

Dans le cadre de son programme électronucléaire, la France a construit 34 tranches de 900 MWe, dont 28 de la série CP1-CP2 et dont les deux dernières sont Chinon B3 et Chinon B4. Appliquée à un parc aussi important, l'augmentation de la puissance nominale de chaque tranche de l'ordre de 5% permet un gain notable puisqu'elle permet «d'économiser» l'équivalent d'une tranche à construire. En outre, appliquée à une tranche considérée isolément, elle permet de réduire le coût spécifique du kilowatt-heure. Moyennant quelques dispositions prises initialement, cette augmentation de puissance est rendue possible au prix d'un surcoût faible et sans modifications importantes. Ce mémoire précise les modifications de caractéristiques et les études faites qui ont permis d'aboutir à une première mise en œuvre sur la tranche de Chinon B3 qui a démarré à la fin de 1986 et d'en tirer les premiers enseignements. Il précise également comment EDF envisage cette évolution par rapport à d'autres évolutions dans le but de réduire les coûts d'exploitation.

1. INTRODUCTION

Electricité de France (EDF) possède désormais un parc de 34 unités de la classe 900 MWe dont 28 de la série CP1-CP2 standardisée. En effet, la dernière unité de 900 MWe, Chinon B4 sur la Loire, a démarré au cours de l'été 1987.

Appliquée à un parc aussi important, une augmentation de la puissance nominale des tranches, même modeste, représente un supplément de puissance tout à fait significatif. En effet, une augmentation d'environ 5 % de la puissance unitaire représente l'équivalent d'une tranche et demie.

TABLEAU I. CARACTERISTIQUES TECHNIQUES DU PROJET M3

Caractéristiques	M3	CP900
Caractéristiques générales		
Puissance thermique chaudière (MWth)	2 905	2 785
Puissance électrique brute (MWe)[a]	1 000[a]	955[a]
Circuit primaire		
Débit boucle «best estimate» (m^3/h)	23 250	22 700
Température circuit primaire (° C):		
– branche froide	289,8	287,3
– branche chaude	324,8	321,9
– moyenne cuve	307,3	304,6
– charge nulle	286	286
Densité de puissance linéaire		
– moyenne (W/cm)	186	178
– maximale (W/cm)	424	382
Circuit secondaire		
Pression vapeur sortie GV	62,5	60,6

[a] Pour la série CP1.

En pratique, EDF et le constructeur de la chaudière (Framatome) ont, dès le début de la conception de la série CP1-CP2 de 28 tranches, envisagé la possibilité d'une telle augmentation de puissance. Dans les années de 1972 à 1974, un minimum de dispositions conservatoires ont donc été prises afin de permettre de réaliser ultérieurement cette opération. Ces dispositions concernaient pour l'essentiel les circuits de la partie conventionnelle, afin que ses principaux équipements soient compatibles, mais ont également intéressé quelques composants de la chaudière. On peut noter, en particulier, les réservations effectuées sur le couvercle pour permettre des adjonctions de grappes.

Ce n'est cependant qu'un peu plus tard, vers 1979–1980, lorsque le programme CP1-CP2 eut été bien enclenché et sa réalisation déjà bien avancée, qu'EDF et Framatome commencèrent des études de faisabilité pour une augmentation de puissance de la chaudière visant à la porter à 2905 MWth au lieu de 2785 MWth.

C'est donc en 1979–1980 qu'ont réellement débuté les études. Celles-ci n'ont toutefois été effectuées qu'à un rythme relativement lent car, pendant cette période, la priorité était bien évidemment donnée au bon démarrage des tranches 900 MWe et aux études du palier 1300 MWe en cours de réalisation.

Au cours de ces études de faisabilité, les caractéristiques techniques ont un peu évolué pour aboutir au projet dénommé M3 dont les caractéristiques sont précisées dans le tableau I et qui a conduit, à la fin de 1984, à une décision de mise en œuvre sur les tranches de Chinon B3 et B4.

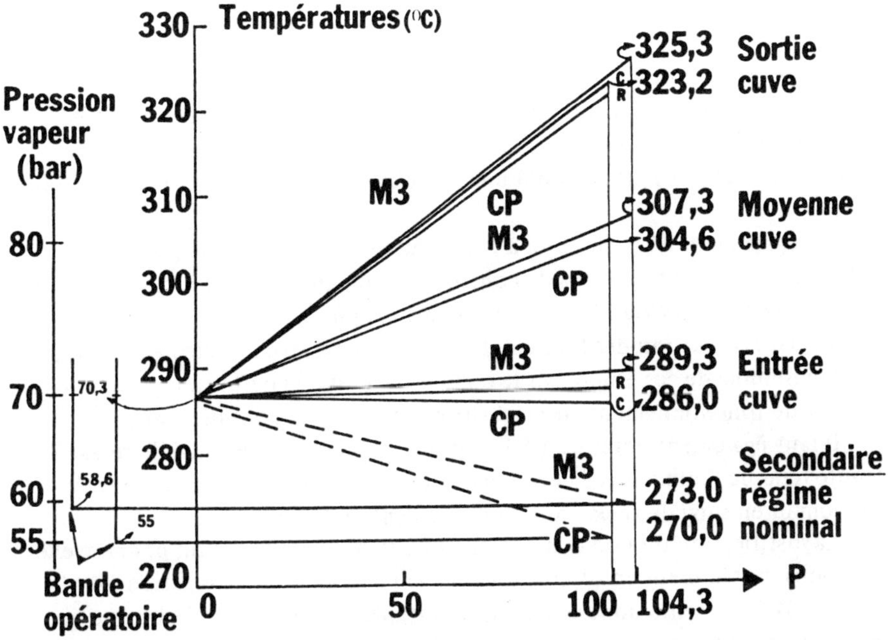

FIG. 1. Programme des températures CP-M3.

2. CARACTERISTIQUES TECHNIQUES

Les principales caractéristiques techniques du projet M3 sont rappelées dans le tableau I. Elles ne diffèrent des tranches standard que par la puissance et le programme de température du circuit primaire (fig. 1).

3. NATURE DES ETUDES EFFECTUEES

De nombreuses études d'accident ont été reprises afin de vérifier les conséquences et pour permettre de définir les dispositions à retenir.

On peut classer les études en quelques grandes catégories:

- le cœur et le combustible;
- les systèmes (notamment les systèmes de sauvegarde);
- les équipements (circuit primaire, générateurs de vapeur, etc.);
- les circuits secondaires.

On ne s'étendra pas sur les circuits secondaires pour lesquels les études se sont limitées à vérifier que les équipements étaient compatibles avec le nouveau point de fonctionnement et à préciser les nouveaux réglages.

En ce qui concerne le cœur et le combustible, il a fallu reprendre l'ensemble des études, en tirant parti des marges prévues à la conception initiale et de celles mises en évidence ensuite.

La faisabilité s'appuie notamment sur le fait que les débits des pompes primaires sont plus importants que la valeur prise en compte lors des études initiales ainsi que sur l'utilisation d'une corrélation mieux adaptée (WRB1 au lieu de W3).

Il a également été nécessaire, à partir du deuxième cycle, de prévoir un déplacement de quatre grappes de contrôle afin de limiter les contraintes générées par la prise en compte de l'éjection de la barre la plus antiréactive. Ceci a été rendu possible par l'utilisation des huit emplacements de réserve initialement prévus.

L'ensemble de ces études sur le cœur a conduit à la définition d'un nouveau domaine de fonctionnement autorisé (diagramme de fonctionnement).

Il faut également noter qu'EDF exploite ses centrales en suivi de réseau compte tenu de l'importance de son parc et que nous voulions donc pouvoir fonctionner en suivi de réseau après changement de la puissance.

La justification du bon comportement des combustibles dans ces nouvelles conditions, notamment en ce qui concerne le phénomène d'interaction pastille-gaine (IPG), représente donc une part importante des études et c'est parce que celles-ci ne sont pas totalement achevées que les autorisations actuelles ne sont obtenues que pour un premier cycle en suivi de réseau.

Concernant les systèmes, leur dimensionnement à ces nouvelles conditions n'avait pas été vérifié en détail initialement. Il est apparu qu'ils ne permettaient pas d'accommoder ces nouvelles conditions sans quelques modifications de matériel ou de mode opératoire.

En pratique, et pour limiter le recours à des modifications matérielles sur des tranches en service, priorité a été donnée à des modifications des procédures de conduite.

C'est ainsi que, par exemple:

– on impose un refroidissement et une dépressurisation du circuit primaire en cas de petites brèches en utilisant la décharge à l'atmosphère de façon à être revenu aux conditions d'injection sécurité basse-pression pour pouvoir basculer l'injection de sécurité des branches froides vers les branches chaudes et ceci de préférence à une modification des circuits d'IS (ceci conduit malgré tout à améliorer un peu le GCT);

– on a adapté la procédure de retour à froid en cas de perte des moyens de réalimentation de la bâche d'eau alimentaire de secours (ASG) plutôt que de modifier la capacité de cette bâche.

Concernant les équipements principaux, il ne s'agissait évidemment pas de faire des modifications; encore fallait-il vérifier que les nouvelles conditions de température et les différences engendrées par les transitoires n'entraînassent pas de problèmes. Ceci est fait au travers d'une révision complète des dossiers d'analyse des équipements qui inclut par ailleurs les effets de suivi de réseau. L'un des composants les plus sensibles à ces effets est bien entendu le générateur de vapeur et, plus particulièrement, les tubes, mais on notera également l'effet sur la fluence cuve.

4. BILAN ECONOMIQUE

Comme on l'a vu, la mise en œuvre de cette augmentation de puissance s'avère possible sur les tranches françaises de la série CP1-CP2 avec un minimum de modifications matérielles.

Toutefois, le volume des études effectuées a été important, comme on peut en juger notamment par le délai qui a été nécessaire, et tout n'est pas terminé. Ceci représente plusieurs dizaines de millions de francs.

Réparti sur un nombre important de tranches, ce montant devient cependant marginal en regard du gain de production possible si les tranches sont exploitées à cette nouvelle puissance en base.

Pour EDF, l'importance actuelle des centrales nucléaires dans la production d'électricité fait que les centrales modulent leur puissance dans l'année et l'utilisation prévue consiste essentiellement à dégager de la puissance pendant les périodes de forte demande, c'est-à-dire en hiver.

Malgré cette utilisation plus réduite de la puissance supplémentaire, le bilan économique reste très favorable appliqué à 28 tranches, le temps de retour de l'investissement étant de l'ordre de deux ou trois ans au minimum.

5. PERSPECTIVES

Nous avons vu que l'augmentation de puissance d'environ 5 % a été effectuée sur deux tranches françaises de 900 MWe moyennant un minimum de modifications matérielles.

La généralisation à l'ensemble du parc 900 MWe d'EDF présente donc un intérêt économique très important permettant de réduire les coûts d'exploitation.

Toutefois EDF n'a pas, à court terme, un besoin important de puissance supplémentaire; et d'autres évolutions dans la gestion des unités sont également possibles, elles aussi permettant de réaliser des économies d'exploitation. On citera à titre d'exemple l'augmentation des taux de combustion des assemblages et le recyclage de plutonium.

Avant de généraliser telle ou telle évolution, EDF s'est donc donné comme objectif de réfléchir à la meilleure façon d'exploiter le parc en combinant éventuellement certaines de ces évolutions, mais également en tenant compte des incidents possibles sur la durée de vie.

CONSTRUCTION OF HEYSHAM 2 POWER STATION: 2 × 660 MW AGR

J.T. ELSTON
Central Electricity Generating Board,
Barnwood, Gloucester,
United Kingdom

Abstract

CONSTRUCTION OF HEYSHAM 2 POWER STATION: 2 × 660 MW AGR.

The design of the station is based on that employed at Hinkley Point 'B' in Somerset, modified to meet more recent safety criteria and to provide increased operating margins. Strict control was imposed on design changes using the Quality Assurance procedures developed to define the duties and responsibilities of all parties involved in the project. The management organisation is a well-defined hierarchy headed by a Project Manager supported by a headquarters-based project engineering team and a site-based construction management team. Contracts have been awarded to a large number of firms and novel incentives have been developed to encourage timely completion. The National Nuclear Corporation Ltd. is Agent to the CEGB for the design and management of the nuclear island whilst CEGB encompasses overall project direction as well as direct control of balance of plant contracts. Emphasis has been placed on the reduction of site fabrication of large critical components and site employment policies have served to harmonize employment arrangements. The construction of the project has been achieved within the original schedule and within 5% of the original cost estimate. During the commissioning phase, however, an unexpected problem was identified which stemmed from a small change from the Hinkley Point 'B' design made in the conceptual stages, and this caused a delay of several months to the first unit. Fuel loading is due to commence in July 1987 with the prospect of power raising by the end of the year.

1. Introduction

The decision to proceed with the construction of a 2 x 660MW Advanced Gas Reactor power station at Heysham 2, near Lancaster in North-West England was taken in 1979. From the outset, the need to build the project to time and to cost was recognised as paramount and with this in mind, a number of lessons were learned from earlier nuclear projects and from the latest coal-fired station at Drax, which had been authorised in 1976.

2. Project Management Principles

The construction success of Heysham 2 is primarily attributed to the adoption of the following principles:

The design is based as far as possible on established technology and proven plant.

Having established the design, changes have been strictly limited, but where unavoidable, have been rigorously controlled.

The CEGB has applied firm and competent management to the project and has demanded similar dedication and ability from all participating organisations.

Constructive financial incentives have been incorporated in contracts to encourage early recovery strategies from difficult situations.

Co-operation has been achieved between management and site employees by establishing clear strategies for equitable labour policies with measured incentive bonus schemes.

3. Design Basis

During the late 1960/early 1970's, the CEGB embarked upon a programme of Advanced Gas Cooled Reactor stations based on the Magnox stations which had been built during the previous decade. The AGR programme incorporated three designs of reactor (all rated at 660MWe), the most successful of these being Hinkley Point 'B' in Somerset. This reactor type was, therefore, adopted as the basis for Heysham 2 and offered the prospect of significant off-site pre-fabrication of major components.

Commissioning experience with Hinkley Point 'B' had identified specific problems associated with fuel channel gags, gas circulators and pressure vessel thermal shield and this experience was incorporated into the Heysham 2 design. In addition, to give further performance margins, the number of fuel channels was increased from 308 to 332, the boiler surfaces were increased by 10% and the maximum gas circulator rating was increased by 11%.

To give greater freedom for access to internal components, the reactor internal diameter was increased by 1.35m to 20.25m and the opportunity was taken to increase the maximum vessel operating pressure by 2.9 bar to 41.5 bar g.

Further thought was given to provisions for in-service inspection of critical components and the arrangement of fuel and control rod nozzles welded to the gas baffle dome was transposed to improve accessibility for weld inspection.

By the time the design criteria for Heysham 2 were frozen, international safety standards had moved on from those adopted for Hinkley Point 'B'. This led to the provision of additional back-up cooling systems, additional shut-down devices and diverse segregated emergency power supplies with consequential effects on cable routing and protection. The most far-reaching new safety criterion adopted for Heysham 2 was the requirement to withstand a defined seismic event. This profoundly affected the building structure, the support of the reactors and restraint of the boilers, gas baffle and core, the design of the fuelling machine and the cable supports as well as almost all the electrical equipment associated with the safety systems.

So whilst the principles of the Hinkley Point 'B' design were retained, there were many departures in detail and, as will be described later, it is one of the apparently minor changes which has caused the greatest single delay to the project.

4. Design Change Control

From the outset, the project has been managed within a series of interlocking Quality Assurance procedures which define responsibilities of individuals and sections within the CEGB as well as other organisations. The structure is a hierarchy through which "senior" parties receive and approve the quality programmes and plans of "junior" groups and also carry out audits to ensure compliance. The top of the pyramid is represented by the Nuclear Installations Inspectorate, which interfaces with the CEGB through its Health and Safety Department. The Project Manager and his Team then head the design and construction organisations, which in turn are served by contractors, sub-contractors and so on as well as by other functions within the CEGB.

Once the basic design had been established, a design change procedure was established which requires the initiator of a proposal to obtain a written statement by his peers of its effects on other engineering disciplines, on programme and cost. He then submits his proposal, with his justification and this statement of consequences to the Project Engineer and Project Manager for critical assessment before approval and implementation. Where safety systems are involved, it is necessary for the proposition to be further assessed by a Design Change Committee and where changes to existing hardware are necessary, no irreversible work is done until the NII has had an opportunity also to assess the proposal. This procedure has made a positive contribution to the limitation of cost and potential delay to the project.

5. Management Skills

The Project Manager is one of the most experienced officers of the Generation Development and Construction Division (GDCD) of the CEGB and he has been supported by extremely competent and dedicated staff. The design and procurement aspect is directed by the Project Engineer and the site erection and setting to work by the Site Manager, who each report directly to the Project Manager. Both the project team and the site teams are made up of about 100 professional engineers qualified in the major engineering disciplines and supported by equally well-qualified planners, contracts and financial staff dedicated to this specific project.

Both groups are assisted by specialists within GDCD with particular knowledge of nuclear engineering, turbine generators, materials, vendor assessment and so on, but the drive, direction and control and ultimate responsibility is focused on the Project Team.

6. Contract Strategy

The policy of CEGB has been to utilise skills available from various organisations and to encourage good performance by appropriate financial incentives. The basic decision, therefore, was to employ the National Nuclear Corporation Ltd. (NNC) as CEGB's Agent for the design and contract management of the nuclear island. This flowed from the outline design work carried out by NNC prior to formal commitment of the project and was integrated with the CEGB's overall responsibility for the project, which encompasses the management of work representing the balance of plant. All contracts have been drawn between the CEGB and several hundred individual contractors and NNC operate within extensive but defined delegated terms of reference in the management of contracts within their scope. So called "common works contracts", such as civil engineering work, cabling and general mechanical services are managed jointly by CEGB and NNC, but with clearly defined responsibilities.

With very few exceptions, all contracts include design, manufacture, erection, testing and setting to work at prices which are variable only in respect of change of scope or inflation. By this means, individual contractors carry responsibility for the totality of a section of work which has to be performed in accordance with a contract placed as a result of (usually) competitive bidding against a definitive specification.

Experience has indicated that late provision by contractors of information required by others and late manufacture/delivery/installation can cause irrecoverable dislocation to project schedules. To encourage firms to meet their obligations in this respect, two specific incentive arrangements have been applied to a number of key contracts. The first is the attachment of a significant payment to the timely completion of design work. The second is the application of a "key date" system of six-monthly reviews which impinges directly on cash flow if progress is not maintained throughout the programme instead of the conventional arrangement of claiming damages for poor performance at the end of a contract. The key date arrangement has rapidly attracted senior management attention (in the few cases where it has been necessary) in good time for remedial measures to be effective.

The key date principle has also been applied to the Agreement covering the role of NNC on the project and this, coupled with a bonus scheme associated with major project milestones, has served as a valuable spur to effective performance not only by NNC but also by the Project Team.

7. Construction Methods

To assist in the achievement of high quality and also to reduce site labour work content on critical items, major reactor components were prefabricated and the largest of these (two gas baffles and two pressure vessel liner roof structures, each weighing about 1000 tonnes) were transported to the site on sea-going barges from the North-East coast where they were built. The floors of the pressure vessel liners and the vertical strakes comprising the vessel walls were transported by road as were the 12 boiler units (each weighing over 100 tonnes) required for each reactor. Special site lifting facilities were provided.

The CEGB followed its usual practice of arranging the transport to site of heavy electrical components (alternators, stators and generator transformers) on a specially chartered Ro/Ro vessel.

8. Project Construction Achievement

Preliminary site work began in 1979 and the first permanent reactor foundation concrete was placed in August 1980. The first pressure vessel liner was moved into position in January 1982, followed by the gas baffle in December 1982. These were followed by vessel concreting and in turn, by fitting of the vessel roof. Corresponding components of the second unit followed, according to plan, one year later.

Core erection began in April 1984 followed by completion of vessel internal work including the application of a thermal shield and the fitting of boilers and gas circulators.

In parallel with these activities, buildings were completed, the charge hall made weathertight, turbine generators erected and cable installation commenced. The design and management of the cable contract has been a major success thanks to the use of computer programmes for system design as well as for detailed planning and monitoring of cable installation and termination.

Physical completion of the main elements of the first unit was signalled by the proof pressure test on the first reactor vessel in November 1985, two months ahead of schedule, and the second exactly one year later. A wide range of other equipment was installed in accordance with requirements - switchgear, cooling systems, turbine generators, emergency diesel generators, fire protection, computers - a whole host of complex and interactive components all vital to the total project.

By early 1986, therefore, commissioning tests began, and at this stage, it was possible to declare that the station had been built on time and within 5% of the original budget established in 1979.

9. Commissioning

A period of 13 months had been allowed for commissioning each unit and in May 1986, following dry-out of the core, unfuelled engineering runs were commenced on the first reactor to examine plant component behaviour at normal and maximum gas flows and densities. These tests demonstrated that the majority of components were entirely satisfactory, but a totally unexpected problem with control rod scuffing was discovered in October of that year. Close examination, coupled with extensive laboratory and full-size rig testing, revealed that the apparently small change to the gas baffle nozzles referred to earlier in the Paper has led to a very significant change to the flow of cooling gas through ports in the control rod guide tubes, causing excessive rotational movement of control rod assemblies. Identification of the problem, followed by testing and implementation of a remedy, has added eight months to the commissioning programme of the first unit, although a negligible corresponding delay will apply to the second unit.

What a salutory lesson this has been! After all the care with which proven designs and plant were adopted, and the strict attention given to all subsequent design changes, this apparently trivial detail has proved to be enormously costly. At the time of writing (June 1987), the loading of fuel into the first reactor is now imminent, so there is a good prospect for power raising about the end of the year, with substantial power being generated by both units, in accordance with the original schedule, by mid 1988.

10. Conclusion

No doubt every nation has its version of the English proverb 'For the want of a nail, a shoe was lost. For the want of a shoe a horse was lost - and so on, until a war was lost'. Experience in the building of Heysham 2 has proved this adage to the hilt. A great success has been achieved by attention to detail, but just a little more attention to just one more detail would have generated total triumph.

Acknowledgements

Limitations of space have precluded reference to large areas of work including the preparation of the nuclear safety case, the fuel route, the civil engineering design, the management of expenditure and many other crucial activities. Nevertheless, the author gratefully acknowledges the unstinted support he has received from colleagues within CEGB, in NNC, contractors and associated organisations and, in particular, the efforts of the many thousands of individuals in design offices, factories and on the site without whom nothing whatsoever would have been achieved.

IAEA-CN-48/146

ОБЕСПЕЧЕНИЕ КАЧЕСТВА В ПЕРИОД СТРОИТЕЛЬСТВА АЭС С РЕАКТОРАМИ ВВЭР-440 В ЧССР

Р. КВЕТАН
Словацкие энергетические предприятия,
Братислава,
Чехословацкая Социалистическая Республика

Abstract–Аннотация

QUALITY ASSURANCE DURING CONSTRUCTION OF NUCLEAR POWER PLANTS WITH WWER-440 REACTORS IN CZECHOSLOVAKIA.

The initial experience of quality assurance during construction of nuclear power plants with WWER-440 reactors in Czechoslovakia is examined. The quality of equipment in nuclear power plants, as a decisive factor for safety and reliable operation, needs to be assured systematically at all stages of construction and operation of such plants. The paper describes the approach to equipment quality assurance of the different participants in the construction of power plants. The specific approaches and data associated with the development of an equipment quality assurance system for the Mochovce nuclear power plant are taken as an example.

ОБЕСПЕЧЕНИЕ КАЧЕСТВА В ПЕРИОД СТРОИТЕЛЬСТВА АЭС С РЕАКТОРАМИ ВВЭР-440 В ЧССР.

Рассмотрены предварительные опыты из области обеспечения качества при строительстве АЭС с реакторами ВВЭР-440 в ЧССР. Качество оборудования АЭС, как решающий фактор безопасной и надежной эксплуатации, необходимо систематически обеспечивать на всех этапах строительства и эксплуатации АЭС. Описан подход отдельных участников строительства к обеспечению качества оборудования. На примере АЭС в Моховце предложены конкретные подходы и данные по разработке системы обеспечения качества оборудования.

Вопросам безопасности АЭС в ЧССР уделялось большое внимание уже в начале создания ядерной энергетики. Важность вопроса ядерной безопасности обусловливается также небольшой территорией страны с высокой плотностью населения. Ядерную безопасность необходимо обеспечивать комплексом организационно-технических решений и мероприятий.

Одним из решающих факторов, непосредственно влияющих на ядерную безопасность, является качество оборудования. Философия подхода к вопросам качества в Чехословакии соответствует рекомендациям, определенным МАГАТЭ. В интересах общества с целью обеспечения качества в период строительства и эксплуатации АЭС соответственно разрабатывалось и совершенствовалось законадательство.

В 1979 г. Чехословацкой комисией по атомной энергетике (ЧСКАЭ) были изданы Правила по обеспечению качества оборудования с точки зрения ядерной безопасности.

Правила определяют требования по разработке, утверждению и выполнению программы обеспечения качества, которая разработана при проектировании АЭС. С точки зрения безопасности оборудование разделено по значению функций безопасности и степени случайной аварии для ядерного оборудования. Наиболее наблюдаемый I класс включает то оборудование, которое в максимальной степени требует обеспечить качество, объем контроля, а также связанную с этим документацию. В этот класс включено основное оборудование первого контура и оборудование необходимое для остановки реактора в случае аварии.

Одновременно с разработкой проектов АЭС постепенно разрабатывается программа обеспечения качества, определяющая требования к выбранному оборудованию и роботах, которые обусловлены качеством и состоянием оборудования в период производства, монтажа, пуска и эксплуатации АЭС.

Перед началом производства избранного оборудования производитель должен разработать для отдельного избранного оборудования индивидуальную программу обеспечения качества (ИПОК). Каждая ИПОК должна быть согласована с инвеститором и утверждена ЧСКАЭ. В программе конкретизированы требования по выбранному оборудованию, определяются объем и виды контроля при производстве, монтаже и эксплуатации, а также критерии допустимости дефектов для такого оборудования.

Перед пуском АЭС должна быть проведена оценка всех ИПОК, включая результаты доэксплуатационного контроля. Доэксплуатационный контроль выполняется после первой нагрузки оборудования на эксплуатационные параметры.

Философия ответственности за безопасную эксплуатацию определяет необходимость основания системы обеспечения качества и информации о качестве оборудования для того, чтобы всегда имелись объективные данные об использованном оборудовании. Эта информация позволяет также провести оценку дальнейшей работаспособности и сроков службы оборудования. Это является первоочередным, особенно для оборудования, которое подвергается облучению потоками нейтронов.

Изданием ЧСКАЭ Правил была унифицирована программа обеспечения качества отдельными изготовителями. Это позволило также обеспечить необходимую информацию для контролирующего персонала, оценку результатов и тем самым повысить работоспособность и надежность оборудования. Перед изданием этих Правил большая часть результатов по контролю на заводах-изготовителях хранилась в архивах изготовителей в течение всего срока службы АЭС.

Сейчас в ЧССР ведется строительство АЭС ВВЭР-440 с реакторами водо-водяного типа под давлением (12,5 МРа) в Моховце (южная часть Словакии). АЭС имеет четыре реакторных блока мощностью 440 МВт каждый.

Программа обеспечения качества разрабатывалась с началом проектных работ, что позволило создать полностью комплексную систему обеспечения качества.

На основании Правил по важности избранное оборудование было разделено на два класса в технологической и аварийной схемах АЭС. В первый класс включено следующее оборудование, обеспечивающее:

– работу первого контура;
– ликвидацию и локализацию максимальной проектной аварии (разрыв главного циркуляционного трубопровода);
– отвод избыточного тепла при нормальном и аварийных режимах;

В второй класс включено остальное оборудование (например) :

- первого контура, которое не включено в первый класс:
- обеспечивающее снижение протечек из оболочки;
- обеспечивающее предотвращение недопустимых изменений реактивности;
- для снабжения энергией систем безопасности и т.д.

Классифицированное подобным образом оборудование содержит около 1800 типов, что составляет около 20 000 единиц для одного блока.

До начала производства оборудования разрабатывается ИПОК, где находит отражение следующая информация об обеспечении качества оборудования:

- основные характеристики оборудования;
- данные о качестве оборудования;
- возможность диагностики и контроля во время эксплуатации;
- обеспечение качества в процессе производства;
- транспортировка и складирование оборудования;
- контроль перед монтажом;
- обеспечение качества монтажа;
- доэксплуатационный контроль;
- контроль в процессе эксплуатации;
- документация по качеству.

Объем и глубина информации в ИПОК определяется важностью оборудования в технологической схеме АЭС. Этим же обусловливается и объем контроля, который осуществляется на всех этапах изготовления и строительства.

Ориентировочно можем показать следующие данные о числе отдельных видов ИПОК.

В первый класс оборудования входит около 100 его типов, например:

- главное оборудование первого контура;
- реакторная установка;
- парогенераторы;
- главные циркуляционные трубопроводы;
- главные циркуляционные насосы;
- главные запорные задвижки;
- компенсатор объема;
- насосы и задвижки.

Во второй класс входит около 250 типов оборудования, например, трубопроводы, насосы, задвижки, баки и т.д.

Наиболее представительным по количеству являются оборудование электропитания и контрольно-измерительные приборы. Оборудование электропитания включает:

- системы снабжения самых важных потребителей, обеспечивающих регулирующее и аварийное оборудование;
- двигатели СУЗ;

– системы резервных источников снабжения;
– распредустройства;
– кабельная трассировка;
– трансформаторы;
– проходки электрических кабелей, проходящих через гермозону.

Контрольно-измерительные системы включают схемы и отдельные элементы схем (датчики, переводники, предусилители, усилители и т.д.)

Важным элементом безопасности являются строительные конструкции объектов. Они должны элиминировать последствия случайной аварии АЭС. АЭС с ВВЭР-440 сконструирована как АЭС с контейнментом с подачей давления. Из этого вытекают требования по строительным конструкциям. Для АЭС с ВВЭР-440, исходя из конструктивных особенностей реактора, очень важным элементом является гермозона, которая должна вместе с активными и пассивными элементами предотвратить аварию главного циркуляционного трубопровода.

В область строительных конструкций входит около 20 избранных конструкций и объектов, для которых разработаны ИПОК.

Таким образом систематически спроектированная система обеспечения качества представляет собой целостный комплекс информации о качестве АЭС и отдельного оборудования в количестве около 80 000 единиц на всей АЭС. К этому необходимо добавить, что каждый тип избранного оборудования должен быть проконтролирован по ИПОК, и вместе с оценкой результатов контроля необходимо утвердить его пригодность к монтажу и пуску блока.

Вся документация о качестве оборудования находится в архиве эксплуатирующей АЭС организации, что позволяет, используя вычислительную систему, эффективно и квалифицированно решить вопрос о сроках службы каждого отдельного вида оборудования.

Для объективности и контроля деятельности всей системы обеспечения качества потребитель (будущая эксплуатирующая организация) осуществляет сверхконтроль на заводах-изготовителях и при монтаже. Сверхконтроль по объему и содержанию зависит от ИПОК. Потребитель выполняет контроль собственными силами или в сотрудничестве со специализированными организациями.

Программу обеспечения качества использует также государственный надзор по безопасности и труду, который осуществляет также надзор за электрическим, газовым, подъемным оборудованием и сосудами под давлением (как в классической электростанции).

Целостная система обеспечения качества в период строительства АЭС направлена на обеспечение безопасности и надежности эксплуатации. То, что наш подход к обеспечению качества оборудования является правильным, свидетельствует тот факт, что на АЭС в ЧССР не было обнаружено никаких серьезных повреждений оборудования и аварий. При том коэффициент использования блоков, свидетельствующий о надежности и безопасности АЭС, достигает более 80%, что является отличной оценкой системы обеспечения качества оборудования.

ADVANCED TECHNIQUES FOR RATIONALIZATION OF THE CONSTRUCTION OF MONTALTO DI CASTRO NUCLEAR POWER PLANT

V. MORELLI, I. BACHMAN, A. ROCCHI
Direzione delle Costruzioni,
Ente Nazionale per l'Energia Elettrica,
Rome, Italy

Abstract

ADVANCED TECHNIQUES FOR RATIONALIZATION OF THE CONSTRUCTION OF MONTALTO DI CASTRO NUCLEAR POWER PLANT.

The paper describes the steps taken at the Alto Lazio (Montalto di Castro) nuclear power plant construction site in order to rationalize construction methods and work control systems. They consist mainly of: (a) using models for studying construction sequences and for identifying in advance any modifications that may have to be made in the design; (b) using pre-assembling and prefabrication for civil structures and plant components; and (c) using computerized management and work control procedures. As regards the first of the above measures, models of the more complex civil engineering structures were developed. This made it possible to foresee interferences between reinforcing bars and embedments, thus avoiding delays during the construction phase. As regards the second type of measures, large scale prefabrication and/or pre-assembling was planned and carried out for the following elements: reinforcing bar assemblies of walls, floor slabs and particularly complex and heavy structures; metal structures such as the primary steel container, fuel pool and drywell liners, the dome of the shield building, as well as wholly prefabricated reinforced concrete elements and assemblies of mechanical components. Lastly, computerized systems were devised for rational management of quality and work progress control. It was thus possible to determine the work status in real time and hence to adopt any corrective action necessary. The results of these measures applied in Montalto were positive, in spite of initial difficulties deriving from the fact that prefabrication (and/or pre-assembling) was introduced when work was already under way, so that both the design and the site organization had to be adapted. In addition to reducing construction time, prefabrication also meant a great step forward as regards safety and quality, thanks to better working conditions and ease of control.

1. INTRODUCTION

The considerable investments made and the time needed to build a nuclear power plant make it necessary to adopt all measures, either technical or organizational, which reduce the time to completion, thus limiting as much as possible the interest paid during construction.

An important contribution in reaching such an objective can be made by the rationalizing the construction work, using a methodology and management techniques which allow one to:

- point out and prevent difficulties in construction;
- keep the greatest possible amount of work out of the critical path;
- obtain in real time all the data necessary for keeping the progress of various work under control, and taking any corrective measures in good time.

It is furthermore necessary to guarantee high quality of the product and safety at work.

Studies and experiments to date regarding site construction activities on the nuclear power plant 'Alto Lazio' (Montalto di Castro) and in particular the main civil engineering works are presented in the following.

2. THE ALTO LAZIO NUCLEAR POWER PLANT

The Alto Lazio nuclear power plant, situated on the Tyrrhenian coast between Civitavecchia and Argentario in the Montalto di Castro Council territory, consists of two 981 MW(e) net units, each equipped with a General Electric BWR-6 type, with MARK3 type containment. The primary container is of steale and enclosed in a second container of reinforced concrete (shield building) 1.20 m thick, for protection against external events.

Construction of the plant entails:

- site selection and general engineering activities carried out directly by ENEL;
- engineering activities, as well as procurement and installation of systems and components by a principal supplier (joint venture Ansaldo–GETSCO);
- engineering activities, as well as civil work construction contracts and orders for electromechanical systems and components outside the scope of the main supplier contract provided directly by ENEL.

After preliminary preparations of the site, the construction of the plant began in May 1982 with the laying of the first reinforcement bar of the concrete mat foundation of the turbine building. It is foreseen that the first unit will become commercially operational by 1990 and the second unit approximately ten months later.

Progress made in construction of the two units, on site and off site, can be estimated globally by mid 1987, to be about 72% towards completion for the first unit and 62% for the second unit.

Civil works are about 85% completed for the first unit and 72% for the second; about 15% of the electromechanical erection has been completed for the first unit and about 7% for the second unit.

Up to date about 27 million working hours have been spent on construction on the site and it is foreseen that by the time the work is completed 45 million hours will have been spent.

3. PROBLEMS RELATED TO CONSTRUCTION

The above figures show that the construction of a nuclear power plant, and in particular that of Alto Lazio, involves the use of large amounts of material, in work areas somewhat restricted and where space is often limited and confined, therefore making work on construction sites highly complicated and interreactive.

The civil engineering work, in particular, presents considerable complexities because of the large widths of structures in reinforced concrete and the high density values of reinforcement bars (up to 400–450 kg/m^3) due to the heavy load conditions imposed by the regulations, and because of the presence of a considerable number of embedments (anchorage plates, penetrations, drainage pipes, etc.) since the structures in reinforced concrete directly interface with the electromechanical part of the plant.

Furthermore, civil engineering work, on the one hand, must be completed first, and is nearly always on the critical path, but on the other, from the point of view of planning, it is closely tied to the development of the electromechanical systems design with which it is interfaced. The development of those, in turn, is conditioned by the characteristics of the components and therefore by the choice of suppliers and by the following through of the design portion pertaining to them.

This often leads to delays in the finalization of civil design, and nearly always to revision of the drawings, which inevitably has repercussions on the construction work.

The high density of rebars and embedments often leads to interference which if noticed at the time of construction leads to time delays due to the fact that every modification must be approved by the designer and documented, according to Quality Assurance procedures.

Analogous problems are encountered with the electromechanical parts, due to the confined space and the rigid ties for the interfacing of civil works (anchorages, pipe penetrations, etc.). Another cause of difficulty and limitation on the speed of construction and on-site component erection is the congestion of equipment and workers in restricted areas, aggravated by the overlapping of civil and electromechanical work. By increasing the number of workers involved in a certain area over a certain limit, a sudden fall in productivity results from reciprocal interference, resulting in an increase in work costs but almost no advantage in terms of work progress.

Productivity also diminishes as work takes place at higher levels because of the necessity of working in more unfavourable conditions and because of the increase in time lost (more time is needed to reach the place of work and to raise materials).

Moreover, a technical limit on the speed of work carried out on site is posed by the number of hoisting devices that can be installed and used to lift materials at the same time, taking into account the need to avoid situations dangerous to the workers.

Finally, work done at high levels and in congested areas makes it difficult to meet quality requirements, which are particularly strict for a nuclear power plant.

Attempts have been made to overcome the above problems at the Montalto site by using models of the pre-assembly and by prefabrication of civil and mechanical parts, as well as by using computer aided management systems for control of quality and work progress.

4. THE MODELS

As well as models which help in the planning phase (for example installation models of scale 1:25 of the reactor auxiliary fuel (RAF) building turbine, heater

FIG. 1. RAF Foundation mat model.

FIG. 2. Reactor pedestal model.

bay and condensate water treatment buildings, and a full scale model of the control room), structural models have been used during the construction phase of the Montalto plant.

These models reproduce in appropriate scale all the components (rebars and embedments) of the reinforced concrete structures; their execution is established contractually with the contractor involved in the civil work. These models have allowed study of construction problems, and hence the sequence of construction of more complex structures, as well as indicating in advance any interference between reinforcement bars, support structures and embedments.

Some examples of models made at Montalto are: the model of the foundation mat of the RAF building, the model of the reactor pedestal (Figs 1 and 2).

Thanks to these models it has been possible to determine, in advance of construction, most of the interferences between various structural parts, thus avoiding delays during construction.

Beside the structural models, a 1:100 scale model of the layout of all structures situated below the yard level has been made, in order to plan the excavations and backfilling, as well as the construction of yard ducts, tunnels, drains, etc., at different levels.

Models have also been made to study the preassembling methods for more complex structures.

5. PREFABRICATION

5.1. General aspects

The off-site prefabrication of structural and mechanical parts certainly is the most important step taken at Montalto to rationalize the work and reduce the time taken for construction.

In fact, prefabrication allows, in general, the transfer of part of the work from on-site to off-site, therefore avoiding problems from having to perform work in sequence, overcrowding, and arising from the limited number of hoisting devices available.

It is thus possible to carry out various parts of the work at the same time and also to plan and programme with greater precision the work phases that must be carried out on-site.

The scheduling of off-site work imposes fewer restrictions than that of on-site work (provided that the design is available).

This enables optimal scheduling to be accomplished as regards utilization of equipment and manpower, the objective being to level out, as far as possible, the curve representing the utilization of resources. Taking part of the work out of the critical path allows sufficient margins for resolving eventual non-conformities or introducing design changes that might become necessary during the course of work, arising from interferences or other difficulties not noticed during the design phase and also the modelling phase (which is only carried out for more complex structures, as already stated). The extensive use of prefabrication represents a major step forward as regards safety and the quality of work. In fact, the carrying out of the greater part of work off-site permits:

- The decongestion of work areas where restrictions on space, the works being carried out by more than one contractor and the simultaneous use of various hoisting devices can lead to situations of potential danger;
- Carrying out work at ground level in optimal safety conditions;
- Ignoring meteorological conditions by working under covered areas;
- Separating topographically work carried out by different contractors, therefore eliminating reciprocal interference;
- Improving the quality of the product thanks to easier work and control conditions.

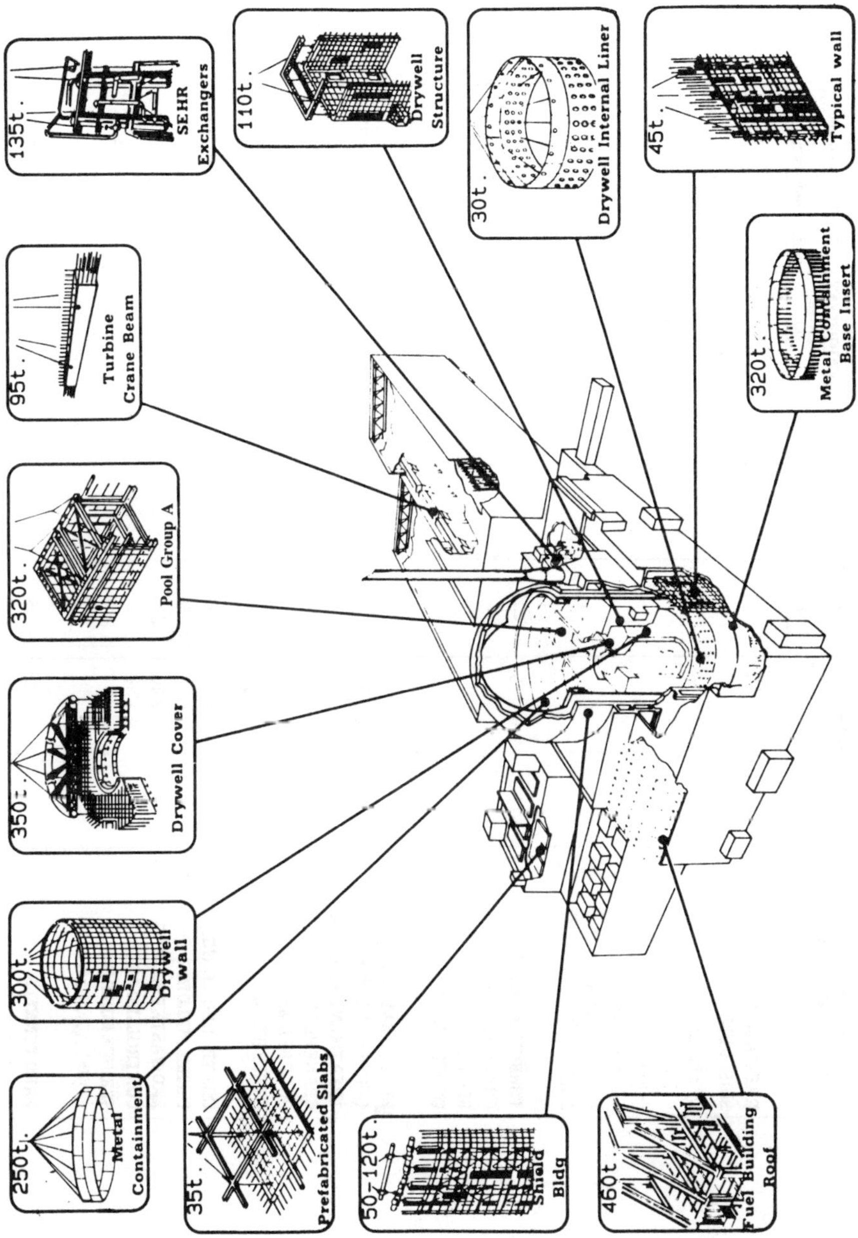

FIG. 3. Types of pre-assembled elements.

TABLE I. PREASSEMBLED UNITS DATA

MAIN CIVIL WORKS PREASSEMBLED / PREFABRICATED STRUCTURES	WALL ELEMENTS		FLOOR ELEMENTS		SPECIAL PREASSEMBLED OR PREFABRICATED STRUCT		CIVIL WORKS INTERESTED BY PREFABRICATION	
	No	Weight range (t)	No	Weight range (t)	No	Weight range (t)	% INCL. FOUND	% EXCL. FOUND.
RAF BUILDING	177	20 ÷ 45	37	10 ÷ 35			28	39
SHIELD BLD					28	70 ÷ 160		
DRY WELL								
— Inner wall					1	300		
— top slab					1	350		
— upper zone					11	20 ÷ 220		
— upper fuel pool					4	320		
FUEL BLD. ROOF					4	250 ÷ 450		
TURBINE BULDING	127	6 ÷ 25	—	—			8	16
CRANE BEAMS					20	55 ÷ 100		
ROOF BEAMS					48	33		
OTHER BEAMS					34	5 ÷ 10		
HEATER BAY AND CONDENSATE WATER TREATMENT BUILDING	209	4 ÷ 25	—	—			26	37
CRANE BEAMS					10	8 ÷ 10		
ROOF BEAMS					34	30		
OTHER BEAMS					22	4 ÷ 20		
CONTROL BUILDING	102	3 ÷ 7	122	11 ÷ 30			46	63
DIESEL BUILDING	44	3 ÷ 6	36	16 ÷ 40			27	41
RADWASTE BUILDING	232	3 ÷ 16	249	4 ÷ 35			43	72
CONTROLLED AREA	45	4 ÷ 8	57	12 ÷ 18			12	22
SERVICE BUILDING (FOUNDATION MAT)					8	90 ÷ 165		
YARD TUNNELS	69	4 ÷ 7	39	4 ÷ 9			66	100

Examining specifically the prefabrication solutions adopted, it can be seen that, due to the large dimensions of the structures, it has not been possible, except in individual cases, to carry out the prefabrication of complete parts because of the excessive weights involved. In general, orientation has been towards a partial prefabrication or the pre-assembling of single components of structures. The solutions adopted can be divided into the following categories:

- The pre-assembling of reinforcing bars and embedments of wall elements
- The pre-assembling of reinforcing bars, including embedments and first concrete layer pouring of floor slabs
- The pre-assembling of reinforcing bars and embedments of special structures
- The prefabrication of steal structures
- The prefabrication of complete reinforced concrete parts
- The pre-assembling of modules of mechanical components and pipes.

Figure 3 shows some typical examples of prefabricated parts, indicating their respective weights. It may be noted that, whilst for wall and slab elements weights are generally below 50 t, for special structures weights have reached up to 450 t. In Table I the number of pre-assembled pieces of reinforced concrete structures is given, together with respective weights.

5.2. Wall pre-assembled elements

To facilitate prefabrication, the wall structures have been divided into modules equal to the height between floors (added to the vertical reinforcement connecting sections), of length up to 12 m and the full width of the wall.

The vertical and horizontal reinforcement bars are fixed to a steel supporting structure which is normally prefabricated off site. Furthermore embedments (jordahl, anchor plates, pipe penetrations, drains) are assembled onto the structure. Their exact positioning is guaranteed even during transport thanks to the rigidity of the whole structure.

The steel support structure has at its base joint-plates which during on-site erection are joined to counter plates embedded in the casting below, ensuring correct positioning and fastening of the pre-assembled elements. The continuity of the vertical reinforcement bars is obtained by overlapping; the horizontal connections are also obtained by overlapping, using bars inserted in the pre-assembled element and then moved by sliding into the final position, after erection of the elements, so as to complete the desired connections. Where this is not possible, mechanical joints such as threaded CCL Bargrip types have been used.

5.3. Floor slabs

The pre-assembly of the reinforcement for the floor slabs with a 15 cm thick concrete layer avoids formworks and scaffolding on site, therefore making the premises immediately serviceable.

The system also makes possible the introduction of electromechanical equipment from above, before the laying of the slab and the completion of the floor. The lower and upper rebar framework of the slab complete with shear bars, drains and other embedments, as well as reticular steel supporting beams, which remain embedded in the concrete, is pre-assembled on a specific framework placed on the ground in the prefabrication area. A layer of concrete, about 15 cm thick, is then poured; it encloses the lower net of the rebars and the inner surface embedments, and constitutes therefore an integral part of the floor. Thanks to reticular supporting beams, the prefabricated structure is self-supporting and is able to sustain the weight of the final pouring of concrete. Where it has not been possible to insert reticular beams because of interferences, limited scaffolding has been emplaced to support the pre-assembled slab during final concrete pouring. Connections with the reinforcement bars of the walls and adjacent floors are carried out on site, utilising bars, pre-arranged in the prefabricated structure, which then can be moved easily into the final position, as well as threaded CCL Bargrip joints. The drainage connections are carried out on site by welding cut pipes that allow a certain degree of adjustment.

5.4. Special structures

These are special rebar modules of the RAF building of special shape and of considerable complexity, whose dimensions and weights required very special equipment and hoisting devices. The most important ones are: the cylindrical wall and the top slab of the drywell; the shield building; the upper pools of the reactor building; the roof floor of the fuel building. To build the cylindrical wall of the drywell, the first two layers of reinforcement, as well as about 500 inserts, have been pre-assembled utilizing a re-usable metal formwork corresponding to the internal side of the wall. The remaining reinforcement bars were assembled on site. The rebar cage of the top slab of the drywell was pre-assembled in one piece using a special steel formwork made up of 66 sections in order to facilitate the dismantling after concrete pouring. The rebar cage of the fuel building roof floor was pre-assembled in four pieces with weights between 250–450 t. The reinforcement bars of the shield building were pre-assembled in nine cylindrical sections, each one 18 m high with an arc dimension of 12–19 m.

5.5. Metal structures

5.5.1. Annular inserts in mat foundation of the reactor building

These are annular plates that form an integral part of the steel liner of the foundation mat. Bars are fixed on the intrados and extrados of the plates using Cadweld joints which secure the structural connection between the mat foundation and the reactor pedestal, the drywell wall and weir wall. These inserts, prefabricated in sections in the workshop, were completely pre-assembled on the job site including lower anchorage bars and than positioned in place.

The total weight of the pieces laid on site is respectively about 60, 80 and 220 t for the three inserts.

5.5.2. Drywell wall, weir wall and fuel pool stainless steel liners

The liner of the interior side of the drywell wall (21 m in diameter and 6.60 m in height), that of the exterior side of the weir wall (20 m in diameter and 6.00 m in height) and those of the fuel pools have been completely pre-assembled off site. The liners of the four walls of each pool have been pre-assembled in one block, on a special bracing structure.

5.5.3. Annular base plates of the reactor and the biological shield

Such plates embedded in the concrete pouring of the pedestal have been completely pre-assembled with anchoring bolts and installed in one piece (weighing about 50 t).

5.5.4. Reactor biological shield

The reactor biological shield is made up of a box-like metal structure, cylindrical in form, the inside being filled with a special mortar of elevated neutronic absorbtion. The steel box-like structure was prefabricated off site, for the first unit in four lengthwise sections and for the second unit in hemicylindrical sections.

5.5.5. Primary container of the reactor building

The primary steel container of the reactor building is cylindrical with a semi-spherical dome. It is about 36 m in diameter and its total height is about 58.5 m. It was prefabricated in seven cylindrical annular rings, the first including the base ring and relative anchor bars, 3.1 m high, four rings 6.4 m high, one 6.25 m and one 3.2 m high, which carries the tracks of the polar crane. The last 2 m of the container were partially assembled on site. The work carried out on site has thus been limited to weldings between the circumferences of the rings. Even the dome itself will be prefabricated in two elements. The prefabrication of the container has made it possible to reduce drastically the interferences between its erection and civil work carried out at the same time.

5.5.6. Shield building dome

The hemispherical dome of the shield building, initially foreseen to be in reinforced concrete, will also be made with a prefabricated metal structure.

The structure is box-like, formed from steel sheets making up the external and internal faces, braced by using stiffening ribs forming cells which, after on-site erection, will be filled with concrete. The metal structure will be partially prefabricated in the workshop, in parts transportable by sea; subsequently the prefabrication will be completed at the job site, constructing two spherical rings and a cap to form the dome with the maximum weight of about 750 t, and placed on site using a DEMAG CC 12 000 crane.

5.6. Prefabricated reinforced concrete elements

Completely prefabricated reinforced concrete elements have been used when weights have allowed, for example:

- the supporting beams for the rails of the bridge crane of the turbine building (1st and 2nd unit), prefabricated in lengths of about 10 m;
- the roof beams of the turbine building (in which the slab is poured on site) made of mixed steel–prestressed concrete structure;
- the yard ducts prefabricated in sections.

5.7. Modules of the electromechanical components

The heat exchangers of the RHR (Reactor Heat Removal) system were pre-assembled on a supporting frame together with their linking pipe sections; they were then lowered into their wells from above. A similar procedure is being used for the section of the main steam piping housed in the pipe tunnel.

5.8. The impact of prefabrication on the organization of the construction site and work

The approach towards extensive use of pre-assembly and prefabrication requires a substantially different organization of the construction site and of the work compared with the traditional approach. In particular, it requires

- a larger working area suitably equipped to allow the prefabrication of an large number of pieces at one time, in adequately protected conditions;
- transport systems for the prefabricated pieces using specially designed trucks;
- special hoisting systems, utilizing cranes of exceptional capacities and ranges, as well as specially developed hoisting methodologies;
- specific on-site assemblage methods.

In the specific case of the Montalto plant, while some prefabrication of metal structures was started when civil engineering work began, the application of such methodology on a large scale was studied and subsequently decided upon when the construction site had already been traditionally organized (for example many tower cranes of only a few tonnes capacity were installed and the working areas were dimensioned to suit normal needs). The civil engineering works were also conventionally planned. It was therefore necessary to adapt the design to prefabrication needs as well as the layout and the equipment on the construction site. For this reason a specific working area for prefabrication was made, equipped with sheds, bridge cranes, service cranes, transit runways, lighting installations, water and electrical supply and sewage systems. Special trucks were designed for the transport of prefabricated structures, and the construction site was equipped with an adequate number of cranes of large capacities (DEMAG CC 2400 and 4000). For the hoisting of certain special assemblies (for example the primary container annular rings, the drywell wall and upper slab) two fixed 350 t cranes (Belleli), installed at the side of the RAF building, were used. In this case the prefabrication was carried out in specially assigned areas directly under the crane (for the drywell wall and upper slab), or in the immediate vicinity (for the annular rings of the container). Hoisting and positioning on site of the different types of pre-assembled structures required a special study and the use of suitable equipment in order to avoid deformities and/or imbalance of pieces during these operations.

Besides the impact on the layout and the equipment at the job site, prefabrication has also influenced the way of working, most of all regarding civil engineering work, principally for the following reasons:

- so that pre-assembled or prefabricated parts can be linked up, very strict construction tolerances have to be observed. This has meant that work has had to be carried out more in accordance with mechanical standards than those of civil engineering;
- pre-assembling and prefabrication are done in suitably equipped areas and/or sheds. It was thus possible to plan this work without having to allow particularly for weather conditions or for the vicissitudes of on-site work. Work conditions and work organization were thus more typical of a factory than of a construction site.

6. WORK CONTROL SYSTEMS

Given the complexity of the plant and the large amount of materials and equipment to be installed, it is vital to have computerized information systems that make it possible to control the development of construction activities in real time, so that prompt corrections of any deviations, in quality or construction time with respect to schedule, may be made. For the Montalto plant, as well as for for the big thermo-electrical plant of ENEL construction, computerized systems are used for the management of quality and work progress control activities and for monitoring the presence of workers on the site.

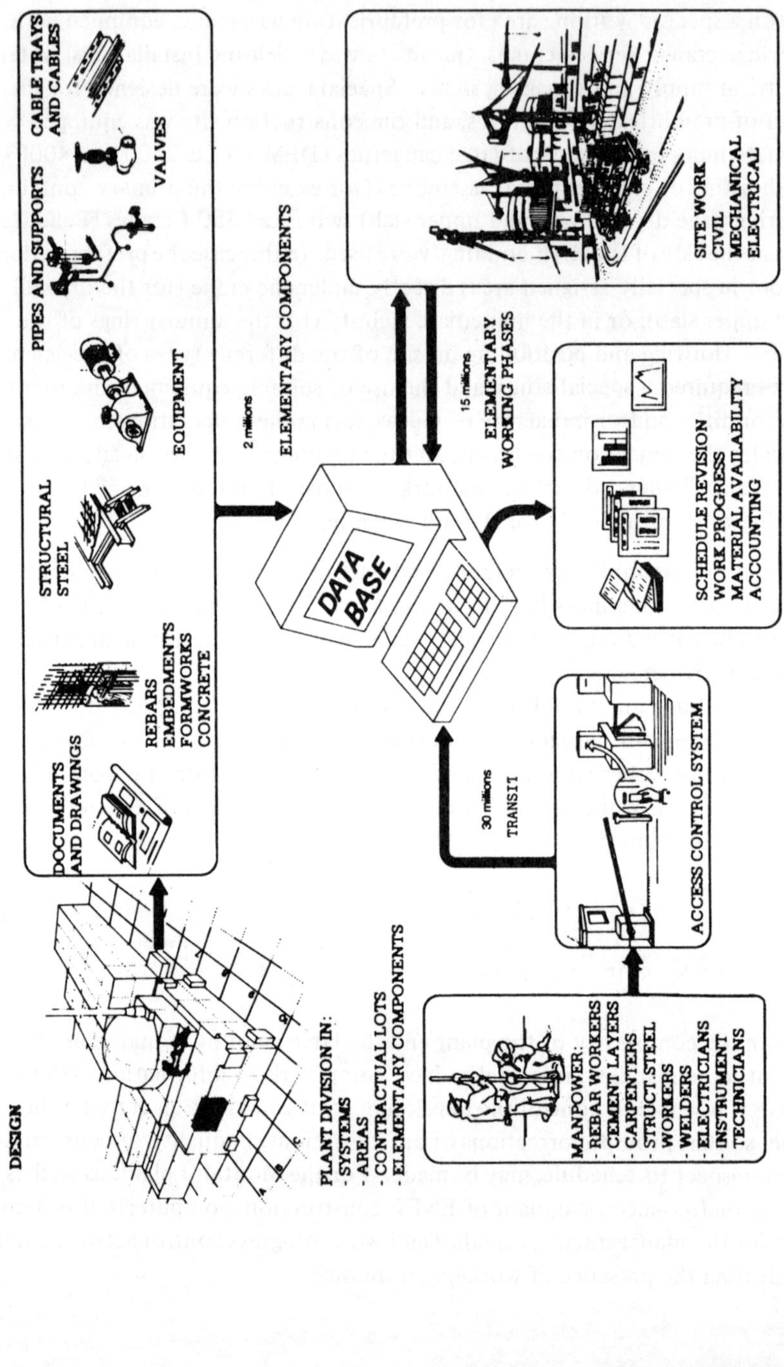

FIG. 4. Work progress control system.

6.1. Quality control

These controls are carried out both with regard to the quality system of the contractor, so as to ascertain whether the work meets the requirements of quality assurance from the standpoint of organization and management, and regarding materials and products through quality controls based on suitable quality control plans and run with the aid of a computer. For controls of materials, a centralized test laboratory, officially recognized in accordance with the law, is installed on the site. The test results are then fed into a centralized database. This makes it possible to carry out all the appropriate analysis and processing, thereby revealing any anomalous tendencies and enabling timely corrective interventions.

6.2. Work progress control

The system used on the site for controlling work progress is shown conceptually in the block diagram of Fig. 4. Two basic phases of operations are distinguished: the first is the preliminary loading of the database with data on the parts or components of the plant whose construction development is to be monitored; the second is the actual management of the work phases, and therefore consists in inserting into the same database information about the progress of the various types of work being carried out. This system makes possible the detailed monitoring of the state of construction of any part of the plant, whether civil or electromechanical. For this purpose, each system or building of the plant is broken down into its basic components, which may be a single piece of equipment, the spool of a process line, a cable, or, in the case of civil engineering works, the rebar cage, each single insert, the formwork and the concrete block of a structure (wall, beam, slab, etc.), as well as the single components of a metal structure, the finishings of a room, and so on.

For each of these basic components, the database is fed with information on its technical aspects, quantity, and the various phases of work foreseen (supply of materials, prefabrication, assembly, testing, etc.). On completion of the various work phases, the return of a prepunched card enables the computer to memorize the event that has taken place and its date. It is thus possible to know, in real time and at any moment, the state of work progress in great detail, and hence to detect any tendency towards delay in meeting the completion times.

6.3. Monitoring the presence of workers

A computerized system has also been installed on the site, with magnetic cards for monitoring the access of personnel belonging to the various contractors involved in the construction. The computer records the entrances and exits of each person, so that it is possible not only to know how many workers are present at any moment, but also to obtain statistical information on the work-force employed, and classify it according to contractor, place of residence, specialization, qualification, etc. Moreover, by correlating the data from the access control system with those of the work progress control system, it is possible to obtain data on productivity, whether of the work-force as a whole, or for single categories of workers (ironworkers, carpenters, cement workers, pipe fitters, welders, etc.).

7. CONCLUSIONS

As regards the use of pre-assembling and prefabrication techniques, the Montalto site experience can be considered essentially positive. In terms of productivity, it was observed that the ratio of man-hours to metric tonnes of rebar remained practically constant regardless of the shift from laying the large main foundations to the far more cramped and complex, progressively higher upper structures. It is to be expected that if the reinforcing bars had been laid with traditional methods, there would have been a gradual decline in productivity due to the increasing difficulties connected with working at height, in narrow spaces and with a necessarily limited number of lifts. It should also be borne in mind that the prefabrication programme was introduced when work had already been begun. This meant overcoming a number of difficulties linked with changes that had to be made in the design and the site, and with the adjustment to a new working system. Moreover, the technique of pre-assembling led to an increase in the quantities of steel used both for the reinforcing rods (and/or joints) for the on-site linking of pre-assembled elements, and for the pre-assembled element support structures. For future development, it would be advisable to evaluate the possibility of relying on the contribution of the supporting frames to the strength of the reinforced concrete structure, as opposed to the present practice of using them only as provisional features. Furthermore, the prefabrication and the introduction from above of electromechanical system modules should be adopted to a great extent, thus taking full advantage of floor slab prefabrication. It seems finally to be essential to set up a close co-operation between design and construction organizations from the outset, in order to take into proper account the construction requirements and avoid difficulties during the work.

In Montalto initial difficulties have been overcome thanks to the co-operation of the main supplier, Ansaldo, the main civil works contractor CCN (Consorzio Costruzioni Centrali Nucleari), the hydraulic works contractor Montalto Mare, and their respective subcontractors.

Special lifting and transportation of prefabricated structures is carried out by De Vizia-Decalift.

IAEA-CN-48/88

MOST RECENT EXPERIENCE IN NON-NUCLEAR COMMISSIONING AND EFFORTS TO OBTAIN AN OPERATING LICENCE FOR THE SNR-300 REACTOR

F.H. MORGENSTERN
Internationale Natrium-Brutreaktor-Bau GmbH,
Bergisch Gladbach

W. BÜRKLE
Interatom GmbH,
Bergisch Gladbach

G. HENDL
International Natrium-Brutreaktor-Bau GmbH,
Kalkar

Federal Republic of Germany

Abstract

MOST RECENT EXPERIENCE IN NON-NUCLEAR COMMISSIONING AND EFFORTS TO OBTAIN AN OPERATING LICENCE FOR THE SNR-300 REACTOR.

With the last major construction licence for the SNR-300 being granted in 1982, the way was opened for implementation of installation and non-nuclear commissioning which could be planned in detail. The number of staff on site rose by the end of 1983 to well over 3000. Non-nuclear commissioning commenced with pressure tests and tightness tests on partial systems and completed systems, and on the containment. Some 900 such tests were performed. Delivery and acceptance of the approximately 1070 t of sodium started in mid-1984. By September 1985, all systems had been filled, and circulation and high temperature purification operation had started. This was also the point at which the first of the difficulties occurred which have caused interruptions and repetition of commissioning procedures, and also the deployment of considerably more staff on the site than planned. These difficulties include in particular the repair of the large sodium tanks, recovery of a broken measuring lance, extensive rerouting of cables, and the ingress of moisture into the tank plena from the second half of 1986 onwards. However, the difficulties on the site have been sufficiently rectified to allow the conclusion of non-nuclear commissioning, including certain extremely successful safety-relevant natural circulation tests. Tests on the immersion cooling system followed these. It would, therefore, be technically possible to deliver the fuel and breeding elements to the plant and load the core. However, under the Federal German Atomic Law further licences are still necessary for this purpose; the applicant and manufacturer have been making intensive efforts to obtain these since 1983, but without success to date. Despite the fact that all the experts, including the Federal German Reactor Safety Commission, had arrived at a positive recommendation for nuclear commissioning in March 1986 on the basis of the assessments submitted in January 1986, the licensing authority, failing to adhere to the licences already issued, in mid-1986 raised a series of extremely basic questions requiring completely new evaluation of the safety design, and this after practically 15 years of licensing. This attitude on the part of the authority, which has become even more critical in view of Chernobyl, is determined by the definitive intention of the governing political party in the State to abandon nuclear energy. Since the State Government administers atomic law only as an agent of the Federal Government, all hope of attaining an operating licence lies with the Federal Government, which has the right of prescription.

1. NON-NUCLEAR COMMISSIONING

Attention is first drawn to Table I, in which the main individual stages of non-nuclear commissioning are summarized, for the purpose of rapid information.

In September 1982, the most comprehensive and important construction licence was issued, and made it possible to install the main systems and electrical equipment. All peripheral systems and structures had been passed for installation in the context of previous licences.

It was possible to commence the first pressure tests and tightness tests in mid-1983. This point in time should therefore be regarded as the commencement of non-nuclear commissioning. More than 900 such tests on system sections and complete systems, and on the containment system, had been completed by April 1985. In the period mid-1984 to mid-1985, the entire volume of sodium (approx. 1070 t) was transferred to the various systems and circulation operation at low temperature commenced, using the pumps. It was possible to perform high temperature purification in the period late-June to mid-September 1985. This was four months earlier than envisaged by the schedule, which had been drawn up soon after the issuance of the above-mentioned licence. This schedule was also of contractual significance. An essential reference point in it was designated 'Completion of the Plant' and defined in terms of filling of the tank and primary system with sodium. It was scheduled for August 1985, and was achieved in April 1985, that is to say, also four months earlier.

During this period, it was possible to reduce the number of staff on site from approximately 3000 in late 1983 to approximately 1200 in mid-1985. This was in accordance with the planning.

Implementation of the project proceeded practically without disruption, was well organized, and successful in technical and scheduling terms, owing inter alia to the fact that the procedures could be planned in detail. This was mainly because only permits by the responsible supervision authority were required, and no formal licensing decisions in atomic law.

As from approximately mid-1985, after some 50% of the non-nuclear commissioning programme had been completed[1], various unexpected difficulties

---

[1] The commissioning programme comprises over 3000 tests on individual systems and components, and some 200 tests in which the interaction of various systems is tested.

TABLE I. MOST IMPORTANT NON-NUCLEAR COMMISSIONING EVENTS

Pressure and leak tests of systems	June 1983–April 1985
Heating, ventilation and air conditioning system test	April 1984–May 1985
Sodium delivery, filling in the dump tanks and purification operation	July 1984–Sep. 1985
Containment pressure and leak	Sep. 1984–April 1985
Fuel handling equipment tests	Oct. 1984–Sep. 1985
Rerouting of cables and fire protection measures	July 1985–June 1986
Dump tank repair	Sep. 1985–Feb. 1986
Broken lance recovery	Dec. 1985–Feb. 1986
Inertization of Na system cells	December 1985
Emergency core cooling system tests	April 1986
Moisture extraction operation and special inspections	Aug. 1986–Feb. 1987
Natural convection tests	Dec. 1986–Jan. 1987

occurred in the plant which caused not only a significant delay in further procedure, but also a considerable renewed increase in the number of site staff, to approximately 1900 persons at the end of 1985. It was only possible in mid-1986 to achieve the planned number again. Implementation was delayed to the extent that certain commissioning procedures had to be postponed, and other procedures already performed had to be repeated, in order to rectify the difficulties which had occurred.

For example, it was necessary to interrupt high temperature purification operation and testing of the water and steam side of line specific decay heat dissipation systems, together with their relatively complex control systems. The work on the handling systems was also delayed.

Nevertheless, it was possible to complete non-nuclear commissioning, with the exception of a few individual systems in which, for example, modifications were necessary in the light of knowledge gained from commissioning, by mid-1986, sufficiently soon for the fuel and breeding assemblies, which had been ready at the manufacturer's works since September 1985, to be placed in the storage facilities provided for this purpose. Thus, at this time approximately 95% of the total scope had been completed. The Na-bearing sectors were made inert in late 1985.

Three procedures should be detailed, which were the main cause of the difficulties in 1985 already mentioned, since they differ from those normally to be anticipated.

- Rerouting of a large number of cables and the installation of extensive fire protection facilities in order to meet increased requirements as to the degree of separation of mutually redundant systems.
- Repair of the Na discharge and leak catch tanks after the occurrence of leaks at welds.
- Recovery of an inadvertently broken vibration measurement lance, which had been inserted into the reactor tank for the purpose of testing.

In spring 1986 a further event occurred, clarification of which is still in progress at the time of writing:

- Ingress of moisture into the gas plena of the reactor tank and the tank of the sodium-cooled decay store from the basalt filled and/or serpentine-filled boxes of the tank lids.

Some further background information, especially regarding the tank repair and the ingress of moisture into the gas plena may be of general interest [1, 2].

- Complete replacement of all welds on the ten large sodium tanks was necessary after defects perpendicular to the welds on practically all tanks, the growth of which had commenced on the inner side, had progressed towards the outside through the wall, with leaks as a result. An extremely unfortunate combination of boundary conditions was found to be the cause: ferritic material (15 Mo 3), certain welding conditions, inadequate heat treatment, formation of atomic hydrogen from a reaction of a certain form of corrosion (FeO(OH)) with sodium. Checks performed in the meantime – that is to say, approximately one year after the repair – have produced no new findings.
- The moisture penetrated from the boxes fixed to the tank lids and filled with shielding basalt and/or serpentine into the gas plena of the reactor tank decay store. It consists of water, physically fixed to the granulate, and liberated under an increase in temperature and fluctuating pressure during operation. This moisture first became apparent via an increased hydrogen content in the upper plenum, then via relatively extensive and thick deposits on the surfaces of components in the upper plenum area. Systems for accelerated removal of the moisture were installed on the lid and put into operation. This operation has now been completed and the deposits have largely been removed by raising the level of Na and the temperatures. The deposits caused punctiform selective corrosive attack, the significance and consequences of which are at present being evaluated. However, no great problems are envisaged with regard to verification of operational and safety-relevant acceptability.

The emphasizing of these few procedures which will doubtless have extensive consequences necessarily casts something of a shadow over the otherwise thoroughly positive overall course of commissioning in this phase. However, the listing of the procedures accomplished without difficulty would not arouse particular interest.

This most certainly does not apply, however, to the tests for safety-relevant natural circulation capability in the decay heat dissipation systems in the sodium area, which have, up to now, already produced an impressive confirmation of prior analyses. In this context, attention can be drawn to Ref. [2] for more details. The tests were referred not only to natural circulation behaviour, which had been systematically included in the design, but also to situations which go considerably beyond design requirements.

Natural circulation via the Na main circuits was, for example, examined on the secondary side under two differing boundary conditions, on the one hand while the water and/or steam side decay heat dissipation systems were functioning, and on the other hand while the water side of the steam generators was empty. The primary system was also in operation. After shutdown of the secondary coolant pumps, specific natural circulation flow stabilized to values above those calculated. Owing to the differing steam generation systems (straight tube and helical tube steam generators) in the parallel circuits, flows differed. In the system using helical tube steam generators, the thermal centre of gravity was significantly lower than in the circuit with a straight tube steam generator, and overall pressure losses were somewhat lower.

The following results, which are linked to the use of the immersion or emergency cooling system, are of greater interest. The SNR-300 has, in addition to the normal three-strand and triple-redundant decay heat dissipation system via the main Na circuits and the special decay heat dissipation systems on the water/steam side, two redundant immersion cooling systems connected to the reactor tank. The entire decay heat dissipation concept is described in detail in Ref. [3].

The calculated design capacity of the immersion cooling system was first of all confirmed. The following test was made for this purpose: the primary and secondary systems, the water and steam side decay heat dissipation system and the immersion cooling system were adjusted isothermically to 400°C using the main pumps. In the primary main sodium circuit, flow was restricted to 5% using the valves, and sodium flow in the immersion cooling system raised to 100% with the air valves closed and the fans switched off. After attainment of an isothermic condition, the air valves were opened and the fans set to full flow. Extrapolation of the temperature and flow values obtained in this way to operation of the plant at 600°C indicated that capacity is greater than the design value. These tests will be continued during nuclear commissioning.

Furthermore, the capability of the plant for dissipation of decay heat in an emergency without any active component, exclusively via insulation losses, storage of the heat and its gradual removal from the concrete and steel structures, was demonstrated, without system temperatures exceeding 570°C. Conservative calculations had indicated approximately 740°C. The main reason for the difference is the idealized assumption for the insulation of the piping system, as compared to the insulation actually installed. If it is now assumed that if an operator were to open the air valves on the immersion cooling system one hour after the occurrence

TABLE II. MOST IMPORTANT NUCLEAR COMMISSIONING RELATED LICENSING ACTIVITIES

Submission of application documents for licensing fuel storage on site	June 1983
Submission of application documents for licensing nuclear commissioning	Feb. 1984
Public hearing related to the alteration of the original core version	Dec. 1984
Safety appraisal related to fuel storage	April 1985
Safety appraisal related to nuclear commissioning	Feb. 1986
Positive vote of Reactor Safety Commission and Radiological Protection Commission	Feb. 1986
Letter of the licensing authority indicating a broad extension of requirements	July 1986
Reply of the applicant to this letter	Aug. 1986
Letter of the licensing authority indicating the possible refusal of the application of a licence to store fuel on the site	March 1987
Reply of the applicant to this letter	June 1987
Letter of the Federal Minister for Reactor Safety in support of this reply	June 1987

of an accident, the system temperature would not even exceed 530°C. The capability of the plant to deal with a complete loss of electrical energy (station blackout) is thus demonstrated. This signifies an inherent safety potential which will be of particular use for the design and planning of a follow-up plant.

2. PREPARATION OF THE NEXT LICENSING APPLICATION STAGES

Here, too, attention is first drawn to Table II, in which the licensing activities are summarized.

Since the construction of the buildings and systems is practically completed, as is non-nuclear commissioning, further progress in the project depends on licensing decisions regarding nuclear commissioning. We should differentiate between three stages, which cannot be dealt with in a single licensing stage:

(1) Storage of the fuel and breeding assemblies in the storage facilities provided for this purpose after delivery to the site;
(2) Initial loading of the core, running critical, and zero-energy tests;
(3) Power tests and continuous operation.

The application documentation for the first stage was initially submitted to the authority in the summer of 1983, and that for the other two stages in February 1984. There then followed an assessment phase, during which the authorities again and again increased the requirements as to the proofs to be provided. The assessor was nonetheless able to submit all main assessments for the first stage by June 1984 (and by March 1985 in a revised form) and for the other two stages in succession by the end of January 1986.

As far as questions of basic significance were concerned, the advisors of the relevant federal authorities (Ministry of the Environment, Nature Protection and Reactor Safety – BMU), namely, the Reactor Safety Commission (RSK), were consulted, since, in accordance with the constitution of the Federal Republic of Germany, the Federal Government possesses a power of prescription in matters pertaining to atomic law vis-à-vis the State Authorities responsible for the execution of the licensing procedure.

There were no questions of basic significance for the first stage. The RSK/SSK were therefore able to deal immediately with questions involved in the actual nuclear commissioning (Stages 2 and 3). After questioning all participants (assessors and applicants, and the State Authorities) in the period from mid-1985 to early 1986, RSK/SSK issued a positive recommendation to the responsible Federal Authority; this recommendation was also published in the Federal Gazette on 4 April 1986. As late as June 1986, everything still seemed to be running positively, in view of the fact that a list issued by the authority for the decision on storage contained only a few items remaining open.

In parallel to this licensing process, the SNR-300 was frequently the subject of political and legal discussions and decisions (Table III), which had a more or less direct effect on the licensing procedure.

These included, essentially,

- the suspension by Parliament in December 1982 of the Commissioning Restriction of 1978, mainly on the basis of a majority resolution of a Commission of Enquiry set up for this purpose;
- the court proceedings in spring 1984, which confirmed all the previous licensing decisions;
- the public hearing in early December 1984 regarding the question of core modification, which produced no new questions and aroused only slight public interest;
- several parliamentary enquiries by the opposition parties (the Social Democratic Party, and the Greens), to all of which the Federal Government provided a clear answer supporting the project, and overruling the objections;
- the abandonment by the Social Democratic Party of support for breeder technology in 1985, and subsequently – in particular after Chernobyl – of all nuclear energy by the political party governing North-Rhine Westphalia. This naturally affects the licensing procedure in North-Rhine Westphalia, where the SNR-300 is under construction.

TABLE III. MOST IMPORTANT POLITICAL AND LEGAL HIGHLIGHTS

Report of the Federal Minister of Research and Technology re-evaluating the SNR-300	Sep. 1977 (reaffirmed Sep. 1985)
Constitutional Court decision in favour of SNR-300	Dec. 1978
Parliamentary reservation against final commissioning	Dec. 1978
Project committee report indicating the consequences of further cost escalation	Spring 1980
Repeal of the above mentioned reservation by the Federal Parliament	Dec. 1982
– Appointment of an Enquête Commission	March 1979 (April 1981)
– Risk orientated study	April 1982
– Favourable vote of the Enquête Commission	Sep. 1982
Statement of the Federal Government in support of the project	April 1983 (reaffirmed April 1985)
Lower Court decision in favour of 10 erection licences	April 1984
Public hearing related to the alteration of the original core version	Dec. 1984
Project discontinuation decision taken at a State Social Democratic Party convention	Sep. 1985
Rejection of a motion of the opposition parties in the Federal Parliament	Nov. 1985
Federal Social Democratic Party convention decision in favour of abandoning nuclear power within ten years	Summer 1986

The next phase of the licensing procedure commenced in July 1986 with a letter from the licensing authority in which a series of basic questions, which had both in the view of the applicant and of the experts been conclusively dealt with during the previous procedure, were again raised. They concerned essentially the following subjects:

– *Hypothetical core disruptive accident (HCDA)*
The completeness and probability of occurrence of initiating events, and the methodology for description and calculation of the accident scenario up to and including recriticalities were questioned.

– *Quality assurance system*
Effectiveness was placed in doubt in view of certain events on site, and also in planning, in some cases already mentioned above.

– *Complete safety check*
  In view of the accident at Chernobyl, the licensing authority indicated its intention to have the entire safety design checked, preferably by institutions which had not up to now been involved with the SNR-300.
– *Waste disposal certification*
  The contractual provisions with France's CEA were declared inadequate, principally for contractual reasons, despite the fact that they are practically identical to those acknowledged in other Federal German states for light water reactors.
– *Periodic inspections*
  The scope stipulated to date was regarded as inadequate, particularly as far as the reactor tank and its internals (e.g. grid plate) were concerned as regards certain prevention of catastrophic failure, with the consequence of initiation of an HCDA.

Although the applicant was of the opinion that, as compared to licensing procedures previously completed and the decisions made within their scope, which – from a legal viewpoint – are of a binding nature, no new facts with a serious effect on the environment had been disclosed, since such would have to be present in order to justify the authority's course of action[2], an attempt was made to discuss the subjects with the authority, in order that the procedure could progress, despite all these circumstances.

In particular, the applicant once again examined the spectrum of conceivable initiating events and possible causes which could make the probability of occurrence of initiative accidents more likely. However, it proved possible to confirm completely the previous assumptions with regard to the practical excludability of initiating events. On the contrary, more precise evaluation of, for instance, the core retaining structure (grid plate and tank-internal load transfer) confirmed its extremely good load bearing capacity subsequent to load redistribution after assumed defects.

The methods for determination of energy release were also thoroughly checked, further validated by means of an extensive evaluation of corresponding in and out of pile experiments and used for new calculations, which all confirmed that practically no release of mechanical energy is to be anticipated under consistent physical assumptions. Boundary observations indicate energy values well below the design limit of 370 MJ for mechanically effective energy; no new factors which would compel the re-evaluation of facts already known have therefore been discovered. A special RSK meeting with international experts was scheduled for late September/early October 1987.

---

[2] Were such grounds to be disclosed, the authority would be obliged to suspend the corresponding previous decisions.

The Federal German quality assurance process differs significantly from, for instance, that practised in the USA. In the Federal Republic of Germany, independent assessors and experts are important members of the quality assurance system. Ranked above all is the supervision authority, which in North-Rhine Westphalia is identical with the licensing authority. Licensing authorities and assessors have checked and approved the planning and safety design over many years, and the licensing authority and experts verified the quality of parts, components and systems. A triple check takes place in all main areas: by the manufacturer, the orderer, and the experts. Each tests independently. All tests results are documented, and can therefore be reconstructed or traced back.

Nor is there any circumstance which has not been previously checked extremely thoroughly with the knowledge of the authority in the past. It has in the final analysis been possible to confirm quality accordance with the specification, even where reworking may have been necessary in individual cases.

In conjunction with Chernobyl, the authority stated subject headings, which suggested a comparability of the problems of the two reactors (SNR-300 and RBMK-1000), due to their apparent similarity (i.e. positive void coefficent, exothermic readiness of sodium to react with oxygen or water – in contrast to graphite –, design of the containment for low pressure, redundant structure). Attention is drawn here to the Interatom study on these subjects [4]. It has been possible to demonstrate that the two reactors have no features in common which have been shown to be dangerous in the case of the RBMK-1000: the SNR-300 has a stable reactivity behaviour and a good dynamic performance, it has two independent, diverse, automatic and rapidly reacting shutdown systems, which in addition also have a high degree of redundancy; in terms of comparison of elementary physical parameters, any excursion energy released from the SNR-300 in principle is less. However, if despite extensive preventive safety measures, an HCDA with a high energy release is assumed, the primary system and containment can deal with the results without radiological consequences arising for the surrounding area; the fact that a large volume of sodium may be liberated because of leaks has been taken into account in plant design. It can basically be stated that the SNR-300 has been designed to counter energy releases and core meltdowns – attention is drawn to the base cooling system for dealing with a core meltdown. The effectiveness of these design features has been confirmed by the Reactor Safety Commission.

Further detailed work and more precise formulation of the contracts have been undertaken in several series of discussions regarding disposal certification between the licensing authority, the Federal Government and the applicant, with the involvement of legal experts, with the result that one can hope – although it is at present still not certain – that the licensing authority will now regard its objections as refuted.

The methods for periodic inspections on the reactor tank and its internals as planned and developed up to now (visual checks, measurements, sub-sodium viewing devices) have been supplemented by further development work: electromagnetic dockable ultrasonic testing of the compound weld seam from inside and on the external tank wall, and eddy current tests, also on the external tank wall. Both are regarded as promising by the Institut für zerstörungsfreie Prüfverfahren (Institute for Non-destructive Testing) at Saarbrücken. The development programme is being performed jointly by this institute and Interatom, and should produce success within approximately two to three years.

Despite all these additional efforts and undertakings, in March 1987 the licensing authority disclosed the reasons for its intention to reject the application for approval of introduction of fuel and breeding elements, and gave the applicant a period of notice up to the end of June 1987 to respond to these reasons. There is no indication in the letter that the authority has taken any note whatsoever of the applicant's activities.

The applicant's reply was submitted to the authority by the end of June 1987. No reaction on behalf of the authority is known at the time this paper is being written.

The attitude on the part of the licensing authority must – in particular if one also includes the statements of the responsible minister at press conferences and corresponding party conference resolutions – be now finally regarded as an indication that the abandonment of nuclear energy is to commence with the SNR-300, while technical and safety arguments are used as a pretence. To this extent, the licensing authority sees itself acting in accordance with the law.

The applicant now places all his hope in the Federal Government, which has up to now supported and promoted the project. The Federal Government could, in accordance with the legal position – the Atomic Power Act is a Federal Act, and the State licensing authority conducts the licensing procedure merely as an agent of the Federal Government – overrule the State Government. Whether this will occur remains unclear at present. Such a procedure would be constitutional, but has never yet been put into practice. Such a step would therefore require careful preparation. A final decision must, however, be made in 1987, not least of all for financial reasons.

3. PROSPECTS

In June 1987, that is to say, at the time this paper was being written, non-nuclear commissioning has been completed. The most important technical problem, which, in the opinion of the applicant, is essentially a verification problem, is the clarification of the consequences of the deposition of sodium compounds on the exposed surfaces in the upper plena of the reactor tank and of the tank of the sodium cooled fuel assembly store due to the ingress of moisture. Clarification of this will continue until autumn 1987, but provides no basis for the refusing of a licence.

It must at present be assumed that such a decision cannot be made without the assistance of the Federal Government. The Government must make use of its power of intervention with the politically motivated State licensing authority; this is legally possible. However, an indication must be given soon, in order that the equally difficult financial situation can be clarified. Without such an indication, nobody will be prepared to provide further support. It looks as if 1987 will be the year of final decision for the SNR-300. This is also urgently necessary, in order to provide clear boundary conditions for future projects. There should be no second Zwentendorf.

REFERENCES

[1] MORGENSTERN, F.H., Commissioning and Related Licensing of the SNR-300, European Nuclear Conference 86, Geneva, 1–6 June 1986.

[2] MORGENSTERN, F.H., BÜRKLE, W., HENDL, G., "Experience gained during the commissioning and related licensing phase for the SNR-300", Paper submitted to the ANS/ENS International Conference on Fast Breeder Systems, Richland, WA, USA, 13–17 September 1987.

[3] MORGENSTERN, F.H., et al., "The decay heat removal plan of the SNR-300. A licensed concept", ANS/ENS Int. Meeting Fast Reactor Safety and Related Physics, Chicago, IL, USA, 5–8 October 1976, CONF. 761001.

[4] VOSSENBRECKER, H., et al., "Evaluation of special safety features of the SNR-300 in view of the Chernobyl accident", Interatom Rep. 35.02468.5, 4 Mar. 1987 (1987).

PLANT AVAILABILITY ACHIEVEMENTS

Technical Session 2.2

Chairman

A. VUORINEN
Finland

AMELIORATION DE LA DISPONIBILITE DES CENTRALES NUCLEAIRES

B. MÉCLOT
Service de la production thermique,
Electricité de France,
Paris, France

Abstract-Résumé

IMPROVEMENT OF NUCLEAR POWER PLANT AVAILABILITY.

The nuclear park of Electricité de France represents, as of 1 September 1987, an installed power of 46 000 MW. Essentially it consists of thirty-three 900 MW units and ten 1300 MW units. The operating experience gained from the PWR units is considerable since it represents 200 reactor-years of operation. It can be characterized by the following principle factors: (1) the success of a large increase in the installed power of the production park, in conformity with the programme decided on as from 1973; (2) the obtaining of satisfactory performances meeting the expectations of the designers; (3) the continued improvement of the nuclear generation system, based mainly on a vigorous feedback programme. Among the principal indicators of performance, it can be observed that the availability factor of the 900 MW PWR units has exceeded 80% during the last three years of operation. The progress made has applied, for one thing, to the duration of shutdowns for loading and, for another, to the causes of accidental unavailability. The improvements are mainly the result of an analysis of the operating experience of the French park. Some incidents occurring in foreign production units have also contributed to certain modifications. The results obtained by the French park now appear to be close to the optimum. It is now necessary to ensure that the first effects of ageing of the units does not lead to a deterioration in performance.

AMELIORATION DE LA DISPONIBILITE DES CENTRALES NUCLEAIRES.

Le parc nucléaire d'Electricité de France représente, au 1er septembre 1987, une puissance installée de 46 000 MW. Il est essentiellement composé de 33 tranches de 900 MW et de 10 tranches de 1300 MW. L'expérience d'exploitation acquise sur les tranches REP est considérable puisqu'elle représente 200 années-réacteur de fonctionnement. Elle peut être caracterisée par les principaux facteurs suivants: 1) la réussite d'une croissance élevée de la puissance installée du parc de production conforme au programme décidé à partir de 1973; 2) l'obtention de performances satisfaisantes conformes à l'attente des concepteurs; 3) la poursuite de l'amélioration du système de production nucléaire fondé notamment sur un vigoureux programme de retour d'expérience. Parmi les principaux indicateurs de performance, on peut constater que le coefficient de disponibilité des tranches REP 900 MW a dépassé 80% au cours des trois dernières années d'exploitation. Les progrès enregistrés ont porté, d'une part, sur la durée des arrêts pour chargement et, d'autre part, sur les causes d'indisponibilités fortuites. Les améliorations ont essentiellement été acquises par analyse de l'expérience d'exploitation du parc français. Certains événements survenus sur les tranches de production à l'étranger ont également contribué à certaines modifications. Les résultats du parc semblent maintenant proches de l'optimum. Il convient maintenant de veiller à ce que les premiers effets du vieillissement des tranches ne viennent pas apporter de pénalisation dans les performances.

1. INTRODUCTION

Le parc nucléaire d'Electricité de France (EDF) représente, au 1er septembre 1987, une puissance installée de 46 000 MW se répartissant en:

– REP 900 MW: 30 000 MW (33 tranches);
– REP 1300 MW: 13 000 MW (10 tranches);
– divers (graphite–gaz, surgénérateur): 3000 MW (7 tranches).

La production d'électricité d'origine nucléaire a atteint en 1986 241 GW·h, soit 70% de la production totale française.

L'expérience d'exploitation acquise sur les tranches REP est considérable puisqu'elle représente 200 années-réacteur de fonctionnement. La tranche la plus «ancienne», Fessenheim 1, a fêté ses dix ans récemment, son premier couplage étant intervenu en avril 1977. Le parc REP 900 MW a actuellement en moyenne 6 ans d'âge moyen. Quant au parc REP 1300, il a un peu plus d'un an: Paluel 1, première tranche de cet ensemble, a été couplé pour la première fois au réseau en juin 1984. L'année 1987 sera marquée par le couplage de la 34e et dernière tranche du palier REP 900 MW, Chinon B4, ainsi que par celui de deux tranches du palier REP 1300 MW, Belleville 1 et Nogent 1 qui sera prochainement la douzième tranche de 1300 MW couplée sur le réseau français.

L'expérience d'exploitation peut être caractérisée par les principaux facteurs suivants:

– la réussite d'une croissance élevée de la puissance installée du parc de production conforme au programme décidé à partir de 1973;
– l'obtention de performances satisfaisantes conformes à l'attente des concepteurs;
– la poursuite de l'amélioration du système de production nucléaire fondé notamment sur un vigoureux programme de retour d'expérience.

2. LES RESULTATS DU PARC ET LEUR EVOLUTION

S'agissant du parc REP 900 MW et de son bilan de performance en termes de disponibilité en énergie, les résultats sont, depuis 1984, particulièrement satisfaisants puisque toujours supérieurs à 80% et, notamment, de 83% pour les années 1985 et 1986. Nous nous efforcerons de maintenir ce niveau de résultats dans les prochaines années.

Il convient de rappeler que l'hypothèse de référence pour la disponibilité en énergie d'une tranche adulte était au niveau de 71% lors de l'engagement du programme nucléaire français dans les années 70. L'observation de la courbe de disponibilité depuis le démarrage du palier 900 MW met en évidence une amélioration sensible des résultats après deux périodes de régression pour lesquelles nous donnerons ultérieurement les causes et les mesures prises.

Le bilan du parc 1300 MW, à la fin de juin 1987, conduit à une valeur de 61,4% pour les douze derniers mois et pour les tranches en service industriel. Le poids des visites complètes, d'une durée de trois à quatre mois intervenant au bout d'environ un an et demi d'exploitation en première campagne, vient réduire les résultats obtenus pour ce parc relativement jeune.

Corrélativement à cette première observation, il est intéressant d'apprécier l'évolution de l'indisponibilité due aux arrêts programmés pour visite et rechargement et celle due aux arrêts fortuits.

Compte tenu de l'âge moyen des tranches, le parc 900 MW permet d'observer l'image que l'on peut donner de l'apport du retour d'expérience et de la qualité de la réponse qui a été fournie aux problèmes.

La courbe d'évolution d'indisponibilité fortuite marque une forte décroissance entre 1982 et 1984 pour atteindre une valeur de 4% en 1986 contre 5% en 1985. Ce faible niveau traduit bien la maîtrise technique obtenue au niveau de la fiabilité des matériels et de la conduite d'ensemble des équipements. Il convient maintenant d'être attentif aux éventuels et premiers effets du vieillissement sur les tranches les plus anciennes et, notamment, au comportement des générateurs de vapeur qui sont, sur les tranches REP, l'un des matériels les plus sensibles du circuit primaire.

Un indicateur complémentaire intéressant est la disponibilité en énergie pendant la campagne de fonctionnement du réacteur (du recouplage après arrêt pour renouvellement du combustible jusqu'à l'arrêt pour le renouvellement suivant). La valeur réalisée pour les REP 900 MW est actuellement de 95%. Cette valeur est à rapprocher de celles observées dans quelques pays étrangers: de l'ordre de 85% aux Etats-Unis et de plus de 99% au Japon, avec toutefois des durées d'arrêt pour maintenance systématique plus longues (trois mois et plus) dans ce pays.

En complément du point précédent, la courbe d'indisponibilité programmée pour rechargement montre également un effet de série et de retour d'expérience très bénéfique. La politique d'arrêt pour les tranches du parc est maintenant bien définie et certains arrêts pour rechargement seul ont pu être réalisés en moins de 25 jours; ceci nous semble actuellement un résultat suffisant.

Deux autres indicateurs permettent d'apprécier la maîtrise de l'exploitation du parc. Le premier est la fréquence des arrêts d'urgence fortuits du réacteur. L'effet du retour d'expérience est manifeste à deux niveaux: effet d'amélioration avec l'âge et effet d'amélioration résultant du passage du palier 900 au palier 1300 MW. En matière de radioprotection, on peut noter la stabilité observée depuis 1984 en ce qui concerne la dosimétrie collective du personnel au niveau de 2,1 hommes–sievert par tranche et par an. Les divers indicateurs de performance évoqués précédemment donnent chacun une image du niveau de résultat atteint, selon un point de vue précis. Le suivi de ces indicateurs, en tant qu'outils de gestion, permet de disposer d'un tableau de bord avec mise en évidence des dérives et anomalies mais aussi des progrès réalisés. Nous allons ainsi analyser les dispositions prises sur le parc REP qui ont permis d'atteindre les résultats évoqués ci-dessus.

3. LA REDUCTION DES ARRETS FORTUITS

Les arrêts fortuits ont essentiellement pour origine:
– des défauts de matériel, et il convient dans ce cas de décider si celui-ci est bien adapté à la fonction qu'il doit remplir ou si la maintenance effectuée à son égard est suffisante;
– des insuffisances du contrôle-commande, et notamment des régulations insuffisamment performantes ou des protections trop «pointues»;
– des erreurs humaines qui peuvent intervenir tant pour le personnel de conduite que pour celui de la maintenance.

Dans ces trois domaines, le retour d'expérience s'exerce de façon systématique et intensive. Tous les arrêts fortuits font notamment l'objet d'une analyse et d'un rapport par les centrales. Ceux-ci sont ensuite collectés et analysés au plan national en deuxième niveau pour la mise en oeuvre d'actions génériques sur l'ensemble du palier.

Dans le domaine des matériels, nous avons ainsi été confrontés à deux types d'incidents importants qui par leur caractère générique auraient pu entraîner des conséquences importantes sur la disponibilité du parc.

Le premier est apparu à Gravelines en 1982 où une branche flexible cassée appartenant à une broche de guidage de tube-guide de grappe de commande a été découverte dans un clapet. Ces tubes-guides, parties des équipements internes supérieurs du réacteur, sont guidés en partie inférieure par deux broches de centrage. Quelques mois plus tard, à Fessenheim 1, puis sur Bugey 2, un écrou de broche est retrouvé dans la boîte à eau d'un générateur de vapeur. Cet écrou vient marteler l'extrémité des tubes du générateur de vapeur, ce qui a nécessité ultérieurement une réparation importante.

La cause de ces ruptures de broches a été attribuée à un phénomène de corrosion sous tension. La sensibilité du phénomène est liée aux traitements thermiques et au couple de serrage de l'écrou de broche. On notera qu'un incident de même nature était survenu en 1978, au Japon, sur la tranche de Mihama 3, et que le même événement a été observé en 1982 sur North Anna, aux Etats-Unis.

Cet incident de caractère générique évident a sollicité à part entière l'action de toutes les cellules techniques de retour d'expérience: étude du phénomène, analyses métallurgiques, contraintes d'exploitation, incidences sur la sûreté, retour d'information vers le concepteur et le constructeur de la chaudière pour mettre en place une solution, programmation des travaux de remplacement de broches sur un grand nombre de tranches, conception et fabrication des équipements de changement des broches.

Il a ainsi été décidé de remplacer toutes les broches des 21 tranches susceptibles d'être affectées par le phénomène par des broches de conception nouvelle, bénéficiant de traitements thermiques mieux adaptés et fixées aux tubes-guides avec un couple de serrage réduit.

Trois grandes phases d'intervention ont été organisées, liées essentiellement à l'adaptation des stratégies d'utilisation des outillages spéciaux conçus à cet effet, pour minimiser l'impact du remplacement des broches sur la disponibilité des tranches concernées:

1) Remplacement global par des jeux complets de tubes-guides neufs, destinés à des tranches en construction.

2) Utilisation d'un chantier local de changement de broches disposé dans chaque bâtiment réacteur concerné.

3) Remplacement en temps masqué en des ateliers centralisés et spécialisés, impliquant le transport puis le retour des tubes-guides irradiés vers chaque tranche concernée.

Fin 1985, la totalité du programme était réalisée; cet exemple est particulièrement caractéristique car il montre qu'il est possible de venir à bout, dans des délais raisonnables et sans perte significative de disponibilité, d'un incident générique par une organisation nationale structurée qui réunit l'ensemble des exploitants, le concepteur et le constructeur. Il est clair, en effet, que dans le cas d'incident générique les solutions apportées, et notamment les outillages d'intervention, ne peuvent être laissés à la charge de chaque centrale sans prendre le risque d'augmenter les délais et les coûts.

Le deuxième incident a concerné les sécheurs-surchauffeurs des tranches REP 900 MW du «contrat programme n° 2». Cette famille, qui comprend 10 tranches, diffère du «contrat programme n° 1» uniquement pour la partie secondaire de l'installation (groupe turbo-alternateur et circuits associés). Dès les premiers essais au voisinage de la puissance nominale de la tranche 1 de Saint-Laurent-des-Eaux, il est apparu un certain nombre de désordres dans les sécheurs-surchauffeurs, démontrant manifestement une conception défectueuse de certaines parties de cet appareil. Après essais et expertises, EDF et le constructeur ont apporté les dispositions correctives nécessaires.

Les deux phénomènes, broches et sécheurs-surchauffeurs, nous ont coûté 12% de perte de disponibilité en 1982, année où le cumul des phénomènes d'indisponibilité fortuite a été le plus pénalisant.

On peut constater que, dès 1983, la décroissance des indisponibilités fortuites a été très sensible et qu'elle n'atteint plus maintenant que 4%. Aucun matériel n'est à lui seul encore responsable de plus d'un point d'indisponibilité.

Après l'élimination des défauts importants signalés précédemment, l'analyse systématique des résultats a permis de «cibler» certaines opérations: la robinetterie était, en 1984, la cause d'une indisponibilité fortuite de 1,42%. Le changement de certains robinets inadaptés, au niveau des garnitures d'étanchéité notamment, a amené la valeur d'indisponibilité en 1986 à moins de 0,2%, soit une réduction d'un facteur 7 en deux ans. Les améliorations de contrôle-commande et de certaines protections ont eu un effet important dans la décroissance du nombre d'arrêts d'urgence par tranche et par an. C'est ainsi que la modification sur l'élaboration de la protection du signal de variation de flux trop élevée ou celle de la logique de répartition de la vapeur entre la turbine et le contournement au condenseur en cas de défaut sur le réseau ont entraîné un gain de l'ordre de 1,5 arrêt d'urgence par tranche et par an.

Par contre, l'influence sur l'indisponibilité est dans ce cas faible.

Enfin, le domaine des facteurs humains est certainement le plus difficile à cerner; tant pour déceler l'origine précise des erreurs que pour déterminer les meilleures actions d'amélioration et ensuite quantifier leur apport.

L'accident de Three Mile Island en 1979 et, plus encore, l'accident de Tchernobyl en 1986 ont secoué toute l'industrie nucléaire.

L'accident de TMI a mis en évidence l'importance du facteur humain dans la sûreté des installations. Les enseignements de cet accident ont été largement pris en compte par EDF sur l'ensemble des centrales nucléaires. La politique de standardisation a facilité grandement les analyses et la mise en oeuvre des améliorations. Une nouvelle réflexion a été menée à la suite de l'accident de Tchernobyl. Grâce à l'exhaustivité des études effectuées à l'occasion de TMI, aucun enseignement nouveau sur la sûreté des installations n'a été révélé.

L'interface homme–machine a fait l'objet d'un soin tout particulier: amélioration des salles de commande et mise en place d'un panneau de sûreté, de procédures de conduite en situation incidentielle et accidentelle, entraînement systématique des opérateurs et mise en quart d'un ingénieur de sûreté-radioprotection sur chaque site, élément de redondance par rapport à l'équipe de conduite.

L'aide informatique aux opérateurs s'est accrue avec la mise au point d'outils tels que l'aide informatisée aux consignations ou le calculateur d'aide au pilotage pour le suivi des caractéristiques neutroniques du coeur.

Mais les actions portent également sur des points aussi divers que:

- les communications entre exploitants dans la centrale,
- le repérage des locaux et des appareils pour éviter les confusions lors des interventions,
- l'organisation des essais, des consignations de circuits et des relèves de quart.

Il est à noter que tous ces points ont été identifiés comme des causes d'arrêts de production intempestifs et font, à ce titre, l'objet d'actions correctives.

4. L'OPTIMISATION DES ARRETS POUR VISITE ET RECHARGEMENT

L'expérience acquise sur les arrêts pour rechargement pendant les premières années de fonctionnement du parc REP 900 MW a permis de dégager plusieurs voies de progrès décrites ci-dessous.

La programmation des différentes opérations et la mise à jour du calendrier doivent être facilitées pour les exploitants. Un ensemble informatique baptisé Cennalp permet d'atteindre ce but en prenant en compte et en optimisant le placement de 6000 opérations élémentaires.

L'établissement d'une stratégie pour l'enchaînement des arrêts annuels permet de mieux regrouper les opérations de modifications ou de maintenance lourde. C'est ainsi que le premier arrêt correspond à la visite complète et son chemin critique est imposé par les contrôles et épreuves réglementaires. Ces mêmes contrôles et épreuves sont repris à l'occasion de l'arrêt décennal. La durée de ces deux types d'arrêt est de l'ordre de 80 jours. Le troisième type d'arrêt est celui placé entre les 4e et 6e cycles (arrêt quinquennal). Celui-ci, d'une durée de huit semaines, comprend le contrôle de certaines zones singulières des cuves ou des groupes turbo-alternateurs.

Les autres arrêts annuels ne comporteront sur leur chemin critique que les opérations nécessaires au renouvellement du combustible; leur durée est de l'ordre de quatre semaines en moyenne.

Certains arrêts de ce type peuvent être allongés à six semaines pour effectuer certains travaux groupés de modification ou de maintenance tels que l'expertise d'un corps BP de turbine avec travaux sur les diaphragmes.

L'analyse systématique et détaillée des opérations de mise à l'arrêt et de démarrage, ainsi que de déchargement–rechargement, met en évidence des possibilités de gain de temps. Par l'intermédiaire de quelques modifications sur les circuits, de l'amélioration des procédures d'oxygénation du circuit primaire lors de l'arrêt ou de l'éventage pour le remplissage lors du démarrage, il a été possible de gagner plusieurs dizaines d'heures sur l'arrêt. L'introduction d'un programme informatique d'optimisation des mouvements d'éléments combustibles dans le cœur est en cours d'implantation sur tous les sites.

L'utilisation d'outillages spéciaux d'intervention ou de contrôle non destructif entraîne des gains tant sur le plan du temps d'intervention que sur le plan de la radioprotection du personnel et sur celui de la qualité du travail. L'utilisation systématique de machines de serrage–desserage des goujons de cuve, d'ouverture des tampons de trou d'homme des générateurs de vapeur, et de «l'araignée» de maintenance pour les tubes de générateurs de vapeur constitue des exemples concrets de cette politique.

L'indisponibilité des engins de manutention peut être une cause importante d'augmentation de durée des arrêts, d'autant que leur utilisation intervient en majorité sur le chemin critique (cas systématique du pont du bâtiment réacteur). La redondance partielle des moyens de manutention a donc été développée; des grues ont été mises en place dans le bâtiment réacteur ainsi qu'une poutre roulante sur la piscine réacteur des tranches 1300 MW.

Compte tenu du plus grand nombre de tranches arrivant en visite quinquennale ou décennale dans les prochaines années, il ne nous paraît plus possible d'améliorer encore sensiblement la valeur de l'indisponibilité programmée des tranches nucléaires REP.

5. CONCLUSION

Pour améliorer les résultats d'un parc nucléaire important, il convient avant tout d'organiser un retour d'expérience puissant et efficace. L'observation des résultats d'exploitation et de quelques indicateurs de performance permet de bien définir les domaines où des progrès peuvent être recherchés et, ensuite, d'apprécier l'apport des actions engagées.

En ce qui concerne le parc nucléaire français, EDF s'est tenu à cette politique et les résultats obtenus sont actuellement satisfaisants. Leur maintien suppose bien entendu la poursuite d'une vigilance permanente.

EDF, comme les exploitants américains, s'est engagé dans un vaste programme permettant d'aborder tous les aspects liés au vieillissement. Ce projet, véritable exercice de gestion prévisionnelle de capital de longévité des principaux composants des centrales REP, devrait nous permettre d'exercer le moment venu, en toute connaissance de cause, l'arbitrage technico-économique suivant: réparer, remplacer ou arrêter.

MEASURES DESIGNED TO REDUCE REFUELING AND MAINTENANCE OUTAGES AT BWR AND PWR NUCLEAR POWER PLANTS

W. BRETTSCHUH
Kraftwerk Union AG,
Offenbach/Main,
Federal Republic of Germany

Abstract

MEASURES DESIGNED TO REDUCE REFUELING AND MAINTENANCE OUTAGES AT BWR AND PWR NUCLEAR POWER PLANTS.

For reasons of availability and therefore also economy nuclear power plant outages should be planned to be as short as possible. In the period 1980 to 1985 it was possible to reduce the total outage time at KWU nuclear power plants from 70 to 41 days, and there is still a possibility of further reducing annual outages. In BWR plants there is room for improvement during sipping tests, actual refueling, detector assembly replacement as well as control rod inspection and replacement. Sipping operations can be reduced by at least one day by limiting the core area for sipping to a minimum through locating fuel assembly defects during operation of the plant. Furthermore, the time required for changing a detector assembly can be cut in half by the use of a more effective procedure, and the use of remotely inserted RPV nozzle plugs allows RPV primary isolation valves in the various connecting lines to be inspected without affecting the critical path. Backfitting the plants with a computer-controlled positioning system for the refueling machine further reduces the overall refueling procedure by up to three days and the use of an extended control rod eliminates problems previously encountered with the sequence of operations. For PWR plants the main area for improvement is not so much fuel handling itself, since compared with a BWR plant with the same capacity a PWR plant only handles about one fourth the amount of fuel. Backfitting with a computer-controlled positioning system for the refueling machine would, however, still be of advantage. Effective improvements can be made as regards the inservice inspections for the reactor coolant system, particularly for the reactor pressure vessel (RPV) and the steam generator. The use of the new mast manipulator together with the new ultrasonic inspection equipment allows the time required on the critical path for RPV inspection, which must be performed every four years, to be reduced by 11 days. Use of RPV nozzle plugs makes it possible to drain the loops with the reactor flooded. This in turn allows RPV inspections, inspection of and tests on the primary loops, reactor coolant pumps and steam generators to be performed simultaneously, which results in time savings of between several days and up to two weeks. Improvement of the methods used for inspecting the steam generators has caused a drastic reduction in the time required for inspection and in the radiation exposure of personnel. Further reduction of the time required, and particularly of radiation exposure, can be achieved through the use of the newly developed articulated-arm robot. The economic advantages of all these measures are tremendous since this reduction in downtime also shortens the time during which the utility must generate the extra power it needs in its hard coal-fired plants and this alone saves the electric utility more than one million deutschmarks per day for this more expensive source of energy.

Introduction

Owing to their favorable fuel costs nuclear power plants are used to cover base-load requirements and their availability is therefore of particular importance. High plant availability not only reduces power generating costs, but is also an indication of high component and system reliability and therefore is a measure of plant safety.

Although the availability figures for nuclear power plants built by KWU have been extremely positive over the past few years - between 1984 and 1986 the average figure for PWR plants was 85.2 % and for BWR plants 86.5 % - a potential still exists for improving plant availability.

Analysis of the reasons for non-availability during this period shows that the scheduled refueling and inspection outages account for 78 % of the downtime. Backfitting measures and repairs which prolonged the refueling outages were responsible for 14 % of the downtime and unscheduled shutdowns for only 8 %. The latter figure is explained by the fact that, on average, only 1.4 unscheduled shutdowns per year occur at each plant. This low figure is due to the plant concept, the quality of the components installed and also to the preventive maintenance carried out by the plant operators. This therefore leaves the activities which have to be repeated during each scheduled outage as the objects of measures to improve plant availability.

Considerable progress has been made in this area over the past few years. In 1980 a refueling outage still generally lasted 70 days, by 1985 the average refueling outage had already been reduced to 41 days. This reduction was achieved through continuously incorporating experience gained during such refueling and inspection activities into planning to use the outage time more effectively, through further development of the equipment used, and also through the development of new service equipment.

The following will only describe those outage activities which always recur and which lie on the critical path. For both types of reactor the critical path activities are as follows: opening the RPV, removal of internals, refueling, inspection and maintenance of the RPV internals (for PWRs, inspection of the steam generator and RPV), reinsertion of the internals and closing of the RPV. However closer observation shows that there are indeed considerable differences.

BWR Plants

Figure 1 is a typical refueling schedule for a 1300 MW BWR plant and shows that schedules for refueling and inspection outages at BWR plants are dominated by the following activities:

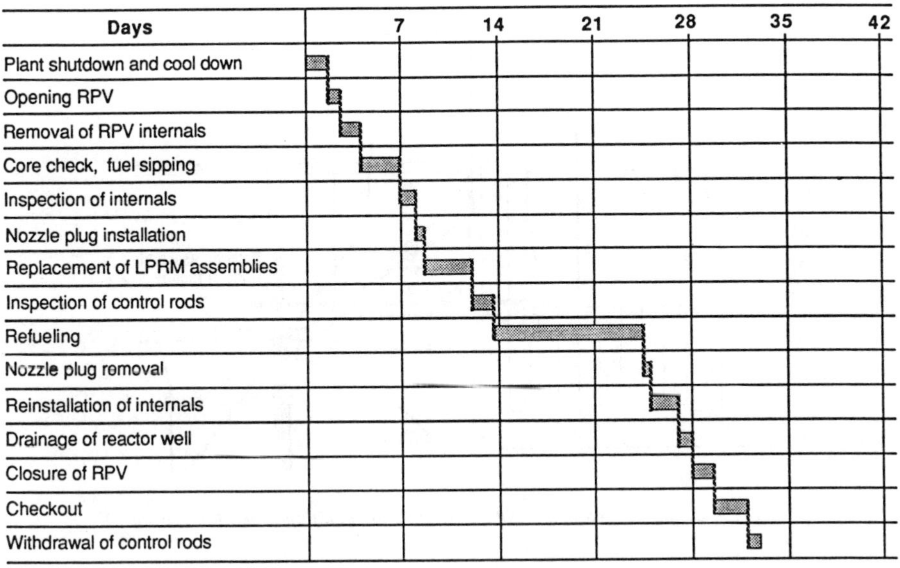

FIG. 1. Refueling schedule for 1300 MW BWR plant.

fuel assembly sipping test, refueling, replacement of detector assemblies, and inspection and replacement of control rods. This is due to the large number of fuel assemblies which must be tested and handled, since the core of a BWR contains more than four times as many fuel assemblies as that of a PWR of the same capacity (840 as opposed to 193). In addition, during each outage detector assemblies are replaced and control rods are inspected, rearranged and, in some cases, replaced. Efforts to speed up operations must therefore concentrate on these activities.

For the plants under consideration it is practically impossible to shorten any further the time required for operations performed between shutdown of the plant and removal of the RPV internals. This is because all the plants are equipped with a full-circumference stud tensioner, which allows all the RPV stud bolts to be detensioned or tensioned simultaneously. This means that the sipping test can be started as soon as 3 to 4 days after plant shutdown.

Fuel Assembly Sipping Test

The sipping bell used covers two core cells, in other words, 8 fuel assemblies. In spite of this, the sipping tests for 840 fuel assemblies still take about 3 days. A new method known as

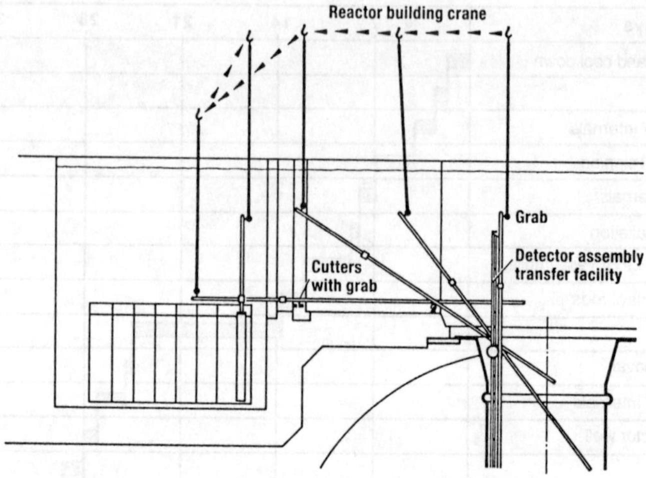

FIG. 2. Cutting detector assembly using reactor building crane for transfer.

"flux tilting" which has only recently been introduced can drastically reduce sipping operations. If during plant operation it is determined that only a few fuel assembly defects exist (3 to 4), using this method the defective fuel assemblies can be located while the plant is still in operation. This means that, at the end of the operating cycle once the control rods have been withdrawn from the core, reactor output is lowered and individual control rods are inserted and withdrawn according to a particular pattern. Monitoring of the noble gas activity allows the position of the defective fuel assembly in the core to be identified. Sipping then only needs to be performed in the identified core cells and their immediate surroundings, which of course leads to considerable time savings.

Detector Assembly Replacement

KWU has developed a new method for replacing the detector assemblies which cuts in half the time required per assembly, now only about 3 hours. Replacement work has been divided up between two groups working simultaneously. The first group withdraws the detector assemblies form the core and sets them down in a specially provided bracket on the transfer facility using the detector assembly grab suspended from the mast of the refueling platform. The second group takes the detector assemblies from this bracket using a special grab attached to the reactor building crane and moves them towards the fuel pool (Fig. 2) where they are

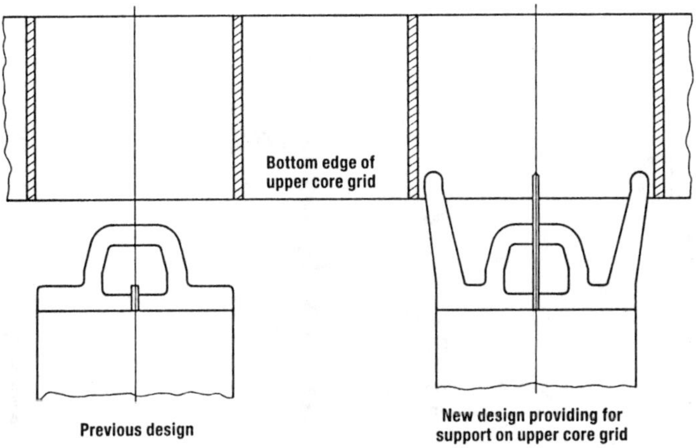

FIG. 3. BWR control rod top fixture.

cut into 4 sections and set down in the fuel pool. Following removal of the requisite number of detector assemblies, new assemblies are taken from the transfer facility using the grab suspended from the refueling machine and inserted in the core. This is performed simply with the aid of a TV monitor and without the use of a guide.

Control Rod with Extended Top Fitting

A new control rod design introduced by KWU which alters the contour of the top fitting and also the overall length of the control rod allows the procedure for replacing and rearranging the fuel assemblies to be considerably simplified. The control rods are arranged between the four fuel assemblies of the core cells and are guided along the fuel channels. Even in the fully inserted position they do not reach the upper core grid. For this reason the refueling procedure must always be planned such as to leave 2 adjacent fuel assemblies in each fuel cell to support the control rods. If all the fuel assemblies of a core cell have to be removed a special double fuel assembly dummy must be used as a support. This places restrictions on the sequence to be adopted for changing the fuel and consequently complicates and prolongs the entire refueling procedure. This is no longer the case with the new control rod design. The extended top fitting rests in the upper core grid even when the control rod is fully inserted,thus providing the requisite support once the fuel assemblies have been removed (Fig. 3). This considerably simplifies the refueling

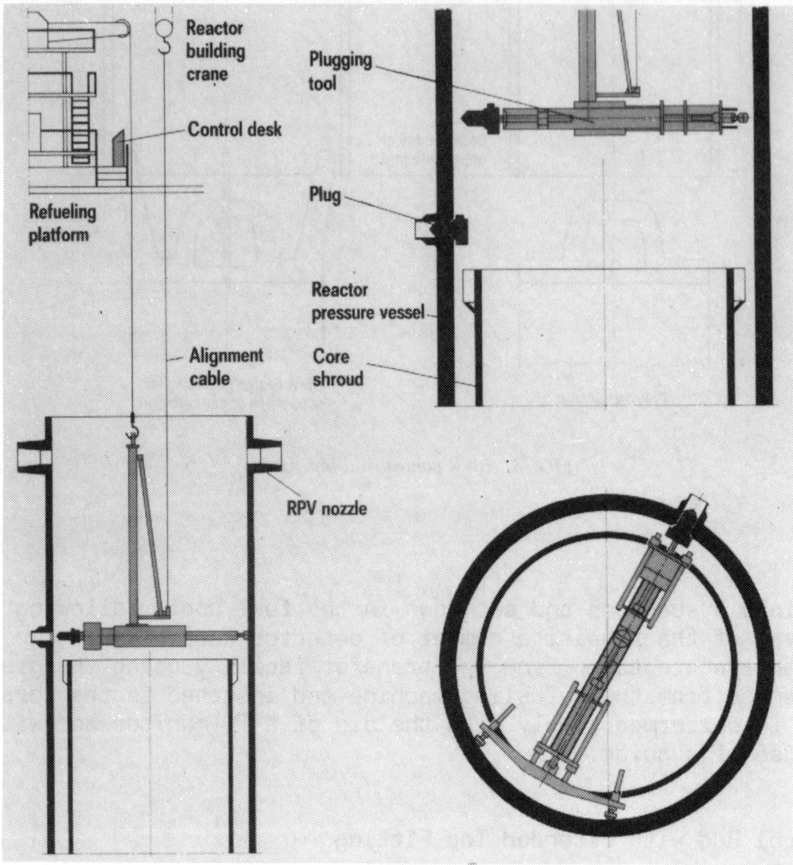

FIG. 4. Plugging tool for RPV nozzles in BWR plants.

procedure since the fuel assemblies can be removed in any sequence without having to take the control rods into account. We estimate that this measure saves one day. Control rods of the new design can be adopted in the course of normal control rod replacement.

Automatic Positioning of Refueling Platform

As already mentioned, the refueling and inspection outage at BWR plants is greatly influenced by the duration of the actual refueling procedure, which accounts for practically one third of the total downtime. Since the refueling not only involves the removal of spent fuel and the insertion of new fuel but also the rearrangement of most of the remaining fuel in the core, around 3000 positioning operations have to be performed by the refueling platform in the course of the refueling procedure.

Recording of the time required for refueling platform travel in various plants has shown that the actual time taken generally far exceeds that estimated to be required and also that it depends to a great extent on the qualification and the skill of the platform operator. It is just as time-wasting to travel too slowly to the selected position as it is to overshoot the mark and have to perform the necessary correction. This all leads to one conclusion, namely to provide the refueling platform with a computer-controlled positioning system.

This has already been carried out at one KWU BWR plant with the result that around 3 days were knocked off the time estimated to be required for the refueling procedure in 1987.

RPV Nozzle Plugs

Maintenance work on the trim of the primary isolation valves in the main steam and feedwater piping, as well as in the piping of the reactor water cleanup system, is only possible if these lines can be sealed off at the RPV and drained. For this purpose KWU has developed suitable plugs and a remote-controlled plugging tool with which the plugs can be installed in the nozzles at a depth of up to 20 m with the reactor flooded (Fig. 4). The plugs have rubber seal rings (i.e. not inflatable seals) which are secured in position mechanically. The equipment has already been used successfully on several occasions in all KWU plants. Plugging only takes about 2 hours.

PWR Plants

The critical path for a refueling and inspection outage at a PWR plant is considerably shorter than at a BWR plant when it is restricted to fuel replacement and the minimal amount of work involved in the inspection of fuel assemblies, control assemblies and RPV internals.

Outages of 20 days have already been reached at 1300 MW plants. However outages are usually longer, for example due to inspection of steam generator tubes or inspections at the reactor coolant pumps, etc. and often amount to 28 days, as is shown by the schedule for a 1300 MW PWR plant (Fig. 5). Much longer outages occurred at a few plants particularly last year owing to the performance of repairs and backfitting measures.

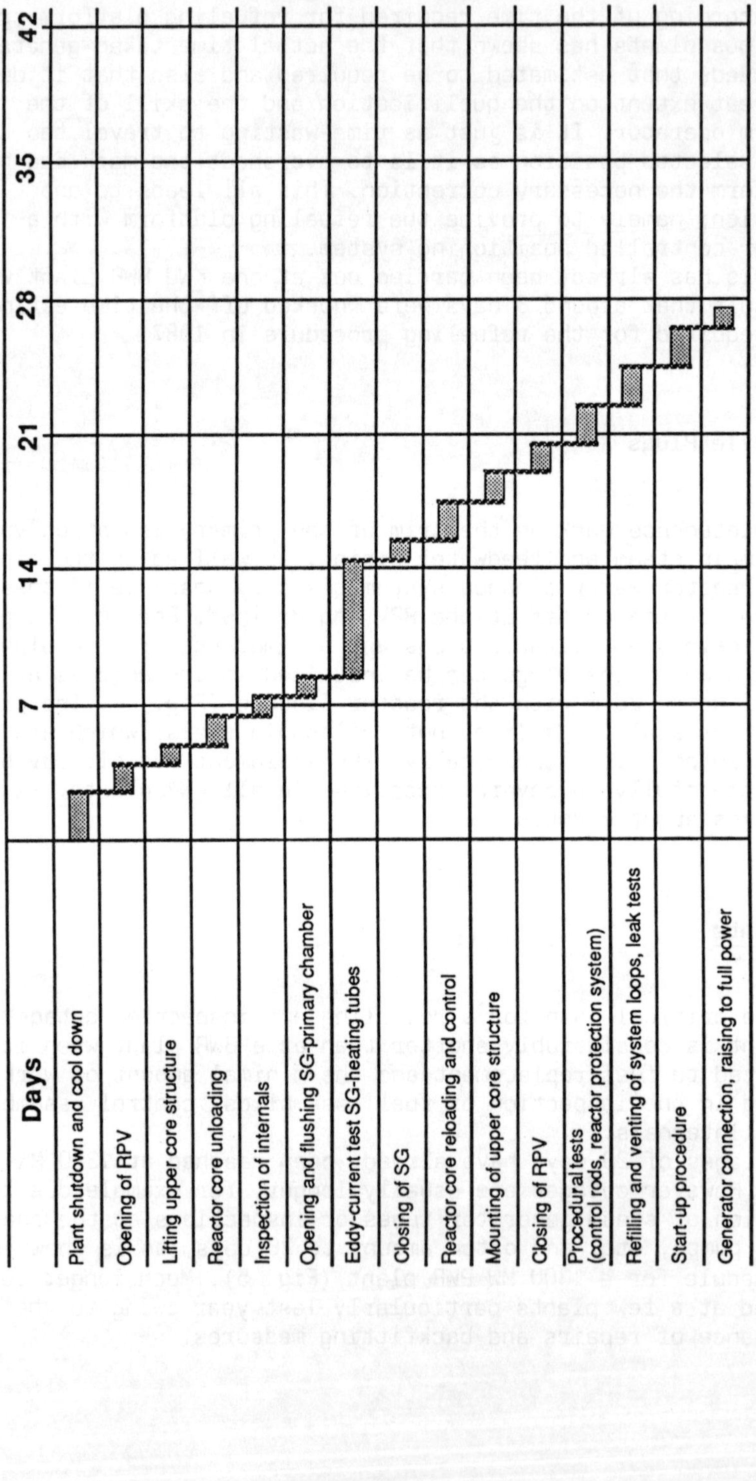

FIG. 5. Refueling schedule for 1300 MW PWR plant.

Fuel Handling

If we omit the latter activities and concentrate only on those outage activities which always have to be performed, for example, opening of the RPV, fuel handling, as well as the relevant inspections and tests then we can see that, as opposed to BWR plants, there is little opportunity for improvement. Removal of the 193 fuel assemblies from a 1300 MW plant takes only 36 hours, as does loading of the core. Of particular advantage is the proximity of the fuel pool, which is located close to the reactor in the containment. Checking of the core components, sipping tests and transfer of control assemblies are all performed in the fuel pool and are not critical to the schedule. Nevertheless it would still be an advantage to provide PWR refueling machines with a computer-controlled positioning system since this reduces the work load of the refueling machine operator and shortens fuel handling time. The latest PWR plant put into operation by KWU is equipped with an automatic refueling machine.

As regards opening of the reactor pressure vessel, the same applies as to BWR plants, i.e. that it is practically impossible to accelerate this further, since full-circumference stud tensioners are also available for PWR plants, as well as all the equipment required for removing the stud bolts and for cleaning and inspecting the bolts and the tapped blind holes. Detensioning or tensioning the closure head stud bolts only accounts for 2 hours on the critical path.

Insertion of RPV Nozzle Plugs

RPV nozzle plugs are provided to allow work to be performed simultaneously on the flooded RPV and the drained connecting lines (e.g. on reactor coolant pumps, steam generator). These plugs are inserted and secured in the requisite nozzles by remote control (Fig. 6). In order to allow the plugs to be inserted in the RPV inlet nozzles the core barrel must first be removed, an operation which can be performed within about 2 hours in KWU plants. This is, however, only performed if it does not necessitate draining and reflooding the reactor well. For this reason a new lift rig extension has been developed which allows the core barrel to be withdrawn and reinserted with the reactor well flooded. It is designed such that it can be used as a service tool in various plants. The nozzle plugs can be inserted during one shift and, depending on the amount of work planned, this can result in time savings of between a few days and up to 2 weeks.

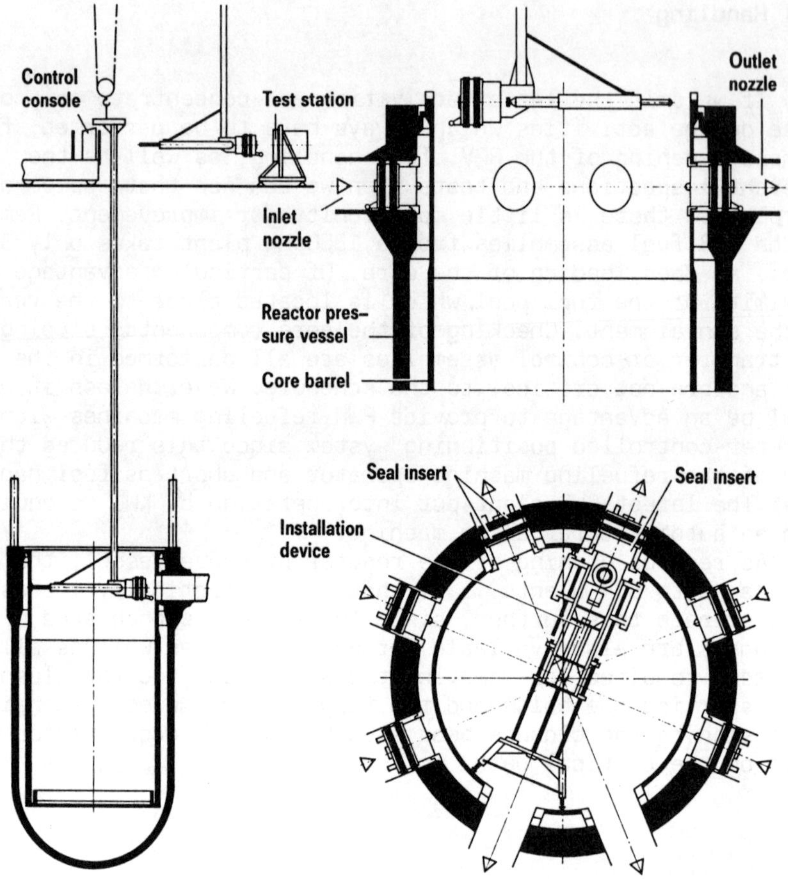

FIG. 6. Reactor pressure vessel loop seal.

RPV Inspection

Requirements stipulate that ultrasonic inspection of the area of RPV welds, of the welded nozzles and of nozzle inside edges must be performed every four years. Unlike in BWR plants, where the RPV is inspected from the outside, these inspections are performed from within the reactor pressure vessel and therefore lie on the critical path of the outage. For this reason, and also to keep the radiation exposure of the personnel as low as reasonably achievable, it is aimed to perform the inspections within as short a time as possible.

Over the past few years KWU has developed a new ultrasonic inspection system, as well as new manipulator technology in the

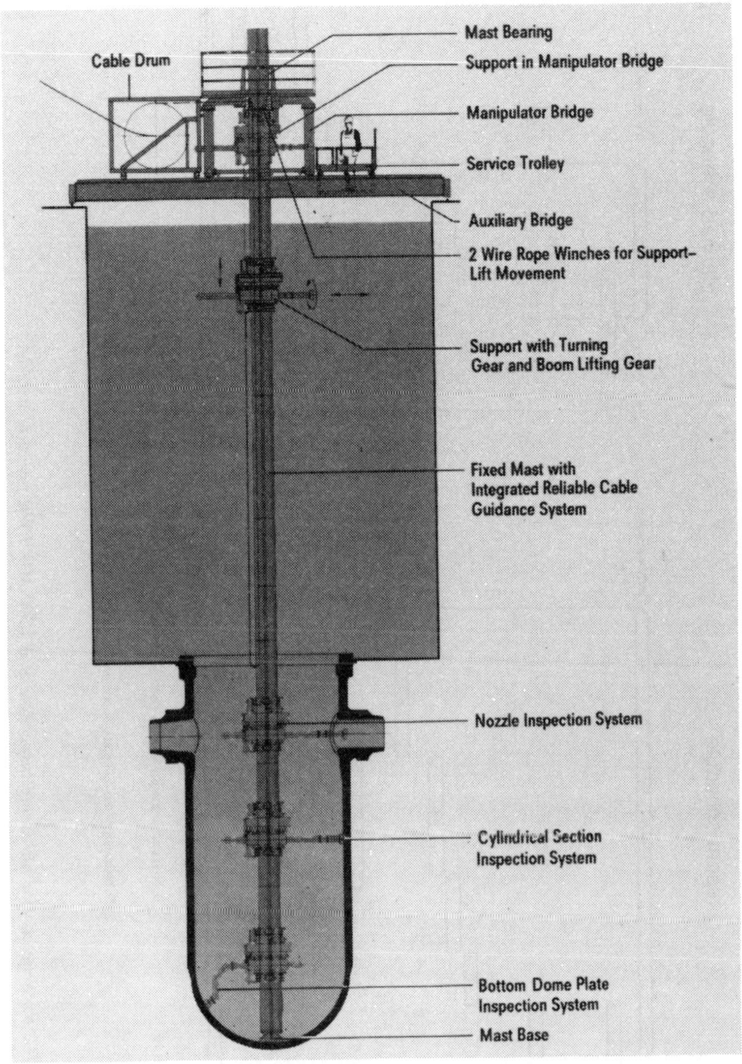

FIG. 7. Central mast manipulator in the reactor pressure vessel.

form of the new mast manipulator (Fig. 7) to achieve this objective. This mast manipulator together with all the requisite accessories can reach all the areas to be inspected in the RPV bottom head, in the cylindrical part of the vessel and at the nozzles. The mast is easy to assemble and together with its manipulator bridge and operating equipment it is set down on the auxiliary bridge and is supported on the RPV bottom head. The carriage with the horizontal arm moves up and down the mast.

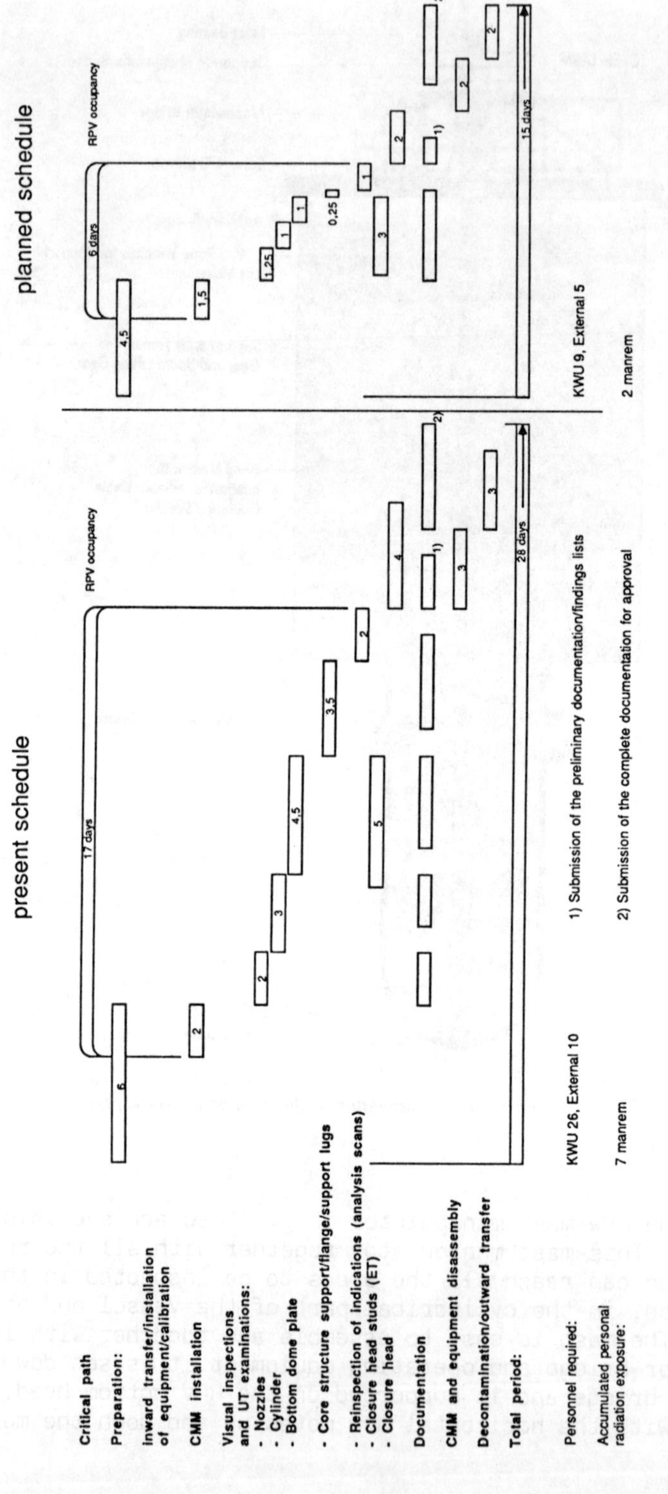

FIG. 8. Schedule for ultrasonic inspection of a 1300 MW PWR pressure vessel.

This mast manipulator can also be used for repair work on the RPV and the RPV internals using the horizontal arm as a support for the requisite tools.

Together with the new ultrasonic inspection system, which has the following advantages:

- no tandem technique
- no re-setting of ultrasonic examination systems
- scanning speeds for the ultrasonic examination system of up to 6 m/min

the overall time required for inspection can be reduced from 28 to 15 days. More important is the time saved on the critical path, since the time required is reduced from 17 to 6 days. Furthermore this allows personnel requirements for inspection activities to be reduced by a factor of 2.5 and radiation exposure of the personnel is reduced by a factor of 3 (Fig. 8).

Steam Generator Tube Inspection

Steam generator tube inspections are performed every one to two years. Since they influence the critical path and contribute to overall radiation exposure, continual efforts have been made to reduce both the inspection time and the radiation exposure of the inspection team. The latest stage has been the replacement of the finger-walker by the newly developed robot with an articulated arm (Fig. 9). This robot fulfills the requirements set in an extremely satisfactory manner. For installation in the primary head of the steam generator it is folded together and inserted on a rail which is fastened to the manway flange. This precludes the necessity of personnel entering the primary head to install the equipment. Fastening the robot to the manway nozzle allows access to all steam generator tubes, which is not the case with manipulators which are supported on the tube sheet and thereby block some tubes and require relocation at least once. In addition to being able to accommodate all types of test probes this facility can also be used with all the tools required for tube repair up to a weight of 30 kg. In order to allow the various testing and repair equipment to be connected to the robot, the standardized quick-connect coupling of the manipulator is brought to the manway under computer control.

Using the pusher/puller equipment the robot can inspect all tubes fully automatically, as well as in the manual operating mode.

This system can be used for practically all steam generator servicing activities. Apart from fully automatic eddy-current inspection it is also possible to perform analysis tests with rotating ultrasonic and eddy-current examination probes, as well as visual inspections. Other applications include the various operations necessary to seal tubes using removable mechanical

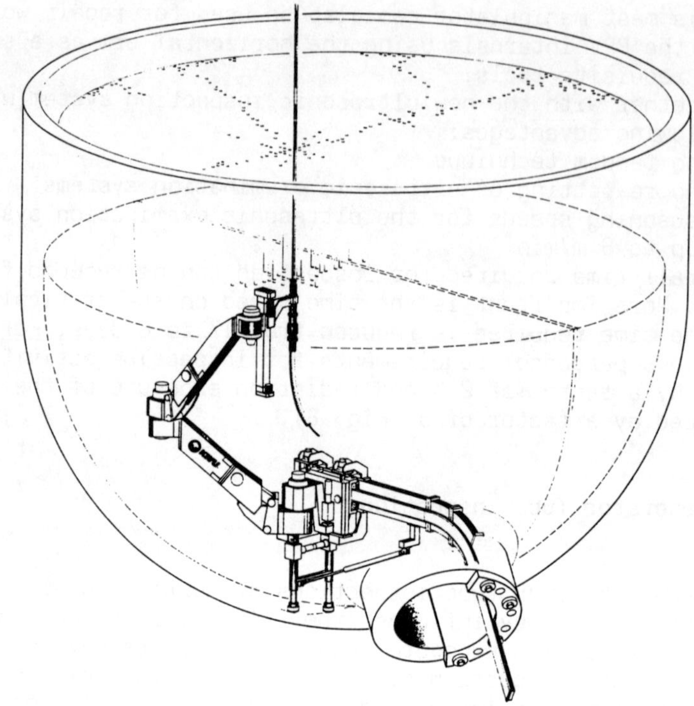

FIG. 9. Remote controlled robot for steam generator inspection and repair: KWU-type.

plugs as well as repair operations, for example, involving tube sleeving and partial tube replacement.

The possibility of programming complete operations together with high positioning speeds minimize the time required for steam generator inspection on the critical path.

Summary

In KWU nuclear power plants with pressurized-water and boiling-water reactors the critical path of the refueling and inspection outage is determined by the activities performed in connection with the refueling procedure and by inservice inspections and maintenance work in the primary system. All other inservice inspections and activities, such as inspection of the turbine and generator, valve and pump maintenance, testing of reactor protection equipment, etc. can generally be planned such that they do not affect the outage schedule.

Apart from such recurring activities, on some occasions modifications, backfits and repairs also have to be performed. These activities can also often be planned such that they do not affect the time schedule, for example through the assignment of more personnel and equipment, or by performing the activities over several refueling outages, unless of course they involve equipment in the reactor area, in which case they automatically lie on the critical path.

As the latest developments and experience have shown, critical activities can be further shortened such that the outage times for 1300 MW plants will eventually be between 3 weeks (PWR) and 4 weeks (BWR), except for cases where repairs, modifications or backfits delay the work.

The economic advantages of such measures are clearly illustrated by the following:

In the Federal Republic of Germany an additional expenditure of 3 - 5 pfg/kWh is quoted for power generation in hard coal-fired power plants. A 1300 MW nuclear power plant outage therefore costs the electric utility more than one million deutschmarks per day in the form of the additional cost of replacing the power generating capacity. In other words, the implementation of a measure which reduces the refueling and maintenance outage by one day results in a saving of one million deutschmarks.

BIBLIOGRAPHY

Brettschuh, W. Siegert, H., "Investigations and measures designed to reduce refueling and inspection downtimes of BWR nuclear power plants", ENC ´86 Transactions, Volume 2, Topic I, pp. 337-342

Müller, E., "Minimizing annual refueling and inspection periods for KWU PWRs", ENC ´86 Transactions, Volume 2, Topic I, pp. 95-104

Schomer, E., "Reduced downtimes through planned inspection and maintenance", Nuclear Europe, 3/1985

SAFETY SYSTEM CHALLENGES IN US COMMERCIAL POWER REACTORS

E.L. JORDAN, C.J. HELTEMES, Jr., M.H. WILLIAMS,
R.L. DENNIG, T.R. WOLF
Office for Analysis and Evaluation of Operational Data,
United States Nuclear Regulatory Commission,
Washington, D.C., United States of America

Abstract

SAFETY SYSTEM CHALLENGES IN US COMMERCIAL POWER REACTORS.

United States operating experience, especially the events at Three Mile Island Unit 2 in 1979, Salem Unit 1 in 1983, and Davis-Besse in 1985, has demonstrated that human errors should be expected, that multiple failures can occur, and that the frequency of challenge to safety systems is becoming an important consideration in the probability of a serious transient. To reduce challenges to plant safety, emphasis is shifting from just the mitigation of transients to attention to plant operating systems, the operator, and the routine activities of technicians. The change in the reporting requirements for power reactor licensees in January 1984 to require the reporting of all safety system challenges, including challenges to the reactor protection system, allows attention to be focused on this challenge frequency. Since that date, over 300 reactor years of experience have been accumulated. The United States Nuclear Regulatory Commission (USNRC) has analysed that experience and this paper presents the safety system challenge information for that period (approximately three years). This experience and the root causes for the various challenges are discussed along with the efforts of the NRC and the US operating industry to reduce the frequency. Nuclear steam supply system (NSSS) vendors, utilities, and the Institute of Nuclear Power Operations of the US industry have formulated various programmes to reduce operational transients. Some of the highlights of these programmes are discussed. In addition to reducing the challenge frequency for the matured US plants, both the NRC and the utilities are engaged in programmes to improve substantially the learning curve in the first few years of plant operation. The NRC recently completed an evaluation of the causes for this behaviour. Selected results of this work are discussed. Invariably, these analyses of the US operating experience lead to an identification of the unreliability of some balance-of-plant systems. These balance-of-plant systems in some plants had little redundancy. NRC regulation strategy has not previously focused on this equipment since it was not directly considered to be safety related. Moreover, US plants vary in design, with little or no attention to standardization.

1. INTRODUCTION

Operational events, especially those experienced at Three Mile Island Unit 2 in 1979, at Salem Unit 1 in 1983, and at Davis-Besse in 1985, have demonstrated that human errors should be expected, that multiple failures can occur, and that the frequency of challenge to safety systems is becoming an important consideration in the probability of a serious transient. To reduce such challenges to plant safety, emphasis is shifting from the mitigation of transients to attention to plant operating systems, the operator, and the routine activities of technicians.

TABLE I. LERs SUBMITTED FOR US REACTORS BY YEAR

Year	LERs	Units	LERs per unit
1984	2455	92	27
1985	3034	97	31
1986	2889	104	28

In January 1984 a change was implemented in the reporting requirements for events occurring at US nuclear power plants. This change now gives the United States Nuclear Regulatory Commission (USNRC) and the industry, in a reasonably complete and detailed manner, descriptions of: (1) all actuations of engineered safety features (ESFs), including reactor protection system (RPS) actuations; (2) all losses of safety function at a system level; (3) all significant systems interactions; (4) all technical specification shutdowns/violation; and (5) all significant internal and external threats to plant safety. Table I illustrates the numbers of Licensee Event Reports (LERs) submitted by the plant licensees each year from 1984 through 1986. These reports cover over 300 reactor years of operational experience.

A major part of the 1984 change in reporting requirements was to provide more complete information on unplanned safety system challenges. The majority of these reports were associated with ESF actuations, including scrams. Table II summarizes the percentage of LERs submitted from 1984 through 1986 for the principal reporting requirements. The safety significance of these events varies widely from very important events involving scrams from high power levels with complications in recoveries to minor occurrences such as the shifting of the control room ventilation system from its normal mode of operation to its recirculation mode because of a toxic gas monitor actuating spuriously.

2. ENGINEERED SAFETY FEATURE ACTUATIONS

As noted earlier and displayed in Table II, unplanned actuations of the ESF systems account for the majority of the events reported to be occurring at US commercial nuclear power plants. All licensed US commercial nuclear power plants contain systems which are designed to prevent, control and mitigate occurrences that might challenge the integrity of the reactor systems or adversely affect plant personnel or the general populace. Generally known as engineered safety features, these systems include those designed to (1) control reactor core reactivity, (2) isolate the containment and control its pressure, (3) isolate the reactor coolant system, (4) supply emergency cooling to the reactor fuel, (5) remove residual decay heat,

TABLE II. LER REPORTING FOR US REACTORS BY REPORT REQUIREMENT

Requirement	% reporting 1984	1985	1986
ESF actuations (including RPS actuations)	40	44	44
(RPS actuations only)	(23)	(22)	(21)
TS shutdowns or TS violations	26	29	31
Loss of safety systems (actual or potential)	11	8	7
Unanalysed conditions	5	4	4
Failures of multiple systems	4	3	3
External threats	1	1	1
Other categories	14	12	11

(6) provide emergency power, (7) assure habitability of the control room and (8) control radioactivity releases to the environment.

For discussion and analysis purposes, these ESF actuations can be divided into two general categories: (1) actuations of ESF systems other than the RPS, i.e. non-RPS actuations; and (2) those involving the RPS. The former category includes systems such as emergency power, emergency core cooling, and emergency ventilation and isolation. The latter category encompasses only the primary system associated with safety insertion of the control rods.

2.1. Non-RPS ESF actuations

Since 1984 the licensed US commercial nuclear power reactors have been experiencing, on average, some 14 non-RPS actuations per year. The vast majority of these non-RPS ESF actuations, however, were primarily spurious during normal plant operation and of minor safety significance. In 1984, of the non-RPS ESF actuations experienced by US commercial nuclear reactors, over 70% were associated with either an isolation function, such as reactor water cleanup system isolation, or a ventilation function, such as actuation of the emergency mode of the main control room ventilation system. This percentage rose to some 80% in 1985 and exceeded 80% in 1986. Of the remaining non-RPS ESF actuations only some 9% in 1984 and 1985 and only 6% in 1986 involved an emergency core cooling system (ECCS) but none of these actuations was necessary to control an actual loss of coolant accident (LOCA).

This recent operational event experience indicates that the number and unit frequency of non-RPS ESF actuations is not of itself a safety concern. Continued

TABLE III. AVERAGE FREQUENCY OF UNPLANNED RPS ACTUATIONS AT ALL OPERATING US LWRs

	1984	1985	1986
RPS actuations per reactor	8.0	7.8	7.1
Number of scrams per reactor	5.9	6.0	5.1
(manual)	(0.7)	(0.6)	(0.6)
(automatic)	(5.2)	(5.4)	(4.5)
Scrams per 1000 critical hours	1.1	1.0	0.8

monitoring of such actuations is necessary, however, to assure that this continues to be the case. Even so, the reduction of the number of unneeded non-RPS ESF actuations is desirable. Analysis of the recent operational events indicates that such actuations could be reduced by: (1) reducing the number of equipment failures during normal operation; (2) reducing the number of personnel errors during maintenance and testing, and (3) revising actuation set points to more appropriate protective levels.

2.2. Unplanned RPS actuations (scrams)

RPS actuations may or may not involve control rod movement. Those actuations which do include rod movement are generally referred to as reactor scrams. As shown in Table III, the recent trend of unplanned RPS actuations, including scrams, for the overall population of US commercial light water reactors has shown a decline over the period from 1984 to 1986.

Concentrating on those RPS actuations which can be classified as scrams, the population of reactors contributing to the average scram rate between 1984 and 1986 has varied due to intermittent operation of several older plants and new plants going critical for the first time throughout this period. Intermittent operation of the older plants had no appreciable effect on the magnitude or trend in the calculated rates shown in Table III. The newer plants contributed to increasing the overall scram rates in each year of this period since most newly licensed plants exhibit elevated scram rates, especially during their pre-commercial and early post-commercial operational phases.[1] Table IV shows the still declining scram rate trend from 1984 to 1986 when only those plants which had initial criticality prior to 1984 are considered. This tabulation, when compared to the overall rates displayed in Table III, demonstrates the impact on scram rates caused by newly operational plants.

[1] The USNRC has recently completed a study of the operational experience at 22 newly licensed plants. Basic results from this study are discussed later in this paper.

TABLE IV. AVERAGE FREQUENCY OF UNPLANNED REACTOR SCRAMS PER PLANT AT US LWRs INITIALLY CRITICAL PRIOR TO 1984

	1984	1985	1986
Scrams per 1000 critical hours	0.9	0.8	0.7

The majority of the reactor scrams being experienced during this three year time period for the entire US LWR population occurred when the reactor power was above 15% (i.e. 68% in 1984, 74% in 1985, and 76% in 1986). Additionally, one third of the total scrams occurred while the unit was at or above 95% power (i.e. 31% in 1984, 38% in both 1985 and 1986).

While the overall scram rates show a decreasing trend, the basic causes for all of the scrams occurring during 1984, 1985 and 1986 have remained the same. Figure 1 illustrates the contribution levels of the various causes with respect to the number of scrams experienced per 1000 critical hours of operation during this time period.

It is consistently found that since 1984 the scram causes have been dominated by hardware failures, accounting for almost twice as many scrams as the next highest cause. In 1986, for example, almost 50% of the scrams at all operating LWRs were attributed to hardware failures while human errors by on-site personnel, the next highest cause, accounted for just over 20% of the scrams.

Overall, the highest causes next to hardware failures relate to personnel. Such problems (e.g. human error and procedural deficiencies) accounted for some 40% of all such unplanned scrams in 1984, and almost 30% in 1985 and 1986. Unlicensed personnel (such as technicians, contractors, non-licensed operating staff, and other utility staff personnel) were principally responsible for these scrams, accounting for some 15% of all scrams in 1986. It is noteworthy that in 1986, for all unplanned scrams that were attributed to human error, 55% occurred during maintenance, testing, calibration, and troubleshooting activities. Unlicensed personnel, namely technicians, were responsible for 56% of the human errors during these activities.

The systems in which problems were initially encountered that led to an unplanned reactor scram were similar in 1984, 1985 and 1986. The principal systems are shown in Fig. 2. The majority of the scrams were the result of problems associated with balance of plant (BOP) systems. In 1986, for example, 49% of all unplanned reactor scrams were due to BOP systems. Nearly half of the BOP trips were attributed to the main feedwater system. The percentage of total scrams attributed to each initiating system for 1986 is generally consistent with and follows the same pattern as seen in 1984 and 1985.

During any set of conditions which call for a reactor scram there is always a risk, although small, that the scram system will fail. This anticipated transient

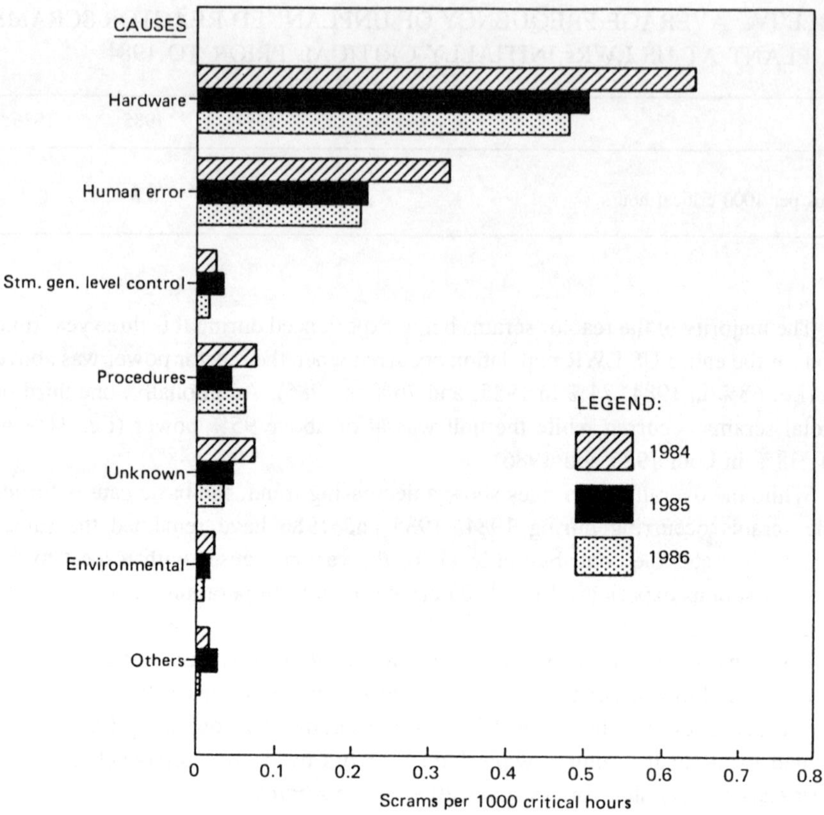

FIG. 1. Normalized scram rates — comparison by causes.

without scram, or ATWS, risk is directly dependent on the frequency of scrams and this risk increases with increased frequency. As a result, the USNRC has placed a priority on understanding and reducing the sources of challenges to the RPS. There are additional known risks associated with scrams, however, even when the scram function itself works. These additional risks are due to the probability that some plant safety equipment challenged during the scram or during the scram recovery period will fail to work properly. In other words, even though nuclear plant safety equipment is redundant and is reliably built, there is still a finite probability that some equipment will fail, or will be in a failed state when called upon to function. Even a nominal scram where plant trip parameters are just slightly into the trip region will, or can, call upon much plant equipment as the scram and scram recovery proceeds. For example, in a PWR the power operated relief valve (PORV) may momentarily open to relieve pressure, given a scram. If it should stick open and not be isolable, the resulting loss of coolant will require make-up from the high pressure injection (HPI) system. If the HPI system in turn fails then other measures or options must

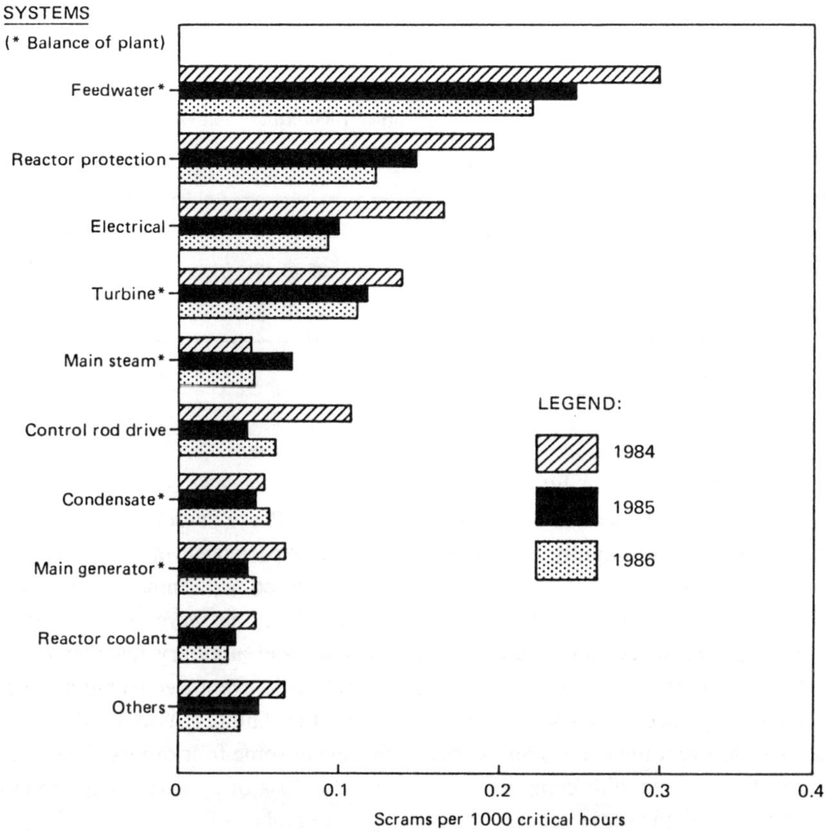

FIG. 2. Normalized scram rates — comparison by initiating systems.

be undertaken. However, each failure reduces the margin of safety. The risk is that probabilistically there is a chance that not enough equipment will be available to cope with the scram. Estimates of the 'nominal risk' from a typical scram with no known failed equipment range from about 1^{-7} to 1^{-5} probability of core damage per scram depending on the plant and the type and diversity of equipment available to recover from the scram. On the other hand, a scram event in which some equipment either fails on demand or is in a failed state can have estimated core damage probabilities orders of magnitudes higher.

As summarized in Table V, reactor scram experience from 1984 through 1986 has shown that associated failures were being experienced, on average, in less than one out of every five scrams. In 1986, for example, associated failures were experienced across the reactor population in about 18% of all the scrams. On a rate basis, scrams with associated failures were being experienced in 1986 at a rate of 0.13 scrams per 1000 critical hours. Of these associated failure scrams, the vast majority were experienced at power levels above 15%, i.e. at a rate of 0.12 scrams

TABLE V. SCRAMS WITH ASSOCIATED FAILURES AT ALL US LWRs

Year	Scrams with associated failures (per 1000 critical hours)		
	Total	Above 15% power	Above 94% power
1984	77 (0.17)	67 (0.14)	40 (0.09)
1985	109 (0.20)	95 (0.17)	51 (0.09)
1986	74 (0.13)	67 (0.12)	39 (0.07)

per 1000 critical hours. A little more than half of these were at power levels of 95% and above, i.e. 0.07 scrams per 1000 critical hours. These associated scram failure rates for 1986 were slightly decreased from those experienced in 1984 and 1985.

The vast majority of the associated failures reported were minor problems such as a source range monitor failure. Few major complications were experienced such as those that occurred during the loss of feedwater and auxiliary feedwater failure event at Davis-Besse. Based on specialized probabilistic event tree techniques called 'accident sequence precursor' (ASP) analysis, the failures associated with the Davis-Besse event made the significance of this event some four orders of magnitude greater than scrams with complications such as the loss of a source range monitor.

Overall, then, some success in reducing the number of unplanned RPS actuations and the associated reactor scrams, along with the number of unplanned scrams with associated failures, has been achieved. However, the desired scram rate is still lower and, consequently, the US nuclear power industry is continuing scram rate reduction programmes. To meet this scram reduction goal, the areas which would appear to have the greatest impact include: (1) improving the reliability of normally operating equipment, especially in BOP systems; and (2) decreasing personnel errors (especially by unlicensed personnel such as technicians), during maintenance, testing, calibration, and troubleshooting activities.

3. EXPERIENCE WITH NEWLY LICENSED PLANT

Newly licensed reactors tend to experience a higher frequency of unplanned events during their early years of operation when compared to later years of operation. These events can have individual as well as collective safety and economic significance.

Recently, the USNRC completed a study of the events reported by the 22 units licensed to operate in the USA between 1 January 1983 and 30 June 1986 which con-

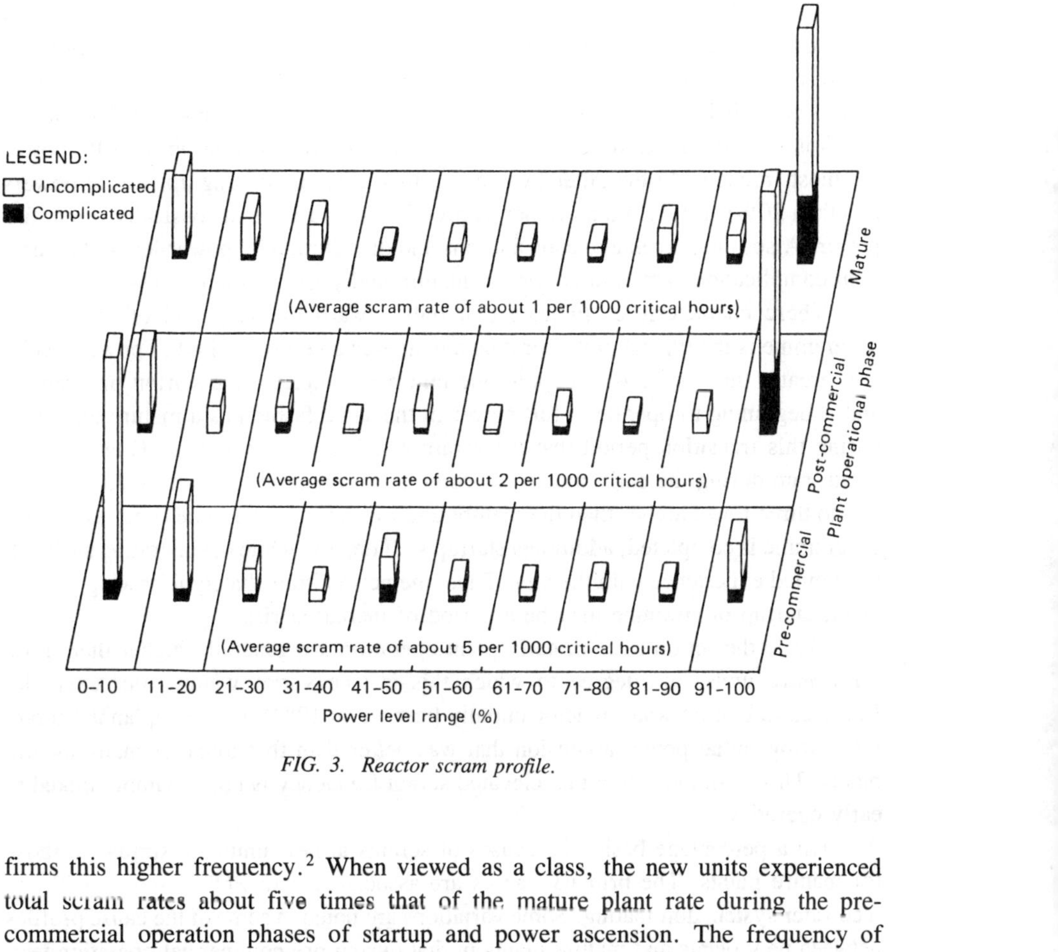

FIG. 3. Reactor scram profile.

firms this higher frequency.[2] When viewed as a class, the new units experienced total scram rates about five times that of the mature plant rate during the pre-commercial operation phases of startup and power ascension. The frequency of complicated scrams during this pre-commercial period also exceeded the mature plant average by a factor of about four. However, the new unit scrams were being experienced at much lower power levels, e.g. below 15% power. This is illustrated in Fig. 3.

Figure 3 shows the power distribution of reactor scrams for the 22 new units in comparison with 76 mature units which were in operation in 1985. The figure shows the relative percentage of scrams originating within each 10% increment of power for the pre-commercial, post-commercial and mature operational phases. It also shows the proportion of scrams in each division where recovery was complicated by additional equipment failures or personnel errors not directly related to the cause of the scram. The average scram rate during each of these phases is also given.

---

[2] US Nuclear Regulatory Commission, Operating Experience Feedback Report — New Plants, USNRC Report NUREG-1275, July 1987. Available for purchase from National Technical Information Service, Springfield, VA.

The profile shown in each row of Fig. 3 reflects the way in which the plants operated in that particular phase. Units in the pre-commercial phase are experiencing and resolving problems as they ascend in power. Thus, 70% of the pre-commercial scrams occur below 30% power. This contrasts with the post-commercial distribution which is very similar to that of the mature plants wherein scrams above 90% power are most frequent. In the latter two cases, difficulties in starting up (i.e. at powers less than 20%) still exist but are not as prominent, and the units basically run at full power. Also, the percentage contributions and distribution by power level of scrams with complications are similar for the mature and post-commercial cases.

These characteristics indicate that only toward the very end of the startup programme is the typical unit operating any appreciable time at higher power levels, e.g. greater than 90%. At this point the unit has completed the startup programme and is beginning to operate at full power in the same fashion as a mature unit. It is during this transition period that the scram rate begins to decrease. However, the scram rate during the early months of commercial operation can still be a factor of two to three times higher than the mature unit average. At the same time, as the test programme is completed, additional startup staff departs while the operating staff still has limited experience with the unit. Thus, the period immediately following the end of the startup programme may be a period of increased risk.

While the scram rates in early plant operation are generally higher than those for mature units, the degree to which this is true varies widely. For example, Limerick (a boiling water reactor initially licensed in 1984) had an unplanned scram rate during initial power ascension that was better than that found at many mature plants. This is an indication that elevated scram frequency is not inevitably linked to early operation.

On a percentage basis, the causes of scrams at new units are similar to those for mature plants. The primary causes are associated with BOP systems, with the feedwater system dominating. Some variations are noted in some of the cause profiles between new plants and mature plants in that during pre-commercial operation testing, primarily surveillance testing, contributes more to new plant scrams than in the mature plants by a factor of three (32% versus 11%). Also during this period, procedural deficiencies that caused scrams are higher by a factor of two over those of mature plants (11.5% versus 6%).

4. INITIATIVES TO REDUCE SAFETY SYSTEM CHALLENGES

In the operating plants in the USA there is an increasing shift in emphasis from the attention to the mitigation of transients to the attention to plant operating systems, the operator, and the routine activities of other operations personnel such as technicians. This shift is intended to reduce the challenges to plant safety.

Within the USNRC a new 'Performance Indicator' programme has been established, although development continues. The goal of this programme is to provide an objective view of operational performance and enhance the ability to recognize changes in the safety performance of plants at any stage in their operating life. This programme is only one of a number of tools which are available to management to help in determining the need for adjustments to regulatory programmes. Such programme adjustments should, in turn, help improve overall reactor operational performance.

A similar performance indicator programme is being implemented by the utilities through programmes of the Institute of Nuclear Power Operations (INPO). The primary goal of this industry programme is to aid utility managers in identifying trends in the performance of their nuclear units and help them identify areas where adjustments in priorities and resources may help to assure safe operation of their units.

The US nuclear power industry has numerous ongoing programmes which are aimed at improving the safety of nuclear power plants. An example of one of these programmes is the Trip Reduction and Assessment Program (TRAP) being conducted by the Westinghouse Owner's Group.[3] This programme evaluates the reactor trip experience in plants having Westinghouse nuclear steam supply systems so that generic approaches can be developed to reduce the frequency of such trips. To date, TRAP has focused extensively on improving the supply and control of feedwater, the dominant source of scrams in new as well as mature plants. The owners of Babcock & Wilcox, General Electric and Combustion Engineering reactors have similar efforts under way.

While these programmes address all plants, until very recently none of these efforts has focused specifically on newly licensed plants. However, this is changing. For example, the developing USNRC Performance Indicator Program analyses the information on newly licensed units separately from that of mature units. Through publications such as NUREG-1275,[4] the USNRC has also improved new plant operational readiness oversight. Such actions help assure the adequacy of preparations for the transition from construction to operation and the dissemination of improvement lessons to reduce safety system challenges.

Within the industry INPO has undertaken an effort to provide additional assistance to plants preparing for or in the early stages of initial operation. Also, individual new plants have formulated and are implementing site-specific improvement programmes using operational feedback.

---

[3] WCAP 10948, US Westinghouse Inadvertent Plant Trip Experience: A Historical View of Information from January 1980 through September 1985, Proprietary Report, limited distribution.

WCAP 11156, Inadvertent Plant Trips Experience from October 1985 through March 1986: Periodic Progress Report No. 1, Proprietary Report, limited distribution.

[4] Op. cit., Section 3.

5. SUMMARY

During the last few years, operational experience analysis has resulted in a shifting of emphasis from just the mitigation of transients to attention to the plant operating systems and the operations personnel and their activities in order to minimize the occurrences of such transients. For example, one of the leading factors in scrams has been found to be problems in BOP systems. Previous USNRC licensing strategy had not focused on this important equipment. Also, the US plants vary in design, with little or no standardization. Thus, the need for added attention to one-of-a-kind systems such as these must be given and maintained throughout the operating life of a plant.

A study of the operational experience at US plants between 1984 and 1986 indicates that this additional emphasis is showing some results. For example, the scram frequency has noticeably improved and the number of US LWRs exhibiting relatively high scram rates at higher power levels has decreased significantly.

Efforts to further reduce event frequency and safety system challenges continue. Specific programmes are in place or being developed by the USNRC and the industry to address the problems identified as a result of continued event analysis. These programmes cover a variety of topics such as scram reduction and improvements in performance at newly licensed units. Such problem area identification, solution formulation, and operational attention should greatly enhance nuclear power plant performance from both safety and economic aspects.

IAEA-CN-48/80

REPLACEMENT OF PROCESS COMPUTERS AND UPGRADING OF THE LOVIISA NUCLEAR POWER STATION'S TRAINING SIMULATOR

E. RINTTILÄ
Imatran Voima Oy,
Helsinki, Finland

Abstract

REPLACEMENT OF PROCESS COMPUTERS AND UPGRADING OF THE LOVIISA NUCLEAR POWER STATION'S TRAINING SIMULATOR.

The replacement project for the process computer systems at Finland's Imatran Voima Oy (IVO) Loviisa NPP (2 × 465 MW PWR, in operation since 1977 and 1980) has been started. These systems are of crucial importance to the process monitoring in the control rooms. At the same time the computer systems of the on-site training simulator, operating since 1980, will be upgraded. Both the process computer and the simulator systems were supplied by Nokia Electronics, Finland. Planning of the computer replacement was initiated in 1983 and an agreement with Nokia-Afora was signed in summer 1986 after a hard international competition. The new systems are based on DEC's VAX and MicroVAX computers and a distributed bus (Ethernet) configuration. The high resolution colour display system will be delivered by Ferranti, United Kingdom. The systems will be upgraded so that the simulation computers will be replaced in September 1987, the process computers of Loviisa 1 and the training simulator by the end of 1988 and the Loviisa 2 units by the end of 1989. The paper describes the reasons and justification for replacement, the functional and technical requirements of the new systems, with particular emphasis on the improvements to the present systems, hardware and software solutions and estimated costs of the project. Problems related to the replacement of systems in a running plant are also dealt with. Finally, some ideas concerning further development, such as new functions of the man–machine interface, are presented, as well as plans to minimize the obsolescence problem of the new systems.

1. INTRODUCTION

To replace an on-line process computer system at a nuclear power plant is not an easy task, at least if the plant is to be run undisturbed. This is particularly so if the role of the system in the presentation and processing of information is very central, which is the case at Imatran Voima Oy's (IVO) Loviisa NPP. For this reason and given the substantial cost of projects of this kind, it is not worth undertaking a total replacement until this is absolutely necessary. On the other hand, advances in computer technology have been so rapid that the economic lifetime of process computer systems is roughly 15 years. Thereafter the costs and risks of maintenance escalate, especially if the operation of the plant is dependent on the computer systems. Another decisive factor is how great the need for replacement is with regard to extensions, such as new process inputs and system functions.

Training simulators also face similar obsolescence problems. Even if a simulator is not a real time system and thus not critical for daily plant operation, it might be a very important factor for the plant's long term operation. The flexibility requirements of simulators for modifications and extensions are extremely high because simulator development is a continuous process: plant modifications must be implemented on the simulator too; the accuracy and scope of the modelling will be improved and possible initial limitations of the simulation scope will be remedied later on.

2. PRESENT SYSTEMS

2.1. Process computers

The Loviisa NPP, 2 × 465 MW PWR, in operation since 1977 and 1980, is based on the Soviet WWER-440 concept. The control and safety systems are, however, of Western origin, except for certain reactor systems. IVO has been responsible for the design and purchase of the instrumentation and control systems. The degree of automation is high and the process computer systems play a central role in the process monitoring in the identical control rooms of the units. Figure 1 shows the operator's console in the Loviisa 1 control room.

All the dynamic process information in the control room, such as measurements and alarms, can be displayed by the computer CRTs. The computer does not control the process, this being done by conventional equipment. If the computer system fails, the plant must be capable of safe operation, which means that the safety related information is presented also independently of the computer. Yet we can say that the normal operation of a plant unit is dependent on the availability of the process computer and the advanced information system can be regarded as one of the factors responsible for the exceptionally high perfomance of the Loviisa NPP.

The computer system includes functions such as process diagram displays, trend graphs, event and alarm displays, report printing, logging and extensive performance calculations covering the reactor, the balance of plant systems and the main components.

The systems were supplied by Nokia Electronics, Finland, and the main computers, ARGUS 500s, are made by Ferranti, United Kingdom. The CRTs are monochromatic and of the full vector graphic type. In each control room there are six CRTs, five at the operators' console and one at the shift supervisor's desk, see Fig. 1.

The software is written partly in Assembler, partly in a high level language (CORAL 66). There are 2300 analog and 5000 binary inputs in each system. The number of computer generated alarms is 4000 for each unit respectively. The scanning period for analog measurements varies from 1 s to 60 s. Most of the binary

FIG. 1. Operator's console of Loviisa 1 control room.

inputs are scanned four times per second. The time resolution for alarm display and event printing is one second.

Because of the high availability requirements, there is a lot of redundancy in the systems, e.g. common stand-by computer, duplicated disks, redundant data acquisition units, etc.

2.2. Training simulator

Since 1980 there has been in operation a full-scope training simulator, also supplied by Nokia Electronics, located on the site at Loviisa. Its simulation system is based on DEC's PDP 11/70 and 11/34 computers. For the simulation of the process computer systems, the simulator is provided with a computer of its own, of the ARGUS 500 type, which is a reduced replica of the plant's systems.

In addition to operator training, the Loviisa simulator has been extensively used for various other purposes, such as probabilistic safety assessment (PSA) studies, research and development of man–machine interface problems, testing of modifications in plant automation and protection systems, development of emergency procedures, etc. A simulation of a two phase situation of the reactor related to small break leakage in the primary circuit was added to the simulator some years ago. In addition to this, a number of other extensions have been made since it was first put into operation.

3. REASONS FOR REPLACEMENT

3.1. Process computers

In terms of the functions they perform, the present systems can be regarded as rather modern and extensive even today. They have been reliable and have won acceptance by the operators. The mixed conventional and CRT based control room concept works well. One indication of this is that very seldom has misoperation caused a loss of production.

It was self-evident, however, that the present systems would have to be upgraded sooner or later during the remaining lifetime of the Loviisa units. The most important reasons for this were:

- The contracts for the existing systems were signed in 1972 and the main computers were designed at the end of the 1960s. Maintenance problems due to obsolescence, i.e. obtaining spare parts and coping with the Assembler-coded programs were increasing, even if there were no immediate threats.
- The memory capacity of the main computers and the input signal capacity were limiting factors for new applications and new binary inputs.
- The response times and delays in updating dynamic CRT information, calling up the displays etc., were too long, especially in heavy load situations.

Therefore a decision was made in 1983 to clarify the prospects for replacement and questions related to it. It was found that the process computer systems of the Loviisa NPP had to be replaced, except for the existing process interface cabinets and input wiring, which for the time being can be utilized in the new systems. This is very important, since rewiring of the process inputs would require a good deal of testing and thus influence the whole timetable.

Because the programming languages formerly used are incompatible with the present system, the applications software has to be totally rewritten on the basis of revised specifications, although in terms of its applications the new system does not essentially differ from the present one. As regards basic functions, the present system is still quite satisfactory, so there was no reason to start making changes in the successful control philosophy at the Loviisa NPP.

The preliminary discussions conducted with the computer system suppliers and the orientation in other computer replacement and upgrading projects in nuclear power stations showed that no relevant reference could be found anywhere. All other projects were in power plants where the role of the process computer to be replaced was essentially smaller than in the Loviisa system. Thus IVO has been compelled to make the plans itself to implement the replacement so that it does not cause loss of production at the plant.

3.2. Training simulator

Naturally, in connection with the replacement of plant systems the simulator's process computer has to be replaced too. Concurrently, the simulation computers will be replaced.

Due to numerous modifications and extensions, the computer capacity has been exhausted, which means that further development that is necessary is very difficult. Upgrading the simulation system will allow us to clear away the present bottlenecks. Implementing both process computer and simulator replacement simultaneously makes it possible to benefit from considerable synergy between the two systems and projects.

4. REQUIREMENTS FOR THE NEW PROCESS COMPUTER

As mentioned above, the role of the process computer and the principles of the plant supervision will not be substantially changed. The new system too is primarily intended for the presentation of process information to the control room operators and for indirect supervision of the plant (performance calculation, reporting, etc.). The functions of the old system which are considered useful will be transferred to the new one.

The safety functions required by the authorities will not be included in the new process computer either, but they will be taken care of by means of separate systems.

The shortcomings (e.g. delays) of the present functions will be remedied. The display system will be diversified and the user interface (keyboards, etc.) simplified. The computer's ability to process information will be exploited more effectively. Storing of plant history data will be expanded considerably and paper output will be decreased. Some new functions (e.g. new display types, more effective alarm filtering, safety parameter display system) will be implemented already in the commissioning phase of the new system. Other new applications such as diagnostic operator aids will be commissioned later on if considered useful.

The following technical requirements were specified for the new system:

- modular and flexible and thus redundant configuration based on local area network techniques and the very latest, but proven computer technology
- ease of expansion and upgrading
- efficient software tools
- ability to put the new system into operation so that it can be used parallel with the old one before the change-over to the new system
- high resolution (800 × 1000 pixels) colour displays
- more input capacity
- more display units in the control rooms and other rooms
- connections to other computer systems.

5. FUNCTIONS OF THE PROCESS COMPUTER SYSTEM

The functions of the process computer system can be broken down as follows:

— processing of analog and binary signals
— further data processing and storing including a safety parameter display system (SPDS)
— alarm handling
— display and report system
— user interface
— performance calculations
— data transmission between separate systems.

5.1. Processing of analog and binary signals

The new system will aim at faster data scanning than the previous system is capable of. For analog signals, the scanning period varies between 1 and 10 s. For binary signals the scanning period is 20 ms.

The input capacity of the new system will be 2300 analog and 6000 binary signals, with a database expansion capability to 3200 analog and 10 000 binary signals. High standards for input signal validation will be applied also in the new system.

5.2. Further data processing

At the scanning frequency of the analog signals, about 300 derived variables will be calculated, e.g. mean values, sums, gradients, etc. Moreover, about 1000 derived binary variables will be calculated, e.g. for use in alarm suppression.

The calculation carried out at the scanning frequency will also include the so-called critical safety functions by means of which centralized functions essential to the plant's safety will be indicated. This corresponds to the SPDS applications but will be implemented integrated with the overall computer system.

Mean values of 5 and 60 min and of 24 h will be calculated on all analog variables, these being used, for example, as inputs for the performance calculation algorithms and for the storing of plant history data.

To find the cause of a disturbance, a post-incident review system developed from the present one will be used. The output will be displayed as curves and in a numerical representation.

In the new system, the storing of plant history data will be considerably expanded in comparison with the previous one. The analog variables will be stored in several stages using increasing intervals of 2 seconds to 1 year. Of the events (alarms and state messages), the last 10 000 ones will be stored.

5.3. Alarm handling

Alarms will be formed from the measured and calculated analog and binary variables. The alarms are presented on display units, and they will also be printed in the event list together with the state messages. The resolution of alarm and event displaying and lists is consistent with the input scanning frequency, see Section 5.1.

There will be two classes of alarm according to their importance.

Alarms will be displayed line by line and page by page on display units reserved for them. The output format will not deviate much from the present one, except for the colours.

Alarms considered unnecessary (e.g. consequence alarms) can be suppressed by means of the alarm logic. The alarms suppressed in this way may, however, be displayed and printed in the event list.

The alarm state or measurements and components will be indicated in a uniform way also in non-alarm displays by means of blinking indicators and distinctive colours.

5.4. Display and report system

In principle, all measurement, alarm, acknowledgement and status data needed in the main control room can be presented on the computer monitors, and only the most important data are also displayed on the conventional indicators. Besides the control room, the display and printer outputs are used by the computer staff, maintenance staff, operation engineers, radiation protection staff, laboratory, etc. For this purpose, display units and printers, including colour graphic hardcopy devices, will be placed also outside the control room and the computer room.

The display system is based on a three-level hierarchy: overview, system and component displays. Basic displays are process diagrams and trend curve groups.

Full graphic, high resolution display units are necessary in order to make it possible to present the plant data to the operators in large functional entities. Windowing and zooming will be utilized to enhance displays. Also, alphanumeric CRTs can be used where adequate, e.g. for maintenance staff.

The updating period for dynamic data on the display will be 1 s, whereas it is 10 s in the present system. The response time in calling up displays is less than 2 s.

5.5. Keyboard functions

Simplicity of operation is essential in the new system. The design principle of the function keyboard is:

- There is one keyboard for one to two display units and for one work station of the control room operator.
- Frequent operating sequences or those needed in stress situations are handled with one push-button.

— In other functions, cursor pointing and operating menus are utilized.
— For altering parameters, etc., alphanumeric characters are included in the function keyboard.
— For the alarm displays, a separate keyboard of simple design will be provided so as to permit any operation associated with alarms to be handled with a single push-button, being normally dedicated for each priority.

5.6. Performance calculation

The present process computer is already provided with quite extensive calculation software, which will be ported to the new system. The performance calculation facility is divided into two sub-areas: reactor calculation and plant perfomance calculation. The calculation will be carried out at intervals of 5 min or 60 min, using respective averages as inputs.

6. THE NEW TRAINING SIMULATOR

The simulator upgrading is taking place in two stages. In the first stage very few functional alterations or extensions have been made, the main purpose being to port the present simulator scope to the new system. This means converting the FORTRAN-coded process model programs and recoding the Assembler-based instructor's system and plant automatics.

In the second stage, extensions will be made, such as simulating new malfunctions, improvements to the instructor's system, etc. In this connection the old process computer will be replaced at the simulator. The new process computer will be linked to the plant system so that data from real plant can be transmitted to the simulator. For instance, it will be possible to replay a plant transient or display process data from a real plant system in the simulator control room.

7. IMPLEMENTATION

Purchasing negotiations for the new process computer systems were conducted with several suppliers, among them ASEA, Ferranti, General Electric, Nokia and Siemens. After a hard competition Nokia was chosen as the supplier. Nokia later, however, transferred deliveries to its subsidiary Afora Oy. The display systems will be purchased directly from Ferranti. IVO will principally be responsible for applications, i.e. for making displays, reports and calculation programs including SPDS. In the development of display pictures IVO's CAD system will be used effectively. For both the process computer and simulator projects, some of IVO's people have been slotted into supplier organizations in order to gain experience for the purpose of facilitating subsequent updating and development of the system and thereby reducing dependence on the supplier.

The system made by Afora is based upon DEC's VAX 8250 and MicroVAX II computers, Ethernet buses and Nokia PMS software. The plant inputs will be preprocessed by redundant MicroVAXes. The main computers, in cluster configuration, take care of alarm handling, storing of trend history and various calculation applications. The main disks are also connected to the cluster. The resource sharing of the cluster is efficient for system redundancy. The database is broadcast to each VAX and MicroVAX computer. The display system is composed of MicroVAX host computers and VARS-H controllers manufactured by Ferranti. Display software is based on the GKS standard. There are altogether four Ethernet buses, one for each unit, one for the simulator and one for the display units outside the control rooms ('office bus'). The buses are interlinked by means of LAN bridges. Thus it is possible to transfer displays and other information from one system to another. Other systems such as the plant maintenance computer and systems outside the plant can be connected to the configuration via the office bus. Figure 2 shows the structure of the new systems.

A separate contract for the replacement of the simulation computers was made with Nokia-Afora. The process computer concept chosen makes it possible to link the simulation computers — which are VAXes — and the simulator's process computer to the same cluster and Ethernet.

A contract for the replacement of the process computers was signed in August 1986 and for the simulation system in November 1986.

The new process computer systems for Loviisa 1 and the simulator will be installed in summer 1988. In autumn 1988 the old and new systems of Loviisa 1 will be used in parallel and at the same time the new system will be further tested and validated on the simulator in connection with training. The change-over to the new system will take place at Loviisa 1 at the end of 1988, and at Loviisa 2 roughly a year later.

The simulation computers will be changed before the replacement of the process computers. The new simulation system corresponding to the present simulator should be in operation by September 1987. The final type and capacity of the simulation computers will be decided after the system tests and the new hardware will be installed in 1988. In the first phase, VAXes, which will be transferred later to the process computer system, are being used in the simulator. In summer 1988 extensions will be implemented in the simulation system.

The intention has been to have all the work related to the change-over as independent as possible of the plant's annual refuelling and maintenance outages. Plans call for assuring thorough testing by the parallel use of the old and new systems, i.e. by connecting the new system parallel with the present system to the process interface cabinets. The unique possibility of using the plant specific, on-site simulator is also very important in this respect.

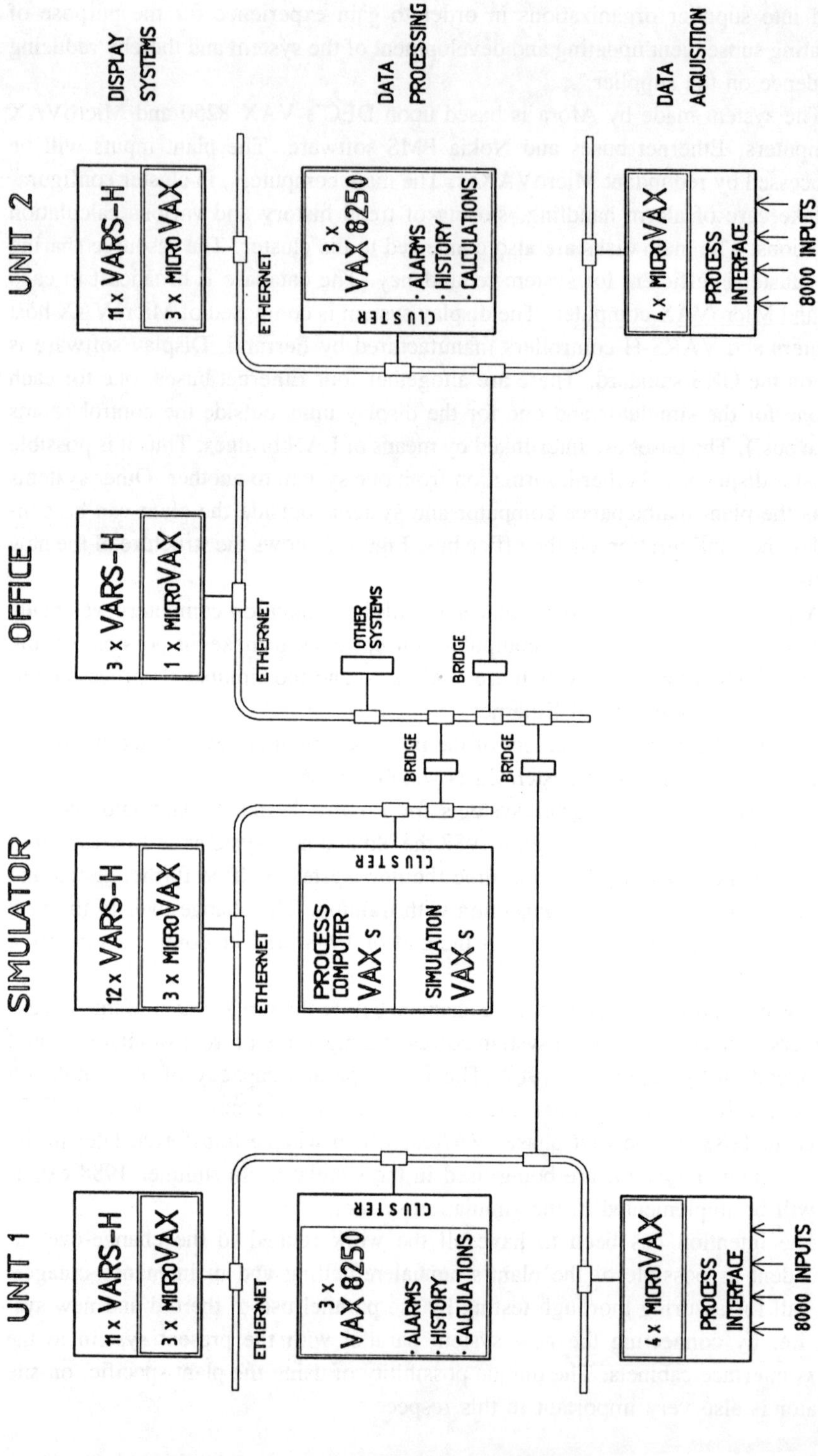

FIG. 2. Structure of the new process computer systems for Loviisa.

The budgeted total costs for the replacement of the Loviisa process computer and simulator systems are about US $20 million, which includes on-site arrangements, IVO's own work, taxes, etc.

8. FURTHER DEVELOPMENT

Typical of the rapid development of computer technology is that a new line of VAXes and certain peripherals has been introduced since the contracts were signed and the Loviisa systems have been upgraded accordingly. The flexible system concept and DEC's policy of guaranteeing the compatibility of their new products with existing ones has made this possible. For the same reasons it was possible to start with the simulator using a temporary hardware configuration.

Also, in the future it should be possible to extend and upgrade the systems gradually at a reasonable cost. Not only does the configuration have a large degree of modularity along with future upgradability thanks to the manufacturer's policy of full compatibility, but the software tools provided by Afora are highly efficient and the display system software is based on international standards. The biggest problem will be the lifetime of the analog data acquisition hardware, which will not be replaced at present.

In future new sophisticated functions can be added to the systems. Possible applications of this kind are operator support aids such as diagnosing of emergencies, computerized procedures, more intelligent alarm handling, etc. At the moment IVO is exploring the use of artificial intelligence and expert system technology in a real time application, the prototype being developed for the Loviisa feedwater system. This prototype will be validated on the simulator. Even if the capacity of artificial intelligence computers is not yet sufficient for extensive real time applications, it seems obvious that this new technology will be a solution for many current problems in the man–machine communication. If this is the case, such new applications can and will be adopted in the process computers of the Loviisa NPP.

IAEA-CN-48/231

БЕЗОПАСНОСТЬ РЕАКТОРНЫХ УСТАНОВОК ДЛЯ АТОМНЫХ СТАНЦИЙ МАЛОЙ МОЩНОСТИ

А.В. БОНДАРЕНКО, В.В. ДОЛГОВ, М.Е. МИНАШИН,
Л.М. ПАРАФИЛО, В.Н. ШАРАПОВ,
Ю.Д. БАРАНАЕВ, Н.П. ЕРМОЛАЕВ, Г.В. МЕРЗЛИКИН,
Ю.И. ОРЕХОВ, В.М. СЕЛИВАНОВ, Ю.А. СЕРГЕЕВ,
А.П. СУВОРОВ
Физико-энергетический институт,
Обнинск

В.И. МИХАН, Ю.И. МИТЯЕВ, А.М. НИКОЛОТОВ
Научно-исследовательский и конструкторский институт
энерготехники,
Москва

Союз Советских Социалистических Республик

Abstract – Аннотация

SAFETY OF LOW-POWER REACTOR FACILITIES FOR NUCLEAR POWER PLANTS.

Low-power nuclear power plants are designed to guarantee the electricity and heat supply to economic complexes located mainly in remote regions of the far north of the USSR to which access is difficult. The severe climate, the isolation, difficulty of access and a number of other characteristics of these regions mean that the low-power nuclear plants have to meet a number of specific requirements, including reliability and safety of the reactor units. In the process of creating the reactor units for low-power plants, it became clear that it is possible to guarantee that these requirements are met by using traditional methods (redundancy, control, automation, etc.) including safety features such as self-regulation, natural coolant convection, and also special design solutions (design of fuel elements, fuel channels, layout of equipment, etc.). These solutions guarantee heat removal from the fuel elements, ensure that the temperature of the fuel elements is low enough in the event of accidents involving rupture of the primary circuit and reduce the likelihood of serious accidents accompanied by the release of significant quantities of radioactive products to the environment. The paper analyses the results of applying this approach to the development of reactor units for low-power plants in the case of three types of reactor: (1) the water–graphite channel-type reactors of the Bilibin nuclear heat and power station with tubular fuel rods and natural coolant circulation; (2) water-cooled water-moderated vessel-type self-regulatory reactors with integral layout and natural coolant circulation of the primary circuit; (3) water-cooled water-moderated pool-type reactors without excess pressure in the primary circuit.

БЕЗОПАСНОСТЬ РЕАКТОРНЫХ УСТАНОВОК ДЛЯ АТОМНЫХ СТАНЦИЙ МАЛОЙ МОЩНОСТИ.

Атомные станции малой мощности (АСММ) предназначены для обеспечения электро- и теплоснабжения народно-хозяйственных объектов, расположенных, преимущественно, в отдаленных и труднодоступных районах Крайнего Севера СССР. Суровый климат, изолированность, труднодоступность и ряд других факторов, характерных для этих районов, обусловливают ряд специфических требований к АСММ, в том числе в части надежности и безопасности реакторных установок (РУ).

В ходе работ по созданию РУ для АСММ выявлена возможность обеспечить выполнение указанных требований на основе использования как традиционных приемов (резервирование, контроль, автоматика и др.) так и за счет таких качеств безопасности, как саморегулирование, естественная конвекция теплоносителя, а также с помощью специальных конструктивных решений (конструкция твэлов, технологических каналов, компоновка оборудования и др.). Эти решения гарантируют теплоотвод от твэлов, достаточно низкий уровень их температуры при авариях с разрывом первого контура и снижают вероятность крупных аварий, сопровождающихся выбросом значительных количеств радиоактивных продуктов в окружающую среду. В докладе результаты применения такого подхода к разработке проектов РУ для АСММ проанализированы для трех типов реакторов: (1) водо-графитовые канальные реакторы Билибинской АТЭЦ с трубчатыми твэлами и естественной циркуляцией теплоносителя; (2) водо-водяные корпусные саморегулирующиеся реакторы с интегральной компоновкой и естественной циркуляцией теплоносителя первого контура; (3) водо-водяные реакторы бассейнового типа без избыточного давления в первом контуре.

Выполненные в последние годы научные, технико-экономические и проектно-конструкторские исследования и разработки подтвердили ранее выявленные предпосылки к эффективному использованию ядерного топлива в топливодефицитных районах Севера СССР. В таких местах стоимость органического топлива из-за трудностей его доставки из центров добычи оказывается очень большой. Опыт создания и эксплуатации Билибинской атомной теплоэлектроцентрали (АТЭЦ) подтвердил эффективность использования в подобных районах Крайнего Севера СССР ядерных энергоисточников небольшой мощности.

Этот вывод является принципиальным, поскольку при характерных для таких районов относительно небольших потребностях в электроэнергии и теплоте использование ядерного топлива на Севере может быть реализовано в обозримой перспективе в основном путем сооружения небольших атомных станций (АС) с реакторами тепловой мощностью не более 200–300 МВт. Функционирование АСММ будет происходить, как правило, в суровых природно-климатических условиях, в составе небольших, локальных энергоузлов, не связанных с мощными энергосистемами, при значительной удаленности от промышленных районов и центров. Эти условия создают ряд особенностей, которые необходимо учитывать при разработке проектов реакторных установок (РУ):

– практически повсеместно необходимо ориентироваться на размещение АСММ на мерзлых грунтах в районах с высокой сейсмичностью;
– значительная доза энергоресурсов в районах Крайнего Севера расходуется на нужды теплоснабжения, и поэтому АСММ на Севере должны создаваться с учетом максимально возможного удовлетворения теплопотребителей. Следовательно, должна быть решена задача размещении АСММ в непосредственной близости от поселков и промышленных предприятий;
– в небольших энергоузлах и, тем более, в автономных условиях АСММ должны работать при изменяющихся электрических и тепловых нагрузках. Это требует обеспечения высоких маневренных качеств и надежной работы оборудования при числе циклов глубокого (до 50%) изменения мощности, равном 10^4-10^5 за срок службы станции (25–30 лет).

Для повышения надежности и безопасности работы РУ АСММ целесообразно использовать как традиционные приемы (резервирование, контроль, автоматика и др.), так и физические качества безопасности: саморегулирование ядерных реакторов за счет отрицательных мощностных и температурных эффектов реактивности, естественная циркуляция теплоносителя, а также использовать специальные конструктивные решения (конструкция твэлов, технологических каналов, копоновка оборудования и др.).

Все эти усилия должны быть направлены на то, чтобы с одной стороны обеспечить гарантированный теплоотвод от твэлов и их достаточно низкую температуру при авариях, а с другой, снизить до предела вероятность крупных аварий, сопровождающихся значительными выбросами радиоактивных продуктов в окружающую среду.

Рассмотрим результаты реализации такого подхода к разработке РУ для АСММ на конкретных примерах.

1. КАНАЛЬНЫЕ ВОДО-ГРАФИТОВЫЕ РЕАКТОРЫ С ТРУБЧАТЫМИ ТВЭЛАМИ С ЕСТЕСТВЕННОЙ ЦИРКУЛЯЦИЕЙ КИПЯЩЕЙ ВОДЫ

Четыре реактора этого типа работают на первой очереди Билибинской АТЭЦ (БАТЭЦ I). Первый энергоблок введен в начале 1974 г., четвертый – в конце 1976 г. Номинальная электрическая мощность станции – 48 МВт при одновременном отпуске теплоты 67 Гкал/ч. Энергоблоки систематически работают в режиме переменных нагрузок с целью поддержания в электрической сети энергоузла частоты и напряжения [1–3].

Коэффициент использования установленной мощности энергоблоков БАТЕЦ I достигает 84%, а коэффициент готовности 90–92% (при перегрузке топлива на остановленном реакторе один–два раза в год). Важным показателем надежности реакторных установок является безаварийная работа тепловыделяющих сборок (ТВС). За время работы БАТЭЦ I (около 47 реакторо-лет) ни одна ТВС не извлечена из реактора по причине отказа [4].

Экономическая эффективность БАТЭЦ I, ее высокая надежность как энергоисточника и высокая безопасность реакторных установок, примененных на ней, явились главными факторами, определившими принятие решения о разработке проекта второй очереди БАТЭЦ (БАТЭЦ II) [3]. По проекту она будет состоять из трех однотипных энергоблоков. Электрическая мощность каждого – до 40 МВт в конденсационном режиме при тепловой мощности реактора 124 МВт.

В качестве паропроизводительных установок на БАТЭЦ применены канальные водо-графитовые реакторные установки, генерирующие насыщенный пар по одноконтурной схеме. Основные характеристики РУ приведены в табл.I.

Теплоотвод ТВЦ осуществляется при естественной циркуляции кипящей воды на всех уровнях мощности РУ вплоть до номинального. Контур естественной циркуляции состоит из групповых петель, замкнутых на барабан-сепаратор (рис. 1). Питательная вода подается в каждую петлю через струйное смесительное устройство, установленное в опускной трубопровод под барабаном-сепаратором.

ТАБЛИЦА I. ОСНОВНЫЕ ХАРАКТЕРИСТИКИ РУ БИЛИБИНСКОЙ АТЭЦ

Наименование параметра	БАТЭЦ I	БАТЭЦ II
Тепловая мощность, МВт	62[a]	124
Температура питательной воды, °С	104	165
Паропроизводительность, т/ч	95	215
Давление пара, МПа	6,37	6,67
Высота/диаметр активной зоны, м	3,0/4,12	3,0/5,52
Шаг решетки ТВС, см	20 × 20	20 × 20
Число ТВС в активной зоне, шт.	273	532
Число каналов СУЗ, шт.	60	68
Обогащение урана, %	3,0 и 3,6	3,0 и 3,6
Число групповых петель в контуре, шт.	6	8
Число ТВС, включенных в петлю, шт.	33; 52	53; 79

[a] В настоящее время мощность реакторных установок на БАТЭЦ I форсирована до 65 МВт (тепл.)

Теплоотвод от каналов СУЗ осуществляется водой, циркулирующей в контуре, замкнутом на деаэратор, чем достигается утилизация теплоты, отводимой от каналов СУЗ. Температура воды на входе в каналы СУЗ выше 100° С, что исключает конденсацию паров на трубопроводах контуров СУЗ и устраняет опасность образования коррозионно-активной среды.

Твэлы – трубчатые с дисперсионной топливной композицией, в которой матрицей служит магний; внутренняя несущая давление труба (диаметр 12 × 0,6 мм) и наружная оболочка (диаметр 22 × 0,3 мм) – из нержавеющей стали, с которыми топливная композиция жестко сцеплена.

Трубчатые твэлы со стальными оболочками по технико-экономическим показателям уступают стержневым с циркониевыми оболочками, однако, их применение оправдывается рядом важных положительных качеств. В частности, применение в этих твэлах дисперсионной топливной композиции и стальных оболочек обеспечивает их работоспособность при систематической работе в режимах переменных нагрузок.

Реакторы характеризуются отрицательным быстрым мощностным коэффициентом реактивности, который уменьшается по абсолютной величине в процессе кампании, приближаясь к нулю к концу ее. Удаление воды из ТВС не вызывает увеличения реактивности. Обезвоживание каналов СУЗ приводит к некоторому росту реактивности. При полном удалении воды максимальное значение этого роста не превышает на БАТЭЦ I 0,7 $\beta_{эф}$, на БАТЭЦ II – 0,4 $\beta_{эф}$. При этом развитие процесса во времени таково, что срабатывание аварийной защиты (АЗ) подавляет рост реактивности (суммарная эффективность стержней АЗ не менее 2,3 $\beta_{эф}$. Все стержни СУЗ перемещаются в сухих полостях каналов СУЗ.

Применение естественной циркуляции является одним из важнейших факторов обеспечения надежного теплосъема в активной зоне не только в условиях нормальной эксплуатации, но и в аварийных ситуациях, включая такие, как потеря штатного электропитания собственных нужд.

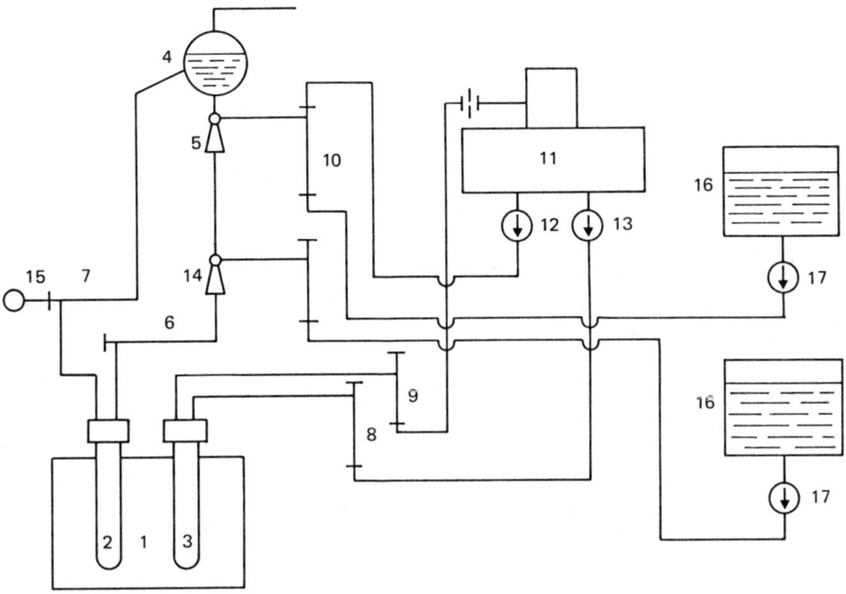

РИС.1. Схема подключения каналов САОР, где: 1 – реактор; 2 – ТВС; 3 – канал СУЗ; 4 – барабан-сепаратор; 5 – струйное смесительное устройство питательной воды с контурной; 6,7 – раздаточный и сборный групповые коллекторы; 8,.9 – раздаточный и сборный коллекторы контура СУЗ; 10 – коллектор питательной воды; 11 – деаэратор; 12 – питательный насос; 13 – насос контура СУЗ; 14 – струйный насос для ввода воды САОР; 15 – перепускной коллектор; 16 – бак САОР; 17 – насос САОР.

Конструкция контура выбрана с учетом улучшения условий расхолаживания реактора в аварийных ситуациях: контур секционирован, он состоит из независимых групповых петель, замкнутых на барабан-сепаратор; вода от каналов системы аварийного охлаждения реактора (САОР) подается в две точки каждой групповой петли; применение перепускного коллектора, соединенного со всеми сборными групповыми коллекторами, обеспечивает подачу воды к ТВС при разрыве элементов контура в любых их частях.

Важным свойством активной зоны является малое термическое сопротивление между твэлами и графитовым замедлителем, обладающим большой тепловой емкостью. Оно обусловливает в аварийной ситуации после срабатывания АЗ относительно медленный разогрев твэлов.

Фактором, существенно смягчающим протекание аварийных процессов, является относительно низкая температура топливной композиции в исходном состоянии (максимальное значение равно 390° С), что гораздо ниже температуры, при которой возможна разгерметизация наружных оболочек твэлов. В качестве максимальной проектной аварии (МПА) для рассматриваемых реакторных установок принят разрыв опускного группового трубопровода по штуцеру барабана-сепаратора при двустороннем истечении

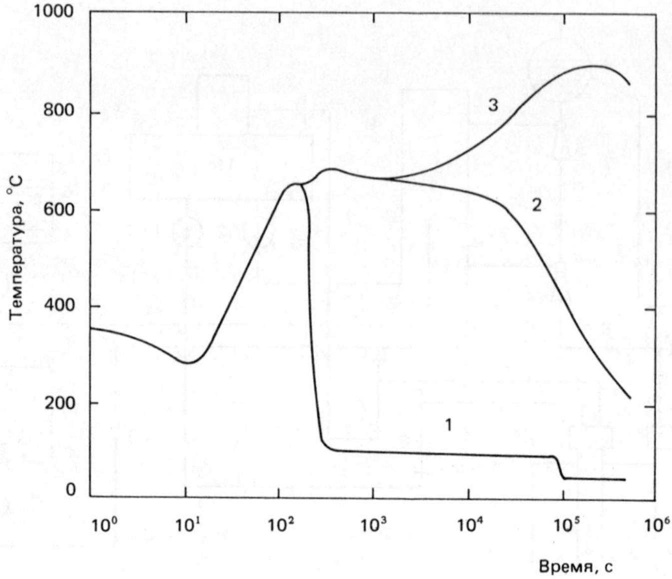

РИС. 2. Максимальная температура твэлов в аварийных процессах, где: 1 – срабатывает насосный канал расхолаживания; 2 – расхолаживание с помощью только контура СУЗ; 3 – гипотетическая авария.

воды. Низкий темп разогрева автивной зоны (рис. 2) в совокупности с относительно низкими исходными (рабочими) значениями температуры компонент активной зоны позволили сделать вывод, что для аварийного охлаждения реактора (САОР) нет необходимости применять быстродействующую гидробалонную систему.

Поэтому САОР содержит (рис. 1) два независимых насосных канала расхолаживания со временем срабатывания 1,5 мин.

В качестве третьего канала расхолаживания служит контур охлаждения каналов СУЗ, замкнутый на деаэратор, имеющийся в составе каждого блока.

Протекание аварийных процессов в ТВС было изучено экспериментально на стенде-модели групповой петли контура, состоящей из двух полногабаритных макетов ТВС с электрообогреваемыми имитаторами твэла. Было установлено, что при уровнях мощности, соответствующих остаточному тепловыделению, теплоотвод от твэлов без критического ухудшения теплоотдачи имеет место при значительной потере теплоносителя из ТВС. В этом случае устанавливается естественная циркуляции внутри ТВС: по некоторым из трактов твэлов вода стекает вниз, а по остальным движется вверх. Ухудшение теплоотдачи наступает только при выпаривании воды уровня 300 мм от концов нижних твэлов.

Экспериментально имитировались процессы заполнения водой (от САОР) раскаленных ТВС (имитаторы твэла, опускные трубы ТВС на участке активной зоны имели температуру до 600° С). При этом вода в ТВС подавалась как в направлении рабочего движения, так и в обратном. Установлено, что в любом случае вода беспрепятственно достигает нижней камеры ТВС и начинает в ТВС накапливаться, несмотря на длительное (до 15 мин в зависимости от расхода воды) отсутствие смачивания всех горячих поверхностей ТВС. По достижении уровнем воды верхней камеры ТВС в системе трактов твэлов возникает естественная циркуляция по вышеописанной схеме. Теплосъем с горячих поверхностей продолжается в режиме пленочного кипения до уровня температуры, при которой происходит смачивание (~400° С).

Таким образом, заполнение раскаленных ТВС холодной водой и процесс их расхолаживания не встречает каких-либо препятствий. Расчетный анализ МПА (указанный выше разрыв контура с глушением реактора при помощи СУЗ) при отказе всех трех каналов расхолаживания (в этом случае теплота рассеивается в окружающее пространство) показал, что температура твэлов достигает наивысшего значения в центре активной зоны через четверо суток и составляет 910° С. В дальнейшем температура снижается.

Трубчатая конструкция твэла позволяет решить ряд вопросов безопасности реакторной установки существенно иначе, чем это делается для реакторных установок со стержневыми твэлами. Так, теплоноситель, циркулирующий в контуре реакторной установки, не содержит даже следов продуктов деления, в том числе и при авариях, связанных с разрывом твэлов. В теплоносителе и на внутренних поверхностях контура имеются в малых количествах лишь активированные продукты коррозии: окислы компонентов нержавеющей стали. Предельная оценка показала, что при выносе всех продуктов из контура истекающей водой их выход за пределы здания станции не превысит $3{,}7 \times 10^{10}$ Бк (1 Ки). Это свидетельствует о том, что для обеспечения безопасности пространства, окружающего такую АЭС, нет необходимости в создании прочно-плотных локализующих систем, удерживающих этот теплоноситель.

В настоящее время прорабатывается вопрос о необходимости создания прочных зданий для АЭС с РУ данного типа на случай аварий с большими выходами энергии, чем при разрушении наружной части контура.

При разрушении ТВС, в том числе по твэлу, истечение теплоносителя происходит в замкнутое реакторное пространство. Для обеспечения радиационной безопасности окружающего пространства при этой аварии необходимо создание локализующих систем, так как при указанной аварии из мест разрыва твэла вымывается топливная композиция с продуктами деления. Такие системы сооружаются для всех канальных водографитовых реакторов.

Однако, размеры локализующих систем для реакторов с трубчатыми твэлами невелики, поскольку в силу малых проходных сечений ТВС истечение теплоносителя из разрушенной ТВС весьма ограничено: при разрыве одного твэла – не более 5 т/ч. Выделенные из парогазовой смеси путем конденсации пара газовые компоненты собираются для выдерживания в специальном газгольдере.

Малые расходы истечения теплоносителя при разрушении ТВС упрощают решение задачи по защите реактора от его разрушения вследствие повышения давления в реакторном пространстве даже при одновременном разрушении нескольких ТВС.

2. ИНТЕГРАЛЬНЫЕ ВОДО-ВОДЯНЫЕ РЕАКТОРЫ

Для использования в районах Севера разрабатываются небольшие водо-водяные реакторы. В реакторах этого типа, получивших название АБВ (Атомные Блочные Водо-водяные), для достижения высокой степени внутренней безопасности приняты следующие технические решения:

- интегральная компоновка, т.е. размещение активной зоны и парогенератора (или теплообменника в случае АСТ) в одном корпусе;
- естественная циркуляция некипящей воды в I контуре на всех уровнях мощности;
- работа реактора в режиме саморегулирования за счет отрицательных температурных и пустотных коэффициентов реактивности;
- не менее чем двухпетлевая схема отвода тепла от контура;
- двухконтурная схема получения пара для турбогенератора и трехконтурная схема подогрева сетевой воды;
- максимальное использование в каналах аварийного отвода тепла пассивных принципов.

Интегральная компоновка позволяет осуществить в первом контуре развитую естественную циркуляцию воды, отказаться от циркуляционных трубопроводов большого диаметра. Другие трубопроводы (к компенсатору объема, к системе очистки и т.п.) по своему функциональному назначению имеют сравнительно малые диаметры и снабжены сужающими или отключающими устройствами, что облегчает задачу обеспечения безопасности при их разрывах. То есть отсутствие циркуляционных насосов и крупных трубопроводов первого контура положительно сказывается на надежности и безопасности РУ.

Работа реактора в режиме саморегулирования упрощает СУЗ реактора и исключает аварии, связанные с нарушениями в системе автоматического регулирования мощности, поскольку последняя отсутствует.

Переходные режимы при изменениях нагрузки турбогенератора в достаточно большом диапазоне (от 100% до 50% от номинальной) протекают достаточно быстро и плавно, без недопустимых отклонений параметров установки.

В реакторах типа АБВ, предназначенных для АЭС и АТЭЦ, могут быть использованы как парогенераторы насыщенного пара с многократной циркуляцией теплоносителя второго контура, так и прямоточные парогенераторы, производящие слабоперегретый пар. Те и другие имеют свои достоинства и недостатки. Выбор в пользу того или другого варианта осуществляется с учетом конкретных проектных требований (компактность, маневренные качества, требования по сейсмостойкости и др.).

Основные показатели интегральных реакторов могут быть продемонстрированы на примере проектных данных по энергоблоку для АТЭЦ с электрической мощностью 2,75 МВт [5, 6].

Реакторная установка при номинальной тепловой мощности, равной 14,5 МВт, вырабатывает сухой насыщенный пар давлением 1,5 МПа ($t = 198^\circ C$). В контуре парогенератор-сепаратор обеспечивается естественная циркуляция с достаточно высокой кратностью (до 5). В первом контуре при давлении 7 МПа и без кипения воды естественная циркуляция идет с расходом 250 т/час. Подогрев воды в активной зоне при этом составляет 44° С.

Реактор не имеет автоматического регулятора мощности. Устойчивость обеспечивается за счет внутренних обратных связей, наиболее существенной из которых является полный (с учетом изменения плотности) температурный коэффициент реактивности по воде, составляющий – (3 ... 5) × 10^{-4} 1/°С.

При обесточивании станции реактор останавливается сбросом поглотителя в активную зону. При отказе всех средств аварийной остановки реактора мощность реактора снизится благодаря отрицательным коэффициентам реактивности. При этом в течение примерно 10 ч обеспечивается бескризисный теплосъем в активной зоне.

Наиболее серьезной аварией является разрыв трубопровода первого контура, соединяющего реактор с компенсатором объема (КО). Диаметр трубопровода 50 мм, диаметр служащего устройства 25 мм. На трубопроводе, в силу его назначения, отключающее устройство не устанавливается. Рассматриваемый трубопровод врезан в корпус реактора в его верхней части. Благодаря этому, а также в связи с очень малым отношением сечения трубопровода к площади "зеркала" испарения, образующегося в корпусе реактора, очень быстро (через 20 с) наступает паровой режим истечения, характеризующейся довольно малой скоростью утечки (не более 2 кг/с). В этих условиях и при отсутствии подпитки первого контура снижение давления до атмосферного длится не менее 2,5–3 ч. Все это время активная зона гарантированно залита водой, что обеспечивает бескризисный теплосъем в барботажном режиме. Предусмотренная в комплексе защитных мер аварийная подпитка реактора водой позволяет заполнить его не более чем через час после включения подпиточного насоса с весьма малой производительностью 1 кг/с.

Водо-водяные реакторы интегрального типа весьма перспективны для использования на атомных станциях теплоснабжения. При этом, имея в виду низкую температуру сетевой воды (не более 150° С), параметры воды первого контура могут быть существенно снижены, что благоприятно сказывается на безопасности АСТ.

3. РЕАКТОРЫ БАССЕЙНОВОГО ТИПА

Реакторы бассейнового типа, предназначенные для использования на АСТ, позволяют достаточно уверенно получать сетевую воду с температурой 70–80° С. Достичь температуры 95° С и даже выше возможно за счет повышения давления в активной зоне и других частях первого контура путем создания дополнительного статистического или динамического напора.

Главным свойством реакторов бассейнового типа, позволяющим обеспечить высокую безопасность, является отсутствие избыточного давления в первом контуре. Относительно большие размеры бассейна с точки зрения безопасности также являются весьма положительным фактором, поскольку благодаря большой теплоаккумулирующей способности воды, находящейся в бассейне, имеется возможность надежного и длительного отвода тепла от активной зоны даже при полном отказе всех систем теплоотвода. За счет остаточного тепловыделения разогрев воды в бассейне до температуры кипения будет происходить за время порядка суток, после чего длительное время охлаждение зоны может быть обеспечено за счет выпаривания воды бассейна.

Как и реакторы с водой под давлением, бассейновые реакторы обладают свойством саморегулирования за счет отрицательных температурного и пустотного коэффициентов реактивности.

Проработки показали, что в бассейновом реакторе целесообразно иметь в бассейне внутренний кожух, который разделяет объем бассейна на нижнюю, горячую зону, в пределах которой осуществляется циркуляция теплоносителя первого контура, и верхнюю, холодную зону, создающую столб воды, обеспечивающий требуемый подпор в зоне циркуляции. Наличие холодной воды в верхней части бассейна уменьшает испарение теплоносителя, улучшая, тем самым, радиационную обстановку над реактором. Специальная система ограничивает попадание радиоактивной воды из нижней части бассейна в верхнюю, допуская перетечки теплоносителя через отверстия в крышке внутреннего кожуха только из верхней части бассейна в нижнюю.

Показана возможность создания реактора как с принудительной циркуляцией теплоносителя первого контура, организуемой с помощью погруженных насосов осевого типа или струйных насосов, так и с естественной циркуляцией. Во всех случаях аварийное охлаждение активной зоны осуществляется за счет естественной циркуляции теплоносителя.

ЛИТЕРАТУРА

[1] АБРАМОВ В.М. и др., Small and Medium Reactors (Proc. Symp., Oslo, 1970), IAEA, Vienna (1971) 363.
[2] АБАЛКИН В.К. и др., Электрические станции, 2 (1978) 8.
[3] ДОЛГОВ В.В. и др., Nuclear Power Experience (Proc. Int. Conf., Vienna, 1982), Vol. 2, IAEA, Vienna, (1983) 509.
[4] МИНАШИН М.Е. и др., Ат. Энерг. **56** 6 (1984) 370.
[5] Атомная наука и техника в СССР, Энергоатомиздат, Москва (1977) 56.
[6] ГОЛОВИН А.И. и др., Ат. Энерг. **51** 2 (1981) 83.

ORGANISATION DU RETOUR D'EXPERIENCE DANS L'ANALYSE DES INCIDENTS AU SEIN DES ORGANISMES DE SURETE

G. DREDEMIS, C. GIROUX
Commissariat à l'énergie atomique,
Fontenay-aux-Roses, France

Abstract–Résumé

ORGANIZATION OF FEEDBACK IN THE ANALYSIS OF INCIDENTS BY SAFETY AGENCIES.

The implementation of the French nuclear power programme is based on the involvement of technical levels or stages of standardized 900 or 1300 MW(e) power. The standardization in the establishment of this park makes coherent feedback possible. It also makes extreme rigour necessary in that it calls for the detection of precursory events which could, if they are not defined, lead to the discovery of a generic anomaly affecting all the units of one and the same level. Conversely, it is possible to concentrate all efforts in a search for a solution to possible difficulties since such a solution would be applicable and immediately transferrable to all the units of the same level. Consequently, the hunt for precursory events is an important concern of the operator and of the French nuclear safety agencies. The organization of operational follow-up and of feedback has therefore developed around this axis. The paper describes the methodology adopted in French safety agencies for drawing all possible lessons from experience of reactor operation and operational incidents. The thorough analysis of an incident can be the basis of an investigation highly imaginative of the potential consequences of an incident, by extrapolation of the scenario and determination of the ways in which degradation takes place. It also leads to the generalization of conclusions with respect to other systems or components. The classification of incidents is a better means of determining the primary causes of an incident than are individual examinations. The studies of trends, the first group of statistical studies applied to special and frequent incidents, demonstrate the origin and causes of certain categories of incidents, indicate priorities and show the effectiveness of corrective measures. Factoral statistical analysis, which deals with the whole body of significant incidents, is designed to show, better and more fully than studies of trends, the weak areas in the nuclear park and in its operating conditions.

ORGANISATION DU RETOUR D'EXPERIENCE DANS L'ANALYSE DES INCIDENTS AU SEIN DES ORGANISMES DE SURETE.

La mise en œuvre du programme électronucléaire français repose sur l'engagement de niveaux ou paliers techniques de puissance 900 ou 1300 MWe standardisés. La standardisation dans la constitution de ce parc permet un retour d'expérience cohérent. Cette standardisation exige une extrême rigueur dans la mesure où il convient de déceler les événements précurseurs qui pourraient, s'ils n'étaient pas identifiés, conduire à la découverte d'une anomalie générique affectant toutes les tranches d'une même palier. Par contre, il est possible de concentrer tous les efforts dans la recherche d'une solution à d'éventuelles difficultés puisque celle-ci sera applicable et immédiatement transposable à l'ensemble des tranches d'un même palier. La chasse aux événements précurseurs est, par conséquent, une préoccupation importante de l'exploitant et des organismes de sûreté nucléaire français. L'organisation du suivi d'exploitation et du retour d'expérience s'est donc développée autour de ce pôle. On présente ici la méthodologie adoptée au sein des organismes de sûreté français pour tirer toutes les leçons de l'expérience du fonctionnement des réacteurs et des incidents d'exploitation. L'analyse approfondie d'un incident permet une recherche aussi imaginative que possible des conséquences potentielles d'un incident par l'extrapolation du scénario et la recherche de ses voies de dégénérescence. Elle amène également la généralisation des conclusions vers d'autres systèmes ou composants. Le regroupement d'incidents met mieux en lumière les causes premières d'incident que les examens individuels. Les études de tendances, premier groupe d'études statistiques appliquées à des incidents particuliers et fréquents, mettent en évidence les origines et causes de certaines familles d'incidents, marquent des priorités et montrent l'efficacité des mesures correctives. L'analyse statistique par facteur, qui traite de l'ensemble des incidents significatifs, a vocation à montrer, mieux et plus complètement que les études de tendances, les zones faibles du parc nucléaire et de ses conditions d'exploitation.

1. INTRODUCTION

La mise en œuvre du programme électronucléaire français repose sur l'engagement de paliers techniques standardisés de puissance 900 et 1300 MWe. En 1986, 34 tranches de 900 MWe et 9 tranches de 1300 MWe exploitées par un même exploitant, Electricité de France (EDF), ont fourni environ 70% de la production d'électricité française.

Les incidents survenant en cours de construction et d'exploitation sont riches d'enseignements dont il convient de tirer parti pour les tranches en exploitation et pour la conception des paliers futurs.

Ce «retour d'expérience» bénéficie en France de la standardisation du parc électronucléaire et de l'unicité de son exploitant. Ces conditions imposent en revanche une très grande vigilance dans la mesure où il convient de déceler les événements précurseurs qui pourraient, s'ils n'étaient pas identifiés, conduire à la nécessité d'immobiliser un nombre important de tranches d'un même palier.

Cette communication présente la méthodologie adoptée au sein des organismes de sûreté français et plus précisément de l'Institut de protection et de sûreté nucléaire (IPSN), support technique des autorités de sûreté, pour tirer toutes les leçons de l'expérience du fonctionnement des réacteurs et des incidents d'exploitation.

Après avoir décrit brièvement le processus d'information des organismes de sûreté sur les événements et incidents survenant en exploitation, nous décrirons les différents types d'analyses des incidents effectuées, analyse approfondie, regroupement d'incidents, analyse de tendance, analyse par facteurs et, pour chacune d'entre elles, les derniers résultats obtenus.

2. INCIDENTS CONCERNANT LA SURETE — DEFINITIONS — MODALITES DE DECLARATION

La qualité de la collecte de l'information est essentielle pour l'efficacité de tout le processus du retour d'expérience. Le spectre en gravité des incidents susceptibles de se produire sur une centrale nucléaire est très étendu et, sauf à être submergé par une masse d'informations inutilisables, il est nécessaire de hiérarchiser ces incidents en fonction de leur caractère significatif pour la sûreté. A cette hiérarchisation correspond le contenu de l'information transmise pour chaque catégorie d'incident.

A la suite de discussions entre les organismes de sûreté et EDF, un premier critère de tri a été défini entre les événements susceptibles d'intéresser les organismes de sûreté et ceux qui, a priori, ne les concernent pas.

2.1. Evénement interessant la sûreté

Les spécifications techniques d'exploitation regroupent l'ensemble des contraintes définies pour chaque matériel ou fluide important pour la sûreté. La liste des matériels dont la disponibilité est requise dans chaque état de la tranche y est notifiée ainsi que les durées limites d'indisponibilité autorisées avant passage de la tranche dans un état de repli. Il en est de même pour la définition de la qualité de certains fluides (radioactive ou chimique par exemple) et pour les limites des paramètres de fonctionnement.

Toute indisponibilité concernant ces matériels ou toute excursion d'un paramètre hors de ces critères constitue un «événement intéressant la sûreté». Il en est de même pour tout défaut de conformité découvert lors d'un contrôle périodique.

Ces événements sont collectés par EDF dans un fichier informatisé national appelé «fichier des événements». Les organismes de sûreté accèdent directement à cette application informatique.

2.2. Incident significatif

Parmi cet ensemble d'incidents se trouvent les éventuels précurseurs d'accidents graves pour lesquels les informations succinctes contenues dans le fichier informatisé n'ont pas paru suffisantes aux organismes de sûreté.

Un premier jeu de critères d'identification des «incidents significatifs» parmi les événements intéressant la sûreté a été défini par une lettre du Service central de sûreté des installations nucléaires (SCSIN) en 1979. Après quelques années d'utilisation, des discussions entre les organismes de sûreté et l'exploitant ont abouti à une nouvelle définition de ces critères officialisés en avril 1982.

Ces critères s'appliquent notamment aux incidents qui:

- sollicitent les systèmes de protection ou de sauvegarde;
- provoquent le passage en état de repli en application des spécifications techniques d'exploitation (ou qui pourraient le provoquer dans un état de la tranche différent);
- peuvent conduire à des conditions de fonctionnement non prises en compte ou non enveloppées par les conditions de dimensionnement et les consignes d'exploitation;
- conduisent à dépasser les seuils imposés en matière de radioprotection ou de rejets radioactifs.

Ces incidents font l'objet d'une notification aux autorités de sûreté par télex le jour même et par un rapport détaillé dans un délai de deux mois.

A titre d'illustration, EDF a déclaré en 1986 environ 310 incidents significatifs parmi 1700 événements intéressant la sûreté pour les tranches de 900 MWe.

3. ANALYSE DES INCIDENTS: LES PRECURSEURS

L'analyse des incidents survenus en exploitation effectuée par le Département d'analyse de sûreté de l'IPSN doit répondre aux objectifs suivants:

- détection des précurseurs d'accidents graves afin de prendre à temps les mesures correctives nécessaires;
- appréciation des points faibles et des points forts des installations afin de dégager des priorités d'action et d'obtenir un niveau de sûreté plus homogène tant pour les tranches futures que pour les tranches en exploitation;
- vérification de l'efficacité des mesures correctives prises pour résoudre tel ou tel problème;
- détection d'éventuels problèmes de vieillissement des installations.

Toutes les informations relatives à l'expérience d'exploitation des centrales, qu'il s'agisse d'événements intéressant la sûreté ou d'incidents significatifs, sont examinées par l'ensemble de l'équipe de l'IPSN chargée de l'analyse de la sûreté en exploitation lors de réunions hebdomadaires.

C'est au cours de ces réunions que sont choisis les incidents précurseurs qui feront l'objet d'analyses approfondies, les incidents qui feront l'objet d'analyses de tendance et que sont déterminés les ensembles d'incidents qui feront l'objet d'une analyse regroupée.

Cette pratique, précédée de la circulation générale des documents se rapportant aux incidents (télex de notification, rapports détaillés), permet à chacun d'être informé de l'ensemble des incidents.

Les incidents étrangers connus grâce aux systèmes d'échanges internationaux sont discutés de la même façon.

La détection des précurseurs constitue un objectif très important de l'analyse des incidents. Aucun critère n'a été défini et officialisé pour les sélectionner; quelques éléments de choix se dégagent cependant:

- l'événement est (ou s'apparente) à un événement de dimensionnement de troisième ou quatrième catégorie;
- l'événement n'est pas enveloppé par une situation prise en compte à la conception;
- l'analyse de l'événement fait apparaître, à l'origine ou lors du déroulement de l'événement, un cumul de défaillances (réel ou potentiel) sur un ou plusieurs systèmes importants pour la sûreté; ce cumul de défaillances peut être dû à une série de défauts aléatoires, un défaut de mode commun ou une interaction entre systèmes;

- l'analyse fait apparaître que tout ou partie des éléments, mis en évidence au niveau des causes ou du déroulement de l'événement, projeté dans d'autres conditions d'exploitation, ou sur d'autres systèmes ou composants, aurait pu conduire à des conséquences du même ordre de grandeur que celles des événements de dimensionnement de troisième ou quatrième catégorie;
- des erreurs, de natures diverses, ont été commises à l'origine ou lors du déroulement de l'incident qui résultent d'une méconnaissance fondamentale des performances de l'installation ou des exigences de sûreté.

C'est en faisant appel à ces critères informels, au jugement de l'ingénieur et à l'expérience des analystes que le choix est effectué.

Une sélection du même type est effectuée par le Service de la production thermique d'EDF. Les conclusions sont périodiquement comparées et discutées.

4. LES APPROCHES CROISEES DE L'ANALYSE

Nous présenterons ici les différents types d'analyse des incidents pratiqués au sein de l'unité de l'Institut de protection et de sûreté nucléaire assurant le suivi et l'analyse de l'exploitation des tranches à eau sous pression.

4.1. Analyse approfondie

L'analyse approfondie consiste en l'étude des circonstances, causes, conséquences réelles et potentielles d'un incident afin d'évaluer son impact sur la sûreté de l'installation et de définir les actions à entreprendre pour qu'un incident similaire ou conduisant aux mêmes conséquences ne puisse pas se reproduire. Il va de soi que ce type d'analyse ne concerne pas uniquement les incidents ayant eu des conséquences importantes, heureusement très rares, mais ceux qui peuvent être considérés comme précurseurs d'accidents plus graves. Une dizaine d'incidents en moyenne fait l'objet d'une analyse de ce type chaque année. Il est important de rappeler que le rôle de l'IPSN est de définir des objectifs de sûreté ou de demander qu'EDF démontre que les objectifs préalablement définis sont bien atteints. La définition des solutions est de la responsabilité de l'exploitant.

Nous n'insisterons pas outre mesure sur ce type d'analyse, déjà présenté par ailleurs. Un exemple est donné dans cette conférence concernant l'incident de perte lente de tension survenu à Bugey 5 le 14 avril 1984 (IAEA-CN-48/122).

4.2. Regroupements d'incidents

Tous les incidents ne sont pas suffisamment significatifs pour nécessiter une analyse approfondie. Ils n'en recèlent pas moins des indications intéressantes et utiles à l'amélioration de la sûreté.

Chaque incident met, le plus souvent, l'accent sur une anomalie particulière (de matériel ou de comportement humain) qui doit être corrigée. Cette anomalie peut cacher une erreur plus profonde qui ne peut être mise en lumière qu'en établissant des rapprochements et des corrélations entre incidents.

Ce type d'analyse a été effectué en 1985 et 1986 sur les déclenchements intempestifs ayant affecté le fonctionnement des turbopompes d'alimentation de secours des générateurs de vapeur des tranches de 900 MWe.

Dans un premier temps, ces incidents, qui n'ont jamais eu de conséquence importante du fait que l'alimentation de secours des générateurs de vapeur a toujours pu être assurée par les motopompes du système, ont été traités individuellement et ont conduit EDF à réaliser des modifications ponctuelles. Il s'est avéré que ces mesures, souvent définies localement, n'amélioraient pas le comportement de ce matériel sur l'ensemble des tranches REP 900 MWe et ne pouvaient avoir qu'un caractère provisoire.

Compte tenu de l'importance de la disponibilité de la turbopompe d'alimentation de secours des générateurs de vapeur en cas de perte totale des alimentations électriques, une analyse globale de ces incidents a été entreprise, dont les principaux enseignements portent sur la fiabilité de ce matériel, ses modes de défaillance et la représentativité des essais périodiques auxquels il est soumis.

Le taux de défaillance à la sollicitation de ce matériel estimé à partir des avaries déclarées pendant une période correspondant à 100 années-réacteur est notablement supérieur à la valeur prise en compte dans les analyses probabilistes du risque de fusion du cœur. Cette constatation justifiait que des actions correctives soient définies et mises en œuvre rapidement.

La cause profonde de ces incidents (haut niveau de vibrations affectant les organes d'admission de la turbine lors du transitoire de démarrage) et les principaux modes de défaillance ont été identifiés, ce qui a permis de juger du bien-fondé des actions correctives proposées par EDF.

Ces actions concernent notamment la conception de la soupage réglant le débit de vapeur, la stabilité du dispositif mécanique de déclenchement de l'obturateur de protection, ainsi que le principe d'évacuation des condensats de la ligne d'alimentation en vapeur; à l'heure actuelle, leur mise en œuvre est en cours sur les tranches.

L'analyse de cet ensemble d'incidents a également fait apparaître une tendance selon laquelle les défaillances à la sollicitation de la turbopompe d'alimentation de secours des générateurs de vapeur sont plus fréquentes lors des transitoires réels d'exploitation que lors des essais périodiques.

Cette constatation a conduit les autorités de sûreté à demander à EDF d'examiner la possibilité de compléter le programme d'essais périodiques de ce matériel par un essai effectué dans des conditions plus proches des conditions réelles de fonctionnement.

4.3. Etudes de tendances

Ces études recouvrent des séries d'incidents ou d'anomalies de fonctionnement qui ont des caractères communs et pour lesquels il peut être utile d'effectuer des analyses statistiques. La standardisation du parc électronucléaire français rend ces analyses d'autant plus intéressantes.

De telles études sont réalisées de manière systématique pour les sollicitations du système d'injection de sécurité et les arrêts d'urgence. Elles permettent l'analyse contradictoire des bilans annuels présentés par EDF.

L'évolution dans le temps, par exemple du nombre des arrêts d'urgence, peut être un indicateur de l'état de santé et la qualité d'exploitation des tranches. En outre, l'analyse de la répartition des causes d'incidents entre différents postes permet de mettre en évidence les systèmes ou sous-systèmes qui contribuent le plus à l'arrêt d'urgence. Son évolution au cours des années permet d'évaluer l'impact des actions correctives réalisées par l'exploitant.

Sur le plan global, on observe une diminution importante des arrêts d'urgence en 1985 et 1986. Les mesures correctives pour supprimer les causes principales d'arrêts d'urgence ont été mises en place en 1984 et ont donc porté leurs fruits. Les actions les plus efficaces à cet égard concernent le système de commande des grappes de contrôle et le système de régulation du niveau dans les générateurs de vapeur où les actions de formation et les modifications effectuées ont fait passer le nombre d'arrêts d'urgence imputables à cette cause de 5 par tranche et par an en 1980 à 1,4 en 1985.

Cette analyse a montré en outre une diminution notable des arrêts d'urgence dus à des défaillances humaines.

4.4. Analyses par facteur

Les analyses de tendance que nous venons de décrire brièvement concernent des populations particulières d'incidents. Les incidents les plus significatifs échappent en général à ces études.

C'est pour cela qu'il nous a paru nécessaire d'effectuer une analyse plus générale des causes et circonstances des incidents significatifs.

Une première étude effectuée pour les incidents survenus en 1981 et 1982 avait été présentée au colloque tenu à Marseille en mai 1983[1]. Cette étude, poursuivie pour l'année 1983, portait sur les incidents significatifs hors arrêts d'urgence. Les périodes 1984 et 1985 ont été analysées en incluant dans l'étude les arrêts d'urgence.

---

[1] DROULERS, Y., FELTIN, C., FOUREST, B., «Enseignements généraux tirés des incidents survenus sur les centrales nucléaires françaises», Operational Safety of Nuclear Power Plants (C.R. Coll. Marseille, 1983) vol.II, AIEA, Vienne (1984) 121.

Ces études sont maintenant effectuées à l'aide d'un outil informatique qui permet:

– un traitement à plat permettant d'avoir l'evolution de la fréquence absolue d'une modalité pour une période considérée;

– les croisements permettant de quantifier les liaisons pouvant exister entre les paramètres descriptifs des incidents et diverses variables définissant les circonstances.

Les facteurs examinés dans l'analyse par facteur sont les suivants:

– conditions initiales de l'incident;

– circonstances (essais périodiques, intervention ou maintenance);

– matériels impliqués;

– facteurs humains en cause (procédures, oganisation de la qualité, ergonomie ou erreur caractérisée);

– causes externes;

– caractère de l'incident: générique (fabrication, montage, conception, qualification, vieillissement), spécifique ou non générique (cette catégorie comprend par convention les incidents pour lesquels le facteur humain est prépondérant);

– conséquences réelles, perte de barrière, de fonction de sûreté, rejets incontrôlés.

Pour la période 1981–1983, cette étude a surtout visé à confirmer par des résultats quantitatifs des appréciations qualitatives que l'on pouvait porter sur les causes et circonstances des incidents.

Les tendances relevées sur les incidents significatifs s'observent déjà dans les études de tendance concernant les arrêts d'urgence et sont amplifiées dans le cas des incidents pour lesquels le risque encouru est le plus sérieux. Ceci souligne l'intérêt des analyses approfondies effectuées sur ces incidents.

Cette étude permet une mise en perspective des différents problèmes et un meilleur jugement sur l'importance qu'il convient d'apporter à chacun d'eux. Elle a permis, notamment, au vu du nombre important d'incidents survenant en arrêt d'initier la mise en place de spécifications techniques d'exploitation pour les différents états d'arrêts.

Les principales conclusions de l'étude effectuée pour les années 1984–1985 sont résumées ci-après.

Le nombre d'incidents significatifs ayant conduit à l'arrêt d'urgence du réacteur est en diminution, mais le nombre d'incidents déclarés n'ayant pas entraîné de transitoire de fonctionnement est en augmentation.

L'analyse a mis en évidence la poursuite de la diminution du nombre d'incidents à caractère générique liés à la conception et la qualification et l'apparition d'incidents liés à l'usure de certains matériels.

Les problèmes rencontrés sur le circuit secondaire sont en nette diminution en 1985; en revanche, les incidents liés aux systèmes de sauvegarde et à ceux connectés au circuit primaire ainsi que les incidents liés aux circuits supports sont en augmentation.

5. CONCLUSION

Ce mémoire a présenté la méthodologie adoptée en France pour tirer les leçons de l'expérience du fonctionnement des réacteurs et des incidents d'exploitation.

L'analyse approfondie permet une recherche «aussi imaginative que possible» des conséquences potentielles d'un incident par l'extrapolation d'un scénario et la recherche de ses voies de dégénérescence.

Il faut souligner également l'intérêt de l'ouverture de ses conclusions vers d'autres systèmes comportant les mêmes matériels susceptibles de défaillance. C'est la généralisation.

Le regroupement d'incidents montre qu'une telle démarche met mieux en lumière les causes premières d'incidents que des examens individuels. Elle permet en outre d'engager des revues de conception de tout ou partie du système.

Les études de tendances, premier groupe d'études statistiques appliquées à des incidents particuliers et fréquents, mettent en évidence les origines et causes de certaines familles d'incidents, marquent des priorités et montrent l'efficacité des mesures correctives.

L'analyse statistique par facteur, qui traite de l'ensemble des incidents significatifs, a vocation de montrer, mieux et plus complètement que les études de tendances, les zones faibles du parc nucléaire et de ses conditions d'exploitation.

Rappelons que chacune de ces études est motivée par la recherche et le souci de maintien d'un niveau de sûreté suffisant.

Enfin, si l'on constate avec satisfaction qu'aucun des incidents observés sur le parc français des centrales équipées de REP n'a provoqué à ce jour de rejet significatif, de nombreux points restent à approfondir et à prolonger. L'analyse du fonctionnement est une activité de longue haleine.

IAEA-CN-48/272

ВОДО-ВОДЯНЫЕ РЕАКТОРЫ ВВЭР-440 В ЧССР – ЭКСПЛУАТАЦИЯ И БЕЗОПАСНОСТЬ

С. ГАВЕЛ, И. БЕРАНЕК
Чехословацкая комиссия по атомной энергии

М. КОЗАК, Й. КЕГЕР
Федеральное министерство топлива и энергетики

Прага,

Чехословацкая Социалистическая Республика

Abstract–Аннотация

WWER-440 REACTORS IN CZECHOSLOVAKIA – OPERATION AND SAFETY.

Eight units with WWER-440 type reactors are in operation in Czechoslovakia. In 1987 they accounted for 23% of total electricity production. These plants from the very beginning have shown a high degree of reliability as a result of standardization, design and precommissioning experience. Annual utilization curves are given for all the units. The main factors affecting electricity production are considered (unplanned outages, reloading of fuel, etc.). The results are given of a study of the radiation environment. An analysis is given of important safety related events and measures taken as a result. The role of government inspection and government activities related to safety improvement is discussed.

ВОДО-ВОДЯНЫЕ РЕАКТОРЫ ВВЭР-440 В ЧССР – ЭКСПЛУАТАЦИЯ И БЕЗОПАСНОСТЬ.

В ЧССР работают восемь энергоблоков с реакторами типа ВВЭР-440. В 1987 г. их выработка составит 23% от всего количества выработанной электроэнергии. Использование АЭС с момента начала их эксплуатации показывает высокую надежность вследствие стандартизации, конструкции и опыта пусконаладки. Для всех блоков приведены кривые годичного использования. Рассмотрены главные причины недовыработки (внеплановые остановы, перегрузка топлива и т.д.) электроэнергии. Представлены результаты обследования радиационной обстановки. Дан анализ важных для безопасности событий и принимаемых мер. Показана роль государственного надзора и деятельность, способствующая усовершенствованию безопасной эксплуатации.

1. ПРОГРАММА ЯДЕРНОГО СТРОИТЕЛЬСТВА В ЧССР

Для современного развития потребления первичных источников энергии и топлива в ЧССР характерно внедрение мер по экономии в основном с целью более эффективного использования потребляемой энергии. О тенденции интенсификации на период 1980–2000 г.г. (с перспективой до 2005 года) можно судить по предусматриваемому росту национального дохода в объеме около 3% в год при среднем росте потребления источников энергии в размере всего от 0,35 до 0,7% в год. Структурные изменения

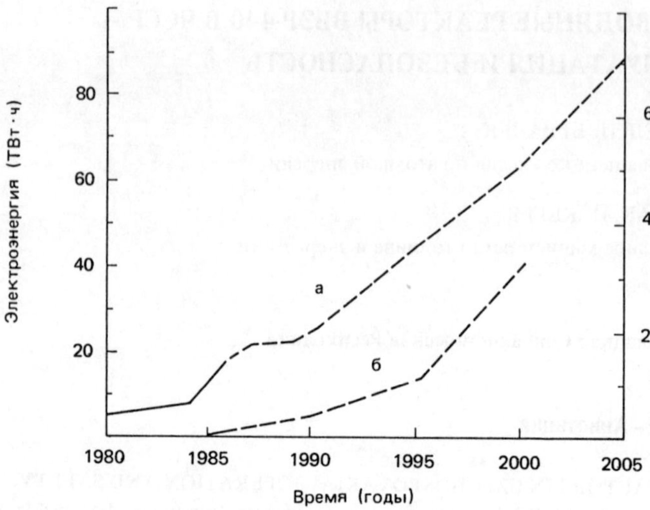

РИС. 1. Выработка электроэнергии на АЭС в ЧССР, где : а – электроэнергия ТВт·ч; б – теплоснабжение ТДж.

в потреблении энергоисточников направлены на заметное уменьшение расхода жидких и твердых топлив и на рост потребления газового топлива, первичной электроэнергии и тепла.

В настоящее время твердое топливо все же еще является основной составляющей при производстве электроэнергии (около 75% в 1986 г.). Уменьшающиеся запасы угля, ухудшение качества сжигаемого угля, возрастающие затраты на добычу угля в сочетании с экологическими проблемами, связанными с выбросом SO_2, привели в ЧССР к реализации программы интенсивного ядерного строительства. Дальнейшее развитие этой программы предусматривает использование ядерных установок не только для покрытия роста потребления электроэнергии, но также для выработки заметной доли электроэнергии взамен тепловых электростанций.

Перспективные цели программы развития ядерной энергетики приводятся на рис. 1 и 2. Из графиков видно общее стремление сократить фактическую выработку электроэнергии на тепловых электростанциях к 2000 г. на 30% по сравнению с 1985 г. В тот же период при постепенном уменьшении доли органического топлива в топливно-энергетическом балансе программа предусматривает реализацию теплоснабжения более, чем в 12 городах страны. В общей сумме потребляемой электроэнергии доля электроэнергии, вырабатываемой в ядерных энергетических источниках, увеличится с имеющихся в данный момент 23% (оценка за 1987 г.) до свыше 50%.

В представляемом докладе более детально приведены получаемые показатели уровня эксплуатации чехословацких ядерных энергоблоков, показаны воздействия нормальной работы АЭС на окружающую среду, а также кратко указаны и некоторые принципы обеспечения надежности и безопасности эксплуатации.

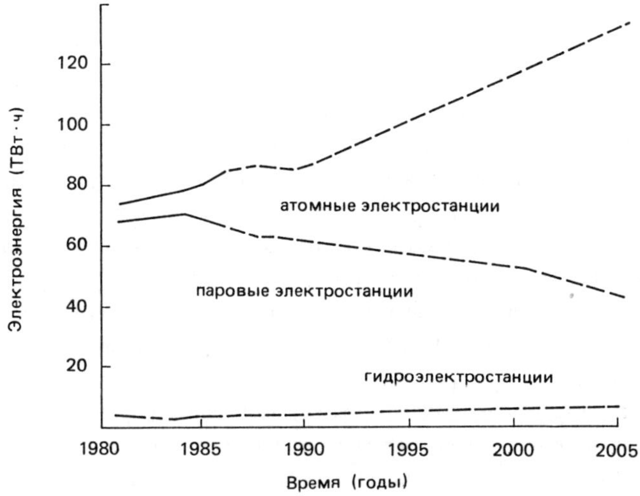

РИС. 2. Структура выработки электроэнергии в ЧССР.

Отдельная часть доклада посвящена задачам госнадзора при повышении безопасности эксплуатации АЭС.

2. ПОКАЗАТЕЛИ НАДЕЖНОСТИ ЭКСПЛУАТАЦИИ БЛОКОВ ВВЭР-440 В ЧССР

Современная ядерная энергетика ЧССР основана на реакторах типа ВВЭР-440. Во второй половине 1987 г. в промышленной эксплуатации имеется восемь энергоблоков этого типа и с 1983 г. осуществляется строительство следующих четырех блоков. Из указанного числа блоков энергоблоки Богунице I и II оснащены реакторами конструкционного типа В-230, другие блоки оснащены реакторами типа В-213. Опыт ЧССР по промышленному использованию реакторов ВВЭР-440 представляет в сумме 25 реакторо-лет эксплуатации.

Реактор ВВЭР-440 оснащен шестью циркуляционными петлями с горизонтально установленными парогенераторами. Каждый парогенератор на нормальной мощности производит 450 т насыщенного пара (4,6 МПа) в час, и все вместе снабжают два турбогенератора. Удельная нагрузка по объему активной зоны относительно низка (84 КВт на л), следовательно, эксплуатация реактора характеризуется достаточно большим коэффициентом запаса до кризиса кипения, который для данного типа реакторов равен примерно 2. На электрическую производительность (брутто) чехословацких блоков оказывает влияние температура третьего охлаждающего контура, использующего градирни. При номинальной мощности достигается кпд (брутто) 30–32% (средние значения в течение года). Усредненный коэффициент расхода электроэнергии для собственных нужд за весь период с начала эксплуатации составляет 7,6%. Вследствие внедрения рацпредложений показатель постепенно снижается и фактически достигаемые в течение 1986 г. средние значения по отдельным блокам находились в пределах от 6,5 до 7,2%. Характерным для эксплуатации ядерных энергоблоков в электросистеме ЧССР является их использование в базисном режиме нагрузки.

Среднее значение коэффициента годичного использования номинальной мощности всех работающих в ЧССР блоков за период с момента ввода в промышленную эксплуатацию до конца 1986 г. равно $\overline{LF}_{ЧССР} = 0{,}75$. Указанное значение хорошо согласуется со средним значением этого показателя, получаемым за весь период с момента ввода в эксплуатацию для всех энергоблоков с реакторами типа ВВЭР-440 ($\overline{LF}_{ВВЭР\text{-}440} = 0{,}73$). Это же самое относится и к коэффициенту годичного использования по времени для всех чехословацких блоков ВВЭР-440 за весь период промышленной эксплуатации ($\overline{TUF}_{ЧССР} = 0{,}82$; $\overline{TUF}_{ВВЭР\text{-}440} = 0{,}82$).

Составляющей, которая влияет самым существенным образом на коэффициент годичного использования мощности чехословацких ядерных энергоблоков, является время, необходимое для проведения периодического типового капитального, планово-предупредительного ремонта, осуществляемого всесте с перегрузкой топлива. Программа ремонта предусматривает прежде всего требования по проведению эксплуатационного контроля металла избранного оборудования первого и второго контуров. В соответствии с индивидуальной программой обеспечения качества эксплуатационный контроль металла проводится примерно на 80 видах оборудования с требуемой периодичностью выполнения один год (в порядке исключений), четыре года, пять, шесть и восемь лет. Определяющим фактором для организации типового капитального ремонта является программа перегрузок топлива и осуществление программы эксплуатационного контроля металла. Четырехлетний цикл контроля корпуса реактора требует, чтобы после трех типовых капремонтов (ТКР), каждый продолжительностью примерно 49 суток, последовал расширенный (типовой) капитальный ремонт продолжительностью примерно 84 суток (РКР). Программа эксплуатационного контроля металла с учетом четырехлетнего цикла разработана таким образом, что в течение каждого ТКР осуществляется около 5000, а в течение РКР – около 9000 контрольных операций методами неразрушающего контроля. В программу капитальных ремонтов входит сравнительно большой объем ревизий, контролей, испытаний на герметичность и текущего ремонта так, что программа типового капремонта распространяется в целом примерно на 150 видов.

Плановый недоотпуск электроэнергии в ЧССР вследствие принятой программы контроля (годовой объем которого в среднем более чем в два раза превышает имеющийся на западноевропейских реакторах типа PWR), ревизионных и профилактических ремонтных работ, представляет в среднем за четырехлетний цикл примерно 15% для реакторов типа В-230 и примерно 16% для реакторов типа В-213. Усредненные потери выработки по всей ЧССР по причине капремонта АЭС (за период с момента истечения гарантийного срока до конца 1986 г.) составляли 14,2%.

Из числа других составляющих, оказывающих влияние на потери выработки в процессе кампании, приводятся остановы для проведения текущего ремонта или же потери выработки вследствие технических отказов. К числу технических отказов относятся неисправности, имеющие место в процессе эксплуатации на мощности и требующие немедленного снижения мощности или останова блока, а также дефекты, для которых не требуется немедленного их устранения; последние устраняются с учетом актуальных потребностей диспетчерского управления энергосистемой (так называемый требуемый резерв). Выражаемые в процентах потери коэффициента среднего годичного использования мощности в ЧССР за весь период промышленной эксплуатации по текущему ремонту достигают в среднем уровень 2,7%, а для технических отказов – 3,3% (всего 6%). При этом достигаемый уровень потерь выработки вследствие текущего ремонта в действительности ниже допустимого долгосрочного чехословацкого норматива для этих работ, который равен 3,8%.

Недовыработка электроэнергии вследствие технических отказов в процессе эксплуатации на мощности подвергается детальному анализу на комиссиях по расследованию аварий, которые созданы на каждой работающей атомной электростанции. Кроме предложений по устранению неисправности указанные комиссии разделяют технические отказы и расписывают по мере виновности соответствующие доли в снижении выработки на отдельные участки электростанции (обслуживающий персонал, ремонтный цех, ответственные за оборудование) и в зависимости от случая – также на другие организации (изготовитель, поставщик, проектирующая организация). Пример такого разделения технических отказов за 1986 г. на электростанции Богунице приводится в табл.I. Позиции №№ 6, 7 и 8 в табл.I представляют в сумме долю субъективного человеческого фактора на происхождение неисправностей или же потери выработки. Из таблицы следует, что на блоках Богунице I и II за рассматриваемый год доля субъективного фактора на происхождение аварий составляет около 1% с соответствующей долей на снижение выработки примерно 0,04%. Аналогично на блоках Богунице III и IV за указанный период доля субъективного фактора в технических отказах равна 13,9% и соответствующая доля на снижении выработки была 33,4%. Указанная более высокая доля недовыработки в 1986 г. на блоке Богунице III является следствием одного случая по вине сотрудников организации-поставщика, которые при ремонте трубки парогенератора применили дефектный материал, вследствие чего оказалось необходимым провести повторный ремонт, требующий расхолаживания блока. Оценка одних и тех же показателей за первоначальный период эксплуатации (до конца 1986 г.) для блоков Дукованы I и II выявляет долю субъективного фактора на технических отказах равную 7,2% и соответствующую долю на снижение выработки 3,2%.

В качестве следующего показателя, используемого при оценке надежности эксплуатации энергоблоков, приводятся в табл.II остановы чехословацких блоков за время промышленной эксплуатации в результате срабатывания "быстрых" аварийных защит реактора 1-го и 2-го рода (АЗ-1 и АЗ-2). Как следует из таблицы, среднее число срабатывания этих защит в год равно примерно 3,7 и через 3 года эксплуатации блоков Богунице I и II значение этого показателя установилось на уровне примерно двух аварийных остановов в течение года эксплуатации на одном блоке. Здесь необходимо отметить, что аварийные защиты 1-го и 2-го рода на реакторах типа В-213 в районе максимальной мощности в общем возбуждаются наличием 11 технологических и четырех ядерных исходных событий (т.е., от превышения допустимых значений соответствующих тех-

ТАБЛИЦА I. РАЗДЕЛЕНИЕ ТЕХНИЧЕСКИХ ОТКАЗОВ АЭС БОГУНИЦЕ В 1986 ГОДУ

Источник	Доля недоотпуска электроэнергии (% из общего недоотпуска электро-энергии)		Разделение технических отказов (% из всех отказов)	
	I–II	III–IV	I–II	III–IV
Первый контур	76,95	12,76	10,91	6,48
Второй контур	10,59	12,94	25,45	25,92
Электрооборудование	6,00	37,65	10,90	23,15
Измерение и регулирование	5,29	2,33	10,91	17,59
ЭВМ	–	0,1	–	1,85
Персонал	0,04	8,38	0,91	4,64
Ремонт	–	0,46	–	2,78
Другие организации	–	24,59	–	6,49
Испытание (тест)	0,80	0,47	35,45	3,70
Неопределенный	0,27	0,31	3,64	7,40
Прочие	0,05	–	1,81	–
Всего	100% 314 605 МВт·ч	100% 344 200 МВт·ч	100% 55 техн. отказов	100% 54 техн. отказа

нологических параметров). Кроме того, пять исходных событий возникают в области электропитания (при этом возбуждения аварийной защиты АЗ-2 от ядерных исходных событий вызваны переходом от защиты 3-го рода после истечения уставленной выдержки времени). Отдельную позицию занимает срабатывание аварийной защиты 1-го рода от закрытия стопорных клапанов последней работающей турбины, при этом совместное воздействие на стопорные клапаны обеих турбин наступает вследствие возбуждения от восьми видов исходных событий на стороне второго контура. В табл. II в скобках приведены числовые данные, представляющие число остановов блока (из общей суммы) вследствие срабатывания быстродействующих аварийных защит реактора на стороне второго контура. Как видно из таблицы, суммарная доля второго контура на аварийных остановах блоков превышала 65%. Абсолютному большинству (94%) срабатываний аварийных защит реактора 1-го рода от исходных событий со стороны второго контура предшествовало закрытие стопорных клапанов турбин.

3. ВЛИЯНИЕ ЧЕХОСЛОВАЦКИХ АЭС НА ОКРУЖАЮЩУЮ СРЕДУ И ОБСЛУЖИВАЮЩИЙ ПЕРСОНАЛ

Аналогично другим атомным электростанциям за рубежом и на АЭС в ЧССР утечки радиоактивных веществ в окружающую среду в процессе нормальной эксплуатации составляют всего незначительную долю от накопленных радиоактивных продук-

ТАБЛИЦА II. КОЛИЧЕСТВО СРАБАТЫВАНИЙ АЗ-1 И АЗ-2 НА ЧЕХОСЛОВАЦКИХ БЛОКАХ ТИПА ВВЭР-440 В ПРОЦЕССЕ ПРОМЫШЛЕННОЙ ЭКСПЛУАТАЦИИ

Блок/год	1979	1980	1981	1982	1983	1984	1985	1986
Богунице I	13/8/	3/3/	3/3/	2/1/	0	2/2/	3/1/	0
Богунице II		10/6/	5/3/	4/2/	2/0/	2/2/	2/1/	1/1/
Богунице III							8/2/	4/4/
Богунице IV							2/1/	1/0/
Дукованы I							8/7/	4/4/
Дукованы II								2/2/

Примечание: – цифровые данные в скобках указывают число (из общего числа) срабатываний аварийных защит по технологическим причинам второго контура;

– в данных о срабатывании аварийных защит не включены проверки защит по определению времени падения регулирующих кассет, проводимые на "нулевом" мощностном уровне реактора в процессе каждой кампании.

тов. Например, на площадке в Ясловских Богуницах, где с 1985 г. находятся в эксплуатации четыре блока ВВЭР-440, в 1986 г. в окружающую среду было выделено примерно 91 ТБк радиоактивных веществ в виде газов, аэрозолей и низкоактивных (сверхбалансовых) вод. Нижеприводимая структура этих эмиссий за 1986 г. является типичной и для другого времени эксплуатации.

Выделяемые в атмосферу радиоактивные благородные газы (суммарной активностью около 56 ТБк в год) составляет примерно 94%-ю долю суммарного выброса в атмосферу. Из выделяющихся благородных газов основную долю представляет краткоживущий изотоп ксенона-133, на который приходится около 88% доли радиоактивности благородных газов. Суммарная эмиссия аэрозолей в атмосферу составляла около 6,5 ГБк в год. В аэрозолях из продуктов коррозии имеются преимущественно изотопы хрома-51, марганца-54, кобальта-58 и -60 и серебра-110; из продуктов деления, следовательно, цезия-137 и -134. Остаток выделяемой в атмосферу радиоактивности представляла эмиссия трития (около 3,4 ТБк) и эмиссии иода-131 (около 2,5 ГБк).

Из общей активности, выделяемой в поверхностные воды, главной составляющей являлась эмиссия трития (около 31,3 ТБк), причем примерно 54%-я доля этой активности происходила от АЭС А-1, которая находится на этапе снятия с эксплуатации. Эмиссия продуктов коррозии и деления в гидросферу достигала 7,3 ГБк (из которых 95% поступало от АЭС А-1), а наибольшую долю составляли изотопы стронция-90, серебра-110, цезия-134 и - 137.

Сопоставление суммарной эмиссии радиоактивных веществ в окружающую среду от чехословацких АЭС в отдельные годы промышленной эксплуатации с установленными (и/или обусловленными) пределами загрязнения окружающей среды приводится в табл. III. Из нее следует, что фактические эмиссии радиоактивных благород-

ТАБЛИЦА III. ЭМИССИЯ РАДИОАКТИВНЫХ ВЕЩЕСТВ В АТМОСФЕРУ И ГИДРОСФЕРУ ОТ АЭС В ЧССР

Площадка	Вид	Составляющая	Обусловленный предел (Бк/год)		Активность годовых эмиссий (в % обусловленного предела)									
					1979	1980	1981	1982	1983	1984	1985		1986	
			I+II	III+IV	I+II						I+II	III+IV	I+II	III+IV
Богунице	газообразные	благородные газы	$4{,}7 \times 10^{15}$	$4{,}1 \times 10^{15}$	3,8	1,5	1,9	2,8	2,0	0,8	0,6	0,9	0,9	0,3
		долгоживущие аэрозоли	$1{,}7 \times 10^{12}$	$1{,}8 \times 10^{11}$	0,02	0,02	0,08	0,04	0,05	0,06	0,07	0,3	0,2	1,3
		J-131	$6{,}75 \times 10^{10}$	$4{,}4 \times 10^{11}$	0,34	0,2	0,7	3,2	0,6	0,6	0,6	0,4	0,6	0,5
	жидкие	сумма продуктов коррозии и деления	$3{,}7 \times 10^{10}$	$1{,}1 \times 10^{9}$	0,2	0,3	0,3	1,6	5,6	0,5	1,3	14,8	0,4	20
		тритий	$3{,}18 \times 10^{13}$	$1{,}0 \times 10^{13}$	9,4	11,6	7,2	18,5	20,3	14,9	22,3	54,6	21	80
Дукованы	газообразные	благородные газы	$4{,}15 \times 10^{15}$								0,0053		0,02	
		долгоживущие аэрозоли	$1{,}8 \times 10^{11}$								0,05		0,035	
		J-131	$4{,}4 \times 10^{11}$								0,02		0,37	
	жидкие	сумма продуктов коррозии и деления	$2{,}0 \times 10^{9}$								12,5		1,8	
		тритий	$2{,}2 \times 10^{13}$								31		12,8	

ных газов представляли не более 4% и эмиссии аэрозолей 0,02–1,3% доли обусловленных пределов по отдельным блокам. Средние годичные сбросы трития в гидросферу на блоках Богунице I и Богунице II достигают 15,7% обусловленного предела. Сбросы трития из блоков Богунице III и IV (для которых обусловлены более строгие пределы) достигают 60–80% предела. Суммарные сбросы других радиоактивных веществ в гидросферу не превышали 20% предела. Общая оценка эмиссий радиоактивных веществ более благоприятна на площадке Дукованы, где последний блок был введен в эксплуатацию только в 1987 г.

Суммарное значение загрязнения окружающей среды, связанное с работой четырех блоков типа ВВЭР-440 в условиях Ясловских Богуниц (за 1986 г.), достигающее уровня 42 ГБк на установленный МВт(эл.), сопоставимо с величиной этого показателя, достигаемой на других ядерных энергоблоках в мире.

4. ОБЕСПЕЧЕНИЕ И КОНТРОЛЬ ЯДЕРНОЙ БЕЗОПАСНОСТИ

Концепция обеспечения и контроля ядерной безопасности в странах, где работают АЭС с реакторами типа ВВЭР, исходит из того, что эти реакторы представляют собой проверенный советский типовой проект. Это значит, что вместе с проектом АЭС эти страны принимают также концепцию и конкретные меры по обеспечению ядерной безопасности в объемах, соответствующих данному проекту.

Помимо самого проекта для обеспечения ядерной безопасности важны, конечно, и другие факторы: выбор площадки, изготовление оборудования, строительство, пуско-наладка и эксплуатация ядерной установки, что происходит на территории страны, где установка работает. Эта страна несет полную ответственность за обеспечение ядерной безопасности при указанной деятельности.

Органы госнадзора (Чехословацкая комиссия по атомной энергии – государственный надзор за ядерной безопасностью ядерных установок, органы санитарной службы и специализированные органы госнадзора по технике безопасности и работе оборудования) гарантируют выполнение установленных требований и обеспечивают необходимый независимый специализированный контроль и, следовательно, основной общественный интерес – защиту здоровья и жизни населения.

Как показывает практика, контроль госнадзора на строящихся атомных установках со временем все возрастает и достигает максимальной степени в сравнительно короткий период 1–2 годов на заключительных этапах строительства, когда осуществляется подготовка к пуску и проводятся пуско-наладочные работы. В 1986 г. потребовались чрезвычайные усилия государственного надзора, когда завершалось строительство трех энергоблоков АЭС Дукованы и, кроме того, в связи с аварией на Чернобыльской АЭС проводились дополнительные проверки и анализы. В этом году госнадзором были осуществлены 62 специализированные выездные инспекции. В 15 случаях были обнаружены недостатки, составлен протокол. Недостатки рассматривались непосредственно на местах вместе с представителями ответственных организаций. В трех случаях за несоблюдение пределов и условий безопасной эксплуатации был наложен штраф. В целом в этом году было выдано 136 обязательных заключений относительно размещения, строительства и эксплуатации атомных установок. К концу 1986 г. в рамках проверки специальной подготовки выбранных работников АЭС Государственной экзаменационной комиссией, назначаемой председателем ЧСКАЭ, 225 человек сдали экзамены с последующим получением лицензий на право допуска к работе на атомных установках.

В нормальных условиях контрольная деятельность госнадзора осуществляется способом плановых кратковременных инспекций продолжительностью один–два дня. Частота и продолжительность этих инспекций с точки зрения ядерной безопасности определяется сложностью и значением контролируемого оборудования или же наличием проблем, по которым необходимо дать заключение.

На период подготовки к пуску и проведения пуско-наладочных работ, когда контрольная деятельность в интересах поддержания постоянного потока качественной информации и оперативного выполнения контроля должна быть практически непрерывной, было решено обеспечить контрольную деятельность назначением постоянных инспекторов непосредственно на площадки атомных установок. Опыт показывает, что назначение постоянного инспектора целесообразно примерно за два года до планового срока ввода в эксплуатацию. В этот период вопросы обеспечения ядерной безопасности выступают на первый план, причем имеется достаточно времени для того, чтобы инспектор мог детально изучить обстановку на атомной установке. Ввиду того, что на всех утвержденных до сих пор площадках имеются четыре блока атомных электростанций, присутствие постоянного инспектора полностью также обосновано в период их нормальной эксплуатации. Более того, полученный опыт выявил необходимость создания на площадках групп инспекторов – инспекции. Должность постоянного инспектора была впервые в порядке опыта установлена на площадке Ясловске Богунице в 1979 г. и практически первый раз проверена при пуске II энергоблока АЭС Богунице. С учетом срока пуска I блока АЭС Дукованы должность постоянного инспектора на этой площадке была установлена с 1983 г. В настоящее время на этих площадках имеется два постоянных инспектора.

В связи с Чернобыльской аварией в объем дополнительно проводимых анализов и контролей соблюдения требований ядерной безопасности входил и комплексный анализ обеспечения ядерной безопасности, который был рассмотрен правительством. Для участников чехословацкой ядерной программы из него вытекает много конкретных заданий и мероприятий продолжительного характера. При анализе чехословацкой правовой документации, например, выявилось, что закон о государственном надзоре, несмотря на всю свою положительную роль, распространяется непосредственно только на ответственные организации, т.е. на организации, строящие и эксплуатирующие АЭС. Другие организации (проектировщик, изготовитель) обязаны соблюдать условия ядерной безопасности без возможности применения права инспекций и санкций со стороны государственного надзора. Отсюда вытекает необходимость расширения полномочий госнадзора также на этапы проектирования и изготовления ядерного оборудования, поскольку в них создаются предпосылки будущей безопасной и надежной эксплуатации.

Для обеспечения этой новой деятельности правительством ЧССР было предусмотрено постепенное увеличение аппарата госнадзора до 1990 г. (почти в три раза по сравнению с имеющимся штатным расписанием). Это позволит существенно увеличить количество постоянных инспекторов на площадках АЭС и обеспечить рекомендуемое международными стандартами оптимальное число пять–семь сотрудников госнадзора на один работающий энергоблок.

5. ЗАКЛЮЧЕНИЕ

Полученный опыт и результаты подтверждают безопасную и надежную работу АЭС в ЧССР. Относительно редко встречающиеся неисправности ни разу не привели к такой последовательности аварий, чтобы возникла опасность распространения радиоактивных веществ в окружающую среду. Таким образом, подтверждается высокая термогидравлическая устойчивость блоков ВВЭР-440, которая представляет существенный фактор безопасности этих реакторов. Опыт и результаты постоянно подвергаются анализу с целью непрерывного осуществления модернизации как оборудования, так и всех рабочих операций.

РОЛЬ ВСПОМОГАТЕЛЬНОГО ОБРУДОВАНИЯ В ОБЕСПЕЧЕНИИ НАДЕЖНОСТИ И БЕЗОПАСНОСТИ АЭС

Г.А. ФИЛИППОВ, А.И. КЛЕМИН
Всесоюзный научно-исследовательский и проектно-конструкторский институт атомного энергетического машиностроения (ВНИИАМ),
Москва,
Союз Советских Социалистических Республик

Abstract–Аннотация

THE ROLE OF AUXILIARY EQUIPMENT IN ENSURING THE RELIABILITY AND SAFETY OF NUCLEAR POWER PLANTS.

The role in the development of nuclear power played by auxiliary equipment in ensuring the reliability and, in particular, the safety of nuclear power plants is growing significantly. Firstly, auxiliary equipment at nuclear power plants is increasing quantitatively by comparison with that at conventional plants; secondly, it fulfils a new function, namely, ensuring the radiation protection of nuclear power plants, since it is the main equipment of the special water purification systems and safety systems of such plants. International experience of nuclear power plant operation shows that the auxiliary equipment has a significant effect on the reliability and safety of these plants. In view of this, the auxiliary equipment has to be more reliable and, in particular, it is necessary to make a more careful quantitative analysis of the reliability indices for auxiliary equipment during its design and operation.

РОЛЬ ВСПОМОГАТЕЛЬНОГО ОБОРУДОВАНИЯ В ОБЕСПЕЧЕНИИ НАДЕЖНОСТИ И БЕЗОПАСНОСТИ АЭС.

В условиях развития атомной энергетики существенно возрастает роль вспомогательного оборудования в обеспечении надежности и особенно безопасности АЭС. Вспомогательное оборудование на АЭС, во-первых, увеличивается в количественном отношении в сравнении с обычными станциями, во-вторых, оно выполняет новую функцию – обеспечения радиационной безопасности АЭС, являясь основным оборудованием систем спецводоочистки и систем безопасности АЭС. Международный опыт эксплуатации АЭС показывает, что отказы вспомогательного оборудования существенно влияют на надежность и безопасность АЭС. В этих условиях к надежности вспомогательного оборудования должны предъявляться более высокие требования и, в частности, необходим более тщательный количественный анализ показателей надежности вспомогательного оборудования на этапах его проектирования и эксплуатации.

Современные мощные энергоблоки АЭС являются сложнейшими техническими комплексами, включающими десятки тысяч единиц оборудования различных типов и назначения. Традиционно все оборудование АЭС делят на основное и вспомогательное. К основному обычно относят по аналогии с тепловыми электростанциями оборудование, непосредственно участвующее в технологическом процессе производства конечного продукта АЭС – электроэнергии, оборудование, без которого в принципе не возможно такое производство. Следовательно, применительно к АЭС – это оборудование, которое непосредственно ответственно за осуществление ядерной цепной реакции деления, за преобразование выделяющейся атомной энергии сначала в тепловую энергию водяного пара, затем в механическую энергию вращения ротора турбогенератора и, наконец, в электрическую энергию на шинах электрогенератора. Таким образом, основное оборудование АЭС включает прежде всего ядерный реактор, трубопроводы первого и второго контуров, главные циркуляционные насосы, парогенераторы (для АЭС с реакторами некипящего типа) или сепараторы (в случае кипящих реакторов), паровые турбины, конденсаторы турбин, электрогенераторы, а также основное оборудование систем управления указанным технологическим процессом и защиты реактора в нормальных условиях.

Остальное оборудование АЭС обычно относится к вспомогательному оборудованию. Оно не принимает непосредственного участия в производстве электроэнергии на АЭС, но способствует надежному экономичному и безопасному функционированию основного оборудования, ответственного за это производство, т.е. в конечном итоге, способствует требуемому функционированию всего энергоблока АЭС в целом.

Уже такая общая классификация применительно к современным АЭС позволяет сделать два важных вывода: во-первых, по количеству единиц вспомогательное оборудование составляет большую часть оборудования АЭС, во-вторых, основная его часть непосредственно связана с обеспечением надежности и безопасности АЭС. Оба вывода в наибольшей мере справедливы именно для атомных станций. Для них роль вспомогательного оборудования в обеспечении надежности и особенно безопасности энергоблоков значительно возрастает в силу специфической особенности АЭС, связанной с накоплением в активной зоне реактора большого количества опасных радиоактивных продуктов, а также с попаданием радиоактивных продуктов в теплоноситель первого контура (за счет наведенной активности и утечек из твэлов). В связи с этим возникает необходимость оснащения АЭС специальными техническими системами, отсутствующими на обычных станциях, основными из которых являются системы безопасности и система спецводоочистки.

Функции систем безопасности заключаются в защите активной зоны реактора от перегрева и расплавления при возникновении аварийных ситуаций на АЭС и в локализации последствий этих ситуаций с целью предотвращения выбросов радиоактивных продуктов в обслуживаемые помещения АЭС и окружающую среду. Функцией системы спецводоочистки является удаление из теплоносителя первого контура радиоактивных продуктов с целью снижения его активности до уровня, при котором возможна нормальная эксплуатация энергоблока по условиям радиационной безопасности. Отсюда непосредственно следует, что вспомогательное оборудование АЭС, являясь основным оборудованием систем безопасности и системы спецводоочистки, играет особую роль в обеспечении именно радиационной безопасности станции.

Таковы место и роль вспомогательного оборудования среди оборудования нормальной эксплуатации и систем безопасности АЭС. Принципиально, что роль вспомогательного оборудования в обеспечении надежности и безопасности АЭС в последние годы постоянно возрастает в связи с общим повышением требований к экономичности, надежности и безопасности АЭС в условиях широкомасштабного развития ядерной энергетики, увеличения единичных мощностей энергоблоков, приближения АЭС к потребителям энергии и густонаселенным районам.

Сделанные выводы полностью подтверждаются отечественным и международным опытом эксплуатации современных АЭС и анализом аварийных ситуаций на них. Исследования показывают, что значительное число аварийных остановок энергоблоков АЭС (до 10–30% от общего числа) и особенно аварийных остановок (до 50% и более от числа таких остановок) связано с отказами или ненормальной работой вспомогательного оборудования.

Вот почему в атомной энергетике все большую значимость приобретает проблема обеспечения достаточной надежности вспомогательного оборудования АЭС. По своей актуальности она встает в один ряд с такими специфическими для АЭС проблемами, как защита от отказов по общей причине от аварий из-за неправильных действий персонала. Обратить внимание на эту проблему, на повышение роли вспомогательного оборудования в атомной энергетике (в условиях, когда вспомогательному оборудованию традиционно отводилась второстепенная роль) является основной задачей данного доклада.

Характерной особенностью вспомогательного оборудования АЭС является чрезвычайное разнообразие по номенклатуре, назначению и типовым размерам. Если попытаться выделить основные группы вспомогательного оборудования, играющего ведущую роль в обеспечении эффективного функционирования АЭС в нормальных и аварийных условиях, то к таковым следует отнести:

- арматуру;
- теплообменное оборудование;
- оборудование водоподготовки;
- сосуды давления, гидроемкости, барбатеры, трубопроводы; оборудование биологической защиты и герметизации помещений;
- вентиляционное и дренажное оборудование;
- насосы и приводы;
- датчики, приборы и линии связи;
- прочее вспомогательное оборудование.

Каждая из перечисленных групп оборудования включает в себя широкий спектр изделий, отличающихся по назначению, конструкции, техническим характеристикам, параметрам рабочих сред, типоразмерам. Для выяснения особенностей вспомогательного оборудования, принципиальных в рамках рассматриваемой проблемы, коротко охарактеризуем первые три основные типа вспомогательного оборудования.

Арматура является самым массовым вспомогательным оборудованием АЭС. Например, для энергоблоков с реакторами ВВЭР-1000 и РБМК-1000 электрической мощностью в 1 млн. кВт общее количество единиц арматуры составляет величину порядка соответственно 21 000 и 19 000 единиц. Это приблизительно в два раза больше, чем для обычной тепловой электростанции такой же мощности. По фунциональному назначению арматура АЭС подразделяется на запорную (клапаны, задвижки), защитную (предохранительные клапаны, импульсно-предохранительные устройства, отсечные быстродействующие клапаны, обратные клапаны и затворы), регулирующую (регулирующие и дроссельные клапаны, редукционные и быстродействующие редукционные установки), специальную (с комбинированием функций, контрольную и др.).

Приведенные выше сравнительные цифры и эта классификация хорошо иллюстрируют, что применительно к АЭС роль арматуры возрастает, причем, как свидетельствует опыт эксплуатации АЭС, в частности, опыт крупных аварий последних лет, эта роль возрастает, в первую очередь, в обеспечении безопасности АЭС. Такая авария на втором блоке АЭС "Три-майл-айленд" (США) и ее последствия в основном были связаны с неполадками в работе именно арматуры, как первопричины. Она дважды явилась причиной, существенно усугубившей последствия аварии (сначала не закрылся электромагнитный разгрузочный клапан на компенсаторе объема при снижении давления в первом контуре, а затем оказались закрытыми запорные клапаны на линиях подачи аварийной питающей воды в первый контур, которые по регламенту должны были быть открытыми.

Уроки последних аварий на АЭС позволяют сформулировать применительно к арматуре, входящей в системы безопасности АЭС, принципиально новое требование: такая арматура (во всяком случае наиболее ответственная ее часть) должна оснащаться специальной защитой от несоответствующих регламенту действий персонала, например, закрытий, открытий, запрещенных регламентом.

Теплообменное оборудование АЭС включает в себя десятки наименований и сотни единиц относительно крупногабаритного оборудования. Сюда входят подогреватели высокого и низкого давления, сепараторы-пароперегреватели, деаэраторы и большой комплекс теплообменников технологических систем АЭС. Последние непосредственно связаны с обеспечением надежного и безопасного функционирования оборудования АЭС, в частности, с расхолаживанием реактора в нормальном и аварийном режимах, со снижением температуры теплоносителя и рабочего тела для последующей очистки от продуктов коррозии и эрозии, с охлаждением основных и вспомогательных агрегатов АЭС, с удалением газов, образующихся в результате радиолиза. Теплообменное оборудование, например, входит в состав следующих жизненно важных технологических систем АЭС с реакторами ВВЭР-1000:

- продувки-подпитки первого контура и борного регулирования;
- расхолаживания первого контура;
- расхолаживания блока через второй контур;
- спецводоочистки;
- дренажа и организованных протечек первого контура;
- продувки и дренажа парогенераторов;
- промежуточного контура;
- расхолаживания бассейна выдержки.

Теплообменное оборудование технологических систем АЭС включает охладители, доохладители и подогреватели рабочих сред, технологические конденсаторы, регенеративные и другие теплообменники в основном кожухотрубного типа. Количество этих теплообменников заметно больше, чем на тепловых станциях той же мощности.

Оборудование спецводоочистки и конденсатоочистки (входящие в оборудование водоподготовки) энергоблоков АЭС с реакторами ВВЭР-1000 и РБМК-1000 включает в себя до десятка специальных установок водоочистки (полностью отсутствующих на обычных станциях), каждая из которых состоит из сложной цепи фильтров различного типа. Общее же количество (специальных и обычных) фильтров водоподготовки на блок достигает сотен штук. Основными типами фильтров являются намывные перлитные и механические, фильтры ионитные, смешанного действия, фильтры-ловушки ионитов, регенераторы и др. Прямое влияние на надежность и безопасность энергоблока АЭС оказывают системы спецочистки теплоносителя, циркулирующего через реактор (первый контур). Количество единиц оборудования водоподготовки на АЭС приблизительно в 1,2 раза превышает аналогичное количество на тепловой станции той же мощности.

Перечисленным основным группам вспомогательного оборудования в наибольшей мере присущи следующие характерные для АЭС специфические особенности: недоступность или ограниченная доступность для обслуживания в течение продолжительных периодов времени (7000–8000 ч), необходимость проведения ремонтных работ и технического обслуживания в условиях ограниченной доступности, в частности, из-за радиационного загрязнения, требования по высокой степени герметичности и сохранению основных технических характеристик при длительном сроке службы (до 30 лет). Аналогичные особенности в той или иной мере характерны и для остальных из перечисленных выше групп вспомогательного оборудования.

Указанные особенности усложняют проблему обеспечения необходимой надежности вспомогательного оборудования АЭС. А в условиях, когда, как уже отмечалось, требования к надежности вспомогательного оборудования АЭС возрастают, становится актуальным поиск путей и средств наиболее эффективного обеспечения надежности этого оборудования на этапе прежде всего его проектирования (где закладывается будущая надежность) и далее в эксплуатации. Накопленный отечественный и международный опыт показывает, что мощным средством обеспечения надежного функционирования оборудования является, с одной стороны, имитационное математическое моделирование в процессе проектирования на ЭВМ его работы в составе соответствующей технологической системы АЭС (совместно с взаимодействующим оборудованием и системами), с другой – тщательный количественный анализ и оценка показателей проектной надежности данного оборудования (с использованием методов современной математической теории надежности). Системное имитационное моделирование нормальных, аварийных режимов и отказов вспомогательного оборудования позволяет в итоге оптимизировать его параметры, режимы функционирования, структурные связи с другим оборудованием, кратность резервирования и выработать количественные требования к надежности вспомогательного оборудования, исходя из требований к системе, в которую оно входит. В свою очередь количественный анализ показателей проектной надежности оборудования позволяет наиболее эффективно, целенаправленно построить процесс проектирования вспомогательного оборудования на заданную надежность и в итоге эффективнее обеспечить ее.

Несмотря на свою несомненную практическую ценность (которая из года в год все более подтверждается инженерной практикой), количественный анализ проектной надежности вспомогательного оборудования АЭС, с нашей точки зрения, еще не в должной мере используется на этапе разработки этого оборудования, что связано, в частности, с недостаточным освещением данного вопроса в литературе. Поэтому остановимся на нем несколько подробнее.

В качестве предварительного этапа указанный количественный анализ предполагает научно обоснованный выбор номенклатуры показателей надежности вспомогательного оборудования АЭС, наиболее полно и адекватно характеризующих свойство надежности данного оборудования с учетом особенностей его конструкции и режимов использования. Рассмотрим главные из этих особенностей и рекомендуем, исходя из них, номенклатуру основных показателей надежности вспомогательного оборудования АЭС. В подавляющем большинстве рассматриваемое оборудование по своим конструктивным особенностям относится к восстанавливаемым объектам, для которых в эксплуатации предусматривается проведение как внеплановых ремонтов для восстановления работоспособности после отказов, так и планово-предупредительных ремонтов для поддержания надежности на требуемом уровне. Итак, первая, достаточно общая, но характерная особенность подавляющей части вспомогательного оборудования АЭС – восстанавливаемость. Вторая принципиальная особенность заключается в том, что вспомогательное оборудование АЭС используется в двух режимах: простом и сложном. Простой режим характеризуется относительно длительными периодами работы, прерываемыми периодами простоя, вызванными необходимостью проведения ремонта оборудования, его технического обслуживания, модернизации, вывода в резерв, либо связанными простоями энергоблока в целом. В таком режиме используется практически все вспомогательное оборудование систем нормальной эксплуатации АЭС, кроме арматуры. Сложный режим работы характеризуется чередованием длительных периодов ожидания и относительно коротких периодов работы. Моменты поступления требований на включение оборудования в работу (на срабатывание) – случайные моменты времени, поэтому продолжительности периодов ожидания – случайные величины. В свою очередь длительности периодов работы, как правило, заданные детерминированные величины, начиная от практически нулевых (при многовенном срабатывании) и кончая длительностями в несколько часов и даже суток. В таком режиме обычно используется арматура и вспомогательное оборудование систем безопасности АЭС, например, барбатер для конденсации аварийных выбросов пара, теплообменник аварийного расхолаживания реактора и т.п.

Учитывая перечисленные особенности вспомогательного оборудования АЭС, можно рекомендовать для него следующие основные показатели надежности. Для оборудования, работающего в простом режиме: средняя наработка на отказ, среднее время восстановления, средний ресурс и средний срок службы; для оборудования, используемого в сложном режиме: коэффициент оперативной готовности (или вероятность оперативного срабатывания на требование), представляющий собой произведение вероятности

$K_г(\tau)$ успешного включения оборудования в работу в произвольный момент τ периода ожидания (момент поступления требования на срабатывание) на вероятность $P(t)$ последующей безотказной работы в течение заданного интервала времени t:

$$K_{о,г}(t) = K_г(\tau) P(t). \qquad (1)$$

Если требуемый период работы оборудования $t \to 0$ (практически мгновенное срабатывание), то вероятность безотказной работы $P(t) \to 1$ и коэффициент оперативной готовности выражается в коэффициент готовности $K_г(\tau)$ для быстродействующего оборудования (или вероятность срабатывания на требование). Таким образом для задания $K_{о,г}(t)$ требуется задать две величины: коэффициент готовности в режиме охлаждения $K_г(\tau)$ и вероятность $P(t)$ того, что оборудование проработает безотказно требуемый период t. Из показателей долговечности для оборудования, используемого в сложном режиме, задают обычно назначенный ресурс до списания, выраженный в числе циклов срабатывания, и (или) назначенный срок службы до списания в календарных часах, либо соответствующие средние показатели (если переход оборудования в предельное состояние не вызывает чрезмерный ущерб).

Для оценки показателей безотказности можно воспользоваться следующими формулами:

$$K_г(\tau) = \frac{T_o}{T_o + T_b}, \qquad (2)$$

где T_o – среднее время нахождения оборудования в работоспособном состоянии в режиме ожидания, приходящееся на один отказ в этом режиме;

T_b – среднее время восстановления работоспособного состояния оборудования после отказа в режиме ожидания (включает полное время простоя после отказа, в том числе продолжительность нахождения оборудования в состоянии скрытого отказа до момента его обнаружения, которая может быть достаточно значительной при редких проверках работоспособности оборудования в режиме ожидания).

$$P(t) = \exp(-\lambda \theta T t), \qquad (3)$$

где $\lambda = 1/T_p$ – интенсивность отказов оборудования в режиме работы;

T_p – средняя наработка оборудования на отказ при работе;

θ – среднее значение параметра потока требований на срабатывание оборудования, отнесенное к единице календарного времени эксплуатации (характеристика режима использования оборудования);

T – текущее календарное время, отвечающее моменту ожидания τ;

t – требуемый интервал непрерывной работы оборудования.

Если время T_o существенно зависит от числа циклов срабатывания оборудования (θT), то вместо формулы (2) можно использовать оценку

$$K_r(\tau) = \exp(-\theta T/\upsilon), \qquad (4)$$

где υ – среднее число успешных включений оборудования в работу, приходящееся на один отказ при включении, для заданного режима использования.

В данном случае необходимо задать одну величину υ, а значения T_o и T_b не требуются. Для этих условий из (1), (3), (4) получаем удобную формулу:

$$K_{o,r}(t) = \exp\left[-\theta T\left(\frac{1}{\upsilon} + \lambda t\right)\right].$$

Величины T_o, T_b, λ, υ – характеризуют надежность конкретного вида оборудования и оцениваются с учетом его технических особенностей или задаются, исходя из данных о надежности его аналогов.

При количественном анализе надежности основных типов вспомогательного оборудования АЭС приходится учитывать их специфическую особенность, связанную с тем, что все они представляют в основном корпусное оборудование, сосуды, баки, трубопроводы, для которых недопустима разгерметизация. Поэтому количественная оценка показателей надежности по отношению к данному типу отказов (разгерметизации, течи) является необходимым этапом проектного обоснования надежности основной части вспомогательного оборудования АЭС. Указанную оценку на этапе проектирования удобно получать, основываясь на исходных данных по удельным интенсивностям отказов типа течь, отнесенным к погонному метру длины сварного шва $(\lambda_{св.})$, к квадратному метру поверхности основного металла $(\lambda_м)$, к погонному метру уплотнения по периметру разъема $(\lambda_{раз})$. Для ориентировочных расчетов стального оборудования можно рекомендовать следующие значения удельных интенсивностей, полученные на основе обобщения отечественной и зарубежной статистической информации по отказам типа течь рассматриваемого оборудования АЭС (с условным диаметром раскрытия герметичной поверхности, меньшим 1–2% от основного диаметра оборудования):

$$\lambda_{св} = 10^{-8}\,[мч]^{-1}, \quad \lambda_м = 10^{-9}\,[м^2ч]^{-1}, \quad \lambda_{раз} = 10^{-7}\,[мч]^{-1}.$$

При этом для учета различия швов автоматической и ручной сварки следует величину $\lambda_{св}$ домножать на соответствующие коэффициенты, например, $K_{авт.} = 1$, $K_{руч.} \cong 10$. Аналогично для учета различной надежности металлических и неметаллических уплотнений разъемов следует величину $\lambda_{раз.}$ домножать, например, на $K_{мет.} = 1$, $K_{немет.} \cong 10$.

Зная длины сварных швов L_i, суммарную площадь поверхности основного металла F и периметры уплотнений разъемов Π_j оборудования, легко оценить его среднюю наработку до появления течи T_m или вероятность $P(t_э)$ безотказной (без течи) работы в течение заданного времени эксплуатации $t_э$ по формулам:

$$T_m = \left(\sum_i L_i \lambda_{\text{св}_i} + F\lambda_{\text{м}} + \sum_j \Pi_j \lambda_{\text{раз}_j}\right)^{-1}, \quad P(t_э) = \exp(-t_э/T_{\text{м}}).$$

Полученные оценки должны в дальнейшем обязательно уточняться по данным испытаний и эксплуатации оборудования или его ближайших аналогов с учетом конкретных свойств материалов, параметров рабочих сред, режимов работы, основных воздействующих факторов.

Итак, в условиях атомной энергетики существенно изменяется значение вспомогательного оборудования АЭС. Во-первых, оно увеличивается в количественном отношении в сравнении с обычными станциями, во-вторых, начинает играть новую, причем существенную роль в обеспечении радиационной безопасноси АЭС, являясь основным оборудованием системы спецводоочистки и систем безопасности АЭС. Особая роль вспомогательного оборудования АЭС требует высокого качества его проектирования, изготовления и эксплуатации, ориентированных на обеспечение заданных показателей надежности. Последнее невозможно без тщательного количественного анализа и достоверной оценки проектной надежности вспомогательного оборудования. Этот анализ и оценка являются, в частности, основой для последующей выработки комплекса необходимых мероприятий, направленных на поддержание требуемой надежности оборудования в эксплуатации, включая диагностический контроль его состояния, оптимизацию системы технического обслуживания и ремонтов.

UTILISATION D'UN CALCULATEUR D'AIDE AU PILOTAGE ET D'UN SYSTEME AUTOMATIQUE DE CONTROLE DE LA CONCENTRATION EN BORE POUR L'EXPLOITATION DE TRANCHES REP EN SUIVI DE CHARGE

P. BARBRAULT, J.-Y. MICHENOT
Electricité de France,
Villeurbanne

P. DEROUBAIX
Framatome,
Paris - La Défense

France

Abstract–Résumé

USE OF AN AUXILIARY COMPUTER FOR CONTROL AND AN AUTOMATIC SYSTEM FOR BORON CONCENTRATION MONITORING IN THE LOAD FOLLOW OPERATION OF PWR UNITS.

The increasingly large share of electricity of nuclear origin and the adjustments of production to consumption involve extensive manoeuvrability of the French nuclear units. In view of the various operational constraints (performance of materials, compliance with safety criteria, etc.), it became necessary, in order best to meet the requirements of the network, to develop efficient means of predicting the behaviour of reactors and automating control operations. Auxiliary control (AP) software has therefore been developed for this purpose as from 1982. At the same time, the development of an automatic boron monitoring system (SYCOBOR) was started in 1981. The first 1300 MW(e) unit (Saint-Alban 2) was equipped with AP 1300 in August 1986 in order to test the software on the many power transients which will take place in the course of the cycle. The first results have already proved to be satisfactory. The installation on other 1300 MW(e) units should be completed by the end of 1987. The preparation and introduction of AP 900 will follow in the space of a year. On-site tests of SYCOBOR were carried out at Tricastin in 1983. Satisfactory control was achieved, including that for axial power distribution, and without an increase in assembly movement and effluent production as compared with manual control. The prototype functioned for longer periods in 1985 and 1986 on the Dampierre site. The AP software and the SYCOBOR are two complementary systems. The AP evaluates the feasibility of the transients and defines the main control actions; SYCOBOR carries out these control activities in real time and in a sensitive manner. These two systems contribute to improved manoeuvrability of the French nuclear units and represent an important step towards automation of their control.

UTILISATION D'UN CALCULATEUR D'AIDE AU PILOTAGE ET D'UN SYSTEME AUTOMATIQUE DE CONTROLE DE LA CONCENTRATION EN BORE POUR L'EXPLOITATION DE TRANCHES REP EN SUIVI DE CHARGE.

La part de plus en plus importante d'électricité d'origine nucléaire et l'ajustement de la production à la consommation impliquent une manœuvrabilité importante des tranches nucléaires françaises. Compte tenu des différentes contraintes d'exploitation (performances des matériels, respect des critères de sûreté, etc.), il est apparu nécessaire, pour satisfaire au mieux les besoins du réseau, de développer des moyens performants pour prévoir le comportement du réacteur et automatiser les actions de pilotage. Un logiciel d'aide au pilotage (AP) a donc été développé dans ce but à partir de 1982. Parallèlement, la mise au point d'un système de contrôle automatique en bore (SYCOBOR) a débuté dès 1981. La première tranche 1300 MWe (Saint-Alban 2) a été équipée de l'AP 1300 en août 1986 afin de qualifier le logiciel sur les nombreux transitoires de puissance qui auront lieu au cours du cycle. Les premiers résultats sont d'ores et déjà satisfaisants. L'installation sur les autres tranches 1300 MWe devrait être achevée fin 1987. La réalisation et la mise en service de l'AP 900 suivra avec un an de décalage. Des essais de SYCOBOR sur site ont été effectués à Tricastin en 1983. Un pilotage satisfaisant a été obtenu, avec un bon contrôle de la distribution axiale de puissance et sans augmentation des mouvements de grappes et de la production d'effluents par rapport au contrôle manuel. Le prototype a fonctionné sur de plus longues périodes en 1985 et 1986 sur le site de Dampierre. Le logiciel AP et le SYCOBOR sont deux systèmes complémentaires. L'AP juge de la faisabilité des transitoires et définit les principales actions de pilotage; SYCOBOR réalise en temps réel et de façon fine ces actions de pilotage. Ces deux systèmes contribuent à l'amélioration de la manœuvrabilité des tranches nucléaires françaises et constituent une étape importante vers l'automatisation de la conduite de celles-ci.

1. L'AIDE AU PILOTAGE: UN SIMULATEUR POUR FACILITER LA CONDUITE DES REACTEURS EN SUIVI DE RESEAU

Dès 1978, alors que les tranches REP fonctionnaient encore en base, Electricité de France (EDF) s'est préoccupé de la mise en œuvre d'un système performant permettant d'assister l'opérateur dans sa tâche de conduite du réacteur en suivi de réseau, principalement pour lui donner la possibilité de simuler les transitoires de puissance avant leur réalisation.

Un logiciel d'aide au pilotage (AP) a donc été développé dans ce but à partir de 1982, par une équipe mixte Framatome-EDF. La réalisation proprement dite de la version AP 1300 (destinée aux tranches de 1300 MWe) a été menée, à partir de 1985, par un groupe de travail CERCI-EDF.

1.1. Présentation générale de l'aide au pilotage

1.1.1. Principe

Le principe de base de l'AP est de tenir à jour en permanence un fichier dit «état du cœur» (puissance, concentration en bore, position des grappes, températures, distributions axiales de l'épuisement du combustible, de l'iode et du xénon, etc.), calculé périodiquement par le modèle physique à partir des variables décrivant l'état du réacteur.

A partir de cet «état du cœur», il est possible de simuler toute variation du point de fonctionnement du réacteur et, en particulier, des variations de charge: il suffit à l'opérateur d'indiquer le profil de variation de puissance. En retour, l'AP lui propose les opérations de conduite (borication–dilution, mouvement des grappes) qui assurent une bonne réalisation du transitoire ou, au contraire, déclare le transitoire non faisable vis-à-vis des spécifications techniques d'exploitation.

1.1.2. Modèle physique

Le logiciel de l'AP a été développé autour d'un code qui permet la simulation à une dimension axiale du cœur d'un REP (distribution de puissance, mouvements des grappes de commande, etc.). Son noyau comporte:

– des sous-programmes de calcul des flux provenant du code axial ESPADON de Framatome;

– des sous-programmes de calcul des contre-réactions neutroniques et une bibliothèque neutronique associée provenant du code axial LIBELLULE d'EDF.

L'AP dispose également d'un sous-programme qui reproduit le calcul des marges effectué dans le calculateur de tranche:

– marge relative en puissance linéique par rapport à la courbe APRP (accident de perte de réfrigérant primaire);
– marge relative par rapport à l'alarme vis-à-vis de la crise d'ébullition.

L'ensemble du modèle physique de l'AP a été validé par comparaison avec le code axial de pilotage de référence LIBELLULE.

1.1.3. Implantation de l'AP sur site

L'AP est intégrée, en tant que nouvelle fonction, dans le calculateur de niveau 2 du TCI (traitement centralisé informatisé).

L'AP respecte la structure du TCI (voies de dialogue, normes de présentation des informations sur écran ou imprimante, gestion centralisée des ressources, etc.) et ne perturbe en aucun cas son fonctionnement. Il existe une indépendance la plus complète possible entre les deux applications au niveau du logiciel, les seuls points communs étant les accès à la valeur des variables («acquisition») et les accès aux périphériques (écrans, platines, imprimantes).

1.2. Présentation détaillée des procédures disponibles

Les opérateurs disposent en salle de commande de deux postes écran/clavier qui leur donnent accès aux différentes procédures de l'AP proposées sous forme de menu (fig. 1). Ces procédures sont de l'un des types détaillés ci-après.

1.2.1. Procédure de surveillance

La procédure de surveillance courante (SC) est essentielle, puisque c'est à partir de ses résultats que pourront être activées les autres procédures. Déclenchée de façon automatique sur variation du point représentatif de l'état du réacteur ou manuellement par l'opérateur, cette procédure met à jour le fichier «état du cœur» à partir duquel s'exécuteront les simulations.

```
              AIDE AU PILOTAGE               : LE    3/07/87 A 21H03MN24
            SC DU  3 07 87    (    182 MWJ/T)
    HEURE R    G1  G2  N1  TR-T PNET PTH   DI  ARXE  CB     VOL.  DEB. DNB PLI
    HR MN PAS PAS PAS PAS    C   MWE %PN    %   PCM  PPM      M3  M3/H ALA ALA
SC  21H02 202 259 259 259    .3 1298 100 -10.4 2828  713 D ***** ****  19  15
PPA 21H12 202  63 248 260   0.  1048  83 -13.9 2831  707 D   2.5 14.8  48  18
------------------------------------------------------------------------------

  SC : SURVEILLANCE COURANTE                    AC : ACTUALISATION
  PC : PROFIL DE CHARGE
  RD : REDEMARRAGE APRES ARRET                  MJ : MISE A JOUR
  PX : PREVISION XENON
  TS : TEST SPIN                                SG : SIMULATION GENERALISEE
  CL : CALIBRATION BARRES GRISES
  BL : BORE LIGNES RCV                          RB : RECALAGE BORE CRITIQUE
  VH : VISUALISATION HISTORIQUES
  EP : EXPLICATION PROCEDURES
                          AS : ARRET SIMULATION

          [ ACCES LIBRE ]                      [ ACCES LIMITE ]

------------------------------------------------------------------------------
ENTREZ LES DEUX LETTRES DE LA FONCTION CHOISIE : █
```

FIG. 1. Liste des procédures disponibles.

Le recalage des calculs de l'AP se fait lors de l'exécution de cette procédure par l'intermédiaire d'un ajustement du déséquilibre axial de puissance calculé par le modèle sur celui mesuré à partir des chambres externes.

Une option de cette procédure, le pas de prévision automatique (PPA), donne la tendance d'évolution de l'état du réacteur à court terme (comportement du xénon en particulier) et les opérations de dilution–borication correspondantes à effectuer, compte tenu de la puissance demandée au niveau de la platine puissance turbine.

1.2.2. Procédures de simulation

Les procédures de simulation permettent à l'opérateur de simuler une modification de l'état du réacteur; par exemple:

– profil de charge (PC): simule des variations de puissance; elle inclut une stratégie de pilotage qui gère au mieux les opérations de dilution–borication et les mouvements du groupe R afin de conserver la stabilité du cœur;

– divergence et remontée (RD): détermination de la stratégie permettant de diverger et de monter en puissance au plus vite tout en respectant les spécifications techniques d'exploitation;

– prévision xénon (PX): calcule les mouvements des grappes de régulation de température (groupe R) à effectuer afin d'arrêter d'éventuelles oscillations axiales de puissance;

– simulation généralisée (SG): permet d'effectuer un calcul de criticité avec un paramètre au choix (concentration en bore, insertion du groupe R ou des groupes gris, température d'entrée cœur) en contrôlant éventuellement le déséquilibre axial de puissance avec un autre de ces paramètres.

D'autre part, cette dernière procédure permet de fixer un certain nombre de données du calcul: épuisement moyen du cœur, courbe de calibrage, bande de manœuvre du groupe R, équilibre xénon ou non, etc. Elle offre sur site, à l'opérateur, des possibilités de calcul quasiment équivalentes à celles des codes de conception hors ligne et avec une précision identique.

1.2.3. Procédures de contrôle

Les procédures de contrôle permettent une surveillance du modèle physique et peuvent être suivies d'une action corrective de la part de l'opérateur:

– calibrage des grappes de régulation (CL): calcule à la demande et en fonction de l'épuisement du combustible la courbe d'insertion de ces grappes en fonction du niveau de puissance;

– test Spin (TS): permet de s'assurer de la cohérence entre les calculs de marges effectués par l'AP d'une part et par le système de protection intégré numérique (Spin) d'autre part. Un bon moyen pour juger à tout instant de la validité des résultats de l'AP consiste à comparer les traces de puissance axiale normalisées sur 31 points fournies par l'AP et le Spin.

1.2.4. Procédures d'édition

Les procédures d'édition permettent à l'opérateur de visualiser sous forme de courbes ou de tableaux les résultats d'une simulation, ou l'historique des états du réacteur sur les dernières heures.

1.2.5. Procédures diverses

D'autres procédures enfin sont conçues pour remettre à jour le contexte de calcul de l'AP, par exemple:

– réactualiser le fichier «état du cœur» suite à un arrêt du calculateur;
– corriger une éventuelle dérive de réactivité du modèle;
– redéfinir certains paramètres de calcul du modèle et du dialogue.

Enfin, l'opérateur peut disposer à l'écran d'un commentaire explicatif sur l'utilisation de chacune des procédures de l'AP.

1.3. Validation en ligne de l'AP sur des essais de suivi de charge

Bien que la fonction AP ait été installée sur le site de la centrale nucléaire de Saint-Alban 2 fin 1986, les premiers essais de qualification n'ont vraiment débuté qu'avec les premiers suivis de charge réalisés à partir de mai 1987. La validation en ligne du modèle devrait être terminée fin 1987.

1.3.1. Fonction acquisition

La première période de fonctionnement en ligne, au début de l'année 1987, a surtout mis en évidence la nécessité de fiabiliser les informations fournies par la tranche à l'AP. Une procédure de réinitialisation automatique de l'AP permettant de s'affranchir des indisponibilités TCI de courte durée a été mise en place. Maintenant seuls les arrêts du calculateur supérieurs à une heure nécessiteront, lors du redémarrage, une actualisation manuelle de l'opérateur.

Grâce à cette mesure, l'AP dispose à tout moment et en continu d'une information sûre de l'état du réacteur, préalable indispensable à tout calcul.

1.3.2. Fonction dialogue

La fonction dialogue constitue l'interface opérateur–modèle de calcul. Sa tâche, par un dialogue avec l'opérateur, est d'assurer une utilisation aisée des procédures de l'aide au pilotage.

Les essais sur site ont permis d'améliorer la convivialité du système grâce à la prise en compte des observations et souhaits formulés par les opérateurs.

1.3.3. Fonction calcul

La validation de l'aide au pilotage repose essentiellement sur les performances de la fonction calcul. L'évaluation de celles-ci s'est principalement faite lors des essais de suivi de charge réalisés en mai-juin 1987 sur la centrale nucléaire de Saint-Alban. Ces essais ont permis d'apprécier la précision du modèle de calcul en ligne et de dégager certains enseignements qui ont contribué à enrichir la stratégie de pilotage du système.

L'AP, dans sa version actuelle, répond aux objectifs initialement fixés, à savoir:
- la réalisation d'une prévision fiable sur 24 heures,
- la capacité de juger de la faisabilité d'un transitoire,
- le suivi de l'évolution de l'état du réacteur, en particulier du xénon, etc.

AIDE AU PILOTAGE : LE 3/07/87 A 21H52MN52

SC DU 3 07 87 (182 MUJ/T)

	HEURE HR MN	R PAS	G1 PAS	G2 PAS	N1 PAS	TR-T C	PNET MWE	PTH %PN	DI %	ARXE PCM	CB PPM	VOL. M3	DEB. M3/H	DNB ALA	PLI ALA
SC	21H47	202	259	259	259	.3	1298	100	-10.4	2837	712 D	*****	****	20	16
PPA	21H57	202	63	248	260	0.	1048	83	-13.9	2839	706 D	2.5	14.8	49	19

VISUALISATION HISTORIQUE VH

LE 03/07/87 PC 3/07/87 21H08

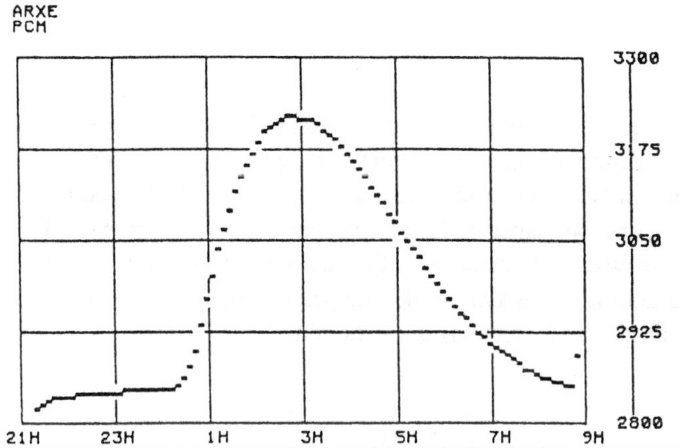

UTILISATION PAGE SUIVANTE OU PAGE PRECEDENTE

FIG. 2. Exemple de visualisation graphique.

1.4. Applications

1.4.1. Procédure SC

Cette procédure ne nécessite aucune action de la part de l'opérateur. Elle s'exécute périodiquement afin d'assurer le suivi de l'état du réacteur. Combinée avec les procédures d'édition, elle complète l'information de l'opérateur sur l'état du cœur, principalement sur l'évolution du xénon (fig. 2).

1.4.2. Procédure PC

Chaque jour, vers 18 heures, chaque centrale nucléaire française reçoit de la part du Centre interrégional des mouvements d'énergie (CIME) son profil prévisionnel de puissance pour le lendemain. Dès cet instant, en salle de commande, le chef de bloc peut grâce à l'AP simuler ce profil de charge. Pour ce faire, l'opérateur indique les puissances à atteindre et les heures correspondantes (fig. 3). En retour, l'AP lui permet de connaître:

– si, dans l'état actuel de son réacteur (épuisement du combustible, xénon, etc.), le transitoire demandé est réalisable;

– l'ensemble des opérations qu'il aura à effectuer pour réaliser ce transitoire en consultant le listing sorti par l'AP lors de la simulation (fig. 4).

Au cours du transitoire, l'opérateur peut à tout instant et, par exemple, avant la remontée en puissance, lancer une nouvelle simulation qui affinera la prévision grâce à l'intégration du fonctionnement du réacteur depuis le début du transitoire.

1.4.3. Procédure PX

En fin de semaine, la consommation d'électricité baisse sensiblement et certaines centrales nucléaires françaises peuvent être amenées à diminuer leur production. L'opérateur va alors devoir stabiliser son réacteur pendant une durée de l'ordre de 48 heures à une puissance réduite. Au début de ce palier bas, il est indispensable qu'il puisse étouffer toute amorce d'instabilité due au xénon. La procédure PX lui recommandera les mouvements de grappes optimaux qui assureront le plus rapidement la stabilité du réacteur vis-à-vis du xénon.

AIDE AU PILOTAGE : LE 3/07/67 A 21H08MN24

SC DU 3 07 87 (182 MWJ/T)

	HEURE HR MN	R PAS	G1 PAS	G2 PAS	N1 PAS	TR-T C	PNET MWE	PTH %PN	DI %	ARXE PCM	CB PPM	VOL. M3	DEB. M3/H	DNB ALA	PLI ALA
SC	21H02	202	259	259	259	.3	1298	100	-10.4	2828	713 D	*****	****	19	15
PPA	21H12	202	63	248	260	0.	1048	83	-13.9	2831	707 D	2.5	14.8	48	18

PROFIL DE CHARGE PC

SEG NO	DATE JR MO AN	HEURE HR MN	PUISSANCE NETTE MWE	PUISSANCE THERM. %	PENTE MWE/MN
0	3 07 87	21 02	1298	99.90	
1	4 07 87	0 00	1298	99.90	0.
2	4 07 87	0 30	715	60.00	-19.45
3	4 07 87	8 30	715	60.00	0.
4	4 07 87	9 00	1300	100.00	19.50
5	4 07 87	14 00	1300	100.00	0.
6					
7					
8					
9					
10					

MODIFICATION OU VALIDATION FONCTION (M OU V) :

FIG. 3. Données d'une simulation PC.

AIDE AU PILOTAGE : LE 3/07/87 A 21H13MN34

SC DU 3 07 87 (182 MUJ/T)

	HEURE HR MN	R PAS	G1 PAS	G2 PAS	N1 PAS	TR-T C	PNET MWE	PTH %PN	DI %	ARXE PCM	CB PPM		VOL. M3	DEB. M3/H	DNB ALA	PLI ALA
SC	21H08	202	259	259	259	.3	1298	100	-10.4	2830	713	D	*****	****	19	15
PPA	21H18	202	63	248	260	0.	1048	83	-13.9	2832	707	D	2.5	14.8	48	18

PROFIL DE CHARGE PC DU 3 07 87 182 MUJ/T

S	HEURE HR MN	R PAS	G1 PAS	G2 PAS	N1 PAS	TR-T C	PNET MWE	PTH %PN	DI %	ARXE PCM	CB PPM		VOL. M3	DEB. M3/H	DNB ALA	PLI ALA
1	22H05	202	258	260	260	0.	1298	100	-10.4	2841	712	D	.1	.3	20	16
1	22H34	202	258	260	260	0.	1298	100	-10.4	2845	711	D	.1	.2	21	17
1	23H02	202	258	260	260	0.	1298	100	-10.4	2848	711	D	.1	.2	21	17
1	23H31	202	258	260	260	0.	1298	100	-10.3	2851	711	D	.1	.1	21	17
1	0H00	202	258	260	260	0.	1298	100	-10.2	2852	711	D	0.	.1	21	18
2	0H07	202	128	260	260	0.	1153	90	-18.2	2853	707	D	1.7	13.8	45	17
2	0H15	202	37	222	260	0.	1007	80	-13.2	2865	703	D	1.9	14.9	48	20
2	0H22	202	5	163	260	0.	861	70	-18.6	2893	697	D	2.3	18.4	60	18
2	0H30	202	5	116	260	0.	715	60	-21.3	2902	693	D	1.9	15.6	95	14
3	1H00	228	5	116	260	0.	715	60	-19.2	3036	684	D	4.0	8.0	104	18
3	1H30	228	5	116	260	0.	715	60	-21.6	3133	671	D	5.8	11.6	97	19
3	2H00	228	5	116	260	0.	715	60	-24.1	3190	661	D	4.5	9.0	89	16
3	2H30	228	5	116	260	0.	715	60	-26.8	3213	653	D	3.3	6.7	82	13
3	3H00	228	5	116	260	0.	715	60	-29.5	3207	648	D	2.3	4.7	75	11

FIG. 4. Résultats d'une simulation PC.

1.4.4. Procédure CL

Chaque mois, toute centrale nucléaire française pilotée en mode G[1] réalise un essai périodique EP RGL4 qui consiste à déterminer expérimentalement la courbe de calibrage des grappes de régulation en exécutant une baisse rapide de puissance à partir d'un état stable.

Grâce à son suivi en ligne de l'état du réacteur, l'AP est actuellement le seul système qui, par sa procédure CL, pourrait calculer une courbe de calibrage suffisamment fiable pour s'affranchir au moins une fois sur deux d'un essai périodique EP RGL4 qui pénalise pendant 48 heures la disponibilité de la centrale.

1.4.5. Procédure RD

Lors d'un redémarrage, la divergence du réacteur est atteinte par dilution en suivant la procédure de conduite. Pour déterminer la concentration critique en bore,

[1] Dans le mode de pilotage dit mode G, l'effet en réactivité associé aux variations de charge est compensé par des grappes de régulation. La relation biunivoque puissance–position de consigne de ces grappes est appelée courbe de calibrage.

l'opérateur dispose d'abaques mais ceux-ci ne sont facilement exploitables que lorsque, dans les dernières heures avant l'arrêt du réacteur, les variations de puissance sont simples. Dans le cas contraire, il doit procéder à une longue approche sous-critique.

A l'aide de la procédure RD, l'opérateur

– est capable, dans un bref délai, d'informer le CIME de la faisabilité du couplage au réseau à l'heure demandée;

– connaît, pour une heure de divergence et une position de grappes fixées, la concentration critique en bore et le débit de dilution associé quel qu'ait été le profil de charge avant l'arrêt.

1.5. Conclusion

L'aide au pilotage a été conçue avec des dialogues souples et faciles d'utilisation pour aider l'exploitant de centrale nucléaire dans sa tâche de pilotage de réacteur. Elle lui permet de façon rapide et précise d'effectuer les transitoires de puissance en préservant la stabilité du réacteur.

Compte tenu des éléments disponibles à ce jour, on peut considérer que le but fixé à l'AP 1300 est atteint.

Toutefois, afin d'augmenter les performances d'ensemble, l'AP pourrait être amenée à subir certaines évolutions:

– accroissement de la vitesse de calcul en introduisant des méthodes numériques plus performantes et en optimisant la programmation;

– amélioration de la stratégie de pilotage pour élargir le domaine des transitoires déclarés possibles par le système.

Ces développements pourraient entrer dans le cadre d'un projet de conduite automatique des tranches nucléaires mené actuellement à EDF.

2. SYSTEME DE CONTROLE AUTOMATIQUE DE LA CONCENTRATION EN BORE ET SON UTILISATION EN EXPLOITATION SUIVI DE CHARGE DES REP

2.1. Bases de conception

La participation d'une tranche aux variations de charge liées aux besoins du réseau dépend des caractéristiques propres de cette tranche et de l'action de l'opérateur.

Un système comme le DMA confère aux REP une bonne manœuvrabilité intrinsèque (mode de pilotage «mode G»).

Certains développements, sans répercussion sur les performances théoriques d'une tranche, permettent cependant de libérer l'opérateur d'actions répétitives et fastidieuses, lui donnant une plus grande disponibilité pour le contrôle d'ensemble de la tranche et améliorant ainsi sensiblement les conditions d'exploitation.

C'est le cas du système de contrôle automatique de la concentration en bore (SYCOBOR).

Les études de conception, entreprises au sein de Framatome dès 1981, ont été conduites en recherchant une stratégie de pilotage simple, entièrement automatique et indépendante de toute référence à des actions anticipées. En particulier:

– ne sont utilisées que des informations provenant de mesures instantanées ou mémorisées, à l'exclusion de tout calcul prévisionnel et de toute entrée manuelle d'information au cours du fonctionnement;

– le système de régulation des grappes est supposé en fonctionnement automatique sans interruption.

Cette stratégie est donc utilisable en toutes circonstances (dès que le niveau de puissance est supérieur au seuil permettant le fonctionnement automatique de l'ensemble des régulations), quel que soit le profil de charge en fonction du temps (suivi de charge et/ou réglage de fréquence), en particulier lorsque l'utilisation d'une stratégie plus efficace, mais plus élaborée et nécessitant des actions anticipées, est ou devient impossible.

Elle est utilisable indépendamment de tout autre dispositif d'aide au pilotage, mais est susceptible d'évoluer en fonction du développement d'autres systèmes, avec lesquels une interface peut être envisagée, comme c'est actuellement le cas avec le CAP (calculateur d'aide au pilotage) et avec de futurs systèmes centralisés de gestion des moyens de production d'électricité reliés au réseau.

2.2. Principes de régulation

En mode G, des groupes dits «de compensation de puissance» compensent les effets de réactivité liés aux variations de puissance, le groupe R étant en régulation de température. Le groupe R doit être maintenu au-dessus d'une limite d'insertion située assez près du haut du cœur, ce qui est obtenu par action sur la concentration en bore. En outre, ce groupe R doit assurer un certain contrôle du déséquilibre axial de puissance (I) autour de sa référence, de façon à éviter le développement des oscillations xénon.

SYCOBOR utilise les signaux de déséquilibre axial de puissance et de position du groupe R. Des algorithmes, programmés dans des microprocesseurs, élaborent des ordres transmis aux vannes et aux pompes des circuits d'injection d'acide borique et d'eau déminéralisée.

On définit, dans le plan «$I - I_{réf.}$; position du groupe R», trois zones (fig. 5):

– une zone de borication,

– une zone de dilution,

– une zone neutre.

La position du point de fonctionnement dans le plan détermine ainsi, en fonction des conditions de fonctionnement et en temps réel, le choix entre borication, dilution

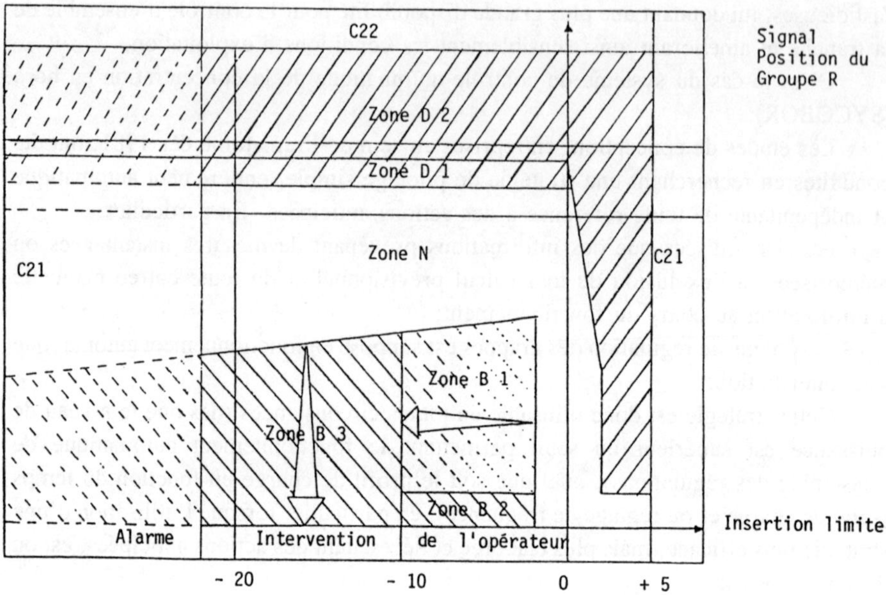

<u>Zone N:</u> Zone de manœuvre du signal position du groupe R aucune action.

<u>Zone D 1:</u> Dilution avec un débit modulé fonction de l'écart par rapport à la limite haute de la zone N.

<u>Zone D 2:</u> Dilution avec le débit maximum (un ou deux orifices).

<u>Zone B 1:</u> Borication temporisée par un PI fonction de l'écart $I-(I_{réf}-2\%)$.

L'intervalle entre les bouffées de bore est fonction de deux paramètres:
- l'écart $I-(I_{réf}-2\%)$;
- l'écart du signal position du groupe R par rapport au bas de la zone N.

<u>Zone B 2:</u> Borication immédiate; l'intervalle entre les bouffées est toujours fonction des deux paramètres précédents.

<u>Zone B 3:</u> Borication immédiate; l'intervalle entre les bouffées est fonction seulement de l'écart du signal position du groupe R par rapport au bas de la zone N.

FIG. 5. Schématisation de l'automatisation du RCV.

et inaction. L'action choisie vise à éviter toute sortie prolongée du ΔI hors de la plage $\Delta I_{réf.} \pm 2\%$ et, lorsque le retour dans cette plage ne peut être obtenu rapidement, à limiter l'amplitude de l'écart $\Delta I - \Delta I_{réf.}$ en maintenant le groupe R soit près du haut du cœur, soit près de sa limite d'insertion.

En pratique, c'est la tendance du niveau xénon qui impose le choix entre borication, dilution et inaction, ce qui est bien conforme au principe du mode G.

Tout pompage entre borication et dilution doit être évité sans relâcher exagérément le contrôle des ΔI et malgré les fluctuations des différents paramètres induits par le réglage des fréquences. Compte tenu du temps de réponse relativement long de la borication–dilution, ces exigences ont été satisfaites par les moyens suivants:

– les limites entre zones sont variables;

– la borication est temporisée lorsque le ΔI devient inférieur à $\Delta I_{réf.} - 2\%$, en fonction de l'amplitude de l'écart et du temps de sortie de plage (sauf si le groupe R est trop près de son insertion limite);

– la borication ou la dilution est anticipée après une variation de charge, en fonction de son amplitude et de sa vitesse, limitant la conséquence du temps de réponse lorsque le niveau xénon manifeste un taux de variation important;

– les borications sont effectuées par bouffées de façon à limiter les inconvénients du phénomène de «queue» (poursuite de l'arrivée du bore dans le circuit primaire après arrêt de l'injection dans le circuit d'appoint); les bouffées sont plus ou moins rapprochées suivant la rapidité de la borication nécessaire;

– lorsque le groupe R est près du haut du cœur, le débit de dilution est modulé en fonction de la position du groupe R et de l'écart entre la température moyenne du fluide primaire et sa valeur de référence; on obtient ainsi une dilution rapide si nécessaire et une dilution plus lente et progressive lorsque le réseau n'est pas en croissance rapide, ce qui évite des mouvements de grappes inutiles.

En outre, des verrouillages permettent de tenir compte des conditions particulières de fonctionnement en transitoire rapide:

– lorsque les groupes gris sont éloignés de leur position de consigne, le groupe R s'éloigne de sa position d'équilibre pour les assister temporairement; le blocage de la dilution ou de la borication pendant ce temps permet d'éviter des actions automatiques qui peuvent être contraires aux actions optimales;

– lorsque le groupe R se déplace dans le sens favorable pour ramener le point de fonctionnement dans la zone neutre, soit du fait d'un transitoire, soit du fait de la variation du niveau xénon, soit du fait de la borication ou de la dilution, la borication ou la dilution en cours est interrompue, limitant ainsi à la fois le volume d'effluents produits et les risques de pompage entre borication et dilution.

2.3. Expérience de fonctionnement

Un prototype a été réalisé et les premiers essais ont été effectués sur le site du Tricastin en 1983 (fig. 6 et 7). Un pilotage satisfaisant a été obtenu et différentes modifications ont été apportées au système, qui ont permis d'en améliorer les performances. Les principaux points observés pour juger de ces performances sont évoqués ci-après.

2.3.1. Contrôle de la distribution axiale de puissance

Aucune oscillation divergente n'a été observée au cours du fonctionnement du SYCOBOR. Quelques écarts à la limite de l'acceptable entre ΔI et $\Delta I_{réf.}$ ont été observés en fin de remontée en puissance. Cet inconvénient a pu être éliminé par une

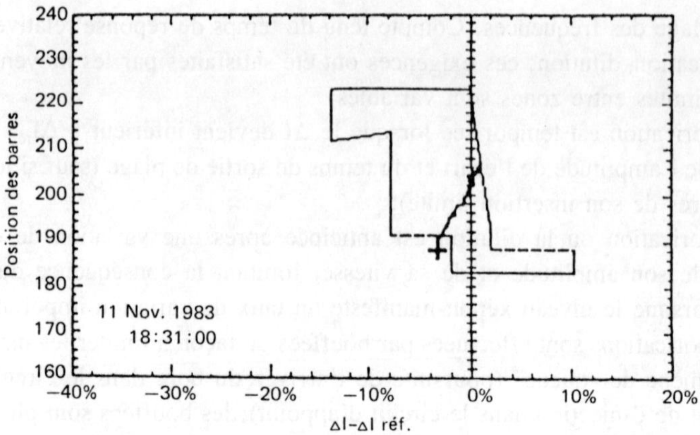

FIG. 6. Essai SYCOBOR à Tricastin 3: baisse de charge.

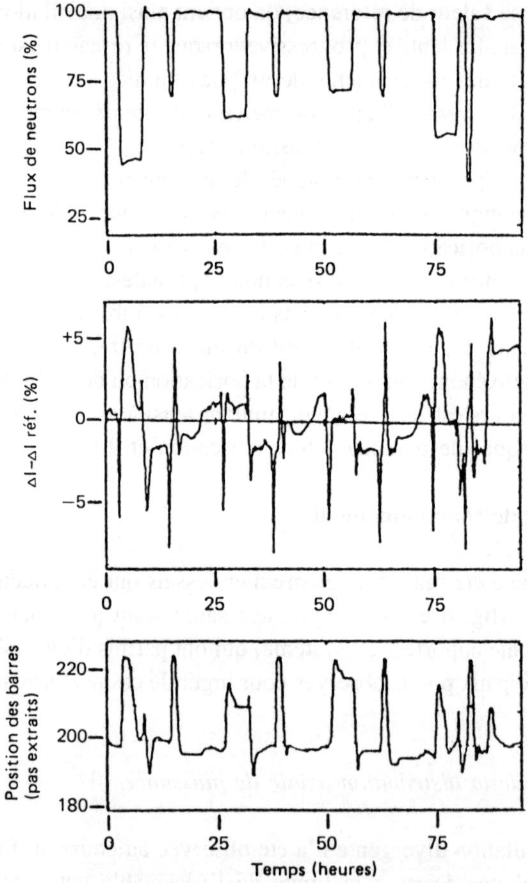

FIG. 7. Essai SYCOBOR à Tricastin 3, cycle 2.

modification du programme $\Delta I_{réf.}$ en fonction du niveau de puissance. La même valeur étant gardée pour la puissance nominale, on a décalé la référence vers les valeurs négatives pour les niveaux de puissance intermédiaires, conformément à une tendance spontanée observée chez les opérateurs en fonctionnement manuel.

2.3.2. Mouvements du groupe R

L'anticipation de la dilution après une baisse de charge a permis d'éviter des mouvements de R jusqu'en butée haute et d'obtenir, tant du point de vue des borications de R que du point de vue contrôle de la température, des résultats comparables à ce qui est observé en manuel avec un opérateur expérimenté et attentif.

2.3.3. Volume d'effluents liquides

Les améliorations apportées au cours des essais ont permis, en optimisant le pilotage, d'éviter des borications et dilutions inutiles. Le volume d'effluents liquides à retraiter dépend en fait essentiellement de la concentration en bore moyenne du cœur, c'est-à-dire de son taux d'épuisement.

Après les essais de borication, le prototype a été monté à Dampierre, où il a fonctionné sur de plus longues périodes en 1985 et 1986. Bien que différentes contraintes économiques liées à l'exploitation du réseau n'aient pas permis d'effectuer sur le site de Dampierre toutes les variations de charge souhaitables pour obtenir toute l'expérience attendue dans des conditions courantes d'exploitation, les résultats satisfaisants de Tricastin ont au moins pu être confirmés.

A l'heure actuelle, l'exploitant EDF maintient son intérêt pour le système SYCOBOR, et une nouvelle série d'expérimentations est prévue prochainement, le système SYCOBOR devant cette fois fonctionner en liaison avec un calculateur destiné à s'intégrer à terme dans un système de gestion centralisée du réseau.

Les expériences portent actuellement sur des centrales pilotées en mode G. Un système SYCOBOR en mode A, encore non expérimenté sur site, a également été développé par Framatome et a donné des résultats satisfaisants sur des simulations. Il est applicable à toutes les tranches REP fonctionnant en mode A, en France comme à l'étranger, avec ou sans réglage de fréquence.

INFLUENCE OF OPERATIONAL DATA EVALUATION ON THE ENHANCEMENT OF NUCLEAR POWER PLANT SAFETY AND AVAILABILITY

R. LEHMANN, U. KUNZE, K.-D. SCHULZ
VE Kombinat Kernkraftwerke Bruno Leuschner,
Greifswald, German Democratic Republic

Abstract

INFLUENCE OF OPERATIONAL DATA EVALUATION ON THE ENHANCEMENT OF NUCLEAR POWER PLANT SAFETY AND AVAILABILITY.

In the German Democratic Republic, nuclear energy is playing an ever increasing role both in electricity generation and in heat supply. The stringent safety-related and economic requirements can only be met by a complete system of plant monitoring. This includes the recording and analysis of all available primary data, leading to measures which ensure safe and economical operation. The integral system employed at the Greifswald nuclear power plant is presented with some selected examples. They demonstrate the evaluation of events (disturbances, damage) affecting availability, on the one hand, and the effectiveness of noise analysis as a method of early failure detection, on the other. The efficiency of the latter procedure is shown in the light of concrete events. As a result of the methods employed, annual availabilities of more than 80% could be achieved with WWER-440 reactors.

As the energy resources in the German Democratic Republic (GDR) are limited, special economic importance has been attached for decades to the use of nuclear energy for electricity and heat production.

Nuclear energy's share of electricity generation will rise from 11% in 1985 to 15% by 1990. After 1990, the total increase in electricity will be exclusively accounted for by nuclear energy. Meanwhile, the advantages of nuclear power plants over coal fired power plants as regards economical and ecologically beneficial operation have become apparent [1]. It has been successfully demonstrated that nuclear heat from the Greifswald NPP can satisfy the heating requirements of Greifswald town [2]. Using the same method, i.e. heat output from the secondary circuit, the catchment areas of future NPP sites, e.g. Magdeburg town, will also be supplied by the units of the Stendal NPP currently under construction.

The development of power plant construction in general and of nuclear power plants in particular is tending towards ever increasing unit capacities, making the plants more extensive and complicated. At the same time the reduction of failures and planned outages for review and maintenance work plays an ever greater economic role.

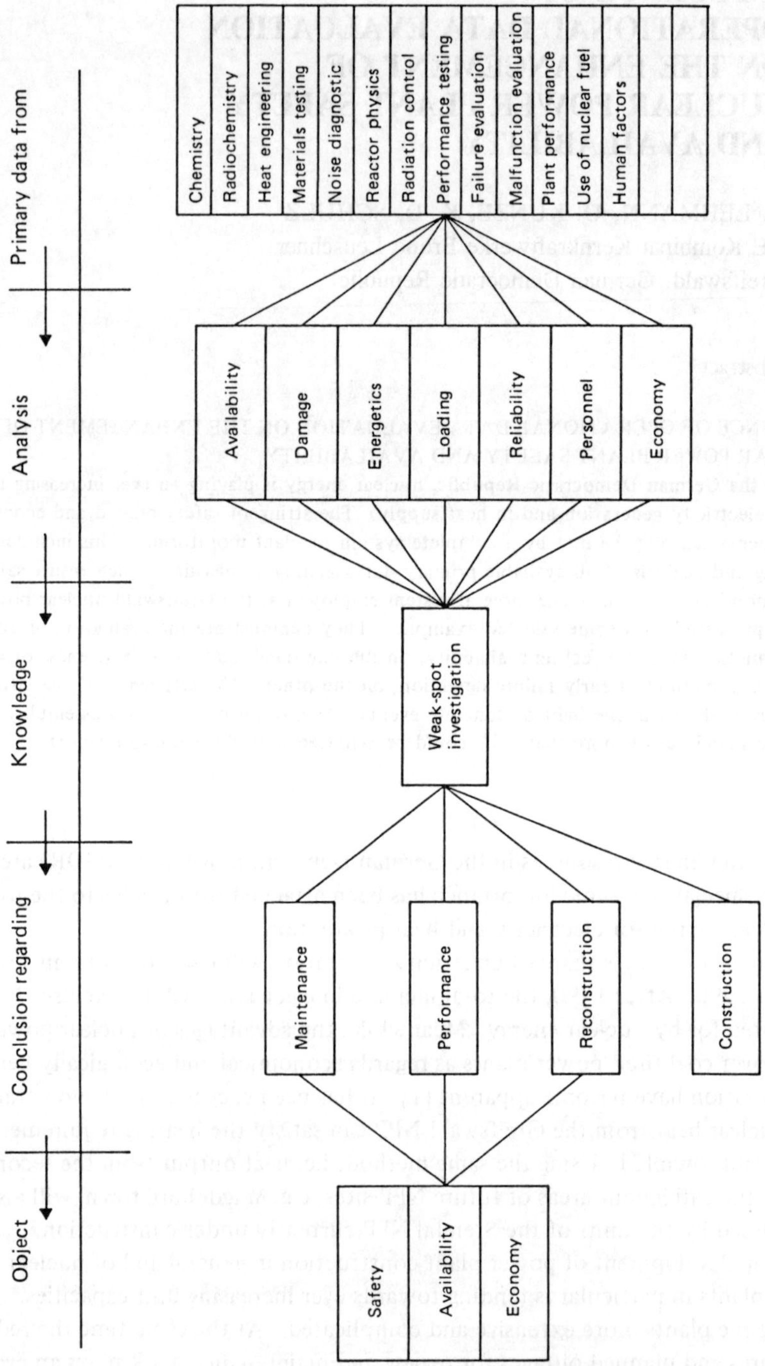

FIG. 1. Data evaluation procedure.

The high demands on the nuclear and engineered safety of nuclear power plants, connected with the need for high efficiency, have given rise to an intensified development of plant monitoring methods. Up-to-date methods of technical diagnostics, materials testing and plant surveillance are basic to ensuring and further enhancing nuclear safety in the GDR's nuclear power plants.

Activities along these lines extend from improved data recording and evaluation for computer-aided operation to methods of direct and indirect monitoring of the state of materials, individual units and complete systems.

The WWER-type units in operation in the GDR are noted for a high degree of safety and reliability [3] owing to highly qualified personnel, on the one hand, and reliable plant engineering, on the other. Therefore, monitoring and operational control play a decisive role in the effort to achieve annual unit availabilities of up to 80% and more with nuclear safety being guaranteed throughout.

The core of plant state monitoring is operational data evaluation, whereby the available primary data are recorded, classified and analysed. Figure 1 demonstrates this procedure. The objective of operational data evaluation is to ensure nuclear safety continuously as a precondition for high availability and for an effective operating mode. The primary data obtained from plant monitoring/operational control are analysed from different points of view. Therefore, these analyses also permit relatively clear statements on weak points in plant instrumentation, and the derivation of the requisite measures to achieve the above-mentioned objective via operating technique, maintenance and backfitting. In addition, Fig. 1 illustrates the relationship between operational data evaluation and design and construction of new nuclear power plants as another essential aspect of the integral system of plant monitoring.

In the following, the functioning of this system is explained using two examples:

(1) Recording and analysis of disturbances and damage – a method used when the weak point has already affected availability.
(2) Operational diagnostics – a method of early failure detection which, in principle, allows the operator to plan and take preventive measures in time.

Since the beginning of power operation at the Greifswald NPP, recording and analysis of disturbances and faults have been centralized. The methodical basis is a regulation [4] and its modification applicable to nuclear power plants. Accordingly, all unintentional deviations of produced power from rated power, all breakdowns and violations of operational provisions by failure of the NPP personnel (whether individuals or groups of persons) are recorded and investigated.

In compliance with the regulations in force, any damage to mechanical, electrical, measurement, control or regulation equipment, for which legislation prescribes the keeping of individual history files, is recorded. The appropriate investigations are then made to determine the extent of damage and find out the technical cause. Reports on events, special investigations, repairs and findings, which are elaborated by the respective competent departments and evaluated in a central office, are used as supporting documents. Analyses of these documents, of reactor control and nuclear fuel economy, special analyses of the chemical operating regime, materials engineering, etc., form the basis for the periodic preparation of technical reports. The Annual Technical Report is a central document which consists of three parts:

- Assessment of fulfilment of the production plan and overview of availability and incidents;
- Analysis of incidents and defects in selected NPP components, including evaluation of outages of redundant safety equipment;
- Damage recording and weak point analysis.

Part of the report is devoted to measures aimed at removing weak points detected, and measures for implementation in subsequent periods according to significance and urgency. This Annual Technical Report, containing findings and conclusions, is also made available to the governmental control organs of the GDR, in particular the National Board for Atomic Safety and Radiation Protection and the National Board for Technical Control as well as partners in industry and research. Data of this report also form the basis for international reporting within the system of the Council for Mutual Economic Assistance and to the IAEA.

In the GDR, in the past few years, extensive work has been done to put technical diagnostics, especially operational diagnostics, into practice [5, 6].

An important component of operational diagnostics at the Greifswald nuclear power plant is noise diagnostics, dealing with all problems attributed to variations of process parameters or mechanical vibrations in the primary circuit. The basis therefor is installed noise analysing systems that record signals of ionization chambers, in-core neutron flux detectors, acceleration detectors at the reactor pressure vessel and reactor coolant pumps as well as of pressure sensors.

Figure 2 shows the way in which noise diagnostics is presently integrated into the operation of the Greifswald NPP, and the measures in effect there.

With the use of noise diagnostics the plant operator has a twofold aim:

- to obtain data on the current plant state, including early failure detection in the most important components; and
- to get indications concerning technically justified inspections with a view to extending maintenance cycles if there is no reason for carrying out inspections at the planned date.

The activities by which noise diagnostics at the nuclear power plant solves these problems can be divided into three groups (see Fig. 3):

- Operational problems take up much time in normal nuclear power plant operation. Since the Greifswald NPP has its own highly sophisticated signal

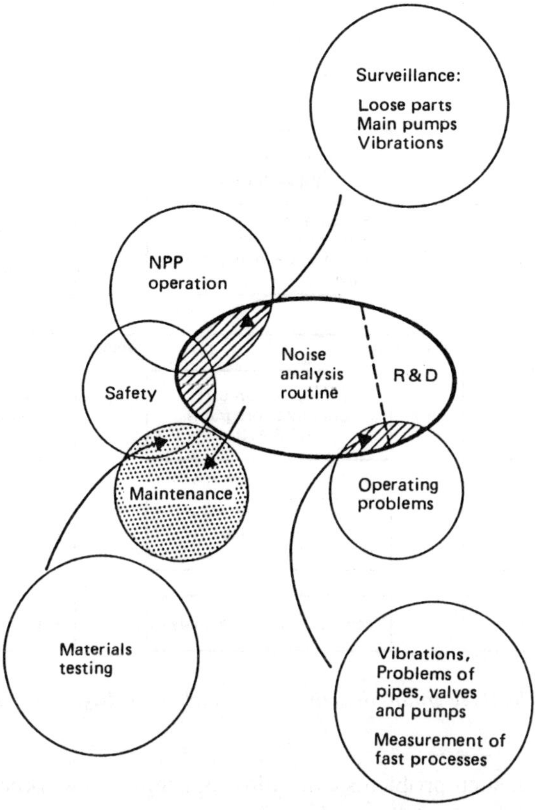

FIG. 2. The role of noise diagnostics at Greifswald.

analysing system, noise diagnostics is increasingly helping to solve urgent problems. The scale of applications ranges from the measurement of the time history of valve tests, via analyses of measurement, control and regulation components, to frequency analyses for vibration tests of pumps, piping or gears.

- Another group deals with the general monitoring of all available noise signals with the aim of increasing the safety of the facility in operation by furnishing evidence that the facility does not show any significant changes or that defects which occurred at other facilities of the same type do not exist here. Discovering changes in facility properties is in the foreground of the activities, with special emphasis on monitoring methods that allow the recording of as many interpretable signal characteristics as possible and their trends.
- The third group concerns several processes in the nuclear power plant which are so important that the high expenditure for the elaboration of physico-mathematical models is justified. These processes can be controlled by means of easily interpretable parameters adapted to the respective system.

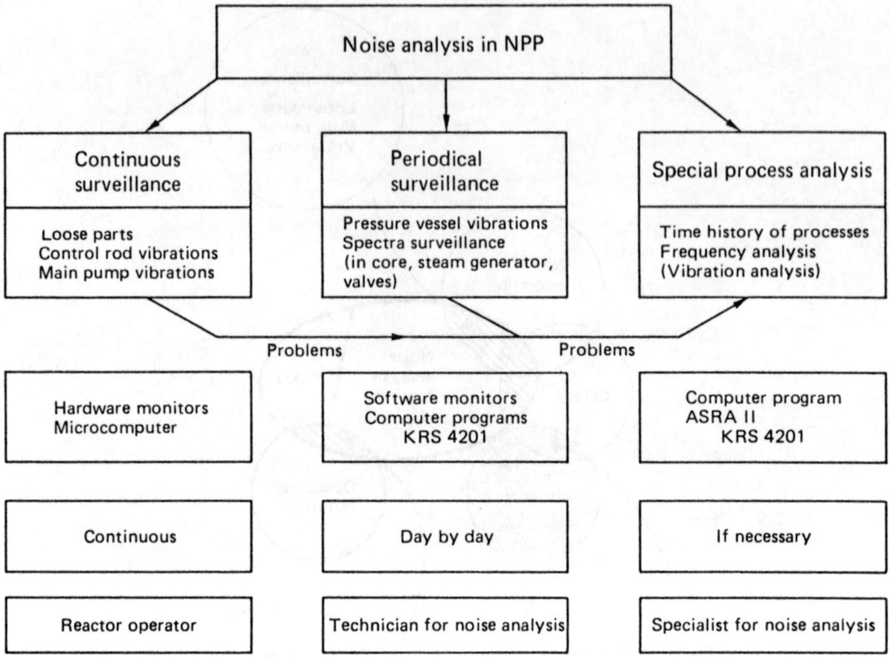

FIG. 3. The three groups of activities to which noise diagnostics are applied.

To cope with such problems, a monitor concept was worked out which has already been used for the following purposes:

- Detection of loose parts in the primary circuit;
- Vibration monitoring of control elements;
- Monitoring of the vibration behaviour of the main reactor coolant pumps.

Loose parts in the primary circuit can endanger the nuclear safety of the NPP because, uncontrolled, they can cause damage by destruction of components or blocking coolant flow.

Therefore, internationally, great attention is paid to the early detection of such parts. At the Greifswald NPP, monitoring of reactors for loose parts is mandatorily prescribed in an internal standard according to which measurements have to be carried out at least at the beginning of a campaign and, in addition, once a month. In co-operation with GDR partners an automatically operating monitor has been developed for the detection of loose parts. This device uses accelerating detector signals in the audible range at 16 measuring points of the reactor and main components of the primary circuit. Loose parts in the primary circuit, when bouncing against reactor components or related units, trigger sound signals. By parallel and serial control of these signals the monitor records threshold values exceeded and signal properties, respectively. It is provided with a log

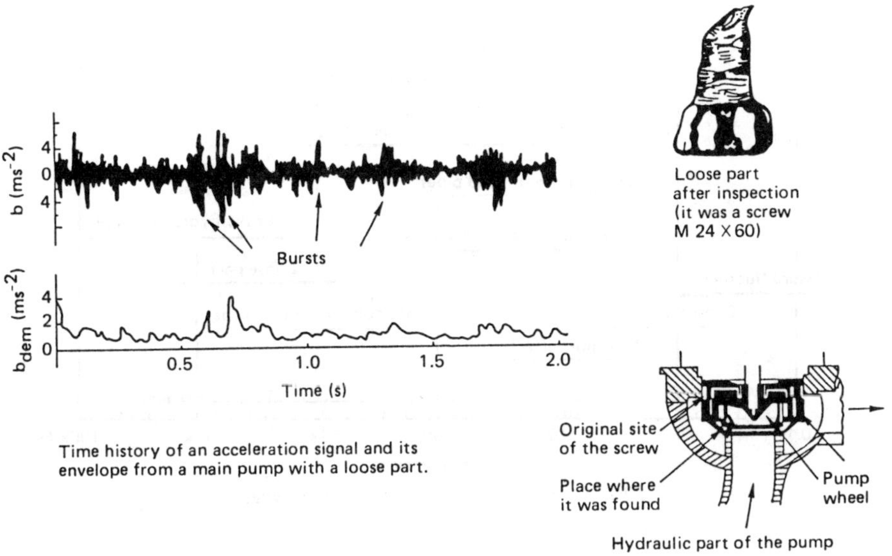

Time history of an acceleration signal and its envelope from a main pump with a loose part.

FIG. 4. Loose part detection.

device, a signal system for the unit switchboard, and other automatic devices, e.g. for recognition of false alarms caused, by electrical impulses for instance, and for location of loose parts. Figure 4 shows a loose part in a reactor coolant pump which was detected by the monitor.

Besides monitoring of special effects such as loose parts detection, vibration monitoring at the reactor or leak monitoring, it is desirable at a nuclear power plant to be able to evaluate the general state of the unit. To this end, all signals available in the unit should be used. It is, of course, not possible to apply an algorithm adapted to each detail because this kind of monitoring is focused on the recognition of as many different effects as possible which either are not known in detail or need not be anticipated when working out the monitoring method. After all, this analysis serves precisely to find out and indicate effects not considered up to now.

A mode of illustration quite familiar to engineers is the power spectrum, which permits the assigning of vibrations to frequencies. This is the method preferred to provide a general description of the characteristics of vibration signals.

In Fig. 5 the most important effects which can occur in a WWER-440 unit are assigned to several frequency ranges. For engineering interpretation, the division of the power spectrum into sectors is sufficient: monitoring of partial effective values of the frequency ranges allows considerable data reduction and interpretation-related control.

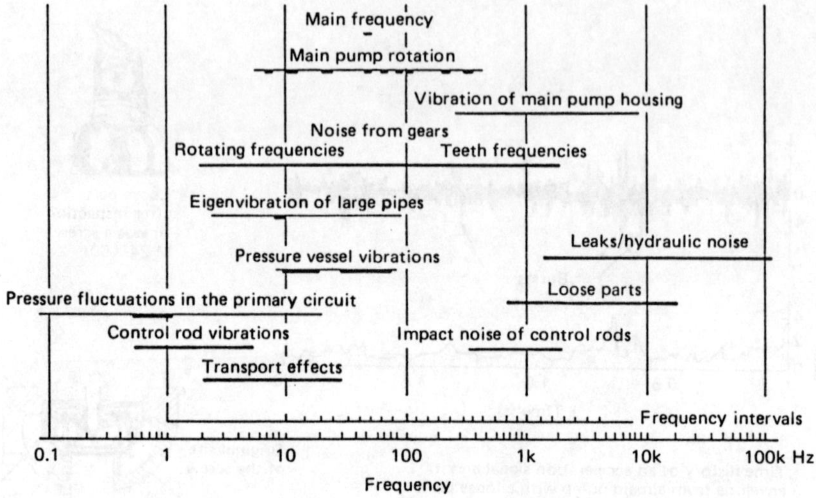

FIG. 5. Effects in various frequency ranges.

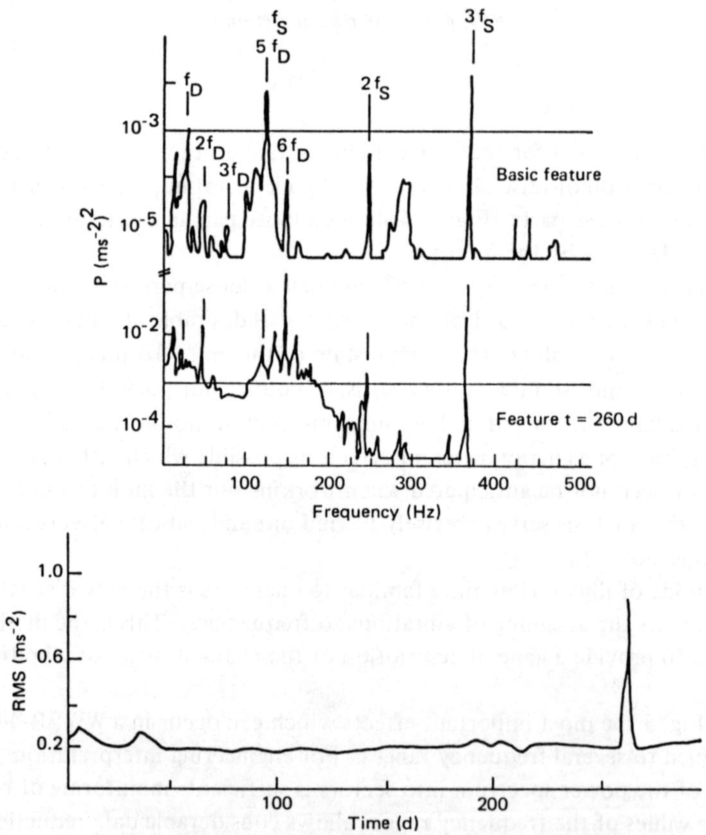

FIG. 6. Auto power spectrum of a pump signal.

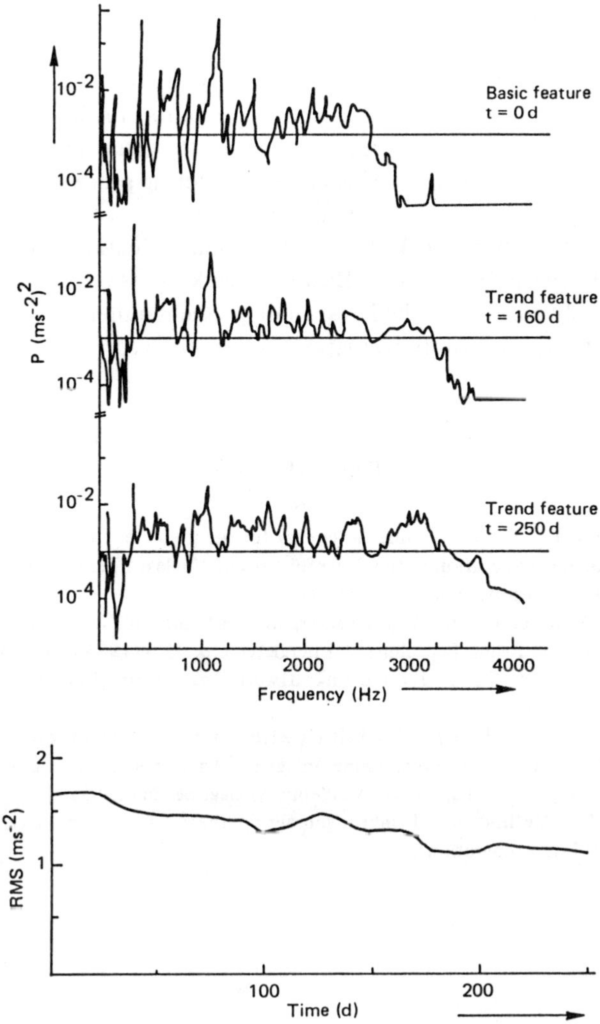

FIG. 7. Acceleration signal spectra of a valve.

The following two examples (Figs 6 and 7) represent recognized anomalies. Figure 6 shows the auto power spectrum of a pump signal compared with its basic feature. Deviations can be perceived very clearly with the peak at a six times greater rotating frequency and with side bands at a width of half the rotating frequency.

The strongly increased effective value is particularly striking. During inspection of the pump a startup trace was noted at the rotor.

Figure 7 shows similarly the acceleration signal spectra of a valve. Here, in the frequency range above 2.8 kcps a whistling noise occurs which is caused by flow-induced vibration of the valve and is typical of the increasing wear with this valve type.

In cases where deviations from the normal state of the NPP unit are enunciated by the automatic noise diagnostics monitors or the periodic global monitoring programmes, an expert has to analyse the cause and the monitoring result in detail. This work again affects the monitoring procedures, which are continuously updated in the light of current results.

The system of operational data recording and evaluation as used at the Greifswald NPP has proved useful. However, work on its completion continues. It is continuously adapted to the latest findings and requirements so as to achieve high availability with all safety regulations being observed.

REFERENCES

[1] KRAEMER, J., "The role of nuclear energy for the policy of the GDR", Promotion of International Co-operation in the Peaceful Uses of Nuclear Energy (Proc. UN Conf. Geneva, 1987) United Nations, New York (1987).

[2] LEHMANN, R., et al., "Die Wärmeversorgung der Stadt Greifswald aus dem VE Kombinat Kernkraftwerke 'Bruno Leuschner'", Energietechnik **35** 6 (1985) 201–204.

[3] LEHMANN, R., et al., "20 Jahre Kernkraftwerk Rheinsberg", Kernenergie **29** 5 (1986) 173–176.

[4] STAATLICHES AMT FÜR ATOMSICHERHEIT UND STRAHLENSCHUTZ, Elektroenergie- und Wärmeversorgungsanlagen – Anlagenüberwachung, Rep. TGL-119-113.

[5] LIEWERS, P., Rauschdiagnostik, Akademie-Verlag, Berlin (1985).

[6] KUNZE, U., "Methode und Erfahrungen der rechnergestützten Spektrenkontrolle in KKW Greifswald" (in preparation).

IAEA-CN-48/85

THOUGHTS ON HOW TO MAINTAIN ORGANIZATIONAL EFFECTIVENESS AT A NUCLEAR POWER PLANT

B. WAHLSTRÖM, K. LAAKSO
Technical Research Centre of Finland,
Electrical Engineering Laboratory,
Espoo

A. TAMMINEN
Imatran Voima Oy,
Loviisa Power Plant,
Loviisa

Finland

Abstract

THOUGHTS ON HOW TO MAINTAIN ORGANIZATIONAL EFFECTIVENESS AT A NUCLEAR POWER PLANT.

Organizational effectiveness is a crucial factor for the safety and economy of any nuclear power plant. Organizational effectiveness is often measured by performance indicators such as plant load factor, number of scrams, collective doses, etc. The safety of operations is however difficult to quantify. Nuclear power plant performance should combine both safety and economic indicators. The paper discusses on a general level different means to maintain organizational effectiveness over the lifetime of operation of a nuclear power plant. The discussion builds on some of the conclusions from the Nordic LIT-2 project on 'Work organization and human reliability', which is combined with observations from the Loviisa power plant. One of the arguments in the discussion is that effectiveness should be built into all parts of the organization as work philosophy. Another argument is that regular performance reviews should be carried out as an internal activity at the plant.

1. INTRODUCTION

Organizational effectiveness can be defined as the ability of the plant management to run the plant in the most efficient way. This assumes however that the most efficient way can be defined in terms of an agreed definition of plant performance. Plant performance is often measured using the annual load factor [1]. The true performance of a nuclear power plant will however also depend on other factors, of which some are associated with the safety of the plant whilst others are more economic in nature. The contentment of the personnel is yet another dimension of performance.

Organization and management have an important contribution to make to plant performance. An efficient management is able to increase the performance by providing efficient tools and routines. It will also set the performance targets and provide the environment for those targets to be reached. Finally it will provide an atmosphere where a high educational and motivational level is maintained.

An analysis of incidents and accidents in the nuclear power field provides an important source of experience. A thorough analysis of accidents usually reveals deficiencies on many different levels in the plant. There may have been design errors, the personnel may not have been given appropriate training and the procedures may have contained errors. The deficiencies however often point towards deficiencies in the management system, which means that work routines and the organization should be changed rather than curing only the symptoms.

Analysing different sequences of events, one can make the observation that an incident usually does not have one single but several contributing causes, which are interacting. This means that the sequence of events could have been interrupted if some of the contributors had not been present. This observation leads to a concern for all those small things which on some occasion may lead to something unwanted.

2. THE LOVIISA POWER PLANT

The Loviisa power station is owned and operated by the state utility Imatran Voima Oy. It is located on the south coast of Finland about 100 km east of Helsinki. The plant consists of two identical Soviet-designed WWER-440 type PWR units. The reactor has six loops with horizontal steam generators and the secondary circuit comprises two turbo-generators. The units Loviisa 1 and Loviisa 2 were taken into operation in 1977 and 1980 respectively.

The operation is organized as a line organization with operation, maintenance, technical and administrative departments. The permanent staff is 420 and the organization is supported by the company divisions for production, design and construction.

The operation of the plant has been successful, with a low frequency of reactor scrams and forced outages. The cumulative load factors up to the end of 1986 were 78.6 % for Loviisa 1 and 83.0 % for Loviisa 2. The annual load factors and collective radiation doses are given in Table I.

Major extra maintenance efforts have been the extended inspections of the steam generators in 1980 (Loviisa 1) and the replacement of condensors in 1985–1987 (Loviisa 1). Backfitting actions have been described in Ref. [2].

3. ASSESSING PERFORMANCE

Assessing performance can be seen as a measuring problem, where a quantity cannot be measured directly but only through a set of indicators. The indicators can on a general level be divided into quantitative and qualitative ones. Qualitative indicators are always subjective, which means that they to some degree depend on the

TABLE I. ANNUAL LOAD FACTORS (GROSS) AND COLLECTIVE DOSES FOR LOVIISA 1 AND 2

	Load Factor (%)		Collective Dose (man·Sv/a)	
	Loviisa 1	Loviisa 2	Loviisa 1	Loviisa 2
1977	73.5	—	0.003	—
1978	78.0	—	1.05	—
1979	75.8	—	1.39	—
1980	36.7	54.7	2.19	0.04
1981	80.6	70.5	0.73	0.37
1982	84.2	77.5	1.21	1.28
1983	86.4	90.0	0.74	0.65
1984	86.2	92.9	1.15	0.71
1985	93.0	91.7	0.47	0.64
1986	91.0	81.9	0.54	2.10

judgement of the assessor. Another complication in assessing performance is that the indicators usually are interdependent in a complex way.

Measuring the performance of a socio-technical system such as a nuclear power plant always has its difficulties. One problem is associated with the fact that performance is always linked with people and an assessment therefore always involves the judgement of people. It is thus in the interest of those involved to give the assessor the most advantageous picture. People are also reluctant to disclose information on silly errors they have made and social attitudes usually discourage gossiping. It may therefore be very difficult to get a true picture of actual performance.

The performance assessment can be seen as a way of obtaining feedback from the plant with the intent of achieving a higher performance. According to this paradigm, degraded performance will initiate an investigation of the causes for the degradation, after which corrective actions could be applied. A problem arises, however, in the case when a very high performance level has already been achieved, because in that case the management will not have enough feedback to react to.

In selecting one set of performance indicators there is always the question as to how well they reflect actual performance. An acceptable performance indicator must be a true measure of performance, and reliable, i.e. repeatedly give the same value when the same performance is measured. This means that the performance indicators should be able to withstand manipulation; they should not be based on changing criteria and the area of subjective judgement should be controlled carefully.

Operational performance is determined by a large number of primary, secondary and even tertiary contributors of which some can be influenced by management actions whilst others cannot [3]. Of the contributors the management could influence the following may be listed:

- plant and control room design
- work practices and information dissemination
- tools and equipment
- the personnel and its training
- instructions and documentation.

Successful design and construction of the plant will provide the basis for a high operational performance. This means also that no compromises have been made in getting high quality design and construction. One may however see cases where cost saving in the initial investment has been predominant with the consequence that the lifetime costs of the plant may become unnecessarily high.

The work practices at the plant together with the principles for information dissemination are the main variables to be influenced by the management. In this connection, perhaps the most important control variable is the definition of the performance targets. If the targets are specified to be within reach but clearly above present performance they can function as effective motivators for the organization. In the dissemination of information a proper balance between too little and too much has to be found.

Efficient tools and equipment are one of the prerequisites for effectiveness and here systematic efforts can be initiated. Careful planning of refuelling and maintenance is also one of the key points for high performance. The use of diagnostic methods for predicting failure initiation and preventive maintenance provide the methods for avoiding unscheduled outages.

Able and well educated personnel at all levels of the organization is another important factor to influence. Some of the variables are, however, outside the immediate control of the management because they are determined by the level of education in the country, the salary level in the industry in general, the technological infrastructure, attitudes to nuclear power, etc. Regular retraining of the personnel can however be influenced and is an important component in the maintaining of organizational effectiveness.

4. THE NORDIC SAFETY PROGRAMME

Intensified research co-operation in the field of nuclear safety was initiated in 1977 between the Nordic countries Denmark, Finland, Norway and Sweden [4]. Different subjects were covered in the five research programmes, one of which addressed control room design, human reliability and operator training [5]. In 1981 a second phase of the co-operation was initiated. This was directed to subjects which it had not been possible to take up in the first phase. This programme, LIT, contained the following parts:

— human reliability in testing and maintenance
— work organization and human reliability
— computer aided design
— computer aided operation
— experimental validation
— evaluation and planning of operator training.

The LIT programme was completed in 1985 [6]. Another project, the SÄK-1 project on risk assessment and licensing, also touched on human reliability, especially in connection with the problem of quantifying probabilities of human error [7, 8].

In 1984, when the second phase of the Nordic co-operation was coming to an end, it was decided not directly to continue the ongoing projects. Instead a new four year programme was assembled on the basis of several hundreds of different project proposals. In the programme there are two areas which have an application to organizational and management issues, although these are not addressed explicitly. The two areas are risk analysis and safety philosophy, and advanced information technology. The first programme considers different aspects of risk assessment, comparisons of risk contributions, the risk management procedures in society, etc. The second programme investigates the possibility of utilizing advanced information technology such as expert systems and artificial intelligence methods to support different decision makers within the plant and on the societal level.

As a part of the second phase of the Nordic co-operation, the LIT-2 project on work organization and human reliability was directly concerned with organizational and management issues. The objective of the project was to develop methods by which an organization could describe, elucidate and improve its own performance. The following tasks were included in the project [9]:

— case studies
— development of an organizational theory [10]
— development of an organizational review procedure [11]
— checking out the review procedure
— reporting.

Of the case studies considered in detail, one concerned an incident in the electric power dispatching area, where a part of Sweden had experienced a blackout. The other case was concerned with the stress corrosion cracking event at the Ringhals power plant in Sweden. The case studies and the development of the theory were done in parallel to provide the necessary interactions between observations and explanations. A draft of the organizational review procedure was tested in connection with a change in the organizational structure at the Forsmark power plant in Sweden. A general summary of the discussions during the project together with references to the field has been given in Ref. [12].

5. THE CHECK-LIST EXERCISE AT LOVIISA

The main goal in carrying out the exercise at the Loviisa power plant was to acquire experience on the usability of the review procedure. A secondary goal was to collect views on how organizational effectiveness should be assessed and improved. In the work a dialogue between the management at the plant and the research team was established. Such a dialogue could be very valuable in generating a better understanding of the different contributors to a high performance. The review was carried out as a limited exercise in order to get a quick feedback on the usability of the check-list. Later efforts will be directed to the development of the check-list towards an instrument which could be used for regular reviews.

The persons involved in the exercise were two researchers from the Technical Research Centre of Finland and two persons representing the management at the plant. The interviews were carried out during a few hours of visits to the plant. Before the interviews preparatory discussions had taken place with one of the persons interviewed. The content of the interview was to a large extent known beforehand to the persons interviewed.

According to the main idea of the procedure [11] a subset of its check-list was selected. The selection of the questions was based on an engineering judgement on what could be considered relevant in the Loviisa case. The questions were not restricted to only some of the sections, but the whole check-list was considered (cf. Table II). The analysis was rather cursory with respect to the findings and concentrated more on the evaluation of the usefulness of the check-list.

As the operational record of the Loviisa power plant has been good, it is to be expected that a short review procedure will not provide many findings. The discussions went into more depth for various items within the check-list but some general observations were also made.

Changes to a plant always introduce problems with the retraining of personnel and the updating of procedures. Each change should therefore be very carefully evaluated before implementation and here PRA studies can provide a method of setting priorities. Detailed written job descriptions have not been utilized; instead, the positions have been attributed a field of responsibility defined in general terms. A systematic feedback of experience from the plant, from other similar plants and from the whole nuclear industry is very important for early detection of possible sources of problems. For this purpose different reporting and analysis systems have been developed (cf. Ref. [13]).

The check-list in its original form is long and should rather be used to provide the necessary background information for the interviewers than to serve as the interview script. Many of the questions during the interview will also be repeated within the main categories of the check-list, which means that interviews with different persons should follow different paths. Only where some specific issue or event is investigated at different levels of the organization may similar paths in the interview be utilized. In carrying out the interview it is necessary to have at least two inter-

TABLE II. MAIN ITEMS INCLUDED IN THE INTERVIEW

building up the organization
the organizational model used
defining and supervising work quality
balancing of economy and safety
risk and safety analyses
co-operation with vendors
co-operation with safety authorities
division of responsibility within the organization
working groups within the organization
operational experience
division of work between plant and company headquarters
safety awareness of personnel
maintaining competence
education and training
formal and informal organization
information dissemination
interactions between people
planning of work
changes in the organization

viewers to keep the discussion going. The present check-list seemed to require additional condensation and accuracy in order to form an effective instrument to be used during the interview.

A great deal of support for the idea of doing regular organizational reviews was found. There was also support for the involvement of outsiders provided that the necessary confidence in the outsiders could be established. The exact form of the organizational review, however, remained open. One possibility may be to include some kind of reviews in the regular exchange of experience with power plants of a similar type. The items considered in the check-list were also considered appropriate, but still cross-checking with other check-lists (e.g. [14]) should be carried out.

A direction in which several of the questions were pointing was that the safety of a nuclear power plant does not depend on a strict formal system of procedures. Instead an understanding of the components of safety is required at all levels of the organization. This also implies that safety is determined not by the rules but by how the rules are applied in practice. Another comment concerned the need to foster honesty within the organization. Similar views on the safety of nuclear power have also been expressed in other countries (cf. Ref. [15]).

There seem to be very few organizational theories which examine the causal relations between the control variables of the management and the controlled variable, organizational effectiveness. Organization and management should be addressed with the emphasis they deserve as the common precursor to deficiencies at the nuclear power plant. In this connection one may say that the management of nuclear power plants has big similarities to the management of other organizations. This also means that future efforts should be devoted to putting into practice the findings already available from the management sciences.

6. CONCLUSIONS

Organizational reviews in some form or another should be carried out as a regular activity at a nuclear power plant. Most often this kind of activity is merely an assessment of the engineering made by the management at the plant. In this case the check-list can be used as a systematic procedure to document cases of deteriorated performance. However, it is advantageous occasionally to perform a more thorough review. One of the reasons is that a very high performance does not give enough inputs for the organization to react to. Such a review also has a training value, which means that it could serve to update the knowledge of the staff, especially when new persons have been hired.

It is clear that an organizational review has to be carried out at the plant by its own personnel. Still, it can be beneficial to involve other persons also. These persons should be given a catalytic role by assigning to them the task of being interviewers, a chairman of the exercise or just a lecturer stimulating discussion with a theoretical presentation. It is necessary that the discussions be anchored to real life at the power plant. This means that the questions should be illustrated with cases from normal operation and maintenance. If judgement of the performance observed in the cases considered is included, together with an account of required performance in the situation, then there are lessons to be learnt.

In carrying out the organizational review enough attention has to be paid to the confidentiality of the results. It is necessary to create a trustful atmosphere where all participants without fear of consequences can take up even sensitive subjects in a discussion. Making the results of the findings from the organizational review operational is the most important step. Experience has shown that it is comparatively easy to generate a large number of suggestions for improvements, but it is more difficult to set priorities and carry out the improvements in practice. An organizational review can also be seen as a part of the training of the personnel. A discussion of organizational effectiveness and performance indicators can be made much more concrete during the review. The formulation of the review questions and leading the discussion towards the everyday problems of the operation also tend to bring practical problems into the open.

Considering generally the problems of organizational effectiveness, being aware of a problem often means that it has already partly been solved. An organizational review can therefore itself help in resolving some of the existing problems by directing the attention of the management and the personnel to the problems. Ensuring that no catastrophic accident will occur is a must for the nuclear industry to survive. This means that no efforts should be spared in helping the people in the organizations to avoid the small mistakes which may add up to a disaster.

REFERENCES

[1] LEHTINEN, E., Trend Analysis for Light Water Reactor Units Performance. Availability Predictions for Finnish Nuclear Power Units, Technical Research Centre of Finland Research Rep. 382, Espoo, Finland (1985).

[2] KOMSI, M., AHLSTRAND, R., ''Backfitting actions at the Loviisa Nuclear Power Station'', IAEA Seminar on Modifications Required for Safety of Nuclear Facilities, Munich, Nov. 1985.

[3] PALMGREN, A., ''Experience in plant performance and methods of improving performance including refuelling'', 4th European Nucl. Conf. (ENC'86), Geneva, Switzerland, June 1986.

[4] MARCUS, F., Regional Co-operation — The Nordic Experience, Rep. A/CONF. 108/TR. 1, United Nations, Vienna (in preparation).

[5] WAHLSTRÖM, B., RASMUSSEN, J., ''Nordic co-operation in the field of human factors in nuclear power plants'', Nuclear Power Experience (Proc. Conf. Vienna, 1982), Vol. 4, IAEA, Vienna (1983) 281–290.

[6] WAHLSTRÖM, B., The Human Component in the Safety of Complex Systems, NKA Nordic Liaison Committee for Atomic Energy, Rep. NKA/LIT(85)1 (1986).

[7] DINSMORE, S., PRA Uses and Techniques; a Nordic Perspective, NKA Nordic Liaison Committee for Atomic Energy, Rep. NKA/SÄK(85) (1985)

[8] PETERSEN, K., Risk Analysis Uses and Techniques in the Non-nuclear Field, NKA Nordic Liaison Committee for Atomic Energy, Rep. NKA/SÄK(86) (1986).

[9] LINDQVIST, J., RYDNERT, B., STENE, B., LIT 2 Safety Oriented Work Organization and Human Reliability; Project Summary, Swedish State Power Board, Älvkarleby, Sweden (1985) (in Swedish).

[10] LINDQVIST, J., RYDNERT, B., STENE, B., ORGRIP — Organisationsbeskrivning, Swedish State Power Board, Älvkarleby, Sweden (1985) (in Swedish).

[11] LINDQVIST, J., RYDNERT, B., STENE, B., ORGRIP — Procedur, Swedish State Power Board, Älvkarleby, Sweden (1985) (in Swedish).

[12] EDSBERG, E., Organizations for Safety, NKA Nordic Liaison Committee for Atomic Power, Rep. NKA/LIT(85)3 (1985).

[13] LAAKSO, K., A Systematic Feedback of Plant Disturbance Experience in Nuclear Power Plants, Helsinki University of Technology, Finland (1984).

[14] THURBER, J., et al., Guidelines and Workbook for Assessment of Organization and Administration of Utilities Seeking Operating Licence for a Nuclear Power Plant, Rep. NUREG/CR-4125, Vols 1 and 2, US Nuclear Regulatory Commission (1985).

[15] COLEBY, J., Ontario Hydro's Safety System Monitoring Program, Rep. INPO 2405M27, Ontario Hydro (1985).

IAEA-CN-48/159

ANALYSIS OF OPERATIONAL EXPERIENCE IN NUCLEAR POWER PLANTS BY THE EUROPEAN RELIABILITY DATA SYSTEM — ERDS

F. CATTANEO, S. DE SANCTIS, H. KALFSBEEK, G. MANCINI,
L. MARCIANO, G. VOLTA
Commission of the European Communities,
Joint Research Centre,
Ispra Establishment,
Ispra (Varese)

Abstract

ANALYSIS OF OPERATIONAL EXPERIENCE IN NUCLEAR POWER PLANTS BY THE EUROPEAN RELIABILITY DATA SYSTEM — ERDS.

The paper first briefly describes the European Reliability Data System, ERDS, a system that collects and stores in computerized data banks the information on operation of nuclear power plants. The system has been in operation since 1984 at the Ispra Joint Research Centre of the Commission of the European Communities. The scope of the analysis summarized in the paper is to review the operational experience of NPPs as stored in the ERDS from a productivity and from a safety point of view. Two of the four data banks in which the ERDS is structured are used: the Operating Unit Status Report, OUSR, and the Abnormal Occurrences Reporting System, AORS. First the results of the OUSR analysis are described with particular focus on two types of analysis: principal component analysis, by which the performance indexes of the various NPPs are screened in order to discern relations and hidden dependencies, and regression analysis, by which the time behaviour of the operational indexes is scrutinized in order to identify 'maturity' and 'ageing' effects in NPPs. The AORS analysis methods are then described: they optimally exploit the large number of events stored in the bank: almost 27 000 events have been analysed and transcoded into common classifications. In particular the details of an analysis are described whose aim is the assessment of Risk in operation and of Learning from operation for various NPPs. The methodology being employed is 'fuzzy set', which copes very well with imprecise and uncertain data and with the subjective value assessment of concepts such as Risk and Learning. It is suggested that this methodology could be used to establish a more formal method for the analysis and comparison of the past experience of various interested organizations: safety authorities, utilities, constructors, etc.

1. INTRODUCTION

In the course of the development of the nuclear industry, the experience gained from related activities has always been an important input for design and operating practices. In many instances, however, the use made of experience in earlier days has not been structured, and therefore is far from optimal. This is particularly due to insufficient documentation and imperfect communications and practices.

With this background the Joint Research Centre (JRC) of the Commission of the European Communities in 1978 started a project aimed at organizing a series of databases covering operational experience of nuclear power plants (NPPs).

After a first feasibility study, in 1980 the design of the European Reliability Data System — ERDS was started [1] and since 1984 most of this system has been operational.

The ERDS has been structured into four data banks, three of which store raw event data, and the fourth being dedicated to the organization of reliability parameter data. The three raw event data banks are:

— Operating Unit Status Report (OUSR), which collects data on productivity and outages of the NPPs.
— Abnormal Occurrences Reporting System (AORS), which collects information on safety related events in NPPs.
— Component Event Data Bank (CEDB), which collects information on the failure and operation of safety significant components in some NPPs.

The fourth bank, of a different nature, and not yet fully implemented, is the:

— Reliability Parameter Data Bank (RPDB), which collects reliability parameter data, for homogeneous classes of components, deriving from operational experience, laboratory tests, literature, etc.

The scope of this paper is to illustrate various types of analysis performed on the first two data banks, namely the OUSR and AORS, in order to draw some practical conclusions on the operational and safety aspects of NPPs and also to identify some viable analysis procedures for optimally exploring the large sample of information contained in the banks.

2. THE PRESENT STATUS OF THE ERDS

It is not our intention to give here a full description of the various banks (such information can be found in the bank manuals [2, 3]), but only to review briefly the present status, which is useful for the understanding of the analysis being performed.

2.1. Operating Unit Status Report, OUSR

The OUSR has collected up to now outage records and productivity monthly indexes for European reactors during the years 1982–1984. Information on:

— monthly electricity generation
— monthly unavailability, type and causes
— outages, their date, causes, duration, type, together with identification of system and components involved, and of the associated unavailable energy

are coded and stored in the bank.

Several interrogation programs have been set up in order to analyse the data.

Lately the bank has been updated with similar data for almost all the NPPs in the world, the data being furnished by the IAEA PRIS system.

2.2. Abnormal Occurrences Reporting System, AORS

The AORS collects information on safety related abnormal events from NPPs in Europe and the USA. The data input for the AORS come from different national reporting organizations, in different languages and with different reporting schemes and criteria, relating in general to all the safety related operational events which have occurred in the participating plants that by law have to be reported to the competent safety authorities in the respective countries. Therefore, the AORS data bank has been developed so that the information is merged and homogenized both in language and content. All the data are analysed in order to identify the sequence pattern that characterized the event: indeed for each event a sequence of causally and/or sequentially related occurrences is defined, each occurrence referring to a system/component/human malfunction. Relevant information is thus coded and stored for each occurrence, such as for instance the failed equipment, its location, the cause and effect of the occurrence, the safety systems or stand-by systems called into operation, the immediate actions taken, how the event was discovered, etc.

To date, data have been received from Belgium, France, Italy, The Netherlands, Sweden and the USA for a total of 27 000 events covering 777 reactor-years of operational experience: this represents 46% of the total experience accumulated in the countries that have supplied data and 20% of the overall world operating experience.

2.3. Component Event Data Bank, CEDB

Although the CEDB has not been directly used for the analysis described in this report it is worth mentioning that currently the bank contains engineering data on 5000 components and information on 3900 related failures. These data derive from 10 NPPs in Europe (Belgium, Federal Republic of Germany, France, Italy, The Netherlands, Sweden, United Kingdom) and are mainly related to mechanical and electromechanical components [4].

For some classes of components failure rates have been assessed and collected in a data book.

3. OPERATING UNIT STATUS REPORT DATA BANK ANALYSIS

In the following, two analyses will be presented on the content of the OUSR as examples from very extensive research that has been carried out [5].

The two examples deal on the one hand with the assessment of the overall performance of nuclear power plants by scrutinizing classical performance indexes (i.e. availability factors, load factors, etc.), and, on the other, with the assessment of the more important factors influencing the outages in nuclear power plants by analysis of the outages population.

The results refer to a sample of 50 light water reactors, with power greater than 300 MW(e), from the following European countries: Belgium, Federal Republic of Germany, France, Italy, The Netherlands, Spain and Switzerland. The years of observation were from 1982 to 1984 for a total of 133 reactor-years. In this period a total of 853 unplanned full outages were recorded in these plants with a length greater than 1 hour.

The sample considered covers 91% of the total number of NPPs in the countries mentioned above, according to the following breakdown.

Number of plants	300–600 MW(e)	600–1000 MW(e)	>1000 MW(e)
PWR	7	32	4
BWR	2	4	1
Total	9	36	5

Every type of analysis has been structured in three main levels: the first refers to the whole operational experience data sample, the second to more restricted samples of data (same reactor type, power class, country, etc.), the third level attempts to discover time trends related to 'maturity' (improving performance with age) or 'ageing'.

The choice of the analyses here reported has also been motivated by the intention to describe some of the methods and models available for data analysis and their effectiveness.

3.1. Analysis of operational overall performance

The plant performance is measured on a yearly basis by the following indexes, which are calculated from operational data and address particular aspects of the outages (time and energy, planned and unplanned, full and partial):

LF	Load Factor (%)
EAF	Energy Availability Factor (%)
TAF	Time Availability Factor (%)
PEUF	Planned Energy Unavailability Factor (%)
PTUF	Planned Time Unavailability Factor (%)
UEUF	Unplanned Energy Unavailability Factor (%)

UTUF Unplanned Time Unavailability Factor (%)
PFOF Planned Full Outage Frequency (events/year)
UFOF Unplanned Full Outage Frequency (events/year)
UPOF Unplanned Partial Outage Frequency (events/year)

The sample of these yearly indexes is then processed using two statistical analysis techniques:

- Principal component analysis (PCA), to assess the overall performance of the various NPPs and to identify possible relations and dependencies.
- Regression analysis (RA), to identify significant time trends of the performance indexes.

3.1.1. *Principal component analysis results*

Principal component analysis is a method which allows the behaviour of individuals (in this case the reactor-years) to be studied as a function of many variables or attributes (in this case: the performances indexes) without making any assumption about distributions or underlying statistical modelling.

The individuals are points in the R^n space, where 'n' is the number of variables; PCA searches for the best fitting set on the orthogonal axis, named 'principal', to replace the initially given set of n axes in this space.

The method ranks the principal axes in decreasing order of importance so that, if the percentage of information given by the first two principal axes is high enough, it is possible to give a bidimensional representation of the individuals and attach to the axis a particular 'meaning'.

The visual inspection of the representation allows the identification of individuals which are grouped together, and that therefore are more liable to be linked by some relationship or underlying process. Similarly, grouped variables are highly correlated; besides, anomalous individuals or variables may be obtained.

The method also gives the mean and the standard deviation of the variables analysed.

Figure 1 shows, for example, the projection of variables and individuals on the first and second principal axes for the whole LWR sample.

From the position of the variables, the plane dimensions are identified as being availability and unavailability, more precisely the horizontal axis represents availability, whereas planned and unplanned unavailabilities are represented by the bisectors of the fourth and third quadrants respectively.

The individuals (reactor-years) are marked in this plane by reactor type: PWR or BWR; it can be observed that for BWRs, below average availability is always coupled to high planned unavailability whereas unplanned unavailability is the cause of bad performance for PWRs. Close relationships are also found between load factors, energy and time availability factors, confirming the widespread use of NPPs for base load generation.

TABLE I. MEAN PERFORMANCE INDEXES FOR EUROPEAN LWRs, 1982–1984

	LWR	PWR	BWR	PWR 300–600 MW(e)	BWR 300–600 MW(e)	PWR 600–1000 MW(e)	BWR 600–1000(MW(e)	PWR 1000 MW(e)
LF (%)	70.64	71.88	62.74	81.14	76.5	68.83	53.00	79.92
EAF (%)	73.36	74.78	64.29	81.74	79.46	72.50	53.95	79.75
TAF (%)	75.94	77.00	69.25	83.04	80.64	74.77	60.96	82.97
PEUF (%)	15.84	13.83	28.70	12.97	17.01	14.27	37.69	12.07
PTUF (%)	15.34	13.51	27.05	12.61	16.91	14.09	35.04	10.89
UEUF (%)	10.59	11.16	7.00	5.26	3.52	12.92	8.36	8.17
UTUF (%)	8.73	9.52	3.70	4.35	2.44	11.19	3.92	6.06
PFOF (% (events/year)	1.07	1.07	1.06	0.94	0.83	1.08	1.27	1.17
UFOF (events/year)	6.38	6.77	3.89	3.11	2.77	8.18	4.36	2.75
UPOF (events/year)	4.00	4.17	2.89	0.89	2.33	5.23	3.09	1.92

For explanation of abbreviations see Section 3.1.

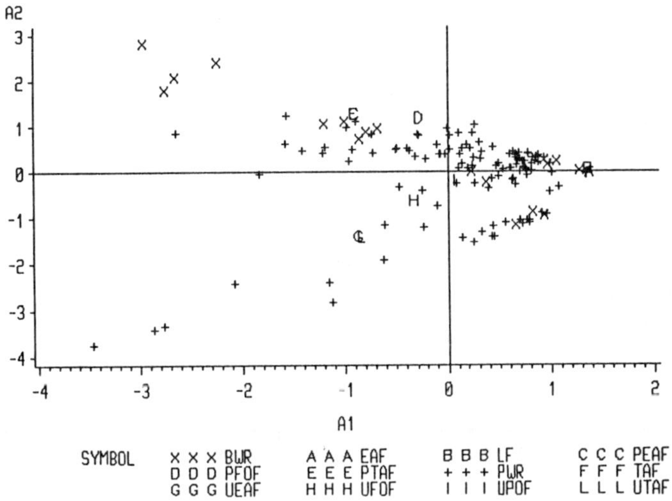

FIG. 1. Principal component analysis of LWR performance.

In Table I the mean performance indexes for the various LWR types and classes are reported.

- The performance of LWRs in the power class 300–600 MW(e) is quite remarkable both for PWRs and for BWRs and it is mainly influenced by the planned unavailability.
- The performance of LWRs in the power class 600–1000 MW(e) is very much worse than that of the previous class: this is particularly true for BWRs, where design errors led to long planned outages but it is also relevant for PWRs which, because of insufficient operating experience with the newly designed components and systems, suffer an increase of unplanned outages. The increased standardization of design solutions also means that a single problem in one unit affects the availability of many units.
- An increase in unit size to power greater than 1000 MW(e) does not seem to generate great problems: the larger units have similar technical characteristics to the smaller ones.

Similarly, mean performance indexes have been evaluated with reference to the various countries: it can be noted that those operators who have accumulated long and extensive experience with the construction and operation of NPPs (Switzerland, Belgium and the Federal Republic of Germany, as regards PWRs) have been able to maintain high performance standards throughout the years and the development of technology. The same cannot be said for France, Italy and other countries where new designs or/and widespread standardization resulted in long outages for implementing improvements and backfittings.

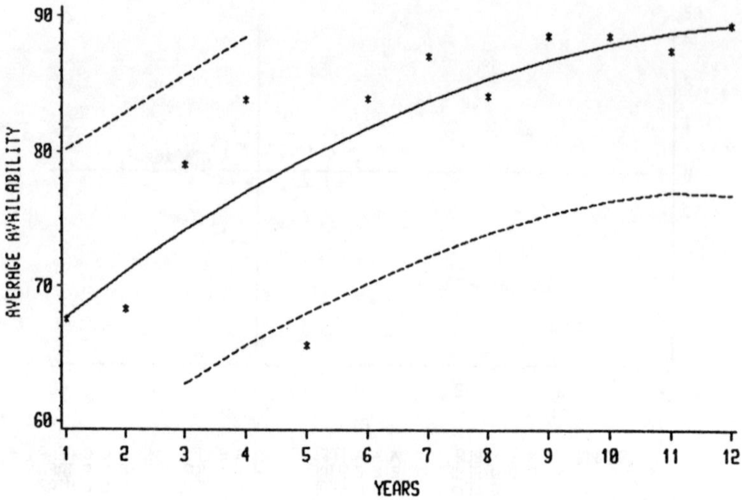

FIG. 2. Average availability for 600–1000 MW(e) PWRs as a function of age.

3.1.2. Regression analysis results

This analysis allows us to study the behaviour of the indexes of the average performance of NPPs as a function of the duration of commercial operation. Second or third degree polynomial functions have been taken as underlying mathematical models in order to simulate processes of 'maturity' and of 'ageing'.

In Fig. 2 the average availability for PWRs of the 600–1000 MW(e) power class is fitted to a quadratic function showing a constant improvement of performances with age.

The most important trends shown by this analysis are:

— NPPs in the 300–600 MW(e) power range show a constant (and high) availability from the 7th year onwards (data are available up to the 17th year of commercial operation): a decrese in unplanned unavailability is balanced by an increase in planned preventive maintenance.

— Marked improvements in availability are shown for PWRs in the power range 600–1000 MW(e) during their lifetime; early problems occurring in the first three years and in the fifth year due to the appearance of cumulative types of damage are overcome in the following period (up to the twelfth year of operation).

— No particular trends are recorded for BWRs of the 600–1000 MW(e) power class, whereas the PWR units with a power greater than 1000 MW(e) show relatively high availability even during the first years of operation, thus supporting the evidence of positive feedback from the design and operation of the smaller units.

3.2. Analysis of unplanned full outages

In the following the analysis procedure will be described which is applied to the information on full outages and the results. The reactor sample under investigation suffered 853 full outages that have been screened and grouped together with the help of the codings attributed during the input of the events into the bank.

First, the full outages relative to system or component failures and to operator errors were selected, neglecting outages due to external events or to unplanned maintenance and tests.

The 732 remaining events were then progressively subdivided into groups relating to the plant area involved (nuclear island, balance of plant), to the system involved (according to the LWR reference system classification of ERDS [6]) and to the particular component or operator failure giving rise to the outages.

It was thus possible to identify an exhaustive list of 55 problem categories [5] that are commonly encountered in NPP operation.

Four main indexes have been defined in order to measure the importance of the various problem categories; they are:

OF outage frequency (events/year)

MOT mean outage time (hours)

UF unavailability factor (%) $= \dfrac{\text{OF} \times \text{MOT}}{8760}$

D damage (Lire/kW $= \text{OF} \times [\text{A} + \text{B} \times \text{MOT}]$

As can be seen, an economic damage index D has been defined in which two parameters have been introduced: A, which represents the damage resulting from each full outage per kW of installed power, independently of the outage duration, and B, which represents the cost of replacement power from other types of generating plant, per kW·h of unavailability.

Table II shows the four above-mentioned indexes for the most important problem categories whose importance is measured by the damage index.

Table III further details the problem category ‘PWR steam generator tube’ by NPP power class.

Further analysis has also been carried out as regards the period of commercial operation in order to identify various trends of ‘maturity’ and of ‘ageing’.

Some general conclusions may be derived from the analysis carried out over the outage population; they may be summarized as follows:

- The nuclear island and the balance of plant have a very similar impact on NPP unavailability irrespective of reactor type and power range. However, the nuclear island is characterized by a lower number of events but of major gravity distributed quite randomly over the plant lifetime; the balance of plant, on the contrary, is affected by a greater number of events, but of less severity, which tend to cluster either at the beginning or towards the end of the plant lifetime.

TABLE II. ANALYSIS, BY OUSR, OF EUROPEAN LWR OPERATIONAL EXPERIENCE. PROBLEM CATEGORIES WHICH HAVE AFFECTED MOST PLANT PERFORMANCE MOST SIGNIFICANTLY 1982–1984

Problem categories	OF (outages/year)	MOT (hours)	UF (%)	D (Lire/kW)
Generator	0.573 (10.5)	189	1.249 (20.8)	4954 (18.6)
Reactor vessel equipment (LWR)	0.300 (0.54)	3467	1.19 (19.8)	4199 (15.8)
Steam generator tube (PWR)	0.347 (5.9)	235	0.934 (14.0)	3619 (12.0)
Primary coolant system pumps (PWR)	0.208 (3.53)	187	0.445 (6.7)	1767 (6.0)
Turbine (LWR)	0.443 (8.05)	65	0.330 (5.4)	1599 (6.0)
Moïsture separator, reheater system (LWR)	0.112 (2.03)	316	0.406 (6.7)	1534 (5.7)
Reactor feedwater pumps (SWR)	0.338 (12.72)	70	0.31 (5.0)	1474 (4.3)

OF outage frequency
MOT mean outage time
UF unavailability factor
D damage
The values within brackets refer to the percentage contribution to the total.

— The problem categories that have a major impact on NPP availability are those concerning the reactor vessel internals, the steam generator tubes, the primary system coolant pumps, the generators, the steam turbine, the moisture separators, the reheater system and the feedwater pumps.
The above-mentioned failures have a relatively high frequency of occurrence (between 0.1 and 0.6 events/year) and long outage times (between 3 and 13 days). An exception is represented by reactor vessel internals failures, whose frequency is quite low ($\simeq 10^{-2}$ events/year) but with a very long outage time ($\simeq$ 5 months).

— Two types of failures have been identified for the entire NPP population: one type refers to cumulative damage processes that become evident at different commercial ages of the NPPs (from early age, 1st–3rd year, to very late age, 12th–15th year); these failures are characteristic, for instance, of steam generator tubes and of moisture separators and dryers. The second type of failure refers to random processes and is peculiar to rather complex components such as generators, turbines, pumps, etc.

— Other types of outages, on the contrary, are found only in some specific class of reactors and power ranges: for instance BWRs of 300–600 MW(e) power have been particularly affected by failures in the containment system penetrations and in the valves of the control rod system; the BWRs of 600–1000 MW(e)

TABLE III. ANALYSIS, BY OUSR, OF EUROPEAN PWR OPERATIONAL EXPERIENCE DURING 1982–1984. UNPLANNED FULL OUTAGES DUE TO STEAM GENERATOR TUBE FAILURE

Plant class	OF (outages/year)	MOT (hours)	UF (%)	D (Lire/kW)
PWR 300–600 MW(e)	0.42	334	1.60	6044
PWR 600–1000 MW(e)	0.31	185	0.65	2597
PWR > 1000 MW(e)	0.50	323	1.84	6957

OF outage frequency
MOT mean outage time
UF unavailability factor
D damage

have suffered from specific failures in the containment air purification and cooling system and in the emergency core cooling systems and from reactivity and temperature transients in the primary circuit; finally, the PWRs of 600–1000 MW(e) have had problems in the primary coolant system valves, in the control rod drive mechanisms, in the turbine regulation system and have suffered particularly from the effects of loss of external energy supply and from operator errors.

— Finally the deterioration in operation when moving from the 300–600 MW(e) class to PWRs of 600–1000 MW(e) has been confirmed. It is due mainly to infancy problems (1st–5th year). Such a deterioration is not found in the BWRs of the same class, as regards unplanned outages: but we have to acknowledge for these reactors a noticeable increase in planned unavailability that may hide operational problems.

4. ABNORMAL OCCURRENCES REPORTING SYSTEM ANALYSIS BY USE OF FUZZY SET THEORY

The large number of events stored in the AORS and their analytical classification offer the user a large variety of analyses [7] either for the optimization of the operating experience feedback and the surveillance of safety related performance, or for supplying evidence and data for safety analysis. Examples of such analyses are:

— The production of histograms relating to codes and keywords.
— The identification of operating profiles of NPPs and their comparison with similar plant profiles.

— Exploration of the data space for the identification of multiple correspondences, of patterns, of time trends, etc., through the use of multivariate statistical techniques.
— Event frequency estimates and time-between-events analysis.
— Human behaviour analysis.
— Dependent failure analysis.
— 'Precursor' studies through the retrieval of all the incident sequences that have led to a predefined top event or might have led to the same top event, considering combinations of partial sequences sharing similar occurrences.

This paper attempts to present an analysis performed on the AORS data that accounts for the peculiarities of the information contained in the coded event, i.e. information often pervaded with a degree of imprecision and uncertainty because of the nature of the datum and of the processing and transcoding which the original datum has undergone before being stored in the bank. Vagueness is often present also in the queries of a user investigating the operating experience of NPPs in order to judge the safety of a plant, the risk of a particular situation or, generally, concepts that cannot be measured objectively but entail subjective measurement.

In all these cases the matching of the query and a datum becomes naturally a matter of degree.

This analysis differs therefore from the one presented in the previous section, where crisp quantities such as unavailability factors, load factors, economic damage, etc., were the main attributes of the datum and of the queries.

The characteristics of imprecision and uncertainties have been herewith modelled, using fuzzy set and possibility theories as described in Ref. [8].

In particular we have examined the AORS information content in order to analyse how risky the operation of various NPPs has been and how far learning from experience has helped improve the safe operation of NPPs.

The population of reactors on which the enquiry has been carried out is 43 NPPs, subdivided as follows:

	USA	Europe	Total
BWR	10	5	15
PWR	26	2	28
Total	36	7	43

Of the 43 NPPs, 18 have a power rating below 800 MW(e), 16 are rated between 800 and 900 MW(e), 3 are rated between 900 and 1000 MW(e) and 6 have ratings greater than 1000 MW(e).

These reactors have been chosen to form a rather homogeneous class: their age difference does not exceed 3–4 years and their availability has been greater than 40% throughout their commercial exploitation.

TABLE IV. CLASSIFICATION OF EVENTS FROM A SAFETY PERSPECTIVE

Basic events	Category 1	2	3	4	5	6	7	8	9	10	11	12
1. External radioactivity release	×	×	×	×								
2. Internal radioactivity release					×	×	×	×				
3. Failure or unavailability of an engineered safety feature	×	×			×	×			×	×		
4. Plant cold shutdown	×		×		×		×		×		×	
Risk membership function value, μ_R	1.00	0.92	0.83	0.75	1.00×10^{-1}	0.92×10^{-1}	0.83×10^{-1}	0.75×10^{-1}	1.00×10^{-2}	0.92×10^{-2}	0.83×10^{-2}	0.75×10^{-2}

The number of events that have been scrutinized for the 43 reactors is 12 011 out of a total number of 27 000 events stored in the AORS.

4.1. Evaluation of the Risk in operation

In order to 'measure' the risk characteristics of an event, an ordinal scale has been constructed, according to the following procedure. Four different event types have been identified from a safety point of view:

— events leading to an external radioactivity release
— events leading to an internal radioactivity release
— events involving failure or unavailability of engineered safety features
— events leading to plant cold shutdown.

Combinations of these four situations have led to the proposal to classify the events according to the taxonomy presented in Table IV.

The same table reports also the values of the function μ_R risk that has been chosen: it is important to underline that the subjectivity of the approach is expressed in the function chosen. The importance of various subjectively assessed factors relative to risk measures can thus be easily tested against the bulk of the events information.

The 12 011 events have been classified according to the event categories of Table IV. The relative frequency $p(x_i) = N(i)/N$ (where N is the total number of events in a particular plant and N(i) is the number of events in category i, for the particular plant) has been transformed into the two distributions of Possibility Π and Necessity N measures according to the formulas

$$\Pi(x_i = \sum_{j=1}^{n} \min\,[p(x_i),\, p(x_j)] \qquad i=1,2,\ldots\ldots,12 \tag{1}$$

$$N(x_i) = \max\,[p(x_i) - p(\bar{A}),\, 0] \tag{2}$$

where

$$p(\bar{A}) = \max_{\substack{x_j \in U \\ x_j \neq x_i}} p(x_j) \tag{3}$$

where U is the universe of the categories and x_i is the i-th category.

We can now evaluate the Possibility Π(R) and the Necessity N(R) that a particular plant is 'risky' by performing a fuzzy pattern matching [9] operation between the two functions $\Pi(x_i)$ and $N(x_i)$ and the Risk membership function μ_R previously chosen.

$$\Pi(R) \triangleq \sup_{x_i \in U}\,[\min\,(\mu_R(x_i),\, \Pi(x_i))] \tag{4}$$

$$N(R) \triangleq \inf_{x_i \in U}\,[\max\,(\mu_R\,(x_i),\, 1-\Pi(x_i))] \tag{5}$$

We can also evaluate the Possibility and Necessity measures of Risk for a class of reactors (same type, same nation, same constructor, etc.) by combining the single reactor Π and N distributions through the union operation.

In Table V the Possibility measures of Risk for the ten top reactors are reported (the Necessity measure being in this case constant and equal to 0.0075).

It has also been evaluated that the Possibility Risk measure of NPPs in the USA is much greater than in Europe (0.548 as against 0.10); comparing reactors by type we may see that Risk in US BWRs is much greater than in US PWRs (0.528 against 0.106) whereas in Europe both PWRs and BWRs score the same low Risk figure (0.01).

It is worth remembering that the above mentioned figures must be understood primarily as ordinal measures and do depend on the particular Risk membership function chosen.

TABLE V. RISK IN REACTOR OPERATION MEASURED BY POSSIBILITY FUNCTION

Plant	Risk possibility measure
Oconee-1	0.106
Quad Cities-1	0.102
Arkansas One-1	0.091
Peach Bottom-3	0.076
Palisades	0.056
Maine Yankee	0.055
R.E. Ginna	0.052
Zion-1	0.044
Dresden-2	0.034
Prairie Island-1	0.028

4.2. Evaluation of learning possibility in NPP operation

By exploiting the intersection operation between Possibility distributions it has been possible to get some indication of the capability of learning during the reactor's life. Indeed, once the Possibility distributions of the events of a particular reactor have been obtained for every year, the intersections of such distributions for the various pairs of years of operation of that reactor gives other Possibility distributions depicting a Lack of Learning capability. Hence, the union of the resulting distributions will represent the overall Lack of Learning distribution of a reactor. This distribution, when confronted with a Lack of Learning membership function (similarly to what was done in the previous evaluation for the Risk membership function) will supply a measure of the Learning capability during the operation of the particular reactor. Indeed two measures will usually be produced: a Possibility and a Necessity measure; in the case of Lack of Learning the measure of Necessity plays the more important role (the Possibility measure always being equal to 1.00).

In Table VI the results of an exercise carried out on a smaller sample of reactors are described: again the top ten reactors, where a Lack of Learning capability is more evident, are listed.

5. CONCLUSIONS

This paper has tried to illustrate some of the applications that have been made of two data banks of the European Reliability Data System, namely the Operating

TABLE VI. LACK OF LEARNING FROM REACTOR OPERATION MEASURED BY NECESSITY FUNCTION

Plant	Lack of Learning necessity measure
Quad Cities-1	0.857
Forsmark-1	0.833
Browns Ferry-3	0.750
Bugey-3	0.744
Indian Point-3	0.679
Oconee-1	0.674
Salem-1	0.605
Ringhals-2	0.587
Calvert Cliffs-2	0.563
Donald Cook-1	0.557

Unit Status Report, OUSR, and the Abnormal Occurrences Reporting System, AORS.

As far as the OUSR is concerned, a procedure for screening the content of the bank has been sketched that calls for four main steps:

— screening of the yearly performance indexes of the various NPPs in order to find relations and patterns (principal component analysis);
— time trend analysis of various groups of NPPs in order to delineate 'maturity', 'ageing' and 'abnormal behaviour' (regression analysis);
— classification of the outage population in a structured event type representation;
— evaluation of the relevance of each type of event through estimates of numerical performance indexes and through time trend analysis.

As regards the AORS, amongst the many types of analysis that are available for a user who is interested in the safety aspects of operational experience of NPPs, a particular application has here been selected that through the use of fuzzy set and possibility theory shows how the information on NPP operation can be processed in order to estimate indexes of performances: in the example two such indexes have been identified concerning the Risk of operation and the capability of Learning through experience.

From the above analysis a series of conclusions has been derived; these are reported in the previous paragraphs.

It is important also to underline some general conclusions that draw more on the methodology and the procedures being used.

The potential of the analysis being performed relies on three main characteristics of the databases being used (ERDS):

— The large number of events must be collected in an exhaustive and regulated manner so that almost no filtering (in quantity and content) need be applied to the information coming from the reactor operators.
— The analysis and coding must be performed on the events before they are entered into the databases, which makes possible data processing tuned to varying degrees of detail and complexity, according to the particular user and to his needs.
— The possibility must exist of complementing and/or cross-checking information on NPPs coming from databases oriented to various aspects: operability (OUSR), safety (AORS), reliability (CEDB).

Other international operational data collection systems suffer from the lack of some of the above-mentioned characteristics: the Incident Reporting Systems of the IAEA and the OECD, for instance, because the very much smaller number of events selected by the various countries for storage in the database cannot be used for trend and pattern analysis or for providing evidence of common mechanisms that govern the operational behaviour of NPPs; they can only be used to study and review single major events.

The demonstrated possibility to deal also with uncertain and imprecise information shows an interesting means for the setting up of global performance measures, synthesizing the operational history of NPPs. Indeed, it has been shown how an exhaustive spectrum of events (outages and/or abnormal occurrences) may be processed in order to supply performance indexes either 'crisp' (i.e. unavailability factor, mean outage time, frequency of occurrence, damage), or 'fuzzy' (i.e. Risk in operation, Learning from operation). It is interesting to notice how the subjective value scale associated with such concepts as Risk, Learning, etc., may be completely distinguished from the evaluation of past events: this allows the same bulk of evidence to be easily tested against value grades that differ according to the various perspectives of the user (i.e. safety authority, utility, constructor, etc.). Finally, this procedure could ease the dialogue between the various parties when assessing past operational experience: the evidence is processed in an agreed way and the value patterns used in the judgement by the various parties are made explicit.

REFERENCES

[1] MANCINI, G., et al., "ERDS: An organized information exchange on the operation of European nuclear reactors", Nuclear Power Experience (Proc. Conf. Vienna, 1982), Vol. 2, IAEA, Vienna (1983) 433–494.

[2] COMMISSION OF THE EUROPEAN COMMUNITIES, AORS Handbook, JRC-Ispra Internal document, February 1986.

[3] COMMISSION OF THE EUROPEAN COMMUNITIES, Component Event Data Bank Handbook, JRC-Ispra Internal document, 1984.

[4] BALESTRERI, S., BESI, A., CARLESSO, S., et al., ''Use of CEDB for PSA'', ANS/ENS Topical Conference on PSA and Risk Management, Zurich, September 1987.

[5] MARCIANO, L., ''Raccolta di Dati Relativi all'Esperienza di Esercizio di Centrali Nucleari in Europa'', Thesis at University of Pisa (Italy) (1987).

[6] MELIS, M., MANCINI, G., Light Water Reactors Reference System Classification for the ERDS, JRC-Ispra, Rep. EUR 7905EN (1982).

[7] KALFSBEEK, H.W., ''The Use of operating experience data for supporting the completeness of system models'', ANS/ENS Topical Conference on PSA and Risk Management, Zurich, September 1987.

[8] ZADEH, L.A., Fuzzy sets as a basis for a theory of possibility, Fuzzy Sets and Systems **1** (1978) 3–28.

[9] PRADE, H., TESTAMALE, C., ''Data bases with fuzzy information and their summarization in framework of possibility theory'', Analysis, Design and Evaluation of Man–Machine Systems (JOHANNSEN, G., MANCINI, G., MARTENSSON, Eds), Pergamon Press, Oxford (1986).

CONTROLLING AND FINANCING NUCLEAR POWER COSTS

Technical Session 2.3

Chairman

L. TITUS
Canada

JOINT VENTURE UTILITY MODEL FOR NUCLEAR POWER PLANTS IN DEVELOPING COUNTRIES

A. KÜTÜKÇÜOĞLU
Nuclear Power Plants Division,
Turkish Electricity Authority,
Ankara, Turkey

Abstract

JOINT VENTURE UTILITY MODEL FOR NUCLEAR POWER PLANTS IN DEVELOPING COUNTRIES.

Developing countries often encounter numerous problems before and during the execution of nuclear projects, which may lead to excessive delays, cost overruns, lower operational performance, etc. Inadequacies in management capability, administrative, technological, and industrial infrastructures, trained manpower, shortcomings in local and foreign financing are some of the important constraints making the realization of nuclear power projects more difficult in developing countries. The establishment of a joint venture utility (JVU) with the participation of the suppliers might alleviate the problems hindering the efficient execution of the project. In an ideal case, a JVU established with the participation of the owner, the suppliers, and possibly other shareholders, carries the whole responsibility for financing, design, construction and operation of the nuclear power plant. The recipient country guarantees to purchase the power at a price covering generation costs and a reasonable return on capital, besides providing a transfer guarantee for the local currency into the required hard currencies in order to service debts and to pay the return on capital. After a certain period of operation, the recipient country may purchase the shares of the foreign investors and take over the plant. The motivation for the JVU model can be summarized as follows: (1) As shareholders in the JVU, the suppliers share the risks and consequences of poor project management and operation. Thus, one can expect more efficient project execution, fewer delays and higher load factors during operation by the JVU. Inadequacies of the developing country as regards infrastructures and manpower can be compensated for by the contributions of an experienced partner. This might also establish a higher confidence level for the lenders and ease the financing of the project. (2) A part of the required financing can be provided from the capital investment of the foreign partners. Financial problems can, furthermore, be alleviated because of the direct involvement of the supplier as a JVU partner. Negotiations have been taking place in Turkey with two suppliers, resulting in two slightly different schemes. In both cases, the suppliers were willing to cover technical risks, but different ways of sharing the financial risks were formulated. The paper gives information about lessons learned during the negotiations and analyses the difficulties to be experienced in the realization of such a JVU model.

1. INTRODUCTION

Turkey is one of the few developing countries having favourable conditions as regards the domestic infrastructures required for a nuclear programme.

There is a well established energy planning structure in Turkey, involving the Turkish Electricity Authority, the Ministry of Energy and Natural Resources and the State Planning Organization. An independent organization reporting directly to the Prime Minister, the Turkish Atomic Energy Authority, is responsible for nuclear research, nuclear safety and licensing.

Turkey has signed and ratified the Non-Proliferation Treaty, the IAEA Safeguards Agreement, the Agreement on Physical Protection and the Paris Convention on Third Party Liability. Furthermore, bilateral co-operation agreements have been signed with the USA and Canada, and negotiated and initialled with the Federal Republic of Germany.

The total installed capacity of the Turkish interconnected system has already reached 10 000 MW(e), so that the introduction of commercial NPPs of 1000 MW(e) will not pose serious problems for the network.

Site investigations for the first NPP in Turkey started 12 years ago. A site licence was obtained for the proposed location at Akkuyu in 1976. Since then, extremely detailed site investigations have confirmed the suitability of the site and provided all the necessary design data. A construction campus was established around 1980. Connections to the highway and power transmission system, site clearance and levelling have been finalized. Harbour construction and arrangements for a fresh water supply have reached an advanced stage. In short, the site is ready for the start of NPP construction.

Long lasting negotiations with various suppliers and a well oriented training programme have led to the establishment of a highly qualified staff of approximately 50 persons capable of managing the project.

Finally, favourable political and economical developments during the last five to six years in Turkey have improved the creditworthiness of the country appreciably.

Financing constraints were the most important factor influencing the final decision for the construction of the first NPP in Turkey.

In September 1984 the Turkish Electricity Authority finalized turnkey negotiations with two different suppliers and all contract documents were ready for signature. Both suppliers were able to allocate the necessary export financing as a multinational package. However, the Turkish Government decided at that time to opt for the so-called Build–Operate–Transfer (BOT) model.

Thereafter, negotiations continued and the necessary contract documents were prepared with the two potential suppliers up to a stage where the governmental guarantees to be provided by the partner countries remained as the only major problem to be solved. After the accident at Chernobyl, negotiations were slowed down, which has prevented a final decision until now.

In the following section, after discussion of the principles of the joint venture (JV) models and considerations leading to the application of the JV model, the experience gained during long lasting negotiations is critically analysed with the aim of enlightening such experts as might be willing to apply a JV model in their own countries.

2. JOINT VENTURE MODELS

Previous developments in Turkey were presented during the IAEA Seminar on 'Cost and Financing of Nuclear Power Programmes in Developing Countries' held in Vienna on 9–12 September 1985 [1]. A brief explanation of the proposed joint venture model was also published elsewhere [2].

Generally, different approaches are possible for the establishment of a joint venture which would be responsible for financing, building and operating the NPP for a period of time until all the debts have been serviced. Thereafter shares of such a JV can be transferred to a national organization which can continue to operate the NPP.

Two slightly different management and financing schemes have been developed with the two major suppliers with whom JV models have been negotiated.

2.1. Model 1: Establishment of a joint venture utility

In the most general form, this model provides for the establishment of a joint venture utility (JVU) with the participation of the sponsoring utilities (local and foreign), the suppliers and possibly other local and foreign partners (financing institutions, manufacturers, etc.) as shown in Fig. 1. The JVU will then be responsible for the construction, operation and financing of the NPP as owner. The energy produced will be purchased and distributed by the local utility.

To establish the legal basis for such a model, principal agreements have to be reached on joint venture utility status, supply and operation contracts, loan agreements and a power sales contract before the establishment of the JVU. On that basis, the JVU will execute the actual supply and operation contracts, loan agreements and the power sales contract after its establishment.

2.2. Model 2: Establishment of a joint venture engineering company

This model constitutes an alternative to the joint venture utility model, which can be easily adopted to a turnkey approach without excessive legal and procedural obstacles.

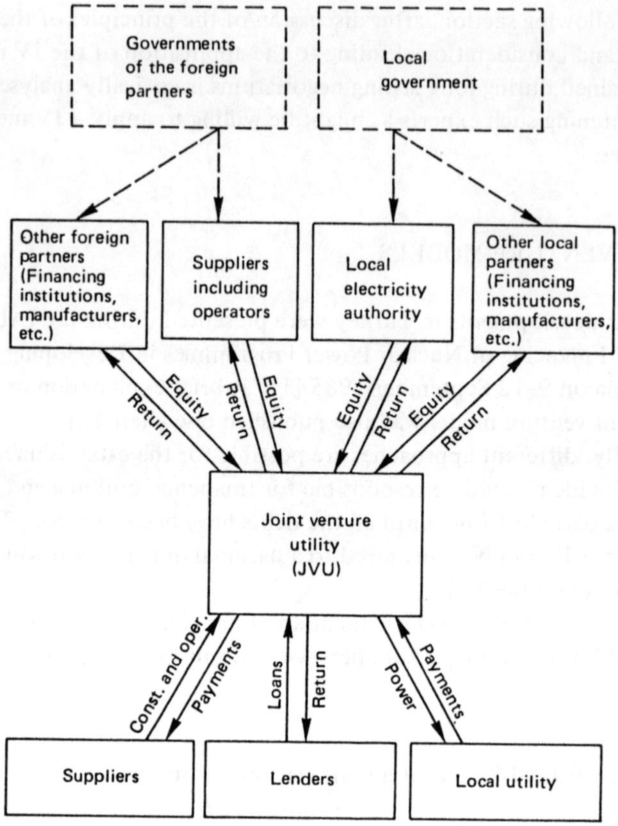

FIG. 1. Construction and operation of an NPP by a joint venture utility.

In this model, the suppliers (possibly including operators and manufacturers) establish with the local electric utility (and possibly local engineering companies and manufacturers) a joint venture engineering company (JVEC) which will then manage the financing, construction and operation of the NPP on behalf of the local utility (Fig. 2). The local utility is alone financially responsible to the lenders and suppliers. However, the JVEC can share the financial risks to a certain extent through business interruption insurance, penalties and commitment for the provision of subordinated loans in the case of delays, cost overruns and lower operational performance.

2.3. Considerations leading to joint venture models

Considerations leading to a decision in favour of JV models can be summarized as follows:

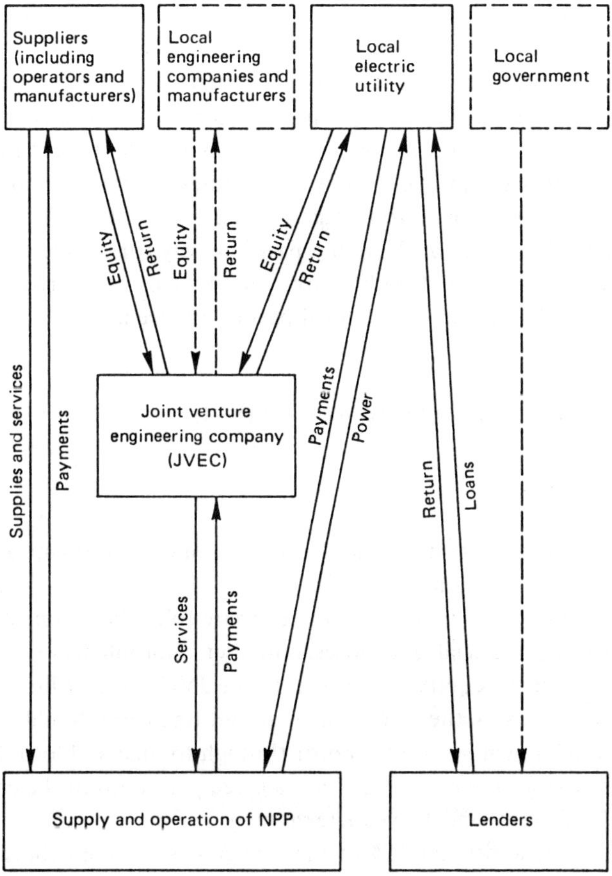

FIG. 2. Construction and operation of an NPP by a joint venture engineering company on behalf of a local utility.

(1) For the success and economic viability of an NPP project, prevention of excessive delays and cost overruns and operation of the NPP with high load factors are the most important prerequisites. Involvement of experienced foreign suppliers and operators in the management of the construction and operation of the NPP with direct technical responsibility can provide assurance for the successful execution of the project.

(2) Difficulties in financing NPP projects might lead to excessive delays and consequential cost overruns even in highly developed countries. Direct involvement of the experienced foreign partners in the management of the project, providing a favourable investment climate for the lenders, could facilitate the allocation of loans for NPP projects in developing countries suffering financial difficulties.

(3) A part of the required financing would be provided as foreign equity investment, which would reduce the volume of required loans by the same amount. Foreign equity investment could also be used partially to cover the local costs in developing countries facing difficulties in allocation of local funds.

(4) Encouragement of foreign equity investment can reduce foreign indebtedness and hence improve the creditworthiness of a developing country.

(5) Close co-operation with foreign partners within the JVU or JVEC could ease the transfer of know-how and pave the way for co-operative projects in other countries which could lead to coverage of a part of the required foreign financing through the income of the local parties involved.

3. ANALYSIS OF THE EXPERIENCE GAINED

3.1. Model 1

Model 1 implies in the ideal case that the technical and financial risks are fully shared by the partners in the JVU.

In general, foreign partners are ready to share fully the technical risks. However, sharing of financial risks poses a number of problems.

Since the proposed equity investment in the JVU is rather limited (8–10% of the total project costs), the rest of the required financing should be provided by the JVU from its own resources and/or through foreign and local loans.

Generally, export credits, which have a grace period up to the end of construction (6–7 years) and 15 years repayment period, cover 85% of the foreign costs and an additional 15% of the foreign costs as contribution to local costs and other payments. Consequently, the remaining 15% downpayment of the foreign costs and such local costs which could not be covered by the capital of the JVU and/or export credits should be provided by commercial credits.

The OECD consensus put into force in 1985 prohibits the financing of interest during construction (IDC) by export credits, which might be as high as 30–40% of the base cost of the NPP. Consequently, IDC must also be provided from the JVU's own resources or commercial credits.

The volume of the commercial credits to be provided by the JVU can be as high as 50–60% of the base cost of the NPP. Because of the relatively short grace and repayment periods of commercial credits (4–5 years grace period and similar repayment periods), repayments of such credits start before construction is finished. Further loans are required to service the commercial credits until startup of the NPP.

The financial problems mentioned above will be aggravated in the case of excessive delays in startup of the NPP and cost overruns. Similar problems will be encountered, if the operation of the NPP has to be interrupted for longer periods, resulting in a shortage of cash for servicing the debts and other costs.

It is not an easy task for a JVU, which has no other source of income except the NPP under construction, to allocate such high amounts of commercial loans without having the backing of its partners and the related governments. One solution could be the commitment of the JVU partners to provide subordinated loans if the required financing cannot be provided otherwise. Such commitments require the guarantees of the related governments.

Compensation for a part of the foreign costs in the form of countertrade might also alleviate financing problems to a certain extent.

Another problem which must be considered is the adequacy of the income from the power produced for servicing the debts, covering the fuel and operational costs and producing a fair return on capital. Therefore, a power purchase contract has to be negotiated with the local utility responsible for the distribution and sale of the power and put into force at the very beginning of the project. Such a power sales agreement and the tranfers of the repayments to lenders, profits and equities of the foreign partners of JVU into hard currencies need to be guaranteed by the local government.

Since suppliers act as a partner of the JVU as owner of the NPP, supply and operation contracts have to be negotiated and finalized by the suppliers and the local utility before the establishment of the JVU in order to prevent any conflict of interests at a later stage.

3.2. Model 2

This model is rather similar to a conventional turnkey project as regards the financial responsibilities and risks of the local utility vis-à-vis lenders and suppliers. Therefore, coverage of a certain part of the financial risks by the JVEC requires special arrangements such as provision of business interruption insurance and penalties in the case of lower operational performance. A commitment of the JVEC for provision of subordinated loans in the case of delays, cost overruns or interruptions of the operation due to the fault of the JVEC might be another possibility when sharing the financial risks with foreign partners.

Although Model 2 implies that technical risks are fully shared by the foreign partners, in the absence of financial risks there will be insufficient incentive to fulfil such technical responsibilities. Therefore, formulation of appropriate financial risk sharing is essential for the success of the model.

Since the local utility is responsible for meeting the financial requirements, this model implies that financing for a substantial part of local costs and other costs not covered by commercial loans has to be provided by the local utility. In order to prevent interruptions of the work, delays and cost overruns, the adequacy of the required local financing has to be guaranteed by governmental commitment to provide such funds as equity contributions or in the form of special funds allocated to the project. Difficulties in local financing might lead to the limitation of local participation, which is contradictory to the efforts of a developing country to transfer technology and to involve local industry as far as possible.

By nature, a JVEC is not bound to a specific project. Therefore, it is easier to continue it for subsequent projects, even for projects in which other suppliers are involved.

4. CONCLUSIONS

The joint venture model proposed by Turkey is an innovative approach to ease the solution of financing of NPP projects in developing countries and to assure succesful project execution without excessive delays and cost overruns, and a high operational performance.

As in the case of any new application, with the proposed JV models difficulties will be encountered in solving specific problems, requiring a long preparatory phase before actual execution can start.

Although JV models could ease the financing of NPP projects in developing countries having acceptable creditworthiness, they cannot lead to solutions in countries which do not possess the necessary level of creditworthiness for nuclear projects.

REFERENCES

[1] KÜTÜKÇÜOĞLU, A., "Cost and financing of nuclear power program in Turkey", Cost and Financing of Nuclear Power Programmes in Developing Countries, IAEA-TECDOC-378, IAEA, Vienna (1985) 277–287.

[2] KÜTÜKÇÜOĞLU, A., Turkey's joint venture scheme, Nucl. Eng. Int. **31** 380 (1986) 29.

IAEA-CN-48/32

ECONOMIC RESULTS OF A JOINT VENTURE TO CONSTRUCT A NUCLEAR POWER STATION

Guohua LU, Chengxiao WANG
Guangdong Nuclear Power Joint Venture Co., Ltd,
Shenzhen City, Guangdong Province,
China

Abstract

ECONOMIC RESULTS OF A JOINT VENTURE TO CONSTRUCT A NUCLEAR POWER STATION.

The paper discusses (1) the incorporation of Guangdong Nuclear Power Joint Venture Co., Ltd by Guangdong Province and Hong Kong jointly to invest in and operate the Guangdong nuclear power station (GNPS); (2) the GNPS project plan and construction progress status; (3) the financing, construction cost and economic results of GNPS, and (4) principles of schedule control and cost control. Some of the data provided in this paper are only estimates, as the project was only recently started.

1. INTRODUCTION

It was recognized many years ago in the nuclear industry that on a worldwide basis a nuclear power station is more economic than a coal fired power station. However, there is a tendency to slow down or abandon nuclear power station construction plans, due to the following factors:

— The cost of nuclear power station construction is increasing year by year.
— The initial investment in a nuclear power station is much higher than in a coal fired power station.
— The nuclear power station construction schedule is longer than that of a coal fired power station.
— The developing countries and medium or small power companies can hardly bear such a financial burden.
— Because of the drastic fall in world oil, coal and fuel prices, in some locations the electricity generation cost of a coal fired power station is lower than that of a nuclear power station.

China's four modernization programmes, i.e. for industry, agriculture, science and national defence, depend on energy sources to a great extent. Although China is rich in energy resources, their distribution is extremely uneven. So it is very important for China to develop its own nuclear power. Guangdong Province is a case in point.

Guangdong Province is deficient in primary energy resources, and electric power is in very short supply, only two-thirds of the amount needed being currently available. This impairs Guangdong's economic development. Hong Kong, whose electric power development was affected by the oil crisis in the 1970s, expressed the wish to co-operate with Guangdong Province in the construction of a nuclear power station near the load centre of Hong Kong, making use of the advantages of both locations. Such co-operation is of great importance to the economic development of Guangdong and to the stability and prosperity of Hong Kong. At the common wish and demand of Guangdong and Hong Kong, Guangdong Electric Power Industrial Company and the China Light & Power Company of Hong Kong established a joint working committee as early as the winter of 1979 to study the feasibility of constructing a nuclear power station in Guangdong. A joint venture contract was signed finally in February 1985 after five years of negotiation between the two parties. As a result, the Guangdong Nuclear Power Joint Venture Co., Ltd (GNPJVC) was incorporated at the same time and the construction of Guangdong nuclear power station (GNPS) started.

2. GENERAL INFORMATION ON GUANGDONG NUCLEAR POWER STATION

Guangdong nuclear power station is the first PWR power station in the People's Republic of China (PRC) and also at present the biggest joint venture enterprise involving Chinese and foreign investment. It has two units (2 × 900 MW(e)) with a total capital cost of US $3680 million. Its annual power generation will reach 100 GW·h. Seventy per cent of the power will be transmitted (sold) to Hong Kong while the rest will be supplied to Guangdong Province.

From 1979 to 1983 detailed investigations and analyses were carried out and comparisons and shortlistings were made relating to aspects such as seismic geology, water sources, the power transmission system, environmental protection, nuclear safety, communications and transport, and construction cost. After evaluation and assessment by experts in many fields, Malinjiao at Dakeng (Daya Bay) was eventually selected as the site for GNPS. It is 52.5 km from Hong Kong as the crow flies and 45 km from Shenzhen. It is surrounded by the hills of the Dapeng peninsula. With a sparse population and good natural and ecological environmental conditions, Dakeng is an ideal site for the nuclear power station.

As regards equipment, the Nuclear Island (NI) system will be supplied by Framatome, the conventional island (CI) system by General Electric, whilst Electricité de France will take general technical responsibility.

After incorporation of GNPJVC, intense negotiations were conducted. Four main contracts, for the supply of NI, nuclear fuel assemblies, CI and project services), became effective on 7 October 1986. 72 months later (i.e. on 7 October 1992), the first unit of the GNPS will be commissioned, with its output being fed to the interconnected networks. After 81 months to a day, that is, on 7 July 1993, the second unit will also be put into commercial operation. The specific schedule is shown in Table I.

TABLE I. TIMETABLE FOR COMMISSIONING OF GUANGDONG NPS

Key activity	Unit 1	Unit 2
Effectiveness of letters of intent	Apr. 1986	Apr. 1986
Issue of permission to start construction	Oct. 1986	Oct. 1986
First structural raft concrete	Aug. 1987	Apr. 1988
Polar crane put into operation	Feb. 1990	Oct. 1990
Containment pressure test completed	Aug. 1991	Apr. 1992
Loading of nuclear fuel	Mar. 1992	Nov. 1992
First criticality of reactor	Jun. 1992	Feb. 1993
Power supply network interconnected for generation	Aug. 1992	Apr. 1993
Equipment performance test completed	Oct. 1992	Jul. 1993

The status of the current project is as follows. The initial work has been successfully completed, and all works are being implemented according to schedule. Since 1984, we have successively completed the following items: a 28.7 km long access road, a newly built jetty with two 500 t berths and one 1000 t berth, 35 kV and 220 kV transmission units and the corresponding carrier communication system, a new reservoir with a capacity of 1 300 000 m^3 and water treatment plant together with the corresponding piping system; a 1400 m long breakwater and a 1004 m long slurry wall. A 500 000 m^2 site and a 500 000 m^2 construction area have been created after land reclamation; 3 200 000 m^3 of earth have been moved, and a 480 channel microwave telecommunication line will be soon put into operation. Secondary excavation of the major part of the project, started on 18 August 1986, will soon be completed. The blind concrete work for the containment of unit 1 reactor was commenced on 23 March 1987 and first concrete was expected to be poured on 7 August 1987. Thus GNPS has entered the construction stage. The HCCM group, consisting of the French CB company, the Maeda construction company of Japan, the Huaxin company of the Ministry of Nuclear Industry of the PRC, and the Second Bureau of China Construction Corporation, has been awarded the contracts for NI and CI civil works after worldwide competitive bidding and the contracts have been signed. Work on bid invitation and tenderer finalization is being carried out for the NI and CI erection contracts.

2.1. Quality assurance work on GNPS

The Government requires that the policy of giving first priority to safety and quality should be implemented in the aspects of design, procurement, manufacturing, construction, commissioning and safe operation. International standards, the safety

TABLE II. SOURCE OF CAPITAL FOR GUANGDONG NUCLEAR POWER STATION AND INTEREST

Source of capital	Percentage of capital	Annual interest rate
Loan:		
Export credit	90%	
Commercial loan		7.4%
Equity contributions:		
GNIC	7.5%	
HKNIC	2.5%	

regulations for nuclear plant quality assurance stipulated by the PRC National Nuclear Safety Administration and the IAEA's Code of Practice on Quality Assurance for Safety in Nuclear Power Plants (No. 50-C-QA, 1987 edition) and other relevant safety standards must be strictly observed in the course of construction. GNPJVC worked out the quality assurance programme for GNPS at the end of 1986, and has invited the Bechtel Company of the United States of America to act as quality assurance consultant. To supervise the quality and safety of GNPS, the PRC National Nuclear Safety Administration (NNSA) has also set up a special supervisory office in Guangdong. The NNSA will not only supervise routine project progress, but also review and approve the key stages in work commencement, fuel loading and commissioning. The above measures will guarantee the quality and safety of GNPS.

3. FINANCING ECONOMICS OF GNPS

3.1. Financing

The total investment in Guangdong Nuclear Power Station is estimated at US $3680 million, of which the parties' equity contributions represent about 10% whilst the rest is loaned.

Of the equity contributions of Guangdong Nuclear Power Joint Venture Co., Ltd:

Hong Kong Nuclear Investment Co., Ltd (HKNIC) has 25%.
Guangdong Nuclear Investment Co., Ltd (GNIC) has 75%.

For the source of the capital, see Table II.

3.2. Construction cost

People have different views on the construction cost of nuclear power stations because different currencies, different periods of time and different countries and regions will often mean different costs. However, the Guangdong nuclear power station is a special case. For instance, our equity contributions are made in US dollars but also include renminbi; while in the loan agreements for equipment we have such currencies as French francs, English pounds, even Japanese yen and Hong Kong dollars. Six currencies and variable foreign exchange rates have made it difficult to calculate the construction cost of the nuclear power station. As it is impossible to calculate accurately the construction cost of GNPS currently, the calculation in this text is just an estimate.

When we speak of a total investment of US $3680 million for the construction of the Guangdong nuclear power station, we mean that this is the total of expenses before the station is put into commercial operation, i.e. the total book value at the start of commercial operation of the station.

Direct expenses include those for:

- Land use — the rent for the use of land for the nuclear power station;
- Buildings and site equipment — reactor and turbine buildings, auxiliary buildings, buildings for the management, cooling water feeding and drainage facilities, harbour and pool, access roads, etc.;
- Reactor equipment — construction of the reactor as well as its auxiliary systems, including reactor equipment, heat exchange system, reactor related safety devices, radioactive waste treatment equipment and the equipment for handling and storing of new fuel and irradiated fuel, etc.;
- Turbine generator equipment — including turbine, generator, condenser, feedwater heating equipment, water treatment equipment, etc.;
- Elecrical appliances — including power transmission and distribution equipment, cables, etc.;
- Other equipment — other equipment such as cranes, workshops inside the power station, analysis and research facilities, telecommunication facilities, auxiliary boiler, equipment for the plant fuel, etc.;
- Contingencies — spare parts and other unforeseen expenses.

Indirect expenses include those for:

- Construction equipment, machines and auxiliary expenses (for electricity, water, construction of administrative offices, storehouses, etc. in the course of the construction);
- Project management — plan and design for the power station's construction, project quality control, maintenance, etc.

Other expenses include:

- Currency escalation — currency escalation is usually considered to be the change in value of currency due to inflation. Correctly speaking, it also includes cost change irrespective of changes in the value of currency;
- Interest — from Table II it can be seen that the interest in the course of construction is also a part of the cost.

Table III gives a detailed breakdown of costs for GNPC.

The unit cost for the construction of Guangdong nuclear power station is estimated to be US $2000–2100/kW.

In order to reduce the construction cost of GNPS as much as possible, it is very important to control strictly the investment and project schedule. Special attention will be paid to the following precepts for investment control:

- The project must be accurately costed before any investment is made.
- The project budget must be controlled and made by engineers having managerial and economic knowledge.
- Keep informed of quotations on the international markets for equipment, materials, labour, etc., and collect market information.
- Be sure to let the engineers having professional skills, knowledge of economics, experience in negotiation and familiarity with market prices to take part in the contract negotiations. This is especially important for the contract managers and also is a key point in investment control.
- Be sure to adopt mature technology, minimize contract variation and avoid leaving gaps in contract negotiations.
- Strictly control the contract terms of payment by experienced engineers having economic knowledge.

TABLE III. PERCENTAGE EXPENDITURE BY MAJOR CATEGORIES BROKEN DOWN BY YEARS

Budgetary items	Year									
	1985	1986	1987	1988	1989	1990	1991	1992	1993	Total
Site preparation work	44	22	11	23						0.9
Civil works	2	8	14	23	20	17	8	3	5	·10.6
NI equipment and spare parts		6	14	16	21	22	12	5	4	19.0
CI equipment and spare parts		6	5	15	26	24	11	5	8	9.4
BOP equipment		1	7	29	32	22	9			5.2
Nuclear fuel cost		1			1	2	32	46	19	5.8
Erection		1	4	9	12	35	25	7	7	6.7
Testing and commissioning cost		2				4	9	45	40	1.5
Project management and services	3	11	14	12	16	16	12	9	7	7.3
Other costs	20	11	12	10	10	11	10	10	6	4.9
Contingencies		7	7	10	10	14	18	18	16	5.7
Financing		2	2	6	11	18	26	27	8	22.9
	2	5	8	12	16	19	17	14	7	100

If possible, adopt no or as few options as possible and avoid missing out project items in budgeting and contract negotiation.

- Be sure to give priority to domestic products if they are available.
- Do not permit the contract managers and negotiation personnel to intervene and make decisions on selection of equipment and material suppliers. Be sure to select the suppliers strictly according to the principle of international bidding.
- Closely scrutinize the payment invoices and payment schedule.
- Control of the project schedule should be carried out strictly in accordance with programme evaluation and review technique. If a sub-item in the critical path is delayed, efforts should be made to catch up with the schedule.

If the above-mentioned steps are taken, the investment in GNPS will be kept under control and the total investment for capital construction be reduced.

3.3. Economic results

In recent years, our government has taken measures to improve progressively the investment environment for foreign enterprises in China. In October 1986, the State Council promulgated some preferential regulations to encourage foreign investment. For example, Guangdong nuclear power station will be exempted from income tax for the first and second year after it is put into commercial operation, and shall pay half of the income tax due for the third, fourth and fifth years; there will be no sales tax on the electricity sold to Hong Kong and there will be an exemption from the ban in remitting profits abroad, etc.

Moreover, as the nuclear fuel is supplied from China, this fuel shall be given corresponding preferential treatment.

According to our current evaluation, the economic results will be beneficial to both Guangdong and Hong Kong after commercial operation of the nuclear power station commences.

This is because the loans as well as the interest incurred in the course of construction will be completely repaid about ten years after the station is put into commercial operation; the problem of insufficient power supply in the Guangdong power system can be solved to a certain extent and the demand for an increase in the power supply to the Hong Kong area will be satisfied. Guangdong will be the first large nuclear power station in China, constructed by a joint venture using foreign technology. From this we can acquire experience in the construction of a large nuclear power station and knowledge of its operation and management. This will have a vital bearing on our future development of nuclear power stations.

4. CONCLUSION

Guangdong nuclear power station is now under construction. Although China started to organize a relatively complete nuclear industry at the end of the 1950s and is fairly familiar with it, the country lacks experience in constructing a large nuclear power station.

In the long term China will continue to develop its nuclear power stations and is ready to co-operate with foreign countries.

IAEA-CN-48/10

РОЛЬ ВНЕШНЕЙ ТОРГОВЛИ ЧССР В ФИНАНСИРОВАНИИ ЯДЕРНО-ЭНЕРГЕТИЧЕСКИХ ПРОЕКТОВ

Г. ВАЛЕС
"Шкодаэкспорт",
Прага,
Чехословацкая Социалистическая Республика

Abstract–Аннотация

THE ROLE OF CZECHOSLOVAK COUNTERTRADE IN NUCLEAR POWER PROJECT FINANCING.

The objective conditions for the development of nuclear power in Czechoslovakia and the country's nuclear power programme are examined. An analysis is given of the interdependence of the development of nuclear power and the country's foreign trade relations. A model available to countries with a developed industrial structure for financing construction and import is presented.

РОЛЬ ВНЕШНЕЙ ТОРГОВЛИ ЧССР В ФИНАНСИРОВАНИИ ЯДЕРНО-ЭНЕРГЕТИЧЕСКИХ ПРОЕКТОВ.

Рассмотрены объективные условия для развития ядерной энергетики в ЧССР и ядерно-энергетическая программа страны. Дан анализ взаимосвязи развития ядерной энергетики и внешнеторговых отношений страны. Представлена модель финансирования строительства и импорта, доступная странам с развитой промышленной структурой.

Чехословацкая Социалистическая Республика принадлежит к высокоразвитым индустриальным странам, что предопределяет необходимость иметь свою надежно функционирующую электроэнергетику. Республика входит в число двадцати стран с наиболее развитой энергетикой (более 5 тыс. кв·ч/чел.). Осознание объективных причин, связанных с природными условиями, каковыми прежде всего являются ограниченные запасы низкопотенциального серосодержащего бурого угля, отсутствие сколь-нибудь значительных запасов других энергоносителей (кроме урана), уже в пятидесятые годы привело к решению о необходимости развития ядерной энергетики. Была построена опытно-промышленная АЭС "А1" мощностью 150 МВт на природном уране, где в качестве замедлителя нейтронов использовалась тяжелая вода, а в качестве теплоносителя – углекислый газ (в н. вр. АЭС выведена из эксплуатации).

Действие указанных причин в последние годы усиливается необходимостью решать быстрее и в больших масштабах экологические вопросы, имеющие международный характер. Этап крупномасштабного промышленного развития ядерной энергетики начинается в 60-е годы со строительства АЭС "Богунице" (два энергоблока с реакторами типа ВВЭР-440) и продолжается строительством четырех блоков на АЭС "Дукованы", второй очереди АЭС "Богунице" и четырех блоков на АЭС "Моховце" (также с реакторами ВВЭР-440). Строится АЭС "Темелин" с четырьмя

ТАБЛИЦА I. ДОЛЯ ЭЛЕКТРОЭНЕРГИИ, ПОЛУЧАЕМАЯ ОТ РАЗЛИЧНЫХ ТИПОВ ЭЛЕКТРОСТАНЦИЙ, В ОБЩЕМ БАЛАНСЕ ЭЛЕКТРОЭНЕРГИИ СТРАНЫ

Тип станций / Год	1985	1990	1995	2000	2005
АЭС, %	15,1	29,6	43,9	53,9	66,3
Тепловые и заводские станции, %	79,7	64,7	49,2	39,3	27,0
Гидростанции в т.ч. аккумулирующие, %	5,2	5,7	6,9	6,8	6,7

ТАБЛИЦА II. РОСТ ПОТРЕБЛЕНИЯ ЭЛЕКТРОЭНЕРГИИ

Количество / Год	1985	1990	1995	2000	2005
ТВт · ч	84,2	95,7	109,9	124,9	141,9
%	100,0	113,6	130,5	148,3	168,5

энергоблоками, оснащенными установками ВВЭР-1000. В стадии предпроектной подготовки находится новая АЭС с реакторами мощностью 1000 МВт, первые энергоблоки которой будут введены в действие на рубеже двадцать первого столетия.

Установленная мошность на АЭС к 2000 г. составит 11 280 МВт.

Государственной целевой программой развития ядерной энергетики предусмотренно использование всех АЭС для нужд теплоснабжения. Разработана программа создания и строительства целевых ядерных источников теплоснабжения на период после 2000 г. в сотрудничестве со странами––членами СЭВ.

Таким образом электроэнергия от ядерных источников играет возрастающую роль в электроснабжении страны и становится практически незаменимой и в балансе первичных носителей энергии.

Однако, при всем значении ядерной энергетики в балансе электроэнергии страны, не следует учитывать только относительную долю в общем балансе первичных источников энергии, которая в 1985 г. составляла 3,7% и должна возрасти до 22,4% к 2005 г. Необходимо уделять должное экономическое и технологическое внимание рациональному расходованию и других традиционных энергоносителей, которыми являются импортные нефть и природный газ.

Ядерная энергетика является неотъемлемой частью энергетического хозяйства страны, всего народно-хозяйственного комплекса и имеет связи со всеми его отраслями.

Прогнозы развития промышленной и социальной структуры общества дают основу для качественных оценок потребностей в электроэнергии. Учитывается научно-технический прогресс и его влияние на снижение удельного расхода электроэнергии на единицу национального дохода. Последний должен обеспечить средства финансирования и их необходимое материальное наполнение. Так в ЧССР планируется следующий рост потребления электроэнергии (табл. I–III).

Большие абсолютные и относительные расходы на создание ядерного электроэнергетического комплекса заставляют уделять пристальное внимание стабилизации и снижению в него капитальных вложений и оборотных средств как в проектной, строительно-монтажной и пусковой фазах, так и в эксплуатации.

Усилия в этом направлении прилагаются централизованным выделением средств и управлением научно-техническим развитием.

Политические, социальные и экономические связи находят отражение в согласовании мест расположения ядерных комплексов, выбранных на основе технических и геолого-метеорологических критериев площадок будущих АЭС, с местными органами представления населения. Учитываются прежде всего в имеющемся, или подлежащем созданию, социальном и общепромышленном "тылу" таких комплексов. Этот фактор в конце концов оказывается при одинаковых предпосылках для разных площадок решающим. Хотя связи ядерной энергетики с внешнеторговыми отношениями страны приводятся здесь на последнем месте, они в данном случае имеют одно из приоритетных значений как в импортном, так и экспортном и в особенности во внешнеторговом балансовом отношениях. Это касается двухсторонних и многосторонних аспектов в количественном и качественном понятиях, что определяется интернационализацией ядерной энергетической проблемы.

Особенно это заметно в строительстве АЭС в странах–членах СЭВ, объединивших свои усилия заключением соответствующих многосторонних и двухсторонних соглашений и договоров, являющихся организационным началом международных потоков духовных и материальных ценностей, требующихся в течение нескольких десятилетий для сооружения и работы АЭС.

ТАБЛИЦА III. ИНВЕСТИЦИИ ТОПЛИВНО-ЭНЕРГЕТИЧЕСКОГО КОМПЛЕКСА В ЧССР

Инвестиции	Годы		
	1986–1990	1991–1995	1996–2000
В ПР, %	100	115	115,1
В ТЭК, %	35,8	35,5	35,5
В ЯЭ от инвестиций в ТЭК, %	24,2	34,4	42,2

Примечание: ПР – промышленность, ТЭК – топливно-энергетический комплекс, ЯЭ – ядерная энергетика.

Масштабность решаемой при создании ядерно-энергетической системы страны задачи можно показать на фондовой нагрузке народного хозяйства, отнесенной к капитальным вложениям в промышленность и в топливно-энергетический комплекс соответственно.

Пересчет абсолютных сумм измеряемых в местной валюте на определенную денежную единицу любой другой страны для проведения международных сравнений представляет всегда значительные трудности из-за текущего изменения курсов, претерпевающих на валютных рынках порой драматические скачки, вводимых государствами или банками финансовых поощрений или санкций на доступность кредитов. Поскольку мы хотим показать суть этой проблемы на примере Чехословакии, то полагаем, что можем в данном случае ограничиться данными, представленными в табл. III.

Таким образом капитальные вложения в ТЭК при относительной стабилизации должны давать прирост в 15% за пятилетний период при росте капитальных вложений в запрограммированный рост ядерной энергетики на 63,5% к 1995 г. на 41,1% к 2000 г., соответственно.

Строительство и эксплуатация ядерных энергетических источников, базирующихся на ядерных паропроизводящих установках (ЯППУ) PWR советского типа ВВЭР-440 и -1000, предопределяет внешнеэкономический и торговый характер этой проблемы.

Решение ее обеспечивается на базе соглашений и договоров конкретными коммерческими сделками;

- содействие разработчика ЯППУ (NSSS) в подготовительный период (технико-экономическое обоснование, выбор площадки, проектирование), в проведении строительно-монтажных работ (поставки оборудования) в пусковой и эксплуатационный периоды (специалисты, ядерное топливо, запасные части);
- получение технических данных, материалов и компонентов по импорту с оптимальным включением в этот процесс научно-технического и производственного потенциала страны как для строительства АЭС, так и при образовании средств на оплату импорта;
- создание дополнительных экспортных возможностей путем развития традиционных и новых видов производства, что в условиях ЧССР было осуществлено созданием специализированной энерго-машиностроительной базы по изготовлению всего основного технологического оборудования ЯППУ (NSSS). Это позволило ограничить долю импорта оборудования до 30% от стоимости всего технологического оборудования АЭС. При этом все строительно-монтажные работы по сооружению АЭС производятся практически исключительно местными собственными силами.

Импортные потребности ядерной энергетики включают кроме инженерных услуг разработчика ЯППУ (NSSS) поставок оборудования и материалов и содействия в пуске и эксплуатации, также поставки свежего топлива и услуги, связанные с отработавшим топливом.

Несмотря на значительное участие промышленности страны в сооружении АЭС эти импортные потребности представляют большие годовые и суммарные, по принятым для планирования пятилетним периодам объемы, возрастающие практически пропорционально числу работающих блоков.

Эта количественная сторона внешнеторговой проблемы ядерной энергетики ведет к предложениям по максимально возможно сбалансированным импортным и экспортным потокам. Такая концепция роли внешней торговли, которая принята в ЧССР для решения проблем, связанных с обеспечением содействия иностранным партнерам в строительстве и длительной работе АЭС, доступна конечно для экономик не всех стран, недоступна в первую очередь для стран, имеющих низкий удельный вес промышленности (главным образом машиностроительной). Концепцию можно также реализовать только на достаточно продолжительном отрезке времени.

Балансовый метод позволяет практически избегать внешнего долгосрочного банковского кредитования с его значительным отрицательным влиянием на стоимость строительства и предопределенным размером учетной ставки. Для других условий (отличных от ЧССР) можно себе представить такую модель финансирования строительства АЭС, в которую входят все четыре компонента:

– оптимальное участие строительной и машиностроительной индустрии страны в сооружении АЭС;
– дополнительно развитая традиционная экспортная бартровая структура, в первую очередь в направлении иностранного партнера, предоставляющего наибольшее по объему содействие;
– целевое изыскание новых экспортных возможностей;
– финансирование путем получения и предоставления банковских кредитов.

Можно поставить дополнительное условие для расчетной модели, по которому "традиционная экспортная структура" и "новые возможности" должны покрывать местные расходы т. е. кредитовать местные работы и материалы, а также проценты на банковские кредиты. Это сделало бы такие проекты более притягательными для возможных иностранных партнеров.

Что касается Чехословакии, то общая импортная потребность в настоящий период, характеризуемая развернутым строительством АЭС и их удельным весом (15%) в электроэнергетике страны, составит порядка 16–18 миллиардов чехословацких крон на период с 1986 по 1990 гг. с ростом примерно в 1,6–1,7 раза на период с 1991 по 1995 г. и еще в 1,3 раза в последующий период (1996–2000 гг.). При этом доля топливной составляющей вырастет от 44% в начальный период до 54% на конечном этапе.

Для возможности ориентировочных международных сравнений указанный объем импорта в пять лет представляет прямые капитальные вложения на сооружение электрической мощности в ядерных источниках порядка 1200 МВт и составляет около 3% всего объема импорта страны за эти же пять лет.

При семидесятипроцентном участии чехословацкой машиностроительной промышленности на стоимость технологического оборудования и почти стопроцентном участии строительной промышленности на стоимость строящихся в стране АЭС и указанном выше развернутом ядерно-энергетическом машиностроении, удается в рамках программы строительства АЭС в странах–членах СЭВ сделать экспортные предложения, имеющие возрастающую тенденцию и покрывающие "ядерные" импорты на 50%.

Это прежде всего комплекты реакторов, парогенераторы, компенсаторы объема, специальные арматуры, трубопроводы, а также компоненты специальной вентиляции и автоматизированной системы управления атомными электростанциями. В стадии проработок находятся некоторые новые предложения в области услуг в ядерной энергетике, которые бы привели к увеличению этой доли. Другая половина необходимых импортных средств базируется на всей совокупности товарной и территориальной структуры экспорта страны. Это даже на опыте ЧССР позволяет сделать вывод о том, что попытка искать взносы, компенсирующие внешнеторговую нагрузку от ядерной энергетики только на основе традиционных производств, без расходования дополнительных инвестиций для финансирования, создания и, что особенно важно, поддержания в длительной работе такой отрасли как ядерная энергетика, не может быть реализована.

ЗАКЛЮЧЕНИЕ

Ядерная энергетика является в Чехословакии динамически развивающейся отраслью электроэнергетики и выдерживает в этом направлении сравнение с другими промышленно развитыми странами Европы и мира. В условиях ЧССР она является единственным реально доступным источником электроэнергии на перспективу до 2000 г. и представляет собой как многогранную макроэкономическую проблему, так и проблему международного технического сотрудничества.

Обеспечить финансирование развития ядерной энергетики и работу без участия иностранных банковских институтов удается за счет создаваемого национального дохода при значительном участии – до 86,5% от стоимости объекта АЭС – производственного потенциала страны в строительстве АЭС.

Импортные потребности строительства и эксплуатации АЭС балансируются из 50% на вновь освоенном производстве ядерной технологии и из 50% на всей остальной структуре внешней торговли страны.

Внешняя торговля Чехословакии обеспечивает своей структурой создание необходимых международных предпосылок как для технологической возможности развития ядерной энергетики, так и средств на покрытие ядерных импортных потребностей, сбалансированных на долгосрочную перспективу.

FACTORS AFFECTING ECONOMIC PERFORMANCE OF NUCLEAR POWER PROJECTS IN THE USA AND ABROAD

C. BRAUN
Energy Study Center,
Electric Power Research Institute,
Palo Alto, California,
United States of America

Abstract

FACTORS AFFECTING ECONOMIC PERFORMANCE OF NUCLEAR POWER PROJECTS IN THE USA AND ABROAD.

Trends in nuclear power economics in the USA, as well as in other large power programmes, are reviewed in this paper. The current US coal/nuclear economic situation, the implications for operating cost improvements and the potential for the introduction of new low-cost nuclear units are discussed. The average economic advantage of nuclear over coal plants has been significantly eroded over the last four years, though the rate of decline has recently slowed. Discussion of an average plant's performance indices is always imprecise, given the wide distribution of the costs data. However, several nuclear power plants can be identified whose total generation costs in 1985 were less than coal units' variable costs or total generation expenses. It is concluded that the impact of new, low-cost plants on improving the overall US nuclear/coal economics will require a long time to make itself felt. In the near term the most cost effective methods for improving US nuclear power economics are a reduction in operating expenses and an increase in average plant capacity factors.

1. CURRENT US COAL/NUCLEAR ECONOMICS

The economic performance of current US nuclear and coal fired plants has recently been reviewed by the Atomic Industrial Forum and further analysed by the Electric Power Research Institute (EPRI) [1, 2]. A discussion of the 1986 Economic Survey results highlights the present issues in US nuclear power economics.

1.1. Evolution of coal and nuclear plants' economic performance

The evolution of coal and nuclear plants' generation costs based on the annual AIF Economic Surveys [1] is shown in Fig. 1. As seen in this figure, nuclear generation costs have continuously increased since 1978 though the growth rate

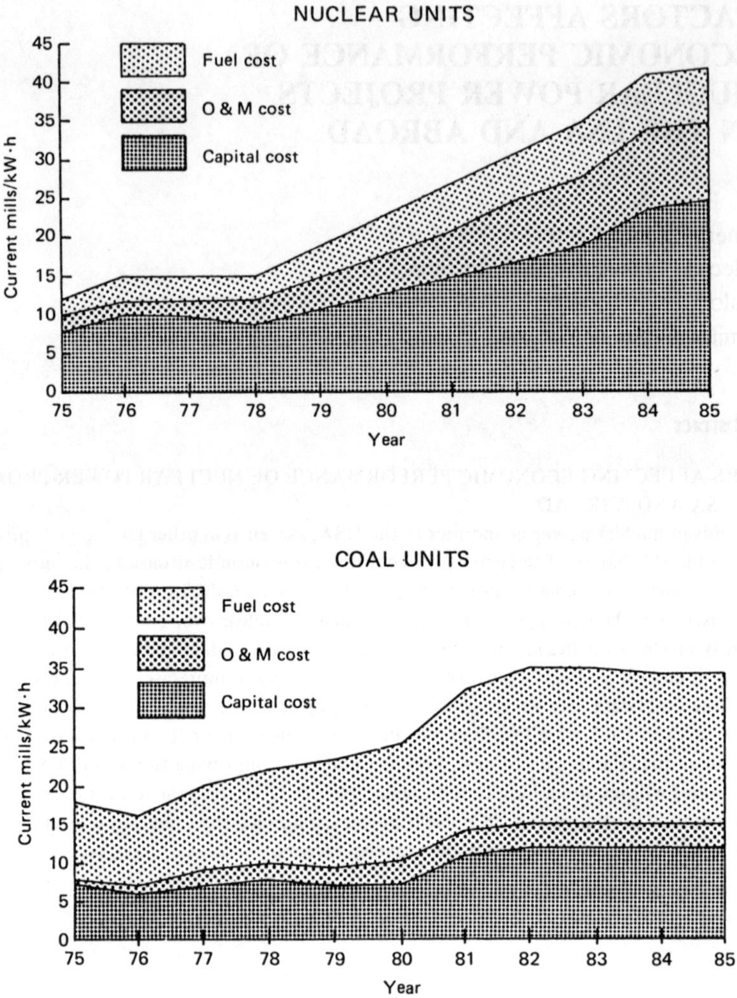

FIG. 1. Average annual generation costs for all operating plants, current mills/kW·h basis.

declined in 1985. Coal plants' generation costs have remained unchanged since 1982 and slightly decreased in 1985, when expressed in constant rather than in current dollars. It should be mentioned that the AIF annual surveys include only those coal plants operated by US nuclear utilities.

The major contributors to the increase in nuclear generation costs over the last eight years have been the escalating plant capital costs and the increase in operating and maintenance (O&M) expenses. The major reasons for the stability in the coal plants' generation costs have been the constant coal fuel prices since

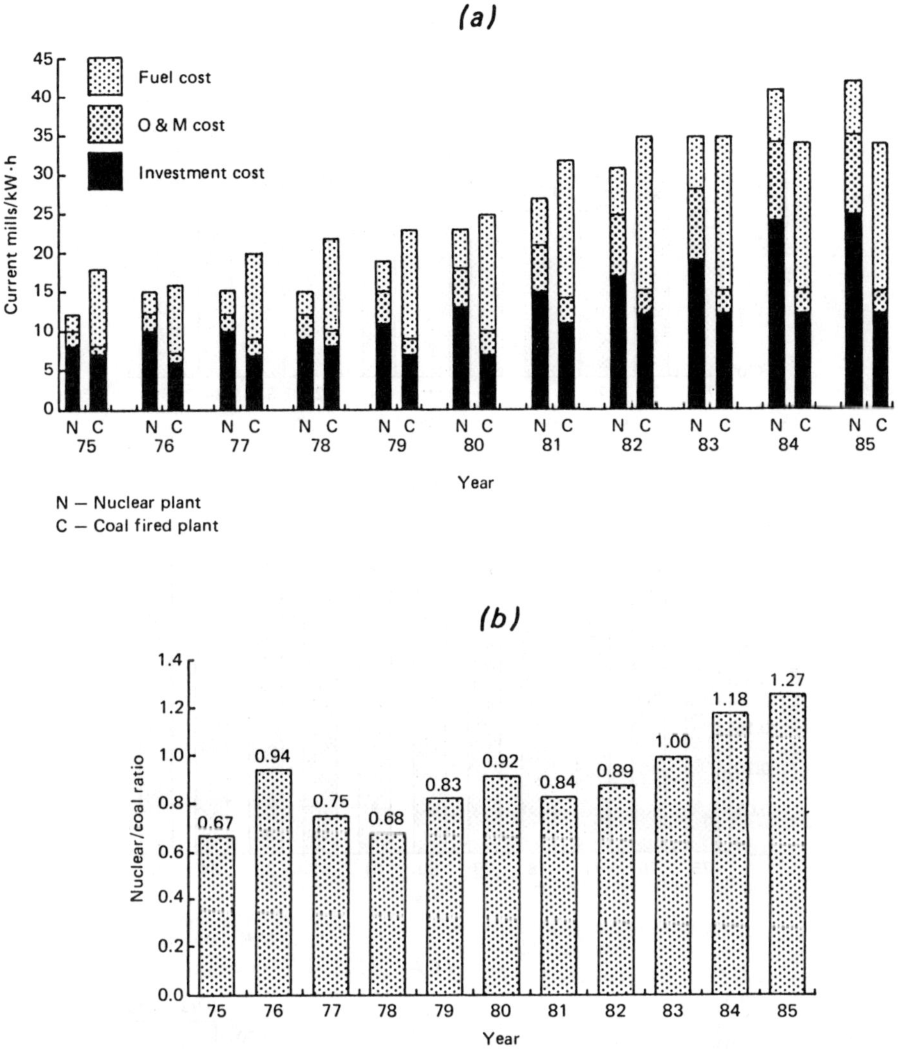

FIG. 2. US nuclear and coal fired plants: (a) annual power generation costs, current mills/kW·h, (b) generation cost ratio.

1982, and the slow rate of change of coal plant capital costs and O&M expenses. New coal fired units with flue gas desulphurization equipment, which are not included in the AIF survey, may show higher capital and O&M costs. The stable coal prices are related to the worldwide reduction in oil fuel prices over the last four years, and the excess coal mining capability in the USA and abroad. The contrast between the evolutions of capital charges and O&M expenses of the coal and nuclear plants is striking.

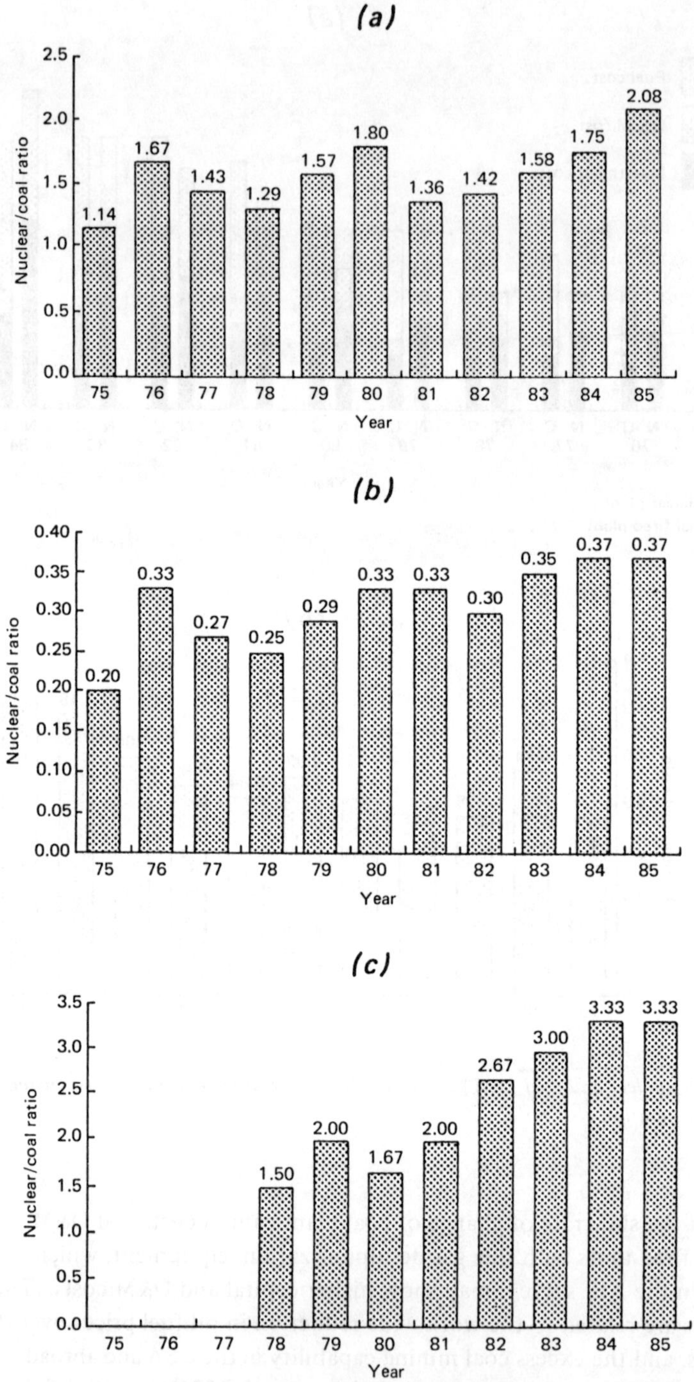

FIG. 3. US nuclear and coal fired plants: (a) capital cost ratio, (b) fuel cycle cost ratio, (c) O&M cost ratio.

The pattern shown in Fig. 1 seems to negate, at least for the present, the basic premise of coal/nuclear economics, i.e. the trade-off between the high capital costs of nuclear units and the escalating fuel prices of coal stations. A more favourable nuclear economics situation would require stabilizing the increase in nuclear capital and O&M charges, as well as the resumed real escalation of future coal prices.

The relative coal/nuclear economics are shown in Fig. 2 [1], in which the annual generation cost ratios of the two technologies are shown in a bar chart. Nuclear plants have become 'on the average' more expensive than coal stations since 1983, as seen in this figure. This trend is likely to persist for several more years, since additional high cost nuclear units will soon be completed and brought into the rate base, which will increase the average nuclear capital charges. It is also difficult to predict when fossil fuel prices will escalate again, thus improving the relative nuclear economics.

Nuclear and coal plants' annual capital, fuel and O&M costs ratios are shown in Fig. 3 [1, 2]. As seen here, nuclear capital charges have become 'on the average' significantly higher than coal capital expenses, especially since 1981. The average nuclear capital charges, in the AIF sample, are now more than twice the 'average' coal plants' capital charges. Nuclear fuel cycle costs have always been a small fraction (about one third) of coal fuel prices. With the recent decline in coal prices, the annual nuclear/coal fuel cost ratios have slightly increased. The most pronounced increase in the nuclear/coal component cost ratio has been the O&M expenses. Since 1980 the annual nuclear O&M costs have increased to a level of three times the coal plants' maintenance charges. An explanatory factor is that nuclear backfit expenditures on operating plants are often accounted for under O&M expenses. Nuclear stations' guard forces have considerably increased over the recent years, to the point where the site protection personnel may outnumber the plant operators. It is assumed that the increase in this non-productive labour component, as well as the total increase in station personnel complements, have contributed to the increase in nuclear O&M expenses. The need for coal plants' flue gas scrubbers and sludge disposal is likely to increase future coal O&M charges and increase the net plant heat rates. These factors are not yet reflected in the coal plants costs reported in the AIF survey. It is thus clear that nuclear O&M expenses have considerably increased over the last seven years, especially in comparison with coal plants' operating costs. It is interesting to note, however, that the annual nuclear/coal O&M costs ratio did not increase in 1985 as compared with 1984. The sum of the fuel and the O&M expenses, which is the total variable cost and which can be viewed as the marginal generation cost of each technology, did not change in 1984–1985 either. This means that the relative economic advantage of nuclear plants in the order of merit for operation on the load duration curve has not varied since 1984. Should these figures prove to be harbingers of future trends rather than flukes of the data, it would be highly significant for improving future nuclear economics.

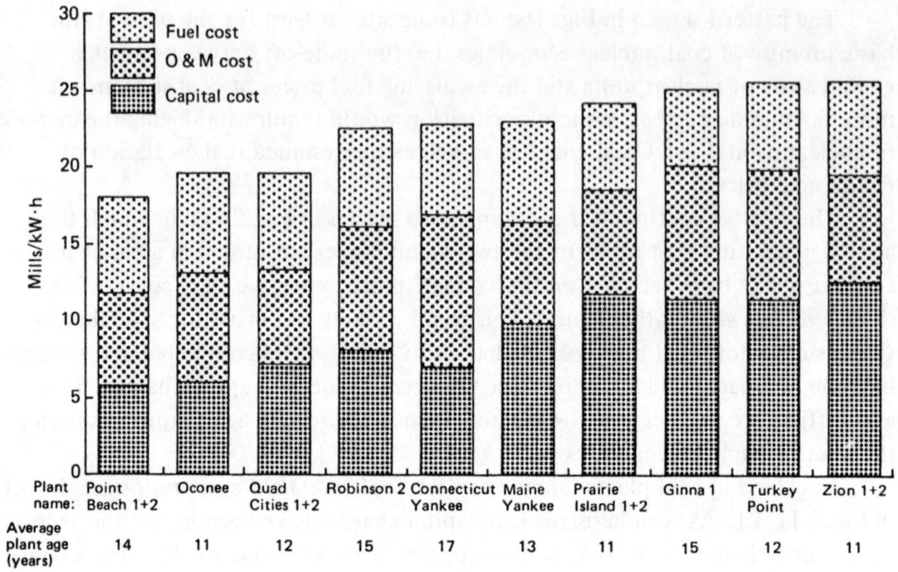

FIG. 4. US nuclear plants: ranking of total generation costs in 1985. Ten lowest cost plants (method 1: FCR = 18% p.a.). Based on data in UDI report UDI-014-86, August 1986.

Finally, it should be realized that given the wide variability in the costs data, several nuclear units have operated in 1985 at a distinct economic advantage over coal power plants. This is shown in Fig. 4, based on a detailed plant by plant costs data published by the Utility Data Institute [3]. Capital charges were computed, as done by the AIF, using the reported plant capital costs [3] and a conservative value of the 30 years levelized fixed charge rate – 18.0% per year. The results of such computations indicate that several nuclear plants produced power at a total cost of less than the AIF survey's average coal variable price of 21 mills/kW·h, as seen in Fig. 4. Twenty-two out of 57 nuclear plants in the UDI data sample generated electricity at costs less than 37 mills/kW·h (slightly less than the average coal plants generation costs of the AIF survey).

1.2. Cost segmentation by plant vintage

Further analysis of the AIF data is provided in the generation cost frequency distributions of the coal and nuclear plants operating in 1985. This is a one-time snapshot across all plant capacities and vintages in operation by 1985, rather than a time series of annual survey results, as discussed above. The nuclear and coal fired plants cost frequency distribution curves are shown in Fig. 5 [2].

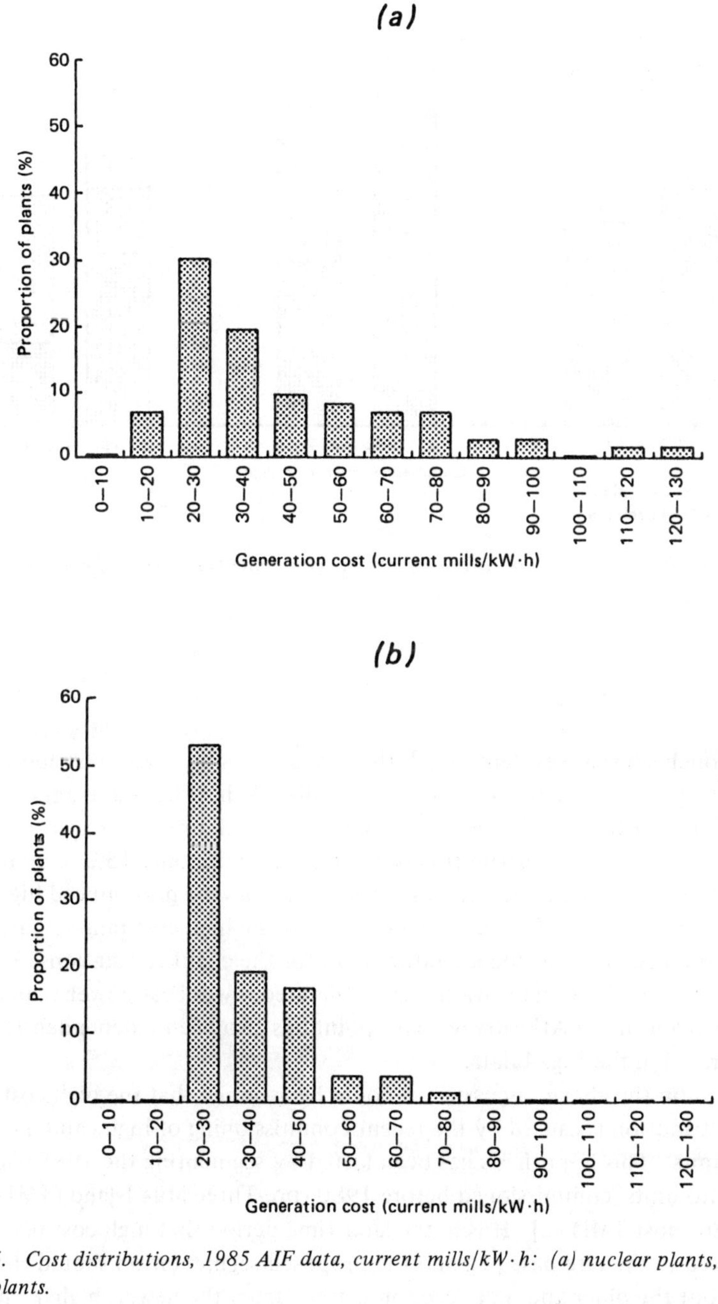

FIG. 5. Cost distributions, 1985 AIF data, current mills/kW·h: (a) nuclear plants, (b) coal fired plants.

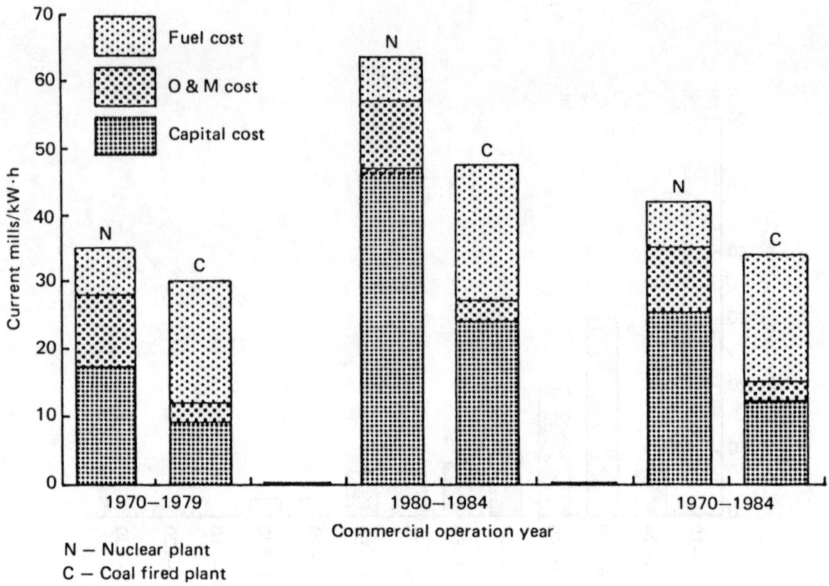

FIG. 6. Nuclear/coal generation cost ratios by cost components and year of commercial operation.

Several conclusions are evident. Both the coal and nuclear plant distributions peak in the generation cost range of 25–30 mills/kW·h. The coal plants' cost distribution is rather narrow and sharp, with 45% of all units in this cost bracket. The nuclear plants' cost distribution is much flatter with only 15% of all plants in the 25–30 mills/kW·h generation cost bracket, and a very pronounced high cost tail of the distribution. The skewedness towards the high cost range is rather more pronounced for the nuclear rather than for the coal fired stations. On the other hand, several nuclear stations have generated lower cost power than any coal fired plant in the AIF survey. This point has also been independently demonstrated in the Fig. 4 data.

Based on the above discussion, it could be assumed that the high cost tail of the distribution is caused by the recent commissioning of high capital cost nuclear units. This hypothesis has been tested by segmenting the 1985 plants sample into units commissioned before 1980 (pre-Three Mile Island (TMI)) and after 1980 (post-TMI) [2]. It is in the later time period that high cost plants have been placed in the rate base [4], and the proposed segmentation should thus separate out the older and more economic units from the newer, higher capital cost plants. The results of the age (vintage) segmentation process for the pre- and post-1980 coal and nuclear units operating in 1985, are shown in Fig. 6 [2].

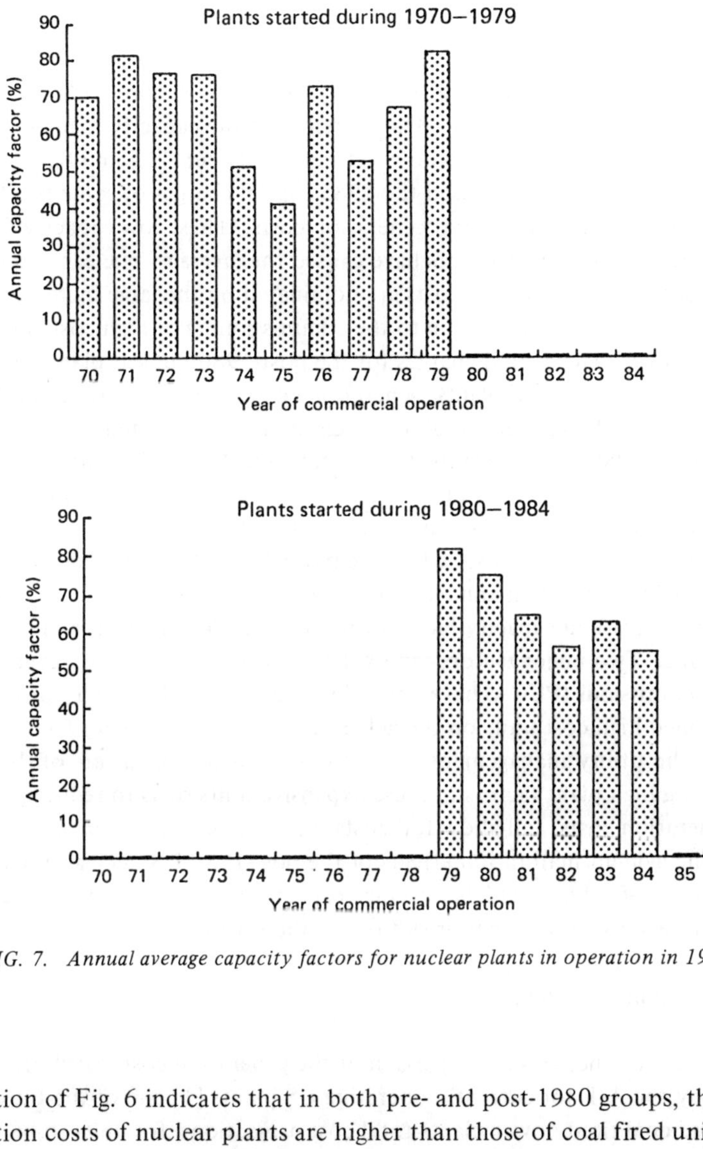

FIG. 7. Annual average capacity factors for nuclear plants in operation in 1985.

Inspection of Fig. 6 indicates that in both pre- and post-1980 groups, the 'average' generation costs of nuclear plants are higher than those of coal fired units. The magnitude of the nuclear costs disadvantage is different, though; 10% for the pre-1980 plants and 25% for the post-1980 stations. The causes for the nuclear costs disadvantage also vary between the two vintage groups. In the pre-1980 plants, the nuclear capital charges are relatively small. The most pronounced cost item is the nuclear O&M component, which in fact, is greater than both the capital and O&M components of the coal plants' generation costs. Another explanation for the nuclear costs disadvantage in the pre-1980 group is the relatively low capacity factors achieved by some of these units in 1985, as shown in Fig. 7.

Year 1985 capacity factors, for plants reaching commercial operation in each year during the period 1970–1979, are reported in bar graphs in Fig. 7, based on AIF data [2]. The average capacity factor for the pre-1980 nuclear units operating in 1985 was 61%. The extremes of the capacity factors distribution, as measured by the AIF, do however range between 42% and 82%. It is the low capacity factors that increased the 1985 capital charges of some pre-1980 nuclear plants and thus their total generation costs. These low capacity factors–high generation costs nuclear units have caused the 'average' nuclear disadvantage.

The post-1980 generation costs are dominated by the large increase in nuclear plants' capital charges. This is due to the commissioning of high cost stations in that time period. The capital charges for the post-1980 nuclear plants are almost greater than the entire coal plants' generation costs. Coal fuel prices and O&M expenses have hardly changed at all between the two plant vintage groups.

The post-1980 nuclear plants demonstrate a well ordered capacity factor maturation effect that is hopefully a real phenomenon. As seen in the lower part of Fig. 7, the most recently commissioned units – those of 1984 – show a 55% average capacity factor in 1985, while the more mature 1979 vintage units have operated during 1985 at an annual average capacity factor of 81%. An almost monotonic increase in capacity factors with plant age is evident for the post-1980 nuclear units. Two major factors can explain this pattern. Firstly, several Public Service Commissions (PUC s) have conditioned capital cost recovery of recently commissioned high cost units on the achievement of high capacity factors. Secondly, the utility managements involved are much more aware of the need for achieving high plant factors in these expensive units so as to reduce the mills/kW·h generation costs, and allow full costs recovery on these more expensive plants. The evident maturation effects of the post-1980 US nuclear units raise the possibility of achieving higher average capacity factors, on the European or Japanese levels, for all US nuclear stations in the future.

1.3. Generation cost comparisons

This section includes a comparison of the generation cost distributions reported by the AIF for currently operating US plants [1] and of the European nuclear and coal fired power plants total cost projections, for units to be commissioned by 1995 [5]. While the US and the European plant data show similar total generation costs, the coal/nuclear cost frequency distributions show different patterns.

The US coal and nuclear plants costs distributions are shown in Fig. 5, [2], and the European plants cost distributions, recently compiled by NEA and UNIPEDE, are shown in Fig. 8 [5]. The European data show a narrow nuclear plant generation cost distribution curve, centred on 28 US 1984 mills/kW·h and a widespread coal plants cost distribution, peaking at 38 1984 mills/kW·h. The peaks of the nuclear plant cost distribution curves are similar for both the

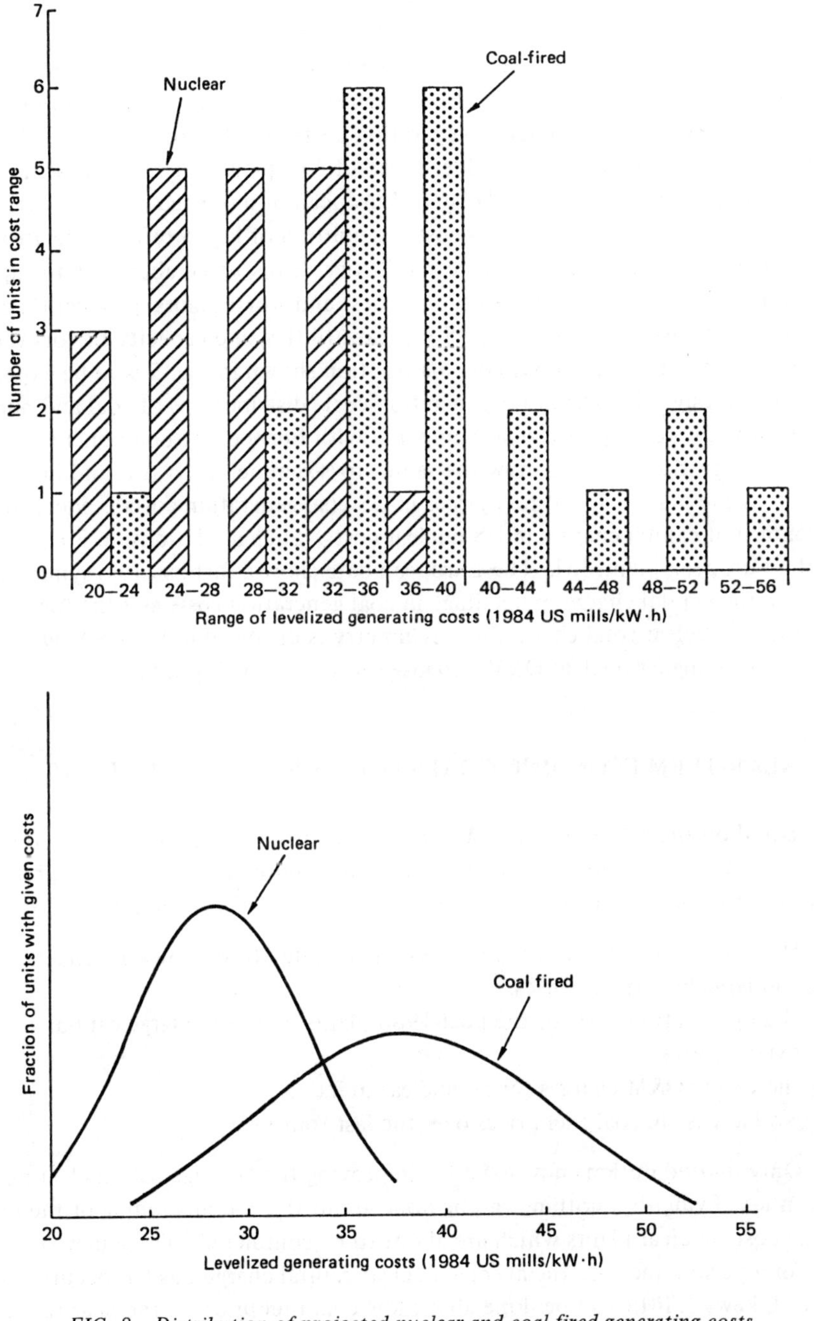

FIG. 8. Distribution of projected nuclear and coal fired generating costs.

US and the European units. US coal plants do however show lower mean costs, as can be found from the data in Figs 5 and 8. The narrow projected European nuclear generation cost distribution is probably related to the predominance of the French nuclear plants (all operating at very similar and low costs) in the NEA statistics. This is supported by the EDF generation cost data [6]. EDF reported 21 centimes/kW·h average nuclear generation costs in 1986 [6], which at 7.0 FF/$ translate to 30 mills/kW·h. The wide spread of coal plant generation costs is related to the large variability in Western European or imported coal fuel prices.

The skewed US nuclear plants cost distribution of Fig. 5 reflects the great variation encountered in all US nuclear statistics, as discussed above. With capital costs varying by a factor of 4 between the best and worst plants, production costs varying by a factor of 3 among all US nuclear utilities, and capacity factors varying by a factor of 2, the spread-out cost distribution shown in Fig. 5 is to be expected.

Even though the overall US generation cost distributions of coal and nuclear plants show the reverse pattern as compared with Europe, the components make-up of these generation costs do show the same cross-symmetry. It is found in Figs 2 and 6 that the percentage of fuel prices in US coal generation costs is equal to the percentage of capital charges in US nuclear costs. Such a relationship is also found for the European plants [5]. The European data show a further cross-symmetry between the capital charges percentage in coal generation costs and the fuel expenses in nuclear total costs. Such symmetry is distorted in the USA due to the relatively higher nuclear O&M expense shown in Figs 1 and 6.

2. NEAR-TERM ECONOMIC GOALS FOR US NUCLEAR PROJECTS

Based on the previous discussion regarding current US coal/nuclear economics, it can be stated that four major factors have contributed to the worsening relative nuclear performance evident in the USA since 1983. These include:

- High generation costs of the pre-1980 plants due to the low capacity factors, and large backfit expenses.
- High generation costs of the post-1980 plants due to the large capital expenditures.
- Increasing O&M charges for all nuclear units.
- No increase in coal fuel prices over the last four years.

Only limited options now exist for improving the 'average' US nuclear power economics. Evidently, nothing can be done about the commissioning of the high capital costs nuclear plants which are about to be completed. These new stations will, for a period, increase the average nuclear capital charges, as has occurred since 1984. Likewise, little can be done about low coal fuel prices in the near term, since they are tied to oil prices, which are now stable, with no clear-cut prospect of renewed major escalation. New low cost ALWR plants will not be constructed in sufficient numbers over the next decade to reduce the system-wide average capital charges. The only areas in which nuclear economics can positively be improved in the near term, are the nuclear capacity factors and the reduction in O&M costs. Since most US electric utilities have already paid the high front-end capital charges of their nuclear plants, they will be looking, in the near term, for improved performance of those units, as a means to reducing system wide costs, and recouping their initial investments. Nuclear plants now represent the largest investment US utilities have spent on any particular power generation technology. The protection of these investments and the improved operating records (increased returns) are obviously major goals for the utilities. Such improvements will have an immediate effect on nuclear economics and will pave the way for a revived US nuclear power generation programme.

3. THE VALUE OF A LARGE NUCLEAR POWER GENERATION PROGRAMME

The economic benefits of low nuclear power generation costs have been discussed extensively in this paper as well as elsewhere especially in the context of the French electronuclear transformation [7]. A more generalized treatment of the value of nuclear power generation in all European countries can be found in the general statistics of European electricity prices [8]. European tariffs for large industrial consumers during the years 1978–1986 as reported in the Eurostat publications [8], are plotted in Fig. 9 against the fraction of nuclear electricity generation in each country, reported in Ref. [8] and in the IAEA reference sources [9]. Large industrial consumers are defined by Eurostat [8] as those consuming 10 million kW·h/year or more (2500 kW(e) × 4000 h/year). All tariff figures are shown in European Purchasing Power Parity units (PPS/100 kW·h) which are truly constant over time and across national boundaries, according to Eurostat. A general trend is evident in Fig. 9, namely, the stabilization (over time), and in fact the lowering, of electricity tariffs to the industrial consumers, as the nuclear electricity fraction of each country increases. The converse is also true. Countries with limited or no nuclear power generation tend to show higher industrial electric rates. The differing trend lines for France and for Italy are cases in point, representing the two sides of this observation. The important exception to this general trend is Denmark, where cheap imported coal has kept power costs at low levels. The purpose of the particular plotting of Fig. 9 is not so much to compare one country against another as to indicate cross-national patterns. One such important feature is the avoidance of dependence on fossil fuel prices and international pricing fluctuations, which is exhibited by nations with large nuclear power generation programmes. The Spanish data in Fig. 9 (which is about the European average according to Eurostat) shows the dependence of industrial electric tariffs on the increasing international fuel (oil) prices until 1984. Following 1984, declining

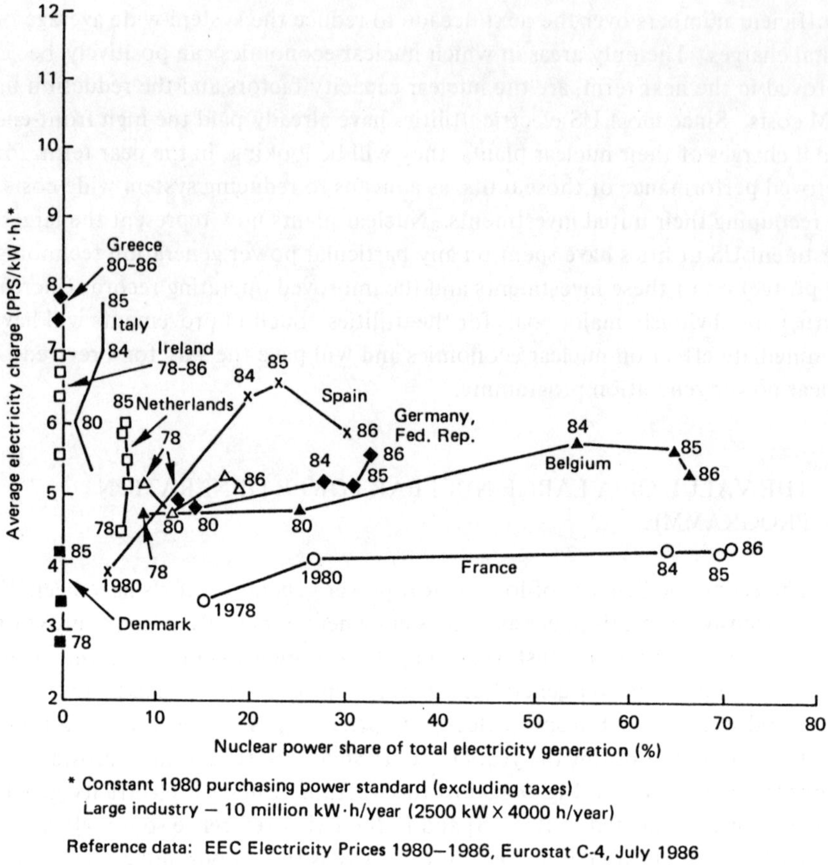

FIG. 9. Relationship between nuclear electricity fraction and average cost of power to end users (large industry).

tariffs set in, as oil prices plummeted and coal and nuclear power were substituted for oil in the Spanish electric generation mix. On the other hand, the French and Belgian data show the stability of the industrial rates, irrespective of international fossil fuel price gyrations, brought about by the large scale substitution of nuclear power as the major electricity generation source. Italian industrial rates, based on fossil fuel prices, have continuously increased, as shown in Fig. 9. Clearly additional countries' data over a longer time period is required, before a clear-cut connection can be established between the share of nuclear generation and the ultimate consumer tariffs. The data available now are indicative and interesting, and follow the general intuitive expectations for nuclear power economics, set out years ago.

The stability and the low values of the domestic electric tariffs, and the reduced drain on the national foreign currency balances are two of the major economic benefits of nuclear power generation, and as such they should be highlighted.

REFERENCES

[1] ATOMIC INDUSTRIAL FORUM, 1986 AIF Economic Survey, AIF INFO News Release, Bethesda, MD (Sep. 1986).

[2] BRAUN, C., AIF 1986 Economic Survey – Analysis of Results, EPRI Memoranda, Palo Alto, CA, 13 Oct. 1986 and 6 Nov. 1986.

[3] UTILITY DATA INSTITUTE INC. (a): Construction Costs – US Steam Electric Plants 1970–1985, Rep. UDI-003-86, Washington, DC (Aug. 1986). (b): US Nuclear Plant Statistics 1986, Rep. UDI-014-86, Washington, DC (Aug. 1986).

[4] UE and C., Inc., Comparative Discussion of US and French Nuclear Power Plant Construction Projects, EPRI Rep. ESC-4685, Palo Alto, CA (Sep. 1986).

[5] MOYNET, G., THEXTON, H.E., "Projected costs of generating electricity from nuclear and coal fired plants in sixteen countries", Paper presented at ENC86, FORATOM Session F 2.1 Geneva, Switzerland, June 1986.

[6] BENDALL, F., CHARLES, J., "Coût de Référence de la Production d'Electricité d'origine thermique", CEA Notes d'information, publication No. 6 issue, 1986, Paris (Nov.–Dec. 1986).

[7] VAROQUAUX, W., The Nuclear Power Programme: An Important Factor in French Economic Policy, EDF publication DA-5078, Paris (Feb. 1986).

[8] EUROSTAT, Electricity Prices 1980–1986, Eurostat publication, thème 4, series C, Brussels, Belgium (Aug. 1986).

[9] INTERNATIONAL ATOMIC ENERGY AGENCY, Nuclear Power Reactors in the World, Reference Data Series No. 2, Publication RDS-2/7, IAEA, Vienna (1987).

CONTROLLING NUCLEAR POWER PLANT COSTS IN THE USA

R.G. OEHL
United States Department of Energy,
Washington, D.C.

J.H. CROWLEY, R.E. ALLEN
United Engineers & Constructors Inc.,
Philadelphia, Pennsylvania

United States of America

Abstract

CONTROLLING NUCLEAR POWER PLANT COSTS IN THE USA.

The paper discusses U.S. nuclear power plant cost trends over the last fifteen years. Rapidly rising non-material related craft, engineering and field supervision labor costs are identified as being the major cost drivers since about 1978. Although U.S. light water reactor power plants are shown to be material cost competitive with other nuclear and coal-fired alternatives, the advantage is more than offset by high labor costs. It is shown that in some U.S. nuclear power plants, effective use of manpower has been made through plant standardization and the use of multi-unit sites. Control of construction costs is shown to be best where continuity of experience in management, engineering and construction forces exist. The effects of large versus small nuclear power plants on control of construction costs are discussed. U.S. constructibility programs sponsored by the Electric Power Research Institute and the U.S. Department of Energy are identified. They are discussed relative to their potential for developing the means to control U.S. nuclear power plant costs. Among the preliminary results of these programs are the perceptions that the evolutionary standardized plant concepts being developed appear to be cost effective. Also, some U.S. nuclear utilities have evolved tightly integrated project organizations that might duplicate better U.S. experience should they embark on a new project.

1. INTRODUCTION

The current perception in the United States, and in certain other countries of the world, is that U.S. nuclear power plant schedules are too long and their construction costs are too high. This perception emerged because each unit became a first-of-a-kind with minimum learning feedback to facilitate effective cost reductions. Now, the perception has been substantiated in that, as more and more nuclear units come on-line, electricity users are being exposed to dramatic increases in the price of electricity.

The authors of this paper have been involved for over two decades, both domestically and internationally, in tracking the significant trends leading to the current negative outlook for nuclear power relative to cost and schedule. In their work they have learned important technical and financial lessons about the reasons why the U.S. domestic nuclear industry is now foundering. A major tool that has supported their work has been the Energy Economic Data Base (EEDB) Program. This program has been sponsored for the last ten years by the U.S. Department of Energy[1], and managed and developed by United Engineers & Constructors Inc. The EEDB provides detailed and consistently organized technical and cost information for light water reactor power plants and their alternatives.

No nuclear power plants have been started in the U.S. since 1978 because of the increasing uncertainties related to their regulation, costs and construction durations. The decision for further commitments to nuclear power must rest on the conviction that schedules and construction costs can be contained and managed in a predictable manner. This conviction must be based on rational criteria that are supportable to the financial community. Controlling construction costs requires a level of stability in the many factors which directly impact those costs. The U.S. Department of Energy and the Electric Power Research Institute currently have programs underway which focus on constructibility issues. This paper will emphasize elements of these programs and preliminary results obtained, as well as identify key steps underway to improve construction cost control.

2. U.S. COST TRENDS

During the last ten to fifteen years, the base construction costs of U.S. nuclear power plants have risen dramatically. The emphasis in cost make-up of a typical unit, however, has shifted from material to time and manpower (craft labor, engineering and field supervision) related content.

The EEDB has recorded[1-8] these cost trends in terms of base construction costs, which are the sum of direct and indirect material and labor costs. The data base costs indicate a compound annual growth rate between 1976 and 1986 of 15.7 percent per year. The escalation rate in the dollars of the year of the estimate is approximately 2.5 times the prevailing general inflation rate during that period.

Figure 1 illustrates these trends by showing the increase in material and labor costs for U.S. light water reactor power plants between 1976 and 1986. The costs shown are representa-

[1] Administered by Oak Ridge National Laboratory.

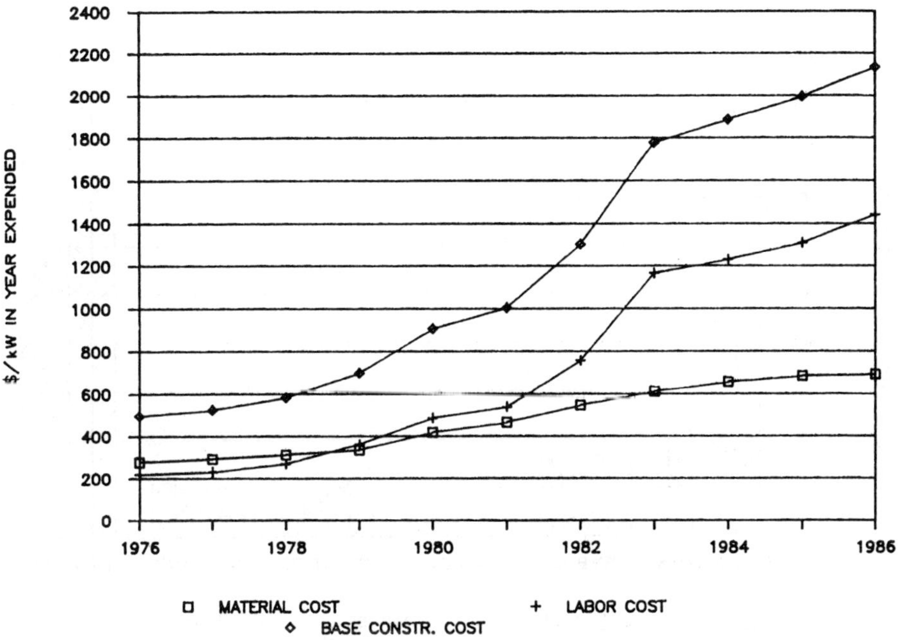

FIG. 1. Trends in U.S. nuclear power plant costs.

tive of median U.S. light water reactor power plant cost experience.

2.1. Cost Drivers

Prior to 1978, increases in material were the primary cost drivers for increases in U.S. light water reactor power plant base construction costs. Attendant with these increases were increases in the related craft (installation) manhours. From about mid-1978 to date, however, there has been a shift in cost emphasis from material to time and labor related content because of a number of factors that reduced the capacity in the U.S. to effectively prosecute the work.[5-8] Prominent among these factors were regulatory instability, variability in interpretation of regulations, codes and standards and overcommitment to legislated requirements. The result has been that, although the physical scope of the plant has increased with a corresponding increase in plant material costs, the greatest impact has been in the increased craft, engineering and field supervision labor costs.

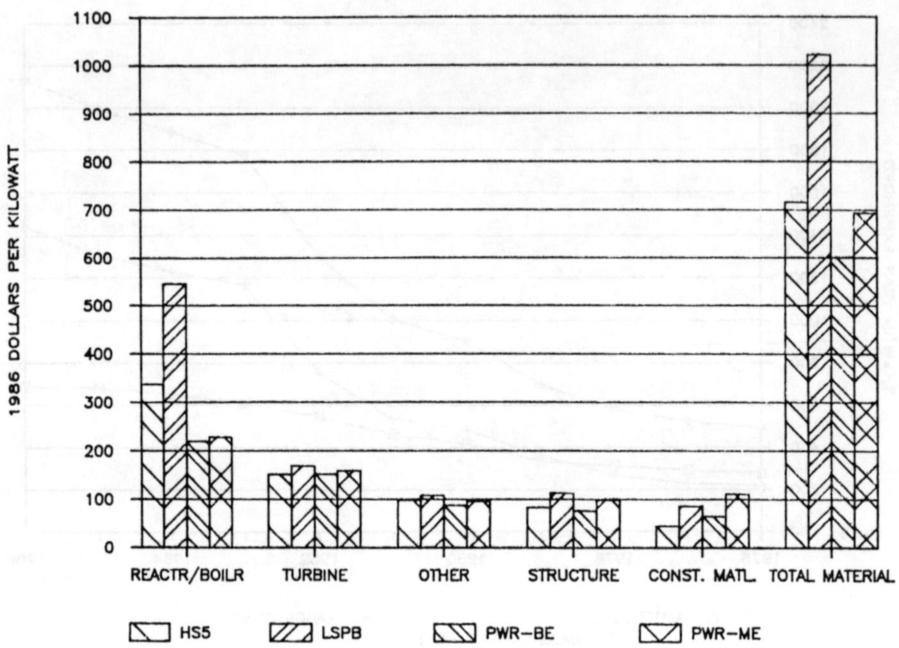

FIG. 2. Material cost comparison of HS5, LSPB, and PWR.

2.2. Material Costs

Figure 2 shows a material cost comparison of light water reactor power plants and certain alternatives. The following categories are compared:

- Reactor or Boiler Plant Material (REACTR/ BOILR)
- Turbine Plant Material (TURBINE)
- Other Plant Material (OTHER)
- Structures and Building Services Material (STRUCTURE)
- Construction Facilities and Equipment (CONST. MATL.)
- Total Material (TOTAL MATERIAL)

The comparison is made among the following EEDB commercial single unit power plants:

- 500 MWe (Nominal) High Sulfur Coal-Fired Power Plant (HS5)[8]

- 1300 MWe (Nominal) Large Scale Prototype Breeder Power Plant (adjusted for commercial status)[8]

- 1150 MWe (Nominal) Pressurized Water Reactor Power Plant Based on U.S. Better Cost Experience (PWR-BE)[8]

- 1150 MWe (Nominal) Pressurized Water Reactor Power Plant Based on U.S. Median Cost Experience (PWR-ME)[8]

Figure 1 shows that U.S. nuclear power plant material costs are rising. Nevertheless, Figure 2 shows a construction cost advantage for U.S. light water reactor plants in the material category, relative to other nuclear or coal-fired alternatives. This further illustrates the importance of non-material related labor costs relative to rising nuclear power plant costs in the U.S.

2.3. Labor Costs

Figure 3 shows the trend of craft and professional (engineering and field supervision) manhours for the following reference dates:

- 1/71 - 1000 MWe PWR·ME[9]

- 7/76 - 1139 MWe PWR·ME[10]

- 1/78 - 1139 MWe PWR·ME[1]

- 1/81 - 1139 MWe PWR·ME[4]

- 1/82 - 1139 MWe PWR·ME[5]

- 1/83 - 1139 MWe PWR·ME[6]

- 1/85 - Confidential survey of light water reactor power plants by United Engineers & Constructors Inc.

Figure 4 shows a labor cost comparison of the same light water reactor power plants and alternatives for which a material

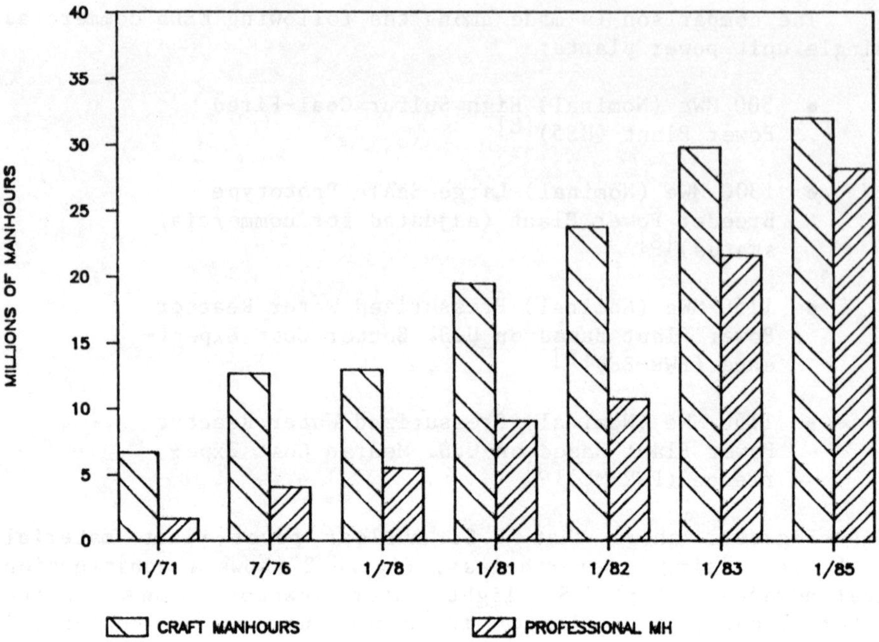

FIG. 3. Trends in manpower content in U.S. nuclear power plants.

cost comparison was made in Figure 2. The following categories are compared:

- Craft Labor Costs (CRAFT LABOR)
- Engineering and Field Supervision Costs (ENG + F.S.)
- Total Labor Costs (TOTAL LABOR)

Examination of the trends in manpower content for U.S. nuclear power plants shown in Figures 3 and 4 confirms the fact that controlling construction costs requires the more effective use of manpower. The means by which this control may be exerted may be found in two places. The first is in the better U.S. nuclear power plant technical and cost experience of the last fifteen years. The second is in the ongoing reference plant and constructibility activities currently being sponsored by the U.S. Department of Energy and the Electric Power Research Institute. These cost control areas are discussed in the following sections.

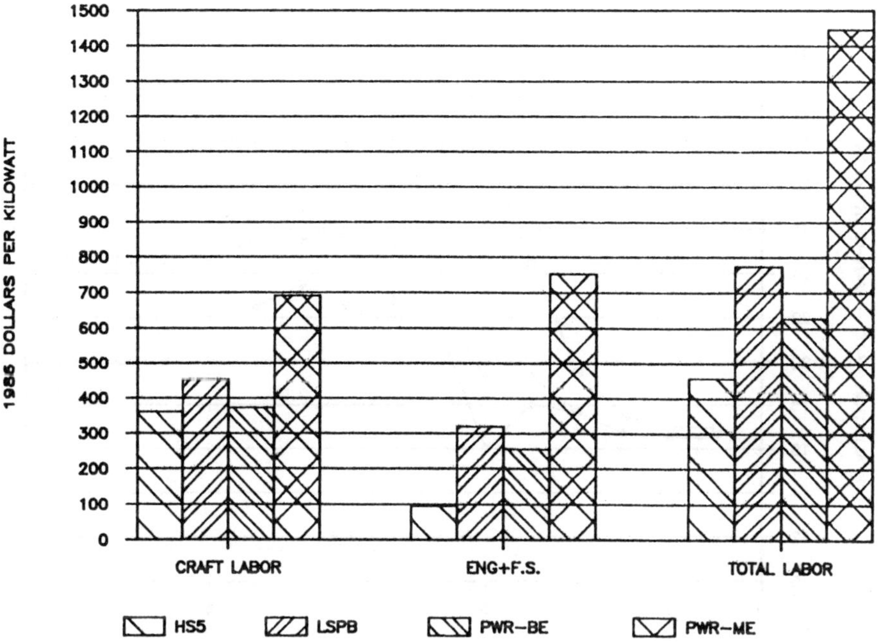

FIG. 4. Labor cost comparison of HS5, LSPB, and PWR.

3. EFFECTIVE USE OF MANPOWER

The general U.S. approach to design and construction of nuclear power plants began as an extension of fossil power plant construction experience. The design and construction approaches that had slowly evolved over many years of building fossil power plants, however, suffered rapid change in the arena of nuclear power plant construction. The changes were primarily driven by the need to respond to new concepts, such as document control, formal design review, equipment qualification, human factors, importance-to-safety, probabilistic risk assessment, quality assurance, redundancy, safety classification, separation, and the preparation of safety analysis reports and other regulatory documents. Compounding these changes was the rapid growth in the commitment of new plants and in the promulgation of regulations, codes and standards and their interpretations in the seventies and eighties, particularly in the period from 1972 to 1975.

As a result of these changes and growth, most of the units that have come on-line over the last ten years are first-of-a-kind with continuously rising quantities of labor hours. Nevertheless, in some cases, three or more essentially duplicate

A

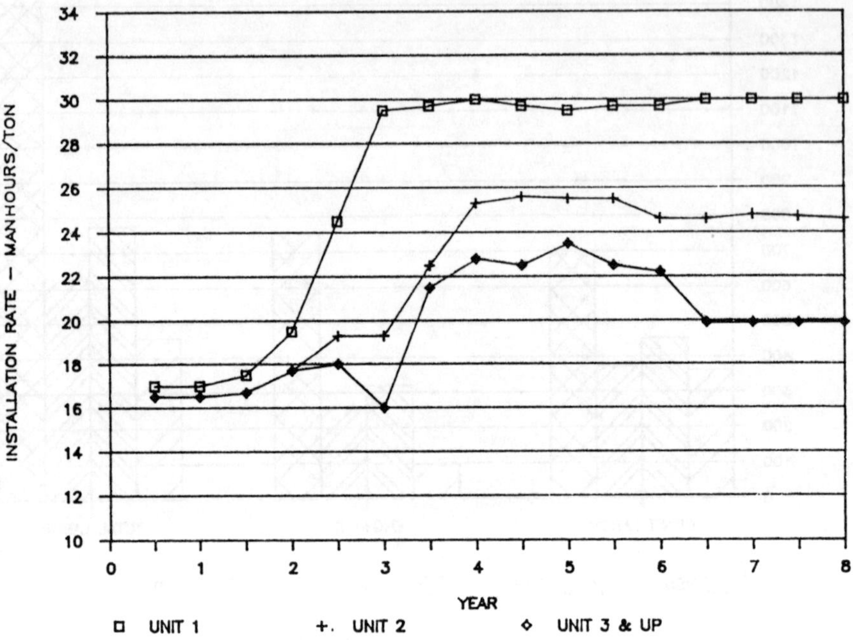
INSTALLATION RATE – MANHOURS/TON
YEAR
UNIT 1
+. UNIT 2
UNIT 3 & UP

B

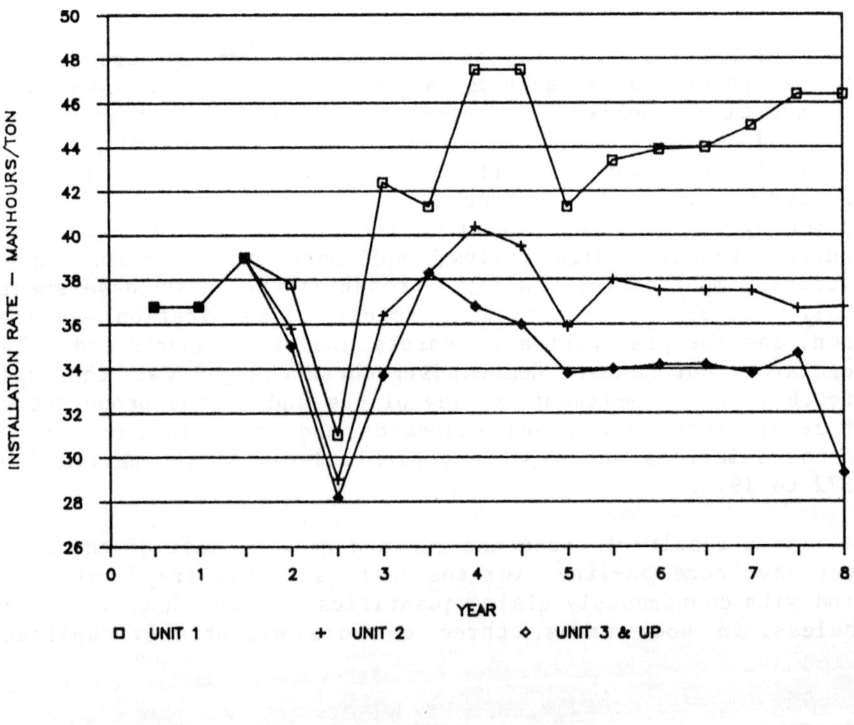
INSTALLATION RATE – MANHOURS/TON
YEAR
UNIT 1
UNIT 2
UNIT 3 & UP

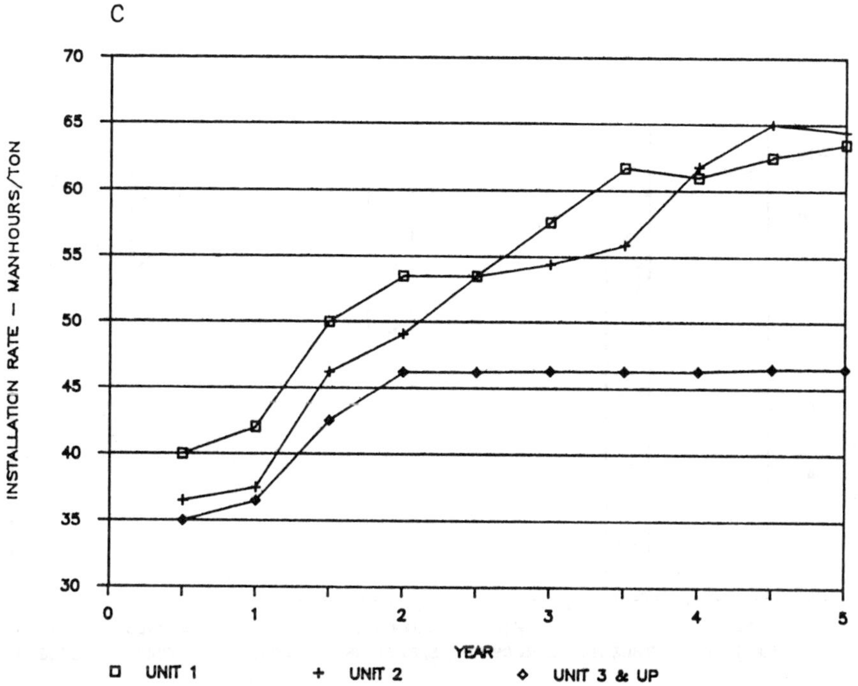

FIG. 5. Impact of standardization and number of units on site on (A) reinforcing steel installation rates, (B) structural steel installation rates, (C) piping hanger installation rates.

units were built on one or two sites. Comparison of unit installation rates for craft skills and the quantities of engineering and field supervision manhours can be made in these cases with the degree of standardization and number of units on site. These comparisons have shown that effective use of manpower is best realized where standardization is achieved and multiple units are applied.[11]

3.1. Multi-Unit Stations

Figures 5A, 5B and 5C show installation unit rate comparisons between first, second and subsequent units utilizing a standard design concept on the same site for:

- Reinforcing Steel (5A)[11]
- Structural Steel (5B)[11]
- Large Piping Hangers (5C)[11]

There is a clear indication that a U.S. multi-unit site in excess of two units can accrue significant craft learning curve

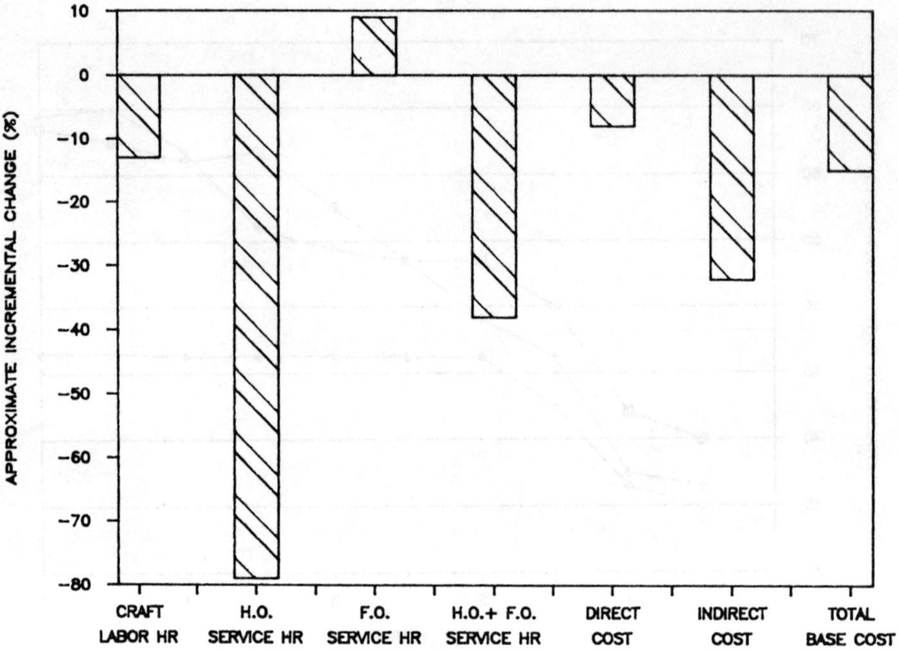

FIG. 6. Impact of standardization on labor content and cost.

advantages. Experience of nuclear power programs in other countries support this conclusion.[11] Craft learning should also tend to offset the nuclear power plant "safety syndrome," where safety-grade attention is applied to non-safety related activities. The "safety syndrome" has often resulted in unit installation rates that are two to three times higher on balance-of-plant construction activities, such as pouring concrete in a turbine pedestal, than for comparable activities in fossil power plants.

3.2. Standardization

Figure 6 shows the impact of learning effects on two duplicate plants of the same regulatory vintage built by the same utility.[11] The figure shows the incremental change in percent from the first to the second plant with negative percentages indicating decreases. The following categories are compared:

- Craft Labor Hours (CRAFT LABOR HR)
- Home Office Service Hours (H.O. SERVICE HR)
- Field Office Service Hours (F.O. SERVICE HR)

- Total Professional Service Hours (H.O.+F.O. SERVICE HR)
- Direct Cost (DIRECT COST)
- Indirect Cost (INDIRECT COST)
- Base Construction Costs (TOTAL BASE COST)

The figure gives a clear indication that a U.S. standardized plant can accrue significant professional services learning curve advantages. Experience of nuclear power programs in other countries also supports this conclusion.[11] A key factor in gaining these advantages, however, is regulatory stability. Other examples may be given where similar units of different regulatory vintage lost their potential learning curve advantage.[11] It should also be noted that Figure 6 shows the impact of standardization on costs is highest for indirect costs. This is significant for U.S. nuclear power plants because recent estimates show indirect costs exceeding the direct costs for median experience U.S. nuclear power plants. The indirect to direct cost ratio has varied from 35 percent to 60 percent for better experience U.S. nuclear power plants over the last ten years, and from 30 percent to 40 percent in the earlier deployment years. During the same period, the U.S. fossil power plant indirect to direct cost ratio varied between 20 percent and 25 percent.

4. CONTROL OF CONSTRUCTION COSTS

There is growing evidence that control of construction costs is most successful where continuity of experience in management, engineering and construction forces permit an effective learning curve to be realized. The same point can be made relative to construction schedules. Reviews of the relative bulk commodity installation and system turnover rates for nuclear power plants with varying degress of standardization tend to support this contention.

Figure 7 shows a comparison of material quantities, craft labor hours and construction duration for nuclear power plants in France, Japan and the U.S.[11,12,13] The compared values are the ratio of reported values to the lowest reported value. The following categories are compared:

- Concrete in cubic yards per net megawatt (CONCRETE)
- Reinforcing Steel in tons per net megawatt (REBAR)

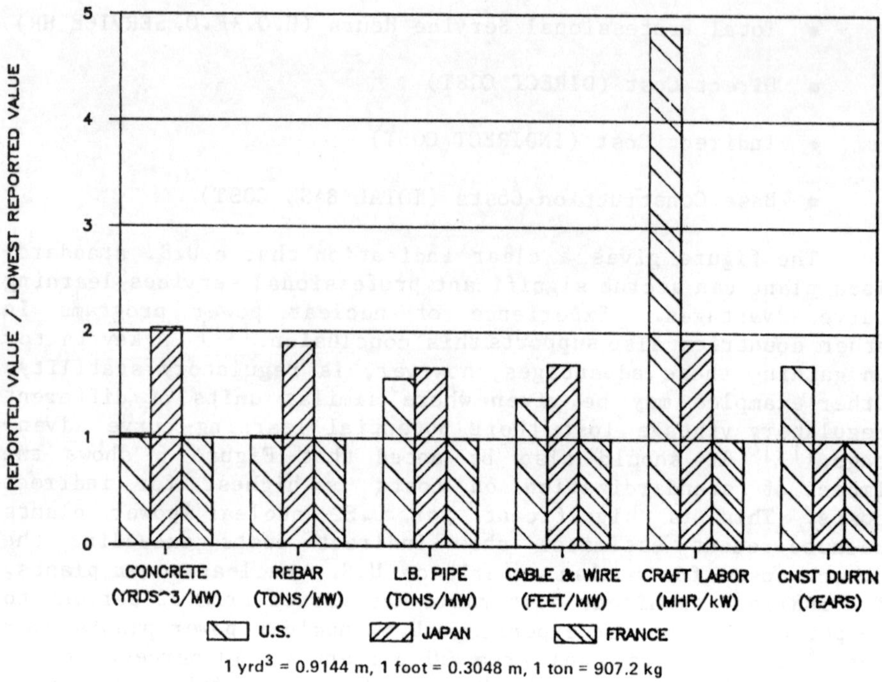

FIG. 7. Material, labor, and construction duration comparison for nuclear power plants in U.S., Japan and France.

- Large Bore Pipe in tons per net megawatt (L.B. Pipe)

- Cable and Wire in feet per net megawatt (CABLE & WIRE)

- Total Craft Labor in manhours per net kilowatt (CRAFT LABOR)

- Construction Duration in years (CNST DURTN)

In France and Japan, a single organization is essentially responsible for all of the design and construction decisions on a series of many nuclear power projects. In the U.S., on the other hand, several organizations are typically responsible for all or some of the design and construction decisions on only one or two units. Consequently, the continuity of experience is much higher in France and Japan than in the U.S., even though the U.S. has built more nuclear power plants.

The figure shows that Japan has higher quantities of commodities than the U.S., while France has comparable quantities.

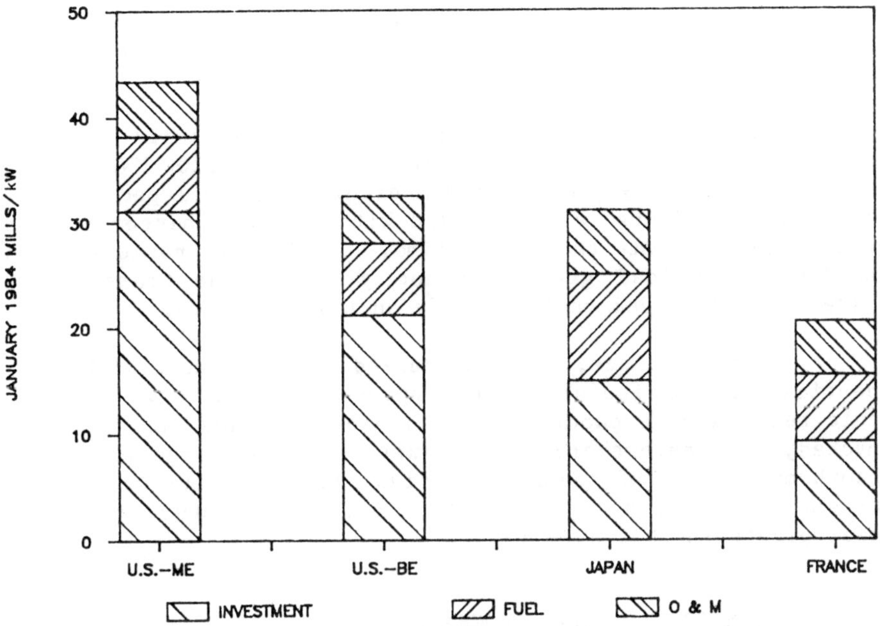

FIG. 8. Levelized, discounted electricity generation cost.

Nevertheless, U.S. craft labor hours and construction durations are significantly higher than those of Japan and France. This strongly suggests that the continuity of experience in France and Japan has led to realization of an effective learning curve with respect to costs.

Figure 8[13] illustrates the potential effect on generation costs that results from the control of construction costs (which directly impact investment costs). Additionally, effective control of the factors that impact construction costs, as discussed above, may lead to reductions in operating and training costs and improvements in availability. These kinds of benefits would most likely result from the programs discussed in Section 6.

5. LARGE VERSUS SMALL UNITS

The evaluations and figures presented above clearly indicate that the influence of standardization and multiple units on a single site may be more dominant in reducing nuclear power plant costs and schedules than the traditional economy of scale with size. Therefore, application of the principles embodied in these evaluations leads to the arguable conclusion that there is a high economic potential for smaller capacity units, particularly in the 400-600 MWe range. This may be particularly true when the effects of these factors are combined with those of the incorporation of passive or mostly passive safety features.

The application of these principles could similarly benefit the economics of larger units in the 1100-1300 MWe range. Paradoxically, load growth is diminishing in developed nations where larger plants were relevant with earlier historic load growth trends. At the same time, developing nations with rapidly rising load growth do not yet have the transmission systems or load demand to justify such large units.

As a consequence, a standardized smaller unit with many identical design features and near-passive safety features could reap large economies where learning curves can be truly invoked, and where there is a market potential large enough to absorb many units of identical design and manufacturing origin. Current U.S. demand trends tend to support a future need for power plants in this size range.

6. U.S. CONSTRUCTIBILITY PROGRAMS

The Electric Power Research Institute (EPRI) and the U.S. Department of Energy (DOE) individually are currently sponsoring complimentary activities in support of the basic elements of a U.S. Advanced Light Water Reactor (ALWR) Program. This program has the following activities and responsibilities:[14]

- Determine the set of regulatory requirements for the next generation light water reactor (EPRI). [completed]

- Generate utility-approved U.S. Nuclear Regulatory Commission certified plant requirements documents for advanced light water reactor nuclear power plants (EPRI).

- Sponsor design certification (licensing) advanced light water reactor nuclear power plants (DOE).

- Develop designs of mid-size (600 MWe) advanced pressurized water reactor nuclear power plants (APWR) and advanced boiling water reactor nuclear power plants (ABWR) (DOE and EPRI).

When the program is completed, a new generation of large and small advanced light water reactor power plant designs will be available. It is expected that these new designs will minimize regulatory uncertainty and provide standardized designs that can be applied to multi-unit sites with an inherent continuity of experience. As discussed in the previous sections, these attributes provide the means for effectively controlling labor manhours and, therefore, U.S. nuclear power plant construction costs.

6.1. EPRI ALWR Requirements Document

The Requirements Document will establish the criteria/requirements of advanced light water reactor designs. The preferred characteristics of the ALWR, as cited in the Requirements Document, are:

- Enhanced Safety
- No Licensing Uncertainty
- Enhanced Operability
- Enhanced Maintainability
- Enhanced Availability
- 60 Year Life
- Increased Design Margins
- Simplified Plant
- Reduced Waste Disposal
- Proved Systems/Components
- Existing Problems Minimized
- Enhanced Constructibility
- Short Construction Schedule
- Cost Competitive

The first five of the thirteen Requirements Document chapters are complete or nearly complete. They are:

1. Overall Requirements [complete]

2. Power Generation [complete]

3. Primary Coolant System and Non-Safety Auxiliary Systems [complete]

4. Reactor Systems [complete]

5. Safety Systems [undergoing Final Review]

Many of the preferred characteristics developed for these chapters will add material cost and, to some extent, installation costs. This will tend to increase the base construction cost of the representative better experience U.S. light water reactor power plant. On the other hand, the preferred characteristics are designed to assist in the control of non-material labor hours that in past and current construction efforts have tended to be driven uncontrollably by regulatory and accountability concerns.

The added design features will tend to increase direct costs, while the overall effects of the application of the

TABLE 1. U.S. NUCLEAR POWER PLANT COST SENSITIVITY

COST CATEGORY	MATERIAL	LABOR	TOTAL
NSSS + T/G*	21	0	21
Structures#	6	8	14
Other Direct	17	11	28
DIRECT COST	44	19	63
Professional	N/A	20	20
Other Indirect	10	7	17
INDIRECT COST	10	27	37

* Nuclear Steam Supply System plus Turbine-Generator Unit (Equipment Only)

\# Structures and Building Services

Requirements Document will tend to decrease the indirect (construction services, engineering and field supervision) costs. Table 1 shows the relative proportions of significant factors in the direct and indirect costs, based on the 1986 EEDB PWR·BE.[8]

The table shows that, for the better cost experience plants, material accounts for 54 percent and craft plus professional (engineering plus field supervision) labor accounts for 46 percent of the base construction costs. The cost area most likely to be affected by the added design features mentioned above is the "Other Direct" category listed. Consequently, 28 percent of the base construction cost is likely to be increased to some extent, while 46 percent of the base construction cost is likely to be significantly decreased through implementation of the ALWR preferred characteristics. It is likely, therefore, that the ALWR will cost no more than the better experience U.S. plants which are currently competitive with alternatives such as coal-fired power plants.

6.2. Mid-Size ALWR Conceptual Designs

The objective of this activity is to develop mid-size ALWR'S (600 MWe APWR and ABWR) that include many of the preferred characteristics listed above and also utilize passive or near-passive safety systems to the extent practicable. Incorporation of passive safety features may increase some material and installation costs. On the other hand, certain safety features, such as large safety-class emergency diesel-generator units, may be eliminated. Use of passive safety systems may cause the safety-class boundary to be smaller and more precisely defined, permitting better control of design and construction labor. These two attributes are expected to have a significant impact on the effort to control and reduce labor costs. The better control thus afforded may also reduce the "safety syndrome" effect described in Section 3.1.

6.3. Constructibility Tasks

Chapter 6 of the Requirements Document will deal extensively with plant arrangements. It is in this chapter that the constructibility aspects of control of labor costs will be developed. Development of this chapter is being supported by DOE sponsored studies and workshops.

The U.S. Department of Energy is also sponsoring a separate study on constructibility that is approaching the subject in a more global sense. The study is designed to identify what is required in the U.S. to expeditiously bring a plant design to the point of construction and then what is required to successfully perform that construction. The study will be implemented by comparing U.S. design and construction practice with the design and construction practice of Canada, France, Japan and the Federal Republic of Germany. Differences caused by infrastructure anomolies will be taken into account and noted. Recommendations based on an analysis of practice differences will be made in the areas of regulatory reform, design practice, construction practice, and development and interpretation of codes and standards. The effort is being coordinated with other ongoing EPRI/DOE constructibility activities.

By mid-July of 1987, the U.S. design and construction practice was identified and the interviews with appropriate organizations in the countries identified above had begun. Preliminary perceptions based on past and current discussions with U.S. utilities and a review of nuclear power plant events in other countries are very promising. It would appear that various utilities, initially entering the nuclear power arena with differing types of organizations, have evolved by different routes to similar tightly integrated project organizations with strong utility involvement. It would also appear that these organizations, were they applied to nuclear power plant construction in 1987, could duplicate the existing better U.S. cost experience, providing that regulatory uncertainty were overcome. Consequently, a very preliminary perception is that had units continued to be started in the U.S. after 1978, at least some nuclear utilities would have begun to perform as well as or better than similar organizations in other countries that have had successful nuclear power programs.

7. CONCLUSION

There is every indication that nuclear power programs could once again be successful in the U.S. There are many indications that costs can be controlled in the future despite some recent examples to the contrary. Steps in this direction are gaining impetus in the U.S. through intensive industry and government sponsored activity. Application of the lessons learned through decades of experience, as discussed in the preceding sections, can achieve controllable construction costs, and should inspire confidence of the buyer, while enlisting the support of the financial community.

The IAEA, through this meeting and similar ones conducted over the years, provides an opportunity for sharing these lessons among nations and restoring the nuclear option to a more positive posture in the world community. A move to greater standardization from a global point of view may lead to cost improvements beyond construction, including operating cost, training cost, and enhanced availability.

REFERENCES

[1] UE&C/DOE-790930, "Final Report and Initial Update of the Energy Economic Data Base (EEDB) Program - Phase I," prepared for the U.S. Department of Energy by United Engineers & Constructor Inc., Philadelphia, PA 19101, December, 1979.

[2] UE&C/DOE-810430, "Phase II Final Report and Second Update of the Energy Economic Data Base (EEDB) Program," prepared for the U.S. Department of Energy by United Engineers & Constructors Inc., Philadelphia, PA 19101, April, 1981.

[3] UE&C/DOE-810731, "Phase III Final Report and Third Update of the Energy Economic Data Base (EEDB) Program," prepared for the U.S. Department of Energy by United Engineers & Constructors, Inc., Philadelphia, PA 19101, July, 1981.

[4] UE&C/DOE-810930, "Phase IV Final Report and Fourth Update of the Energy Economic Data Base (EEDB) Program," prepared for the U.S. Department of Energy by United Engineers & Constructors, Inc., Philadelphia, PA 19101, September, 1981; and Supplement, November, 1981.

[5] DOE/NE-0051, "Phase V Update (1982) Report for the Energy Economic Data Base Program - EEDB V," prepared for the U.S. Department of Energy by United Engineers & Constructors, Inc., Philadelphia, PA 19101, July, 1983.

[6] DOE/NE-0051/1, "Phase VI Update (1983) Report for the Energy Economic Data Base Program - EEDB VI," prepared for the U.S. Department of Energy by United Engineers & Constructors, Inc., Philadelphia, PA 19101, September, 1984.

[7] DOE/NE-0051/2, "Phase VII Update (1984) Report for the Energy Economic Data Base Program - EEDB VII," prepared for the U.S. Department of Energy by United Engineers & Constructors, Inc., Philadelphia, PA 19101, August, 1985.

[8] DOE/NE-0079, "Phase VIII Update (1986) Report for the Energy Economic Data Base Program - EEDB VIII," prepared for the U.S. Department of Energy by United Engineers & Constructors, Inc., Philadelphia, PA 19101, December, 1986.

[9] WASH 1230, "Pressurized Water Reactor Plant," prepared for the United States Atomic Energy Commission by United Engineers & Constructors Inc., Philadelphia, PA 19101, June, 1972.

[10] NUREG 0241, "Capital Cost: Pressurized Water Reactor Plant," prepared for the Nuclear Regulatory Commission and The Energy Research & Development Administration by United Engineers & Constructors Inc., Philadelphia, PA 19101, June, 1977.

[11] EPRI ESC-4685, "Comparative Discussion of U.S. and French Nuclear Power Plant Construction Projects," prepared for the Electric Power Research Institute by United Engineers & Constructors, Inc., Philadelphia, PA 19101, September, 1986.

[12] HINMAN, G. H., et al, "A Comparative Study of Japan and United States Nuclear Enterprise: Industry Structure, Regulation and Construction Experience," Washington State University, Pullman, WA 99164, July, 1986.

[13] Advanced copy of draft report, "Projected Costs of Generating Electricity from Nuclear and Coal-Fired Power Stations for Commissioning in 1995," Organization for Economic Cooperation and Development (OECD), presented at the Advisory Group Meeting on Nuclear Power Cost Data for Nuclear Power Planning Studies in Developing Countries, Vienna, Austria, February 10-14, 1986.

[14] STAHLKOPF, Karl E., et al, "ALWR Program - EPRI: Next Generation LWR's," presented at the ANS/ASME Nuclear Power Conference, July 21, 1986.

PERSPECTIVES DES COUTS DU CYCLE DU COMBUSTIBLE NUCLEAIRE

G. NAUDET, F. BENDELL
Commissariat à l'énergie atomique,
Paris, France

Abstract-Résumé

COST PROSPECTS OF THE NUCLEAR FUEL CYCLE.

Since 1972, three periods can be distinguished in the development of nuclear fuel cycle costs in France: a period of apprenticeship, in which costs increased gradually, especially that of reprocessing; a period of confirmation, showing a stabilization; lastly, as from 1986, industrial mastery, which permitted the start of a reduction. The fuel cost today is around 6 centimes/kW·h. In due course, except as regards the price of uranium, the cost of the industrial stages of the cycle are moving in a downward direction. In the near future, the costs of SWU will decrease as a result of the writing off of the gas diffusion plant and the reduction in electricity charges. Subsequently, the reduction should continue due to the introduction of the laser technique. After a period of ten years, corresponding to the depreciation of the reprocessing plants, the cost of this service will be reduced by 30 to 40 %, bearing in mind the costs of renewal and dismantling. Furthermore, fuel management by reloading per quarter of the core will contribute to a reduction in the overall cost of the cycle. In the long term, the total cost of the fuel cycle could go as low as 4.2 centimes/kW·h and increase the competitiveness of nuclear power in comparison with the use of coal in the generation of electricity.

PERSPECTIVES DES COUTS DU CYCLE DU COMBUSTIBLE NUCLEAIRE.

Depuis 1972, on distingue trois périodes dans l'évolution des coûts du cycle du combustible nucléaire en France: une période d'apprentissage, où les coûts ont fortement augmenté, surtout celui du retraitement; une période de confirmation, montrant une stabilisation; enfin, à partir de 1986, la maîtrise industrielle qui permet d'amorcer une baisse. Le coût du combustible est aujourd'hui voisin de 6 cF/kW·h. A terme, à l'exception du prix de l'uranium, les coûts des étapes industrielles du cycle sont orientés à la baisse. Dans un avenir proche, les coûts de l'UTS diminueront par l'effet de l'amortissement de l'usine de diffusion gazeuse et de la baisse des tarifs de l'électricité. Ultérieurement, la baisse devrait se poursuivre par l'introduction de la technique laser. Après une période de dix ans correspondant à l'amortissement des usines de retraitement, le coût de ce service baissera de 30 à 40 % compte tenu des dépenses de rajeunissement et de démantèlement. En outre, la gestion des combustibles par rechargement par quart de cœur contribuera à l'abaissement du coût global du cycle. A long terme, le coût global du cycle du combustible pourrait descendre jusqu'à 4,2 cF/kW·h et conforter la compétitivité de l'énergie nucléaire par rapport au charbon pour la production d'électricité.

1. INTRODUCTION

Dans le coût de l'énergie d'origine nucléaire, la part du combustible est relativement faible: moins de 30 % du coût total du kilowatt-heure, alors qu'elle est de 60 % dans le cas du charbon. Ce très important avantage est obtenu par l'utilisation d'un combustible ayant une très forte concentration en énergie et faisant appel à des techniques de pointe très sophistiquées. Ce n'est qu'après une succession de transformations que l'uranium naturel peut être utilisé dans un réacteur; chacune de ses transformations s'effectue dans des usines spécifiques et présente un coût dont l'évolution est particulière.

L'objet de ce mémoire est de présenter l'évolution de tous ces coûts particuliers dans le passé et le présent, et, surtout, d'en imaginer l'avenir avec toutes les difficultés que cela représente. On restera dans le cadre français et on utilisera les évaluations successives faites par les autorités publiques depuis 1972. Le caractère unitaire du parc nucléaire français, bâti à partir de la même filière de réacteurs (réacteurs à eau sous pression), ainsi que la structure intégrée de l'industrie nucléaire en France se prêtent bien à l'observation de l'évolution des coûts depuis une quinzaine d'années.

Pour l'avenir, plutôt que de projections hasardeuses, il s'agit en fait de coûts économiques prévisionnels que l'on utilise pour aider au choix des investissements.

2. SITUATION RETROSPECTIVE DES COUTS DU CYCLE DU COMBUSTIBLE NUCLEAIRE

Globalement, le coût du cycle du combustible a subi des variations assez fortes depuis 1972. On peut distinguer trois périodes (fig. 1):

– une première période où le coût a augmenté fortement (en francs constants du 1/1/1986) passant de 3,25 cF/kW·h en 1972 à 7,40 cF/kW·h en 1978, soit une croissance de 14,7 % par an; nous pourrions la qualifier de période d'«apprentissage»;

– une seconde période, entre 1979 et 1984, montre un coût assez stable autour de 7,1 cF/kW·h: c'est une période de confirmation industrielle;

– enfin, à partir de 1986, s'ouvre une troisième période: celle de la décroissance des coûts grâce à la maîtrise industrielle acquise sur toutes les étapes du cycle permettant d'envisager des baisses sensibles pour l'avenir; le coût du cycle est voisin de 6 cF/kW·h.

Cette analyse est globale et il est nécessaire d'examiner l'évolution de chaque coût élémentaire. On considérera en premier lieu le prix de l'uranium naturel, qui suit les lois du marché et se comporte comme une matière première minérale. On étudiera ensuite l'évolution des coûts de chaque étape du cycle résultant d'activités purement industrielles.

Le prix de l'*uranium naturel* est le principal composant du coût du combustible. Son évolution est donc un paramètre primordial. Dans ce cas, on tient compte d'un

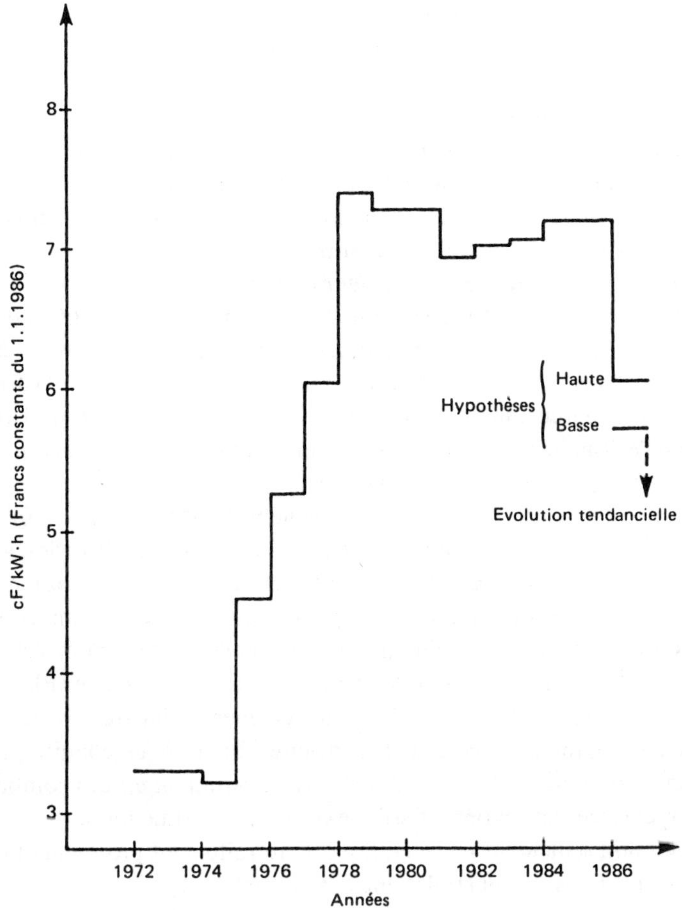

FIG. 1. Evolution du coût du cycle du combustible.

prix de base correspondant à l'époque de l'étude ou au démarrage du réacteur et d'une dérive positive traduisant l'hypothèse d'une augmentation plus au moins forte des prix sur une période correspondant à la durée de vie économique du réacteur. Pour intégrer cette dérive, on calcule le prix moyen actualisé sur la période. Ce prix a été multiplié par quatre entre 1972 et 1978. Depuis, les prix moyens actualisés ont fortement diminué. En 1986, le prix ainsi calculé est de 680 F/kg (en hypothèse basse).

L'évolution des coûts industriels a été très variable. L'un est resté remarquablement stable: il s'agit de la *conversion* de l'uranium naturel. Cette étape, qui permet de transformer le concentré d'uranium naturel en hexafluorure d'uranium, est fondée sur un procédé de chimie classique très au point dont le coût unitaire est faible (47 F/kg U).

Une autre phase du cycle présente une certaine stabilité, la *fabrication* des assemblages combustibles, dont le coût actualisé est resté pratiquement inchangé depuis quinze ans.

En réalité, il y a eu compensation entre la variation du coût de départ et une dérive négative due aux gains de productivité acquis avec l'expérience et l'augmentation de la production. Aujourd'hui ces gains se réduisent. Ainsi, bien que le coût de départ semble avoir baissé d'environ 10 %, le coût moyen actualisé intégrant la dérive est resté à peu près constant (entre 1500 et 1550 F/kg).

Jusqu'en 1978, tout l'*enrichissement* de l'uranium des pays occidentaux a été effectué essentiellement par les Etats-Unis d'Amérique (USAEC puis DOE). Cette situation de monopole a certainement influencé fortement le niveau des prix: 575 F/UTS en 1972, 1075 F/UTS en 1978. Après cette date, l'arrivée d'Eurodif sur le marché, mais aussi celle d'autres producteurs tels qu'Urenco et auparavant Techsnabexport, ont rompu le monopole du DOE et permis d'arrêter la croissance des prix. La pléthore manifeste des moyens de production mondiaux et l'abondance des stocks d'UTS ont déclenché une bataille de prix et l'apparition du prix spot. On sait que le coût des UTS dans une usine de diffusion gazeuse comporte deux postes majeurs, le coût de l'énergie et le coût du capital. Dans nos hypothèses, nous avons retenu que ce capital serait rémunéré et amorti suivant des règles classiques. Pour l'électricité, il importe qu'elle coûte le moins cher possible à l'enrichisseur. Les accords existants entre Electricité de France (EDF) et Eurodif pour l'approvisionnement de l'usine en énergie illustrent bien ce point car une baisse contractuelle du coût de l'électricité a été prise en compte pendant dix ans.

Enfin, la fermeture du cycle, assurée par le *retraitement* des combustibles usés et le recyclage des matières fissiles extraites, constitue un poste important. Il comprend non seulement les opérations de retraitement proprement dites, mais aussi le transport des combustibles entre la centrale et l'usine de retraitement et leur stockage préalable au retraitement, ainsi que la vitrification des déchets de haute activité. Dans le cadre français, les stockages des déchets et des verres sont également compris dans le coût. L'évolution de cet ensemble de coûts a été très fortement marquée par la sous-estimation des véritables dépenses de retraitement du combustible oxyde dans le début des années 70. La bonne marche des usines retraitant du combustible métal faiblement irradié avait fait croire qu'il n'y aurait pas de problèmes avec les combustibles des réacteurs à eau. Il fallut déchanter et les difficultés sont apparues lors des premiers essais de traitement à l'échelle industrielle. Ainsi, les usines américaines durent être arrêtées l'une après l'autre à la suite d'incidents techniques plus ou moins graves. En France, les problèmes furent surmontés mais les coûts augmentèrent de manière considérable: de 1972 à 1982, le coût a été multiplié par un facteur 7 environ. Des efforts très importants de recherche et développement et la connaissance concrète de l'exploitation ont permis de stopper cet accroissement. L'expérience acquise, ainsi que la tenue des devis des nouvelles usines en cours de construction ont permis, depuis cinq ans, d'avancer des coûts de retraitement stables et de prévoir leur évolution à la baisse.

TABLEAU I. HYPOTHESES D'EVOLUTION DU PRIX DE L'URANIUM[a]

	1990	1995	2000	2015	2030
Scénario haut	660	700	770	1380	1860
Scénario bas	625	650	680	790	920

[a] En francs par kilogramme d'uranium (francs français au 1er janvier 1986).

3. SITUATION ACTUELLE DE REFERENCE ET TENDANCES A MOYEN ET LONG TERME

A partir des coûts élémentaires de chaque phase du cycle, on calcule le coût total du cycle du combustible nucléaire par la méthode du bilan actualisé. Au 1er janvier 1986, pour un réacteur à eau sous pression de 1400 MWe démarrant en 1995, les hypothèses prises en compte sont données dans les paragraphes suivants.

3.1. Uranium naturel

Bien que le marché de l'uranium reste aujourd'hui très déprimé, de nombreux indices donnent à penser qu'il devrait s'animer dans les prochaines années. En effet, les annulations de commande de réacteurs ont cessé, tarissant ainsi une partie de l'approvisionnement du marché spot. Par ailleurs, l'industrie minière américaine de l'uranium est en très forte régression, si bien que, pour alimenter les seules centrales en fonctionnement et en construction de ce pays, il faudra faire appel au marché international une fois les stocks réduits dans des proportions raisonnables, et à condition que les tentations protectionnistes, actuellement très vives, ne ferment pas le marché américain.

Enfin, l'arrêt dans presque tous les pays (sauf la France) de la prospection de l'uranium ne favorisera pas la découverte de nouveaux gisements. On peut donc imaginer une évolution des prix de l'uranium à la hausse. Hausse de combien et à partir de quand?

Deux scénarios ont été étudiés: les commandes de centrales reprennent et la croissance des prix peut être forte dès la fin de la décennie, ou bien le marché des centrales reste médiocre jusqu'à la fin du siècle et la hausse des prix est lente. Le coût moyen actualisé sur la période considérée est alors de 680 F/kg dans le cas de l'hypothèse basse; il est de 960 F/kg pour l'hypothèse haute.

Le prix du kilogramme d'uranium évoluerait de la façon indiquée dans le tableau I.

Le coût de la conversion de l'uranium naturel en hexafluorure reste fixé à 47 F/kg dans les deux scénarios.

3.2. Coût de l'enrichissement

Actuellement basé sur la technique de la diffusion gazeuse (pour 95 % des capacités existantes dans le monde), l'enrichissement de l'uranium restera lié à ce procédé jusqu'à la fin du siècle. Bien que la technique de l'ultracentrifugation ait certains mérites, en particulier par sa moindre consommation énergétique, l'état du marché à court terme ne lui permettra pas de se développer comme certains ont pu le penser. La perspective d'introduction de procédés nouveaux d'enrichissement pour la fin du siècle a stoppé une grande partie des efforts consentis sur cette technique: les Etats-Unis ont même arrêté la construction d'une usine de ce type après avoir engagé des dépenses de plusieurs milliards de dollars!

A court terme, on peut espérer des diminutions des coûts de l'UTS avec les usines actuelles pour deux raisons: d'une part, la fourniture d'énergie électrique devrait revenir moins cher grâce à des arrangements optimaux entre compagnies d'électricité et producteurs d'enrichissement, et, d'autre part, on devrait parvenir à abaisser les coûts d'amortissement pour des usines dont la durée de vie sera nettement plus longue que celle qui avait été prévue avec prudence lors de leur conception. Le coût de l'UTS pourrait donc atteindre progressivement le coût proportionnel de fonctionnement de l'usine.

A plus long terme, à partir de 2000, les procédés d'enrichissement par laser devraient s'imposer. Selon la plupart des experts, cette voie prometteuse est susceptible de réduire notablement les coûts. Il reste cependant de grandes incertitudes sur les performances technologiques et économiques du procédé et sur la date où il pourrait être mis en œuvre industriellement. Par prudence, on retiendra une fourchette de coûts à l'horizon 2020 (date où les centrales nucléaires décidées aujourd'hui fonctionneront encore). Il est difficile de prévoir avec précision le coût des UTS produites par le procédé laser, mais des experts estiment qu'on doit gagner au moins un facteur 2 sur le coût complet de la diffusion gazeuse et se retrouver, au pire, au niveau du coût marginal de ce procédé.

3.3. Coûts de fabrication

Dans la technique actuelle, le coût de fabrication des éléments combustibles n'est guère susceptible d'évolutions importantes. Seul l'accroissement de la productivité peut entraîner une baisse, mais cet effet ne devrait pas se faire sentir très longtemps (10 ans peut-être). Chiffrée à 1600 F/kg de métal lourd en 1992, la fabrication pourrait ainsi baisser jusque vers 1450 F/kg.

Des améliorations sensibles ont été apportées dans la conception du combustible: c'est ce qu'on appelle le «combustible avancé» ou «AFA». Les gains ne portent pas sur le coût de fabrication proprement dit, mais sur la commodité d'exploitation et l'économie en matières fissiles utilisées. La démontabilité de l'élément facilitera les opérations de retraitement; l'adoption de grilles en Zircaloy (au lieu d'Inconel) permet une diminution d'activité du circuit primaire et une meilleure utilisation de l'uranium grâce à la plus grande transparence aux neutrons de cet alliage. Ces avantages sont favorables à l'allongement des campagnes du cycle et à la réduction du nombre d'assemblages par recharge.

3.4. Coûts des opérations de fin de cycle

Le coût du retraitement proprement dit est évalué à partir du devis de l'usine de La Hague actuellement en construction et qui doit démarrer prochainement. Conçue pour un amortissement économique d'une dizaine d'années, cette usine pourrait fonctionner nettement plus longtemps en consentant des dépenses d'entretiens pendant des périodes de «jouvence». Ces dépenses représenteraient un certain pourcentage du coût de construction.

En tenant compte de l'investissement initial et des frais d'exploitation incluant la maintenance, on obtient ainsi un coût actualisé du retraitement de 5550 F/kg de métal lourd (en monnaie du 1/1/1986 et avec un taux d'actualisation de 8%).

Au-delà de la période de 10 ans précitée, en intégrant une jouvence et en provisionnant les frais de démantèlement qui s'avéreront nécessaires après 50 ans, le coût du retraitement serait inférieur de 30 à 40 %.

A ces coûts de retraitement s'ajoutent le coût de transport des combustibles usés (250 F/kg de métal lourd) ainsi que les coûts de gestion des déchets.

Les coûts de stockage de ces déchets, y compris leur transport, sont de l'ordre de 600 F/kg de métal lourd retraité, dont plus de 60 % concernent les verres contenant les produits vitrifiés de haute activité. Les études en cours sur les meilleurs sites de stockage et l'optimisation des méthodes de gestion permettront certainement de diminuer de manière significative ces coûts; un coût de l'ordre de 400 F/kg de métal lourd est tout à fait possible.

En définitive, les coûts de la fin du cycle seront compris dans la fourchette 6400 F à 4000 F/kg de métal lourd, cette dernière valeur étant un objectif possible au début du siècle prochain.

3.5. Recyclage des matières nucléaires après retraitement

La valorisation des matières fissiles non consommées constitue un des objectifs du retraitement. Il est possible de récupérer ainsi l'uranium encore légèrement enrichi contenu dans les assemblages usés et le plutonium formé par les réactions nucléaires. Une fois récupérées, ces matières fissiles pourront être utilisées en substitution de matières neuves. C'est ainsi que l'uranium encore enrichi à 0,9 % permettra d'économiser sur les besoins en uranium naturel et en enrichissement. Cela pourra se faire, soit en le recyclant avec de l'uranium naturel dans le cycle normal seul après réenrichissement ou en liaison avec le plutonium, soit en le comptant dans le stock stratégique du producteur d'électricité.

L'utilisation du plutonium en recyclage est d'ores et déjà entrée dans les faits. La fabrication de combustibles à oxyde mixte (UO_2, PuO_2) est une réalité industrielle et des éléments de ce type ont été chargés dans certains réacteurs (un tiers de recharge du réacteur d'EDF à Saint-Laurent-des-Eaux en septembre 1987). Compte tenu du surcoût de fabrication de tels assemblages, il est possible de calculer le prix d'équivalence du plutonium remplaçant l'uranium enrichi pour une même irradiation. Ces valeurs d'équivalence sont de l'ordre de 90 à 100 F/g de plutonium fissile dans le cadre français.

3.6. Coût total du cycle du combustible

Le calcul actualisé du coût du cycle avec un taux d'actualisation de 8 % à francs constants du 1/1/1986, pour une centrale de 1450 MWe démarrant en 1995, donne les valeurs présentées dans le tableau II. Les deux premières colonnes sont relatives aux coûts établis en 1986. On présente en variante les coûts obtenus en utilisant un taux d'actualisation de 5 %.

L'influence du taux d'actualisation est donc réelle sur le coût du cycle: la baisse du taux entraîne la baisse de celui-ci. Cette baisse provient à la fois de l'évolution du coût de l'uranium naturel (sous-total A) et des coûts industriels (sous-total B). Le choix d'un taux de 5 % accentue les écarts entre les deux hypothèses.

En dehors de l'uranium naturel pour lequel il y a, dans tous les cas, une augmentation des prix plus ou moins forte, tous les autres éléments du cycle du combustible doivent baisser dans l'avenir. En 1984, le coût du cycle était de 7,20 cF/kW·h (monnaie du 1/1/1986). On peut espérer obtenir un coût de 5,7 cF/kW·h dans les meilleures conditions retenues alors. Le gain était ainsi de plus de 25 % pour un cycle de combustible réalisé au début du 21e siècle, entre les évaluations de 1984 et celles de 1986. On gagne plus de 9 % supplémentaires en tenant compte de la réduction du coût de retraitement envisagée depuis. Ultérieurement, le poste enrichissement pourrait descendre à environ 1 cF/kW·h et le coût total du cycle à environ 4,2 cF/kW·h.

Des études récentes montrent que d'autres économies sont attendues par une meilleure gestion du combustible dans les réacteurs. EDF a élaboré de nouvelles règles de gestion du combustible qui seront mises en place progressivement sur tout le parc de réacteurs. Il s'agit de passer d'un rechargement classique sur les REP par tiers de cœur à un rechargement par quart de cœur avec un enrichissement inchangé de 3,7 % (enrichissement inchangé par rapport aux campagnes allongées mais cependant supérieur aux 3,25 % du combustible standard). L'optimisation globale du parc a fait préférer ce type de gestion aux campagnes longues envisagées précédemment. Les campagnes avec rechargement par quart de cœur permettront d'obtenir une irradiation de rejet de

TABLEAU II. COUTS MOYENS ACTUALISES DU CYCLE DU COMBUSTIBLE[a]

	Valeurs de référence retenues en 1986 (Taux d'actualisation de 8%)		Variante pour un taux d'actualisation de 5 %	
	Hypothèse haute I	Hypothèse basse II	Hypothèse haute I bis	Hypothèse basse II bis
Uranium naturel	2,49	2,07	2,38	1,92
Crédit U naturel	− 0,34	− 0,24	− 0,42	− 0,28
Sous-total A	2,15	1,83	1,96	1,64
Conversion	0,14	0,14	0,13	0,13
Enrichissement	1,64	1,60	1,51	1,46
Fabrication	0,67	0,67	0,60	0,60
Retraitement	1,65	1,60	1,48	1,43
Crédits				
– enrichissement	− 0,03	− 0,02	− 0,04	− 0,03
– plutonium	− 0,14	− 0,11	− 0,15	− 0,13
Sous-total B	3,91	3,88	3,53	3,46
Total (A + B)	6,06	5,71	5,49	5,10

[a] En centimes de franc français par kilowatt-heure (valeur au 1er janvier 1986).

42 000 MW·d/t en moyenne (au lieu de 39 000 pour les campagnes allongées) et, de ce fait, un gain de 12 % sur la part proportionnelle du coût du cycle.

4. CONCLUSION

La maturité industrielle de la production d'énergie nucléaire et, en particulier, de celle du cycle du combustible sont devenues une réalité. Sur le plan économique, la compétitivité de l'électricité d'origine nucléaire est bien assurée vis-à-vis des combustibles fossiles comme le charbon. A fortiori, le fioul lourd ne joue plus de rôle dans cette production et cela même si le prix du pétrole brut restait au niveau très bas qu'il avait atteint il y a quelques mois. En effet, il faudrait un prix de l'ordre de 7 dollars des Etats-Unis par baril de pétrole brut pour concurrencer en France l'électricité issue d'une centrale nucléaire en fonctionnement de longue durée. Le charbon se place d'autant mieux dans cette compétitivité que son marché est assez déprimé depuis quelques années. Malgré cela, le nucléaire reste compétitif pour des durées d'appel supérieures à 3500 heures.

Ce résultat a été possible grâce à la constitution d'une industrie couvrant toute ia chaîne du nucléaire. Le coût du cycle du combustible est un facteur important pour stabiliser et même faire baisser les coûts globaux du nucléaire.

Au-delà des considerations étroites de coûts économiques, il faut élargir les perspectives et se placer dans l'optique, d'une part du choix d'une stratégie énergétique et, d'autre part, du choix de la plus grande sécurité vis-à-vis de l'environnement.

L'énergie nucléaire est, en effet, l'énergie dont l'utilisation normale est la plus sûre vis-à-vis des risques de pollution. Pour ne prendre qu'un exemple choisi dans le cycle, le retraitement des combustibles usés est extrêmement positif sur le plan de l'environnement. Il permet de séparer les produits radioactifs les plus dangereux pour les stocker de manière spécifique et de réduire considérablement le volume des déchets. On minimise ainsi les risques de dispersion des matières fissiles et on contribue à la défense contre la prolifération nucléaire. Au contraire, le stockage des combustibles usés sans retraitement revient à constituer des mines de plutonium pour les générations futures, ce qui n'est pas satisfaisant du point de vue de l'environment.

En ce qui concerne la stratégie énergétique, il est bien évident que l'on a intérêt à rechercher le meilleur emploi des matières énergétiques: l'utilisation optimale des matières fissiles augmente considérablement les possibilités et les ressources des pays qui maîtrisent l'ensemble du cycle, et en particulier le retraitement. Ainsi, le recyclage des matières récupérées (plutonium et uranium) dans les réacteurs à neutrons thermiques, dont l'industrialisation est engagée en France, constitue une phase transitoire avant l'utilisation du plutonium dans les réacteurs à neutrons rapides qui contribuera, de manière significative, à augmenter l'indépendance énergétique des pays qui développeront cette technique.

ACHIEVEMENTS IN TECHNOLOGY TRANSFER AND INFRASTRUCTURE DEVELOPMENT

Technical Session 2.4

Chairman

Chuanying WANG
China

TECHNOLOGY TRANSFER IN REACTOR SAFETY IN NUCLEBRÁS, BRAZIL

W. LEPECKI, E. SELVATICI, P.C. VIEIRA
Nuclebrás Engenharia S.A. — NUCLEN,
Rio de Janeiro, Brazil

Abstract

TECHNOLOGY TRANSFER IN REACTOR SAFETY IN NUCLEBRÁS, BRAZIL.

The Brazilian nuclear programme was based on the philosophy of technology transfer within a long term association with a more advanced partner, the Federal Republic of Germany. Within this programme, reactor safety aspects played a vital and fundamental role, considering that the health of the population was involved. A programme of systematic technology transfer was established and executed in this area, involving manpower training, documentation and computer program transfer, joint design work, and joint R&D programmes. A well planned programme of systematic technology transfer including a carefully planned and developed training programme is a necessary condition for successful technology transfer. However, it is not sufficient. Under local conditions, the actual implementation of the knowledge acquired during training may be as difficult and more time consuming than the initial steps and its success is much less predictible. The basic preconditions for success are the possibility of applying the acquired knowledge and good working conditions. The first precondition requires careful planning of the implementation, a well organized support infrastructure, an increasing scope of work in the long term, good interaction with R&D institutes and universities and, last but not least, the confidence of the senior management in the work performed and its support for the decisions taken. The second precondition is necessary to avoid the loss of specialists in whom a considerable amount of time and money has been invested. It requires that salaries paid are at least comparable to the market rate and that there are good possibilities of professional development. The paper describes the achievements in the last ten years, and present problems and perspectives.

1. TECHNOLOGY TRANSFER WITHIN THE NUCLEAR PROGRAMME

The main objective of the Brazilian nuclear programme is the full transfer of technology. To achieve this aim, a long term association was made with a partner possessing this technology and willing to share it with Brazil under conditions which assured that after a certain period of joint co-operation the technology would have been fully transferred. The agreed partner was the Federal Republic of Germany [1, 2].

The means to assure the main objective of full technology transfer were:

— the joint design and construction of a series of identical nuclear power plants
— the establishment of joint enterprises to execute this programme
— the training of the necessary manpower
— transfer of full technical information.

As a result of this strategy, the following has been achieved to date:

— The contracting and start of construction of the first two NPPs of the programme: Angra 2 and 3, PWRs of the KWU type, based on the Grafenrheinfeld NPP of the 1300 MW(e) class; as of today 70% of the civil works of Angra 2 have been concluded and the preparatory site work of Angra 3 is ready.
— The establishment of a joint engineering company, NUCLEN (75% NUCLEBRÁS, 25% Kraftwerk Union (KWU)), located in Rio de Janeiro, at present with about 450 engineers, of which a third were trained on-the-job at KWU's premises.
— The execution of the design of the Angra 2 and 3 plants, of which 77% is to be performed in Brazil, 48% by NUCLEN and 29% by private firms, the remaining 23% performed by KWU. As of today, 70% of the design is ready.

2. ORGANIZATION OF THE DESIGN WORK FOR ANGRA 2 AND 3

As a result of technology transfer, the design work of Angra 2 and 3 was split between Brazil and the Federal Republic of Germany.

In Brazil, it is being executed by NUCLEN and by subcontracted private firms; in the Federal Republic of Germany by KWU, the partner of NUCLEN. A very important contractual clause was negotiated establishing the overall responsibility of KWU for the totality of the work, including that portion which was executed by NUCLEN. The main objective of this clause was to assure that the safety of the plant would not be affected by its being partially designed by the Brazilian team, which was performing this work for the first time and immediately after the on-the-job training period in the Federal Republic of Germany. Practical mechanisms were established to enable the partner to assure the quality of NUCLEN's work, especially:

— orientation of NUCLEN's work, at the beginning, by KWU assignees placed at key technical positions, including the technical directorate of NUCLEN (later most of such assignees were replaced by trained Brazilians)
— design review by KWU of critical aspects of NUCLEN's work.

A clear split of work and contractual responsibility was established from the very beginning, so that interface problems could be adequately dealt with.

It was the intention to increase the scope of NUCLEN gradually, as trained manpower became increasingly available. This scope was to increase from one plant to the next of the four to be jointly built with KWU, with intervals of 1.5 years between them. In this manner, the scope of work and responsibility for each plant would remain constant for each plant, guaranteeing a precise interface throughout the whole design and construction period.

This programme was started in 1976. However, because of the worldwide economic crisis of the 'eighties, which hit especially hard developing countries such as

Brazil, all highly capital intensive projects in Brazil had to be extremely slowed down. As a result the two plants following Angra 2 and 3, Iguape 1 and 2, on which work was started, were postponed indefinitely in 1983. For these two plants, NUCLEN prepared itself, by training the necessary people, to take over a larger scope of design, following the philosophy described above. Therefore, trained manpower became available to execute a scope of work larger than originally intended for Angra 2 and 3. In order not to lose these extremely valuable engineers, it was indispensable to keep them busy in their speciality. An agreement was reached between NUCLEN and KWU, increasing the scope of design work to be executed by NUCLEN already for Angra 2 and 3, thus shifting the respective interface while the work was in progress. This was, of course, a delicate operation which had to be done carefully in order not to jeopardize the safety of the plant. Clear technical and contractual relationships were negotiated to establish precisely the scope, interfaces and responsibilities. KWU, the technology transferor, being at the same time partner of NUCLEN, was as much interested as NUCLEBRÁS in the success of the enterprise.

The set-up of the Safety Analysis group of NUCLEN should be understood within this context. Safety analysis was initially to be performed totally by KWU in the Federal Republic of Germany, but after the new agreement mentioned above, it is being performed mainly in NUCLEN in Brazil.

3. THE SAFETY ANALYSIS AREA FOR ANGRA 2 AND 3 PLANTS

3.1. Split of scope and responsibility

The following tasks in safety analysis were agreed to be executed by NUCLEN, in part or in whole:

— the preparation of the major part of the Final Safety Analysis Report
— dynamic analysis for piping design
— dynamic analysis of the loads on the reactor building and on the containment in the case of failure of piping and components with highly energetic contents
— radiation protection and shielding design aspects within the plant
— training of NPP operators
— analysis of the effects of external events (earthquake, explosions, floods, etc.).

In this paper, only the first five items will be discussed.

3.2. Technology transfer

As mentioned in Section 2, a systematic technology transfer programme [3] was initiated as early on as 1976. The most important part of this programme was a medium term on-the-job training programme at KWU covering specifically the

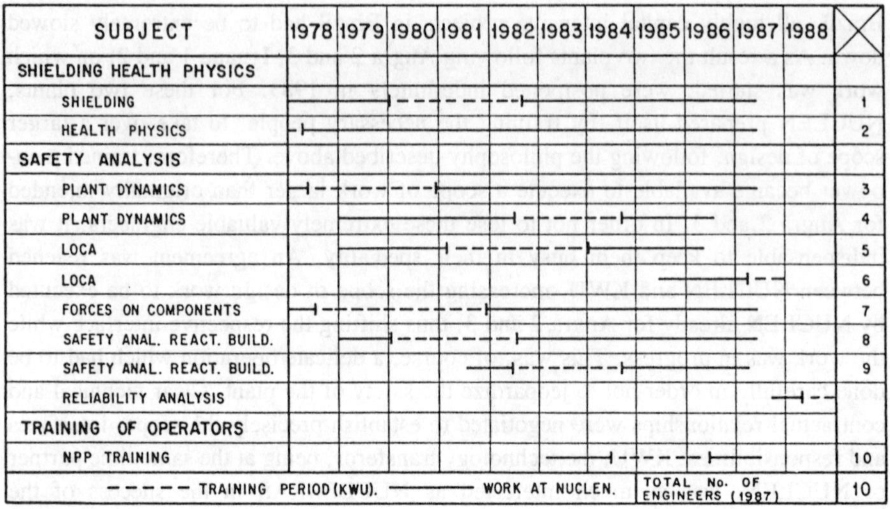

FIG. 1. Reactor safety analysis: NUCLEN training programme.

nuclear areas in NPP design. In the case of safety analysis, training was started late in 1978 since in accordance with the original planning, trained personnel would have to be available only for the NPPs following Angra 2 and 3.

Figure 1 presents the training programme for the buildup of the Safety Analysis group as it was executed. As shown in the figure these engineers, adding to a total of ten, were trained on-the-job in KWU offices for periods of two to four years, in several specialities pertaining to the fields of safety analysis, radiation protection and operator's training.

The decision to integrate the area of operator's training into the Safety Analysis group was based on the recognition of the very important role of the operator in the safety of a nuclear power plant.

The intention by including this area in a 'safety environment' was to increase the level of awareness vis-à-vis safety in the operator's training activities.

Upon return of the trainees to Brazil, they brought with them the complete detailed technical documentation pertinent to their field of work, including especially the computer codes which they learned to handle with full knowledge of their technical content (physical and mathematical model).

From 1978 to 1984, when the training was essentially completed, a total of the order of 25 man-years of training were involved, more than 30 large scientific computer codes were transferred, together with their libraries and auxiliary codes, besides a large number of smaller codes.

Thus, people started becoming available at NUCLEN at the beginning of 1981. Their first task was to begin to implement their fields of work at NUCLEN with the

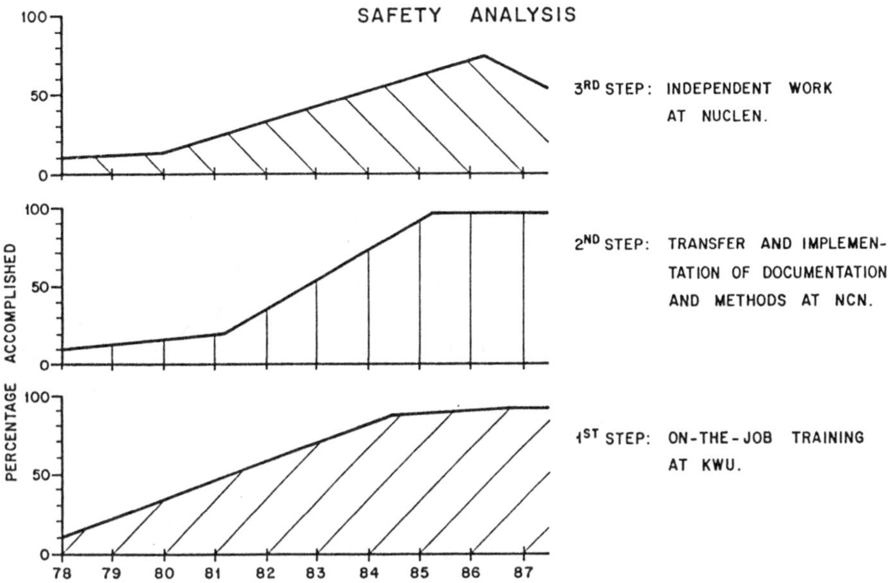

FIG. 2. Technology transfer in the safety analysis area at NUCLEN.

organization of a comprehensive set of technical documentation, implementation of the transferred computational tools and to act as interface with the engineering scope of KWU in the Federal Republic of Germany in their areas of expertise.

With the postponement of the Iguape NPPs in 1983, negotiations were started with KWU to increase the scope of work of NUCLEN in the safety analysis area for the Angra plants, then under design and construction. Much joint NUCLEN–KWU planning work was required for the definition of the technical scope. The solution found to maintain KWU's overall responsibility for the NPP was to keep the safety analysis area in the KWU scope, but with KWU subcontracting NUCLEN to perform the related work.

This joint work procedure has been successfully functioning since the beginning of 1984, so that the contract, initially valid for the period 1984–1986, has been extended for three more years.

This process of technology transfer is summarized in Fig. 2, which illustrates the progress achieved in the three steps of the model utilized by NUCLEN to acquire full capability: training, transfer of documentation/codes and independent work.

As indicated in the figure, the first two steps, training and documentation and methods transfer, are essentially completed. The third step, which is buildup of capability through independent work, showed a steady increase until 1986. After that the level of capability started to drop because of the loss of experienced personnel, a problem dealt with further on.

3.3. Keeping abreast of up-to-date technology

Safety analysis is an area in nuclear technology which is developing very fast through a series of very active R&D programmes developed in general on an international scale. It was considered essential, therefore, that besides doing their normal design work related to Angra 2 and 3, the Brazilian Safety Analysis group in NUCLEN would actively participate in some R&D work which would allow it to keep abreast of the international developments in this area.

Therefore, a co-operative programme of R&D in safety analysis was established between NUCLEN and CDTN (Centro de Desenvolvimento da Tecnologia Nuclear) the Nuclear Technology Development Centre of NUCLEBRÁS, in Belo Horizonte. In order to give this programme access to international developments, a co-operative link was established with the Federal German side, through the Kernforschungsanlage (KFA) Jülich and KWU, with the technical co-operation support of the IAEA. Thus, in mid-1986 the Joint Project Agreement on Reactor Safety Research between NUCLEBRÁS and KFA Jülich was signed, having as executors CDTN and NUCLEN on the Brazilian side and KWU on the Federal German side.

The programme comprises an analytical part and an experimental part and covers a span of five years (1986–1991).

The analytical part is dedicated essentially to establishing the competent use of advanced internationally accepted safety analysis codes, in particular RELAP5 MOD2 and TRAC PF1. For this purpose negotiations are under way to join the International Code Assessment Program of the USNRC, through the Brazilian Regulatory Authority, Comissão Nacional de Energia Nuclear (CNEN).

The experimental part, performed exclusively by CDTN, with the support of the KFA and KWU, consists in the construction of a small separate-effects LOCA facility for the study of the local behaviour of the two-phase flow at the tie plate above the reactor core in the case of a LOCA.

This facility consists of a loop complete with steam generator, quick-opening valves to simulate a rupture, and all auxiliaries.

The test section, which can be pressurized up to 23 bar, consists of a simulation, reproducing the reactor core geometry, of the upper plenum, the tie plate and the fuel elements simulated by a 5×5 electrically heated rod bundle.

This facility is now under installation, to be ready within about two years. The results obtained from this facility are intended to complement the results of the work being performed in the Federal Republic of Germany in the real scale upper plenum test facility (UPTF) in Mannheim within the Federal German-US-Japanese 2D-3D programme, for the better understanding of the thermal–hydraulic phenomena occurring in the reactor vessel during accidents with loss of coolant.

In this way, with very modest means and on a very small scale compatible with the present economic reality of Brazil, the NUCLEN Safety Analysis group was assured access to the latest development on an international scale, through active participation.

4. ACHIEVEMENTS

In the six years of existence of the Safety Analysis group its main activities were:

- handling most of the licensing questions relative to the accident analysis of Angra 2 (more than 50 questions).
- preparation of the safety analysis chapters of the Final Safety Analysis Report of Angra 2.
- performance of the fluid-dynamic load analysis for the safety systems piping of Angra 2.
- evaluation of the dynamic loads acting on the reactor building and containment after postulated breaks in highly energetic piping and components.
- giving support to the utility, FURNAS, in the licensing of the first reload of Angra 1, the one Brazilian plant that is in operation (PWR, 660 MW(e), Westinghouse, two loops). This reload is partially designed/fabricated by NUCLEBRÁS/NUCLEN.
- co-ordination and participation in the preparation of the documentation for operator's training, specially the course on the Angra 2 plant design philosophy (50 booklets, 750 drawings).

During this period the contacts with CNEN, the Brazilian Regulatory Authority, have been intensified, and an informal communication channel has been established between the Safety Analysis group of NUCLEN and the Authority, which has allowed a smoother flow of the licensing questions.

For illustration, the activities involved in the evaluation of the loads on the reactor building arising from ruptures of highly energetic piping are displayed in Fig. 3. These loads consist of forces arising from the jet of fluid impinging on the surrounding walls or components, reaction forces acting on the supports of the failed piping or component and increase of pressure inside the reactor building compartments resulting from the evaporation of the compressed hot fluid escaping from the rupture. The results of these calculations are one of the inputs for the design of the structures of the reactor building.

Besides the work directly associated with the Brazilian NPPs' design and licensing, the Safety Analysis group of NUCLEN has also been involved in development work to ensure the necessary updating of knowledge in such a fast developing area as is reactor safety.

In this context the group has been working together with the CDTN (the research centre of NUCLEBRÁS) since 1983 in the assessment of the thermal–hydraulic codes SACI and PANTERA developed by the CDTN. These are fast running advanced codes for transient analysis and thermal–hydraulic design respectively.

In addition, extensive work was done in the same period in the establishment of competence in the use of the RELAP5 MOD1 code for analysis of loss of coolant

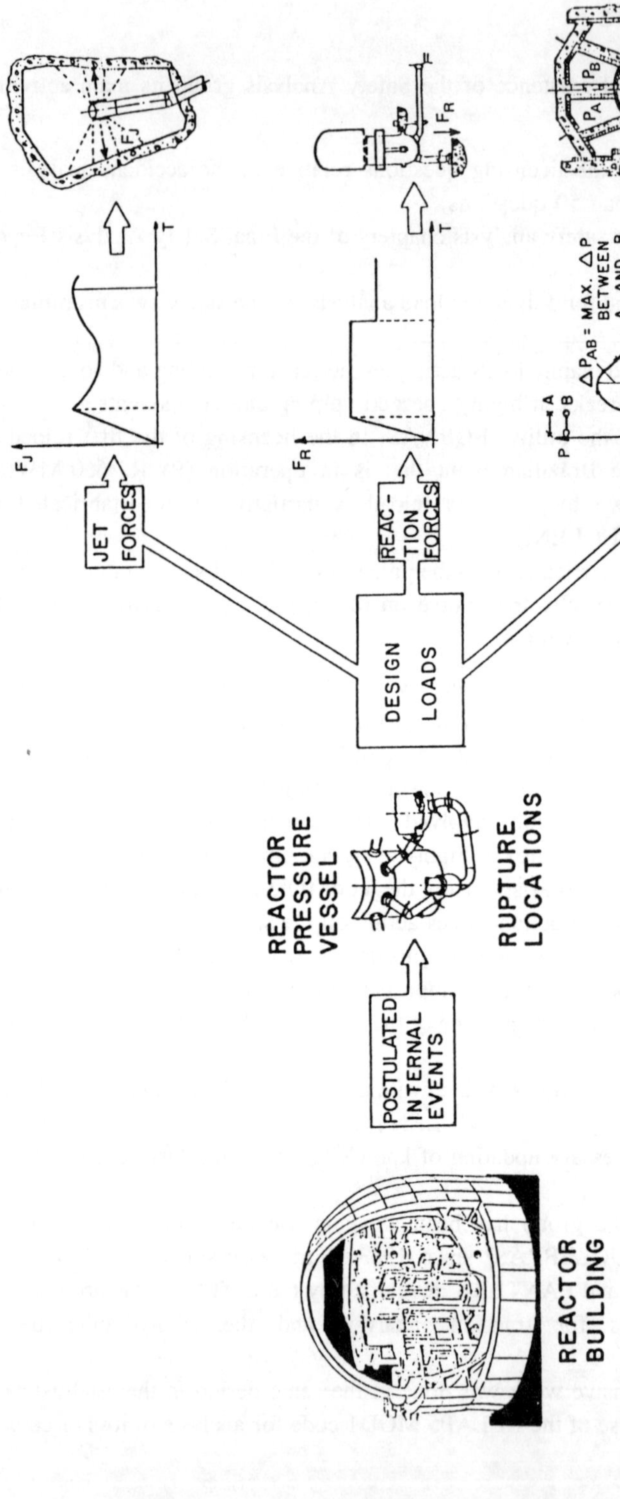

FIG. 3. Design loads on the reactor building due to postulated internal events.

accidents. The driving force behind this effort was the need to have a reliable code for small break analysis, which was not available at NUCLEN at the time.

The nodalization model for the simulation of a small break loss of coolant accident, shown in Fig. 4, indicates the level of detail required for an adequate utilization of the RELAP5 code.

This work is essentially completed and these codes are being used as calculation tools within the regular licensing procedure for the Brazilian NPPs Angra 1 and 2.

The extension of these activities as mentioned in subsection 3.3 involves participation in the assessment and in the process of establishment of competence in the use of RELAP1 MOD2 and TRAC PF1.

5. PROBLEMS AND PERSPECTIVES

The economic crisis continued to hit the Brazilian economy hard, very particularly the nuclear programme, which in addition was the object of high-pitched criticism by the press and public, especially after Chernobyl. The combination of these led to a severe slowdown of Angra 2 and 3 design and construction activities. A very large number of NUCLEN engineers left the company as a result, sensing not enough perspective for their professional lives within such a context.

To complicate the situation the specialized on-the-job training, being highly expensive, was done based on minimum requirements, hardly allowing for redundancy in personnel. Furthermore, the planned training at NUCLEN of additional personnel by those engineers trained in the Federal Republic of Germany did not take place in the majority of cases because of restrictions on hiring of personnel imposed by the serious economic situation of the country.

This has started also to hit hard the Safety Analysis group, which has lost to date about 30% of its trained personnel. The scope of work of NUCLEN started, therefore, to be slowly retransferred to KWU, in a sort of 'backwards technology transfer'. This loss of acquired technology is the main problem at present; an effort is being made by NUCLEN to make the career more attractive in relation to the competition from the private sector, not only through material incentives, but also by continuing to be actively engaged in updated international activities as a form of motivation.

In this context, NUCLEN organized in May 1987, together with CNEN, and under the sponsorship of the IAEA, an international workshop on severe accidents as a first step to enter a new and fast developing area of safety research.

In spite of all these efforts, however, at present the problem of lack of 'critical mass' for the specialized personnel still persists.

6. CONCLUSIONS

One can conclude that the programme conceived for technology transfer in the safety analysis area at NUCLEN was successful.

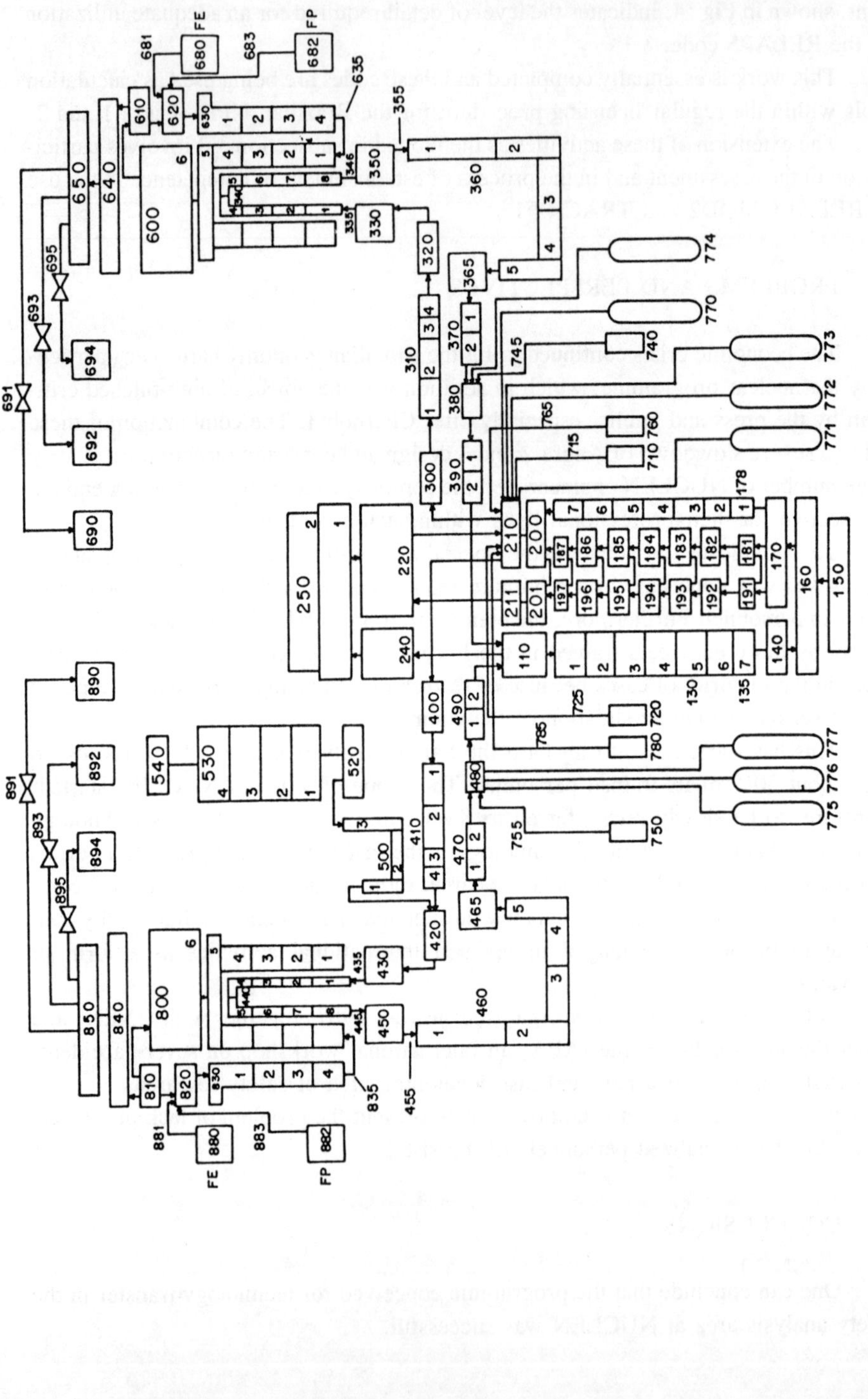

FIG. 4. RELAP5 small break nodalization model for Angra 2 NPP.

The established Safety Analysis group has been working in the area for the last six years and its competence has been recognized.

The knowledge updating required in the safety analysis area is being obtained through co-operation with Brazilian R&D institutions involved in reactor safety, and through international co-operative R&D work agreements.

On the other hand, the group, which was operating with almost no redundancy, recently has lost several specialists and consequently part of its capability, and runs the risk of being dismantled. Working with minimum staff may have seemed to be the most economical way to operate but has proven to be very risky in terms of maintenance of the transferred technology. Furthermore, any benefit from reducing overall expenditure is largely offset by the costs involved in the retraining of new personnel to rebuild lost capability and the costs of having to pay a third party for performance of the services.

Ideally one should work with a minimum of redundancy to be able to withstand normal losses without losing capability.

Additionally, it must be born in mind that consolidation and buildup of knowledge can only be guaranteed through constant practice, which implies continuity of work over a sequence of NPPS.

The global solution for this loss of technology problem depends on a reversal of the economic crisis, and on a continuation of the Brazilian programme of implementation of NPPs even at a very slow rate, but guaranteeing its continuity until the next decade, when the start of construction of additional NPPs is planned.

REFERENCES

[1] SYLLUS, C., Brazil's nuclear policy and the role of NUCLEN, Nucl. Europe (1982).

[2] FABRICIO, RC, "Development of a bilateral technology transfer agreement", Nuclear Power Experience (Proc. Conf. Vienna, 1982), Vol. 5, IAEA, Vienna (1983) 613–639.

[3] LEPECKI, W., MOHR, K., SELVATICI, E., "Technology transfer in system design in NUCLEN", 3rd Int. Conf. on Nuclear Technology Transfer (ICONTT III), Madrid (1985).

IAEA-CN-48/199

THE PWR FUEL LOCALIZATION SCHEME IN THE REPUBLIC OF KOREA

C.S. RIM, S.H. KIM
Korea Advanced Energy Research Institute,
Daeduk-danji, Choongnam

K.S. SUH
Korea Nuclear Fuel Co., Ltd,
Daeduk-danji, Choongnam

Republic of Korea

Abstract

THE PWR FUEL LOCALIZATION SCHEME IN THE REPUBLIC OF KOREA.

The paper gives a general overview of the PWR fuel localization project in the Republic of Korea. The objective of the project is to supply localized nuclear fuels for domestic plants from 1989 onwards. All the infrastructure needed to carry out the localization has been established. Through this project, the Republic of Korea intends to achieve self-reliance in PWR fuel technology. In this respect, an agreement with the Federal Republic of Germany for the transfer of PWR fuel technology was made in January 1986. In addition, another agreement was also made for the design and supply of equipment for the fuel fabrication plant. As a new approach to self-reliance in fuel design technology, joint design was introduced and has been found to be an effective method for fuel design technology transfer. On the other hand, the conventional on-the-job training approach is being used for fuel fabrication. So far, the PWR fuel localization project is achieving its set goal and it will be successfully completed within the given time frame.

1. INTRODUCTION

The objective of the PWR fuel localization project in the Republic of Korea is to supply localized nuclear fuels for domestic plants from 1989 onwards. In order to achieve this objective, a localization plan for PWR fuel was established in 1981 by the Government. Hence a nuclear fuel fabrication company, the Korea Nuclear Fuel Co., Ltd (KNFC) was founded in November 1982 by the Korea Electric Power Corporation (KEPCO) and the Korea Advanced Energy Research Institute (KAERI).

To assure the successful accomplishment of the PWR fuel localization project, the roles of KAERI and KNFC were clearly defined. KAERI has been responsible for the design and engineering work on nuclear fuel, nuclear fuel components, and non-fuel-bearing core components. KNFC has been responsible for manufacturing nuclear fuel and nuclear fuel components.

To expedite self-reliance in PWR fuel technology, two technology inducement contracts were signed in August 1985 between Kraftwerk Union (KWU) and KAERI

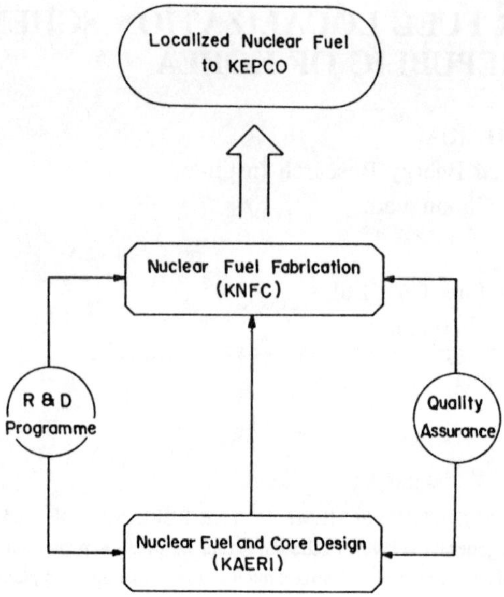

FIG. 1. PWR fuel localization scheme in the Republic of Korea.

for fuel design technology transfer, and between KWU and KNFC for fuel fabrication technology transfer. In addition, another agreement was also made between KWU and KNFC for the design and supply of fabrication equipment for the fuel fabrication plant. These contracts became effective in January 1986. The construction of KNFC's fuel fabrication plant began at Daeduk, Republic of Korea, in November 1986, and the plant will start commercial operation early in 1989.

Localized nuclear fuel, designed by KAERI and manufactured by KNFC, will be supplied from 1989 onwards to KEPCO, the utility that constructs, operates, and maintains nuclear power plants. Figure 1 shows the PWR fuel localization scheme along with the relationships between these three organizations.

2. TECHNOLOGY TRANSFER

The main objective of the technology inducement contracts executed between KWU and KAERI, and between KWU and KNFC, is to achieve self-reliance in PWR fuel technology in the Republic of Korea. These contracts cover the entire scope of design-, engineering-, and manufacturing-related technology for PWR fuel and its components. Technology transfer is implemented by providing technical documents, computer codes, patents, training, joint design, R&D, and consulting services. The contract between KWU and KAERI includes the following areas for the design-related fuel technology to be transferred to KAERI:

— Nuclear design and in-core fuel management
— Thermal-hydraulic design
— Fuel rod and fuel assembly mechanical design
— Fuel components and non-fuel-bearing core components design
— Safety analysis and licensing
— Design QA
— Reactor operation, core monitoring and protection
— Fuel-related R&D
— Fuel services.

The contract between KWU and KNFC includes the following areas for manufacturing-related technology to be transferred to KNFC:

— Manufacturing of the fuel assembly and its structural components
— Manufacturing of non-fuel-bearing core components
— Manufacturing of unirradiated fuel shipping container
— Manufacturing process engineering
— Manufacturing QA and QC
— Radiation protection and safeguards.

The technology related to uranium conversion ($UF_6 \rightarrow UO_2$) is, however, not included in the above contract.

Methods of implementation for effective and complete technology transfer are as follows:

— Training of KAERI and KNFC engineers
— Joint design for reload fuels
— Transfer of all technical information, including design reports, design manuals, computer codes, etc.
— Joint R&D programmes.

The training of engineers in fuel design and fabrication is important in technology transfer. A series of classroom training sessions for KAERI engineers was conducted from 17 February to 26 April, 1986 in the Republic of Korea. This covered the following fuel design and engineering areas:

Nuclear design (10 weeks)
Thermal-hydraulic design (2 weeks)
Fuel rod design (7 weeks)
Assembly mechanical design (9 weeks)
Safety analysis (5 weeks)
Fuel services (1 week).

KNFC engineers and technicians were trained in areas relating to the fuel fabrication process at KAERI's fuel fabrication plant (a pilot plant for fabrication of CANDU fuel assemblies) for 15 months, starting in December 1985. Since June 1986 selected trainees have been sent to RBU, KWU's fuel manufacturing company, to participate in various fuel manufacturing-related activities. The training will continue until April 1988. During this training period, a total of 60 engineers and technicians are scheduled to be trained for 236 man-months at RBU in the areas of fuel manufacturing, QA and QC, radiation protection and safeguards, and interfaces with design and manufacturing.

3. JOINT DESIGN

As a new approach to self-reliance in fuel design technology, joint design was introduced for the first time and has been found to be powerful and efficient in the complete technology transfer. The joint design was carried out at Erlangen, Federal Republic of Germany, under KWU's responsibility. During the joint design phase KAERI engineers were actively involved in detailed design activities covering all aspects of fuel and core design, and safety analysis. Licensing support and other necessary services to KEPCO are also included in the scope of the joint design. KWU provides warranties for the results of joint design.

The joint design is divided into two phases (preliminary design and final design) and covers all design areas, e.g. nuclear design, thermal-hydraulic design, fuel rod and assembly design, safety analysis, etc. Since May 1986 preliminary design activities for reload fuel assemblies to be fabricated during 1989 and 1990 have been jointly carried out by KWU and KAERI engineers at Erlangen and are scheduled to be completed by March 1988. The progress of the joint design activities performed to date is as follows:

— Preliminary design for three types of localized fuel (14×14, 16×16, 17×17) to be loaded in domestic nuclear power plants;
— Nuclear, thermal-hydraulic, and mechanical compatibility analyses of mixed core;
— Safety analyses such as major reactivity induced accidents, LOCA, and non-LOCA.

The fuel specifications and drawings produced from the preliminary design work will be used in the purchase of fuel components and manufacture of fuel assemblies. In addition, fuel design reports, reload transition safety report (RTSR) and topical reports will be submitted for licensing approval from the Government.

Upon completion of the preliminary design, the final joint design work will be initiated at Erlangen. Starting in late 1989, as shown in Fig. 2, KAERI will independently design the reload cores for all the fuel assemblies to be fabricated after January 1991.

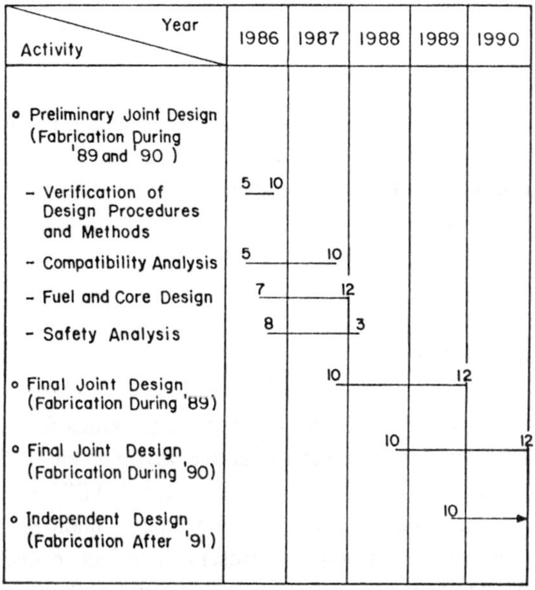

FIG. 2. Joint design schedule.

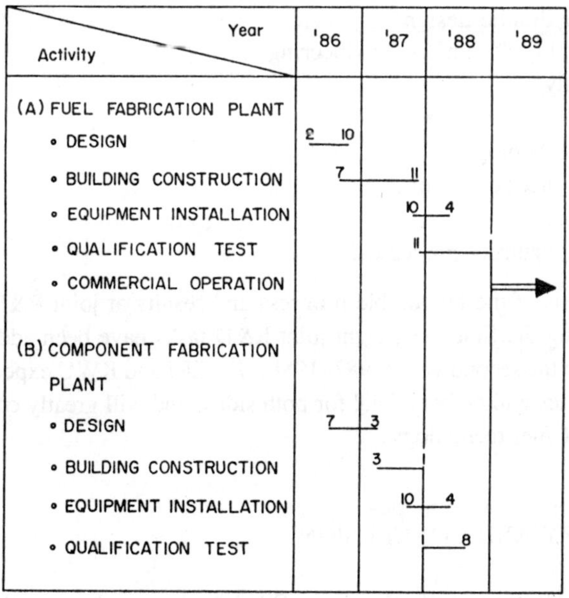

FIG. 3. Construction schedule for PWR fuel fabrication plant.

4. FUEL FABRICATION

KNFC is responsible for the construction and operation of the fuel fabrication plant. The schedule for the construction of the plant is shown in Fig. 3. At present, KNFC is putting a lot of effort into the training of engineers, along with the construction of its fabrication plant. Once the construction of the fuel fabrication plant and qualification tests are completed, KNFC will start commercial operation in early 1989.

5. R&D PROGRAMMES

Since R&D work is one of the most important activities for ultimate technical self-reliance, KAERI intends to establish active involvement in KWU's and its related corporations' R&D programmes. In this regard, KAERI and KWU agreed to have an annual R&D meeting in accordance with the technology inducement contract. During these meetings, participants present their fuel-related R&D activities and develop joint R&D programmes by mutual agreement. The first R&D meeting was held at Erlangen in June 1986. As a result of this meeting, KAERI and KWU agreed to perform fourteen R&D tasks related to fuel design and engineering, and manufacturing, during the first year (1986–1987). These R&D tasks cover the following areas:

- Nuclear design
- Thermal-hydraulic design
- Fuel assembly design and engineering
- Safety analysis
- Ceramic fuel technology
- Zircaloy technology
- In-reactor fuel behaviour
- Fuel services
- Fuel manufacturing processes.

On the basis of the favourable progress and results of joint R&D programmes performed during the first year, eight joint R&D tasks have been added to the joint programmes for the second year (1987–1988). KAERI and KWU expect that the joint R&D programmes will be beneficial for both sides, and will greatly contribute to the improvement of fuel technology.

6. SUMMARY AND CONCLUSION

In order to achieve self-reliance in PWR fuel technology in the Republic of Korea, an agreeement with the Federal Republic of Germany for the transfer of fuel design and manufacturing technology was made in January 1986. For the effective absorption and comprehensive assimilation of PWR fuel technology, joint work on fuel design, and training for manufacturing are currently under way in the Federal Republic. In addition, a total of twenty-two joint R&D programmes in fuel-related areas are under way.

On the basis of the outcome of the localization project to date, KAERI and KNFC expect that the national PWR fuel localization project will see a successful conclusion. There will be continued effort via joint R&D programmes to update the fuel technology transferred to KAERI and KNFC, as well as to improve domestic technological capabilities.

AN APPROACH TO SUCCESSFUL TECHNOLOGY TRANSFER FOR NUCLEAR COMPONENT MANUFACTURE

K. PERNSTICH
Kraftwerk Union AG,
Erlangen,
Federal Republic of Germany

Abstract

AN APPROACH TO SUCCESSFUL TECHNOLOGY TRANSFER FOR NUCLEAR COMPONENT MANUFACTURE.

Countries planning to introduce nuclear power generation programmes are interested in maximum participation of national industry in plant construction, having as objectives (a) the development and upgrading of industry, (b) political independence, (c) improvement of the exchange balance through import substitution, (d) independent and quick servicing during plant operation. Exact determination of the necessary technology as well as thorough planning and control of its transfer are prerequisites for obtaining technological self-reliance and thus achieving the desired objectives. The successful transfer of technology and its assimilation constitute complex and dynamic processes which require adequate management structures and transfer instruments, including an efficient system for evaluating transfer achievements and technology assimilation as well as for determining corrective measures at both the transferor's and the recipient's end. Complete dedication and attention as well as close and harmonious co-operation between the transferor and the recipient during all phases of the transfer from planning to full assimilation are necessary features for success. Satisfactory technology transfer not only yields benefits to both parties, such as assimilation of new technologies, general improvement of quality and consequently opening of new markets, but it also leads to a general upgrading of the technical infrastructure of the recipient's country by spreading technology to the national supplier industry. Technology transfer, when performed in the right way, is therefore a powerful tool for the development of nations.

1. BASIC CONSIDERATIONS

Countries planning to introduce a nuclear power generation programme are obviously interested in maximum participation of the national industry in power plant construction. The main objectives of this policy are shown in Fig. 1.

Prerequisites to ensure achievement of these objectives are:

- an exact study of the country's industrial infrastructure and analysis of the national market situation in order to determine the areas and extent of technology transfer necessary
- thorough planning, execution and control of the technology transfer.

The condition of the existing industrial infrastructure versus the structure to be achieved determine the requirements of the technology transfer. The basic decision,

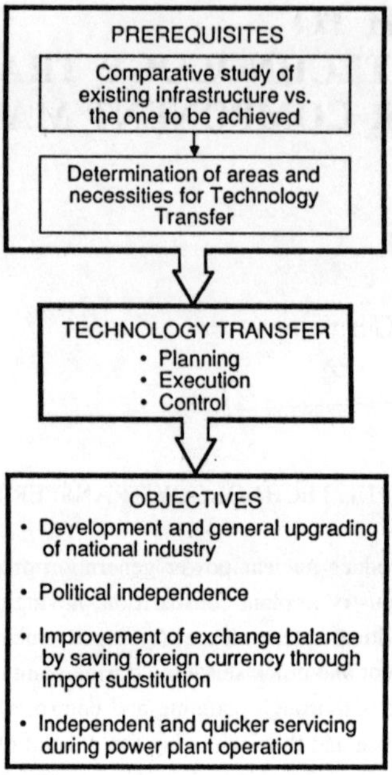

FIG. 1. Participation of national industry in nuclear power plant construction.

however, whether or not to install and/or upgrade facilities for nuclear component manufacture must also take market conditions into consideration. Under normal circumstances the currently existing worldwide overcapacity in this market would not permit newcomers to export their products. It is therefore a prerequisite that the domestic market and the installation sequence of a national nuclear power generation programme can guarantee the assimilation and preservation of the transferred technology.

Installation procedures for power plants should not exceed two years if satisfactory results are to be attained with regard to maintaining qualification and preserving engineering capabilities and work skills. From an economic point of view, it must be ensured that the shop load reaches an adequate level, if necessary by additional non-nuclear orders such as those for offshore equipment, conventional vessels and heat exchangers, heavy steel structures, etc.

2. ACQUISITION OF TECHNOLOGY

Technology may be defined as the skills, methods and processes used to design and manufacture a specified product. The obvious goal of a technology transfer is to improve the technological self-reliance of the recipient.

Basic Conditions for Technology Transfer

- The transferor shall be in full possession of the technology and shall not have any restrictions regarding its disclosure and transferral.

- The technology transfer shall cover all areas, exceeding simple "know-how" and entering into "know-why".

- The contract shall include all necessary transfer elements, e. g. documents, training and delegation of experts.

- The duration of the contract shall be sufficient to allow full assimilation of the technology.

- Access to state-of-the-art and to future developments of the transferor shall be ensured.

FIG. 2. Basic conditions for technology transfer.

This goal can only be reached under certain conditions, shown in Fig. 2.

The conditions shown in the figure are valid regardless of whether a new technology is being assimilated into a company especially created for this purpose or into an existing company through upgrading. They are also independent of the participation of the transferor in the share capital of the recipient company.

3. TECHNOLOGY TRANSFER MANAGEMENT

The transfer of the skills, methods and processes of a given technology and its assimilation constitute complex dynamic processes which require adequate structures and management tools at both the transferor's and the recipient's end, such as

— a transfer structure to ensure efficient handling of documents, training procedures and delegation of experts from the transferor
— structure on the recipient's side capable of assimilating the transfer
— a control structure to check the degree of assimilation and jointly determine adaptations which might be advisable or necessary (Fig. 3).

In order to satisfy these requirements a highly qualified management is needed.

While the experienced transferor usually possesses both the structure and management for efficient handling of the transfer, this may not initially be the case as far as the recipient is concerned. It is therefore advisable for the recipient to select a partner who is also experienced in transferring technology and who is able to assist in the creation of the necessary structure at the recipient's end.

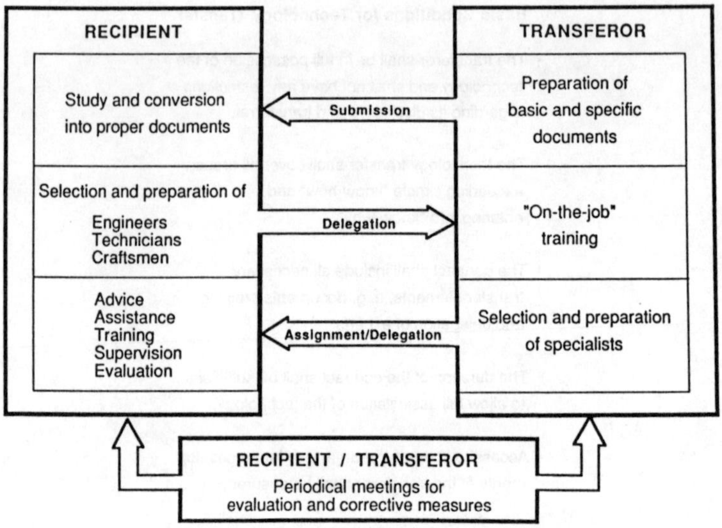

FIG. 3. Management and instruments of technology transfer.

4. INSTRUMENTS OF TECHNOLOGY TRANSFER

Since technology at the transferor's end is not only present in written form, but also to a considerable extent in non-written know-how and the experience and skills of its experienced personnel, several instruments must be applied in parallel to achieve a successful transfer of technology, i.e.

— submission of documents to the recipient
— training of engineers, technicians and labourers at the transferor's and the recipient's end
— advice given by experts delegated to the recipient (Fig. 3).

It is not possible to measure the individual contribution of the different instruments to the total success of a technology transfer — the relative importance of each instrument does not even remain constant during the different phases of assimilation. The quality of the technology transfer, however, is determined by the weakest instrument, or — in other words — only a joint and harmonious functioning of all instruments and their interfaces can guarantee complete success.

Basic rules as described below should therefore be strictly observed when applying the transfer instruments.

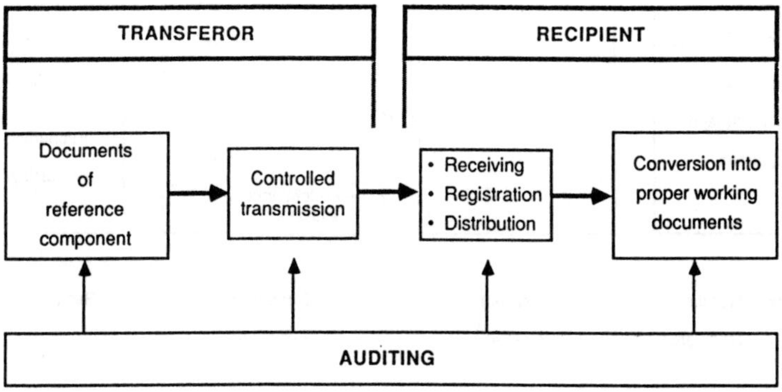

FIG. 4. Technology transfer through documents.

4.1. Documents

The written part of a given technology is usually laid down in a vast number of documents. The compilation, transfer, handling, use and control of these documents at both ends are subject to strict rules (Fig. 4).

- All documents shall refer to a 'reference component' to guarantee completeness and avoid interface problems.
- Transmission, receiving, registration and distribution shall be strictly controlled.
- The transferred documents are for reference and shall not be used in production, but converted into appropriate documents by the technology recipient. Adaptations which might become necessary shall be made at this stage. Conversion and adaptation are subject to adequate controls which shall be defined in the Quality Assurance Manual.
- Updating and substitution of documents shall adhere to a defined and controlled procedure.
- The activities mentioned above shall be subject to audits.

4.2. Training

Training of engineers, technicians and skilled labour is an integral part of technology transfer. The extent and type of training programme depend first of all on the recipient's technological basis. Whereas on-the-job training for special processes must obviously be performed at the transferor's prior to their application at the recipient's, the training of basic skills, subsequent retraining, perfecting and propagating skills are activities which may be carried out at the recipient's end

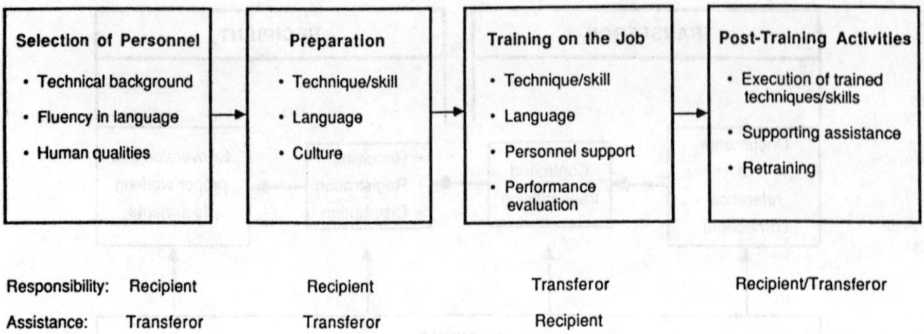

FIG. 5. Technology transfer through on-the-job training.

(Fig. 5). Adequate structures have to be created at both ends for an efficient organization and for performance and control of the training activities.

Aside from these organizational aspects, additional requirements as regards the qualification of the trainees must be observed during selection for training abroad:

— Sound technical background and, if possible, experience in fields similar to the one to be trained in;
— Language fluency;
— Human qualities such as open-mindedness, self-confidence and capability for constructive self-criticism, capability in dialogue, active interest and capacity for learning.

It is worthwhile pointing out that to achieve successful training the human qualities mentioned should be rated as important as the technical qualifications. While the indicated requirements are more easily met by engineers, because of their higher level of education, technicians and especially craftsmen frequently encounter difficulties in this area. Careful preparation of all trainees prior to travelling abroad and adequate support upon arrival is therefore essential to prevent culture shock, discontent and, consequently, inefficiency in training.

Special attention should also be paid to a deficiency in the infrastructure widely observed in less developed countries, namely the lack of a broad basis of skilled labour and foremen. An efficient tool to amend this situation is the availability of a training centre where basic skills are taught to apprentices in long term courses and where further education is offered to more experienced labour and inspectors in order to develop special skills and to create foremen.

At this juncture, the importance of creating professional and economic incentives for the trainees should be emphasized. Only adequate salary levels and career opportunities can lead to job satisfaction and thus to success in the long term assimilation of new technologies. Brain drain and considerable additional costs or even failure

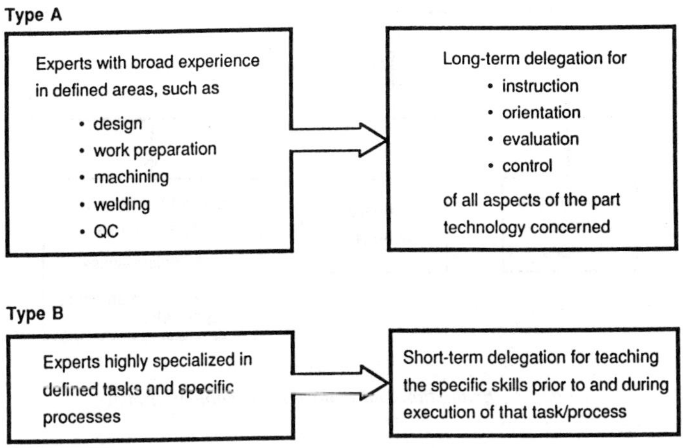

FIG. 6. Technology transfer through delegation of experts.

in transferring the technology may be the consequence if the necessity of these incentives is disregarded.

4.3. Delegation of experts

Personnel delegated to the recipient for the purpose of transferring technology may be divided basically into two categories (Fig. 6):

(A) Experts with broad experience in a defined area, e.g. work preparation, machining, welding, quality control, etc., for instruction, orientation and control of all aspects of the technological area concerned. These tasks require long term delegation of such experts.
The numbers necessary of this type of expert, the area in which they will act and the duration of their delegation depend mainly on the technology basis of the recipient.

(B) Experts who are highly specialized in a defined task, for teaching the specific skill prior to and during execution of that task at the recipient's. Their delegation is limited to the execution of the defined task and is therefore usually on a short term basis. The determination of the need for this type of expert and the tasks he is to perform should be made in close co-operation with the recipient's management and the experts of category A.

Full possession of the technical qualifications is clearly a necessary requirement, but for the experts of category A in particular it is not the only one. Selection

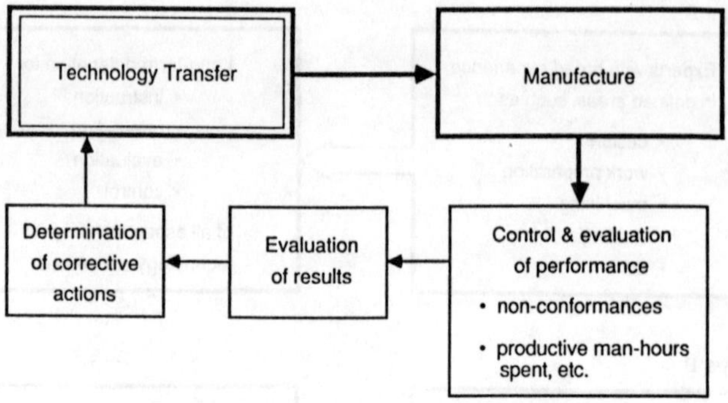

FIG. 7. Evaluation and control of technology transfer.

criteria such as teaching ability, capability of adapting to a new environment, to overcome difficulties and to make decisions are just as important as the technical qualifications. These human requirements are best met by open-minded, self-confident persons with a well-balanced personality.

5. EVALUATION AND CONTROL OF TECHNOLOGY TRANSFER

Constant evaluation and control of the transfer and assimilation are important tools in achieving complete success in technology transfer (Fig. 7). Evaluation and control does not simply mean counting the persons already trained and the number of documents submitted, it means rather a sincere analysis of the results achieved. In the case of nuclear component manufacture this can best be done by compiling statistics and evaluating the non-conformances which occur.

An important indicator for evaluating the assimilation process is the number of productive man-hours spent on repair and rework. Another one, although more related to economic aspects, is the ratio between the productive man-hours spent on a defined process at the recipient's and the transferor's. All data should be carefully analysed and discussed to obtain a sound basis for the decision on corrective actions. Experience has shown that periodic meetings between the recipient and the transferor give a good guarantee for efficient control and regulation of the technology transfer.

6. CONCLUSIONS

The successful transfer and assimilation of technology represent a very complex management task which requires the full attention and dedication of experienced managers from the very beginning of planning until full assimilation has been achieved. Close and harmonious co-operation between the transferor and the recipient during all phases of the transfer is a prerequisite for success.

Satisfactory technology transfer not only brings benefits to both the recipient and the transferor such as assimilation of new technologies, general improvement of the shop's quality and consequently the opening of new markets, but it also leads to a general upgrading of the technical infrastructure in the recipient's country through the spread of technology to the national supplier industry.

Technology transfer, when performed in the right way, is therefore a powerful tool for the development of nations.

IAEA-CN-48/264

INDIAN EXPERIENCE IN TECHNOLOGY TRANSFER AND INFRASTRUCTURE DEVELOPMENT FOR CONTROL AND INSTRUMENTATION SYSTEMS OF NUCLEAR POWER PLANTS

S.N. AHMAD, K. NATARAJAN
Nuclear Power Board,
Department of Atomic Energy,
Bombay, India

Abstract

INDIAN EXPERIENCE IN TECHNOLOGY TRANSFER AND INFRASTRUCTURE DEVELOPMENT FOR CONTROL AND INSTRUMENTATION SYSTEMS OF NUCLEAR POWER PLANTS.

India has a comprehensive nuclear power programme with great emphasis on indigenization and self-reliance. In the field of control and instrumentation systems, the challenges faced by a developing country are best met by development of technology and transfer of technology for production and utilization in a reactor. Bhabha Atomic Research Centre and the Electronics Corporation of India Ltd have both been playing crucial roles as R&D organizations, generating the technology and as a production organization respectively. The various problems faced are illustrated by the example of development of fuel handling control systems for one of the power reactors under construction. The lessons learned are being utilized for spreading technology transfer to the industrial sector, outside the Department of Atomic Energy, to generate greater participation of industry in the Indian nuclear power programme.

India has one of the most comprehensive nuclear programmes in the world, with development of nuclear power as its major thrust. Considerable emphasis is also placed on self-reliance and indigenous development. The nuclear programme, including the nuclear power programme, was initiated in an environment when the technological level in most industries was not advanced enough to support such a programme. Consequently a considerable part of the technological development had to be done, and continues to be done, by the Department of Atomic Energy (DAE). DAE also had either itself to develop the industrial infrastructure in the country or facilitate its growth in selected industrial units in the country through effective technology transfer.

Control & Instrumentation (C&I) systems of nuclear power plants are one of the high technology areas where the efforts put into technical development, indigenization, technology transfer and creation of the required industrial infrastructure have shown encouraging results. This paper describes the evolution of C&I systems in nuclear power plants in India. The indigenous content of the C&I systems has increased progressively with each succeeding plant. This paper discusses the strategy adopted, the efforts put in and the results achieved in this area. It also discusses the problems faced in technology transfer and development of infrastructure for C&I systems.

The paper reviews the reasons for setting up the Electronics Corporation of India Ltd (ECIL), an industrial undertaking under the DAE. The substantial contributions made by ECIL to the supply of C&I equipment for the nuclear power programme are discussed, as well as the infrastructure and test facilities developed.

The trend of increasing indigenization has been temporarily arrested in Narora Atomic Power Project (NAPP), which is currently under construction. This is largely attributed to increased computerization, as well as procurement of components and equipment having to meet more stringent quality, environmental and seismic requirements. The paper discusses how these additional features have affected infrastructure requirements, including those for software, and how these have made technology transfer more complex.

When the work of nuclear power development was undertaken by the DAE, medium sized thermal power stations had been in operation in India for several years. Heavy engineering shops capable of undertaking large fabrication jobs were being set up. A reasonable base for manufacturing electrical equipment was in existence. In spite of all this, a considerable part of the research and development work had to be done, and continues to be done, by the DAE.

The industrial infrastructure required for nuclear power plants essentially involves:

(a) the production of special materials such as fuel, heavy water, Zircaloy, etc.
(b) the manufacture of nuclear components
(c) the manufacture of nuclear C&I systems.

To meet the objectives of the nuclear power programme, the interaction that has been taking place over the years between nuclear research and development and industry has been in the following areas:

(a) development of an in-house industrial capacity
(b) horizontal linkages of research with industry
(c) manpower development.

Other advantages that accrue are the extension of sophisticated techniques and services to industry, as well as other spin-offs.

The phase of the nuclear programme from Apsara (1955) to Tarapur (1969) can essentially be considered as the period of technology absorption and building of industrial infrastructure at the Bhabha Atomic Research Centre (BARC). Not only were new technologies absorbed; they were adapted to Indian conditions. Special methods and systems were developed to acquire total capability for implementing the nuclear programme. The creation of a strong Quality Surveillance group can be cited as an example. It was around this time that the Training School was started for imparting training in nuclear physics, engineering and allied fields to the new entrants into the DAE. The school is now in its 30th year and has provided the trained manpower necessary to man DAE's projects. In the initial phase, most of the technological inputs were from abroad but the indigenous content has been progressively increased. For example, while for Tarapur Atomic Power Project the indigenous content was only 30%, it was 55% for Rajasthan Atomic Power Project (RAPP) Unit 1 and 70% for RAPP Unit 2. For Madras Atomic Power Project (MAPP) the indigenous content was 88% and for NAPP it is expected to be around the same figure in spite of considerable technological upgrading in NAPP compared with MAPP.

The Indian nuclear power programme really got going with the decision to opt for the pressurized heavy water reactor design for the first phase of the nuclear power programme. It was then realized that special dedicated organizations would have to be created and entrusted with this important task. An organization, called the Power Project Engineering Division, PPED (later renamed the Nuclear Power Board, NPB), was formed and entrusted with the job of design, erection, commissioning and operation of nuclear power plants.

Control and Instrumentation systems of nuclear power plants must be designed and built to meet stringent quality, reliability, environmental, seismic and radiation resistance requirements. Though the typical cost of the C&I system is only about 8–10% of the cost of a nuclear power plant, the efforts that have to be put into designing and building C&I systems are very considerable. The work is multidisciplinary in nature. In a typical nuclear power plant, C&I systems involve work relating to computer, electronic, electrical, process control, fluid power (involving several fluids), nuclear, chromatograph and mechanical systems. The C&I field is one of the fastest changing technological fields, particularly in areas relating to computers, electronics, man–machine interfaces and general control schemes. Also, a considerable part of the work involved is developmental in nature. In order to meet these somewhat special requirements a specialized and dedicated Control and Instrumentation group has been set up within the Nuclear Power Board.

In view of the special quality and other manufacturing requirements of C&I equipment for the nuclear programme, a company under the Department of Atomic Energy, the Electronics Corporation of India Ltd (ECIL), was formed. ECIL has over the years grown into a multiproduct company whose nuclear business is but a small fraction of its total turnover. However, a dedicated group exists in ECIL for nuclear power projects work. A strong NPB Quality Surveillance team is also stationed at ECIL to ensure that acceptable quality is maintained in design, engineering, fabrication and testing. For the purpose of this paper, the discussions on ECIL are confined to the group in ECIL dedicated to nuclear power project work.

The first phase of technology transfer from Bhabha Atomic Research Centre to ECIL and PPED (NPB) was achieved through the transfer of experienced people from BARC to these organizations. These persons formed the core of the nascent organizations and built up the necessary structure, methods, procedures, laboratories and workshops, for work relating to the nuclear programme, so that each organization could discharge its responsibilities effectively. These organizations (NPB, BARC, ECIL) have been working in close co-operation particularly as regards C&I work relating to nuclear power plants and other projects. As the organization responsible for implementing work relating to the nuclear power programme in India, the Nuclear Power Board draws up the specifications and identifies the short and long term needs for the nuclear power sector. It then awards contracts for research and development, or manufacture of equipment, to competent agencies in India and abroad. However, since BARC and ECIL have strong competent groups to handle a large part of the jobs, they have made very substantial contributions to the C&I systems of nuclear power plants. In the context of the working arrangements between NPB and BARC and ECIL, for many of the C&I projects the long range R&D work has been assigned to BARC and the engineering development and manufacturing work to ECIL.

Considerable technology transfer has taken place between the three organizations and NPB has collaborated with BARC and ECIL in developing the necessary infrastructure at these organizations for C&I systems. Since all three organizations report to the DAE, the priorities of all organizations can be suitably adjusted at the apex level so that crucial projects get the appropriate inputs. There is considerable free flow of information and exchange of views and flexible response at all levels of the project. This is of advantage in a high technology field. However, unless adequate precautions are taken and control exercised, such arrangements may have time and cost overruns. Another possible disadvantage is that the expertise relating to this technology remains confined to DAE. This is perhaps inevitable at the present stage of technological development in the country. The success (and failure) of these arrangements can best be illustrated by an actual example, that of the fuel handling control (FHC) system.

In later sections of this paper, the problems faced in technology transfer and infrastructure development are discussed at length. However, the subsequent sections also highlight the problems faced in third world countries in handling high technology items in which the technology is undergoing far reaching changes at a rapid rate and the rate of obsolescence in extremely high. On the other hand, with ever greater concern regarding safety and reliability of nuclear plants, particularly after the Three Mile Island and Chernobyl accidents, nuclear power plants are taking increasingly longer to be built. Rapidly changing technologies, e.g. as with computers, undergo one or two major changes in the time taken to build a nuclear power plant. This problem has also been faced for the fuel handling control system, and how this has affected technology transfer is discussed in the paragraphs that follow.

The FHC system in Rajasthan consists of a large hardwired logic system and fluid power, electrical, pneumatic and process control systems for the remote control of the fuel handling system (FHS). Almost all operations are done remotely and are automatic. The FHS handles irradiated fuel from the reactor core and is required to be extremely reliable. During commissioning of the fuel handling controls, the logic system based on discrete components resistor transistor logic (RTL) was found to have several drawbacks. Field changes were difficult and time-consuming to implement and the system had no self-diagnostic features or capability to detect incipient faults. In a large logic system, these were considerable drawbacks. It was then decided that the hardwired logic system could profitably be replaced by a computer system for future reactors.

A decision was taken by NPB to computerize this system for the Narora Atomic Power Project. The system specifications were prepared by NPB and the job of developing a computer based control system was assigned to the Reactor Control Division in BARC. Since this was a large C&I project, the decision was taken to build a prototype system at BARC, while the actual Narora system would be built by ECIL. To facilitate subsequent technology transfer to ECIL, a decision was also taken to post ECIL personnel at BARC from the time of the design stage onwards.

NPB engineered the system requirements and participated with BARC in the system configuration design and selection of the machines. These system requirements were generated after consultation with the operation and maintenance staff of Rajasthan, so as to obtain a good system with a user-friendly man–machine interface. During the initial phase, it was realized that because of safety and operational requirements a simple computer control system would not suffice. A system with three modes of operation, i.e. auto/semi-auto/manual, and using distributed computer control with IC based hardwired safety logic system was finalized. The distributed computer control system consisted of a minicomputer manufactured by ECIL with Intel 8085 based microcomputers as slaves. The ECIL minicomputer was chosen as it was an indigenously manufactured machine and considerable experience had been gained in its use. The Intel 8085 processor had been chosen because of its versatility and ready availability. However, some way through the project, it became known that ECIL were discontinuing the minicomputer system chosen as it has become a casualty of the rapid obsolescence in the computer field. A reassessment of the system requirements was made and it was decided to replace the ECIL minicomputer by a foreign brand. The model chosen has an established track record in industrial applications, offers real time I/O systems of proven design and also has a powerful and flexible operating system as well as proven software. This decision to replace could be taken very early, and a solution found quite quickly, because of the close interaction at the working level between the organizations concerned.

NPB and BARC worked in close collaboration in augmenting the infrastructure and on the development work necessary for the project and installation at BARC. This includes the full miniframe and slave computer systems so that full system testing on the simulator could be done at BARC.

In order to reduce the total project implementation time, it was decided not to wait for the total prototype system to be built and tested at BARC before starting work on the Narora project at ECIL. In fact, as each subsystem was designed and tested, technology transfer of the relevant portion was made to ECIL. In the first phase, design of the safety logic and other hardware was transferred from BARC to ECIL. At the same time the ECIL engineers, who had been deputed for hardware work to BARC, were reposted to ECIL so that work could proceed. This could be taken as the second phase of technology transfer, i.e. of horizontal linkages between research and industry.

In order to meet the stringent performance and quality requirements laid down by NPB for the C&I systems for Narora, considerable upgrading of the prototype system equipment developed by BARC needed to be done. This made the task of technology transfer rather more difficult and complex. A joint NPB/ECIL team finalized the overall quality requirements and identified preferred components and likely sources of supply. The manufacturing quality requirements (e.g. for printed circuit boards) as well as testing facilities were finalized. The infrastructural, manufacturing and testing facilities were upgraded or new facilities built at ECIL, e.g. the seismic testing facility. As discussed earlier, most of the above changes were made because of the increased concern for safety and reliability shown by the nuclear industry.

In several critical areas, this upgrading required that a fresh look be taken at the subsystems before taking the make-or-buy decision. A typical example was that of the microcomputer system. In the prototype system fabricated at BARC, only the basic components had been procured and all the cards had been designed and built at BARC. This decision had been taken for the development system, as at that time reliable and proven microcomputer systems were not yet on the market. It was realized that building such a system at ECIL would take considerable time and adversely affect Narora schedules, and the overall quality of the product could also be affected. Also, by this time a number of microcomputer systems with proven track records were on the market. It was therefore decided to buy an industrial microcomputer system of a proven design and quality level with proven software. This system was subsequently purchased from a European firm. The cards are built in Eurocard format and are connected to each other by a special bus.

On the face of it, the decision to import the microcomputer system would appear a retrograde step in the effort towards indigenization and self-reliance. The proper perspective would however be to look at it as a problem associated with the rapid rate of development in this field further exacerbated by the long gestation periods for nuclear power plants. But at the technology transfer and absorption level, this represented absorption of the technology at a more complex level, that of the system, by the recipient organizations.

The information and technology transfer for the hardware could be readily effected through written specifications and drawings, test requirements and procedures for manufacture and testing. Also, the infrastructure required was relatively easy to assess and build. However, computers have introduced another dimension to technology transfer, that of software technology transfer and building of the infrastructure for software related work.

As anyone who has dealt with software development is aware, this branch is still more of an art than a science. Though an overall scheme can be devised, the details of implementation depend very much on the individual programmers. Moreover, it is difficult to achieve a uniform standard in the quality of documentation and the resultant software. Transferring this body of know-how to another group for implementation and commissioning creates its own problems. The only effective way to transfer this technology is to have the recipient agency's staff work on the development of software and it is this approach that has been followed. However, the situation has been made more difficult by the high turnover of persons working on software. Much closer monitoring of the quality was therefore necessary in this field. For Narora, another problem has been that a considerable portion of the software work done on the developmental system had to be re-done because of changes in the minicomputer and microcomputer systems resulting from rapid technological changes in computer hardware.

The efforts put into this system have yielded fruitful results. The development system has been set up at BARC and is now fully proven. It has been utilized for testing the fuelling machine heads, and one head, tested by these controls, has already been delivered to NAPP. Effective technology transfer has been made to ECIL and almost the entire system has been manufactured and is under erection at NAPP. Acceptance testing of the miniframe computer and the microcomputer system has been done. Final testing of the system, using a simulator, is planned for completion by October 1987. This schedule has been accomplished in spite of a high turnover of people, underscoring the effectiveness of the technology transfer and the ready absorption of the technology by the recipient organizations.

From the foregoing it should not be deduced that, for C&I systems, technology transfer has been made only to ECIL in the course of work relating to the nuclear power programme. Though ECIL has made major contributions to the nuclear power programme and has supplied a variety of sophisticated control systems and equipment, still about half of the C&I jobs relating to the nuclear power plant (in cost terms) are done by agencies other than ECIL. While a considerable portion of the work involves standard products, some development work is also done. Since generally these firms are non-DAE organizations, movement of personnel from one organization to another does not occur as readily. Moreover, the methods, systems, processes and quality control requirements vary from firm to firm and may at times vary very considerably from DAE practices. Most firms also find it difficult to invest in infrastructure, particularly those infrastructures relating to quality surveillance and testing. This makes the task of technology transfer more difficult and challenging.

Indian industry has made very considerable progress since independence and it has risen gamely to meet the technological challenge of nuclear power. One spin-off of the technology transfer from DAE to industry has been the generation of awareness regarding quality in industry and implementation of quality assurance programmes, standardization of processes and technologies, much better documentation and a willingness to meet stringent international and national specifications.

In conclusion, it may be said that C&I systems of nuclear power plants is one of the high technology fields in which a considerable degree of self-reliance and self-sufficiency has been achieved in India, right from the early days of the nuclear programme. Effective technology transfer and development of the necessary industrial infrastructure have contributed substantially towards achieving these objectives. However, even today a large part of R&D work relating to nuclear power is still done by DAE. To sustain the accelerated nuclear power programme currently planned, the R&D and manufacturing work will need to be farmed out to many more agencies than is done at present. This will make the task of infrastructure development and effective technology transfer much more complex in the future.

IAEA-CN-48/250

ОПЫТ СССР В МЕЖДУНАРОДНОМ СОТРУДНИЧЕСТВЕ ПО МИРНОМУ ИСПОЛЬЗОВАНИЮ АТОМНОЙ ЭНЕРГИИ

А.Д. БАКУНЯЕВ, Б.А. КУВШИННИКОВ,
А.М. ПЕТРОСЬЯНЦ, Б.А. СЕМЕНОВ
Государственный комитет по использованию
атомной энергии СССР,
Москва,
Союз Советских Социалистических Республик

Abstract–Аннотация

USSR EXPERIENCE OF INTERNATIONAL CO-OPERATION IN THE PEACEFUL USE OF NUCLEAR ENERGY.

The USSR has accumulated more than 30 years of experience in co-operation with a large number of countries in establishing conditions for training national personnel, an essential prerequisite for initiating the introduction of nuclear power into the economies of these countries. The widest and most comprehensive experience in this field has been gained from co-operation with the European CMEA Member States, which have already achieved significant results in the development of nuclear power. Similar experience in co-operating with certain developing countries is also reflected in the paper. Training national personnel facilitates further progress with respect to the acquisition of the technology which is indispensable for the establishment and operation of nuclear power plants and, in some cases, to the development of a wider infrastructure essential for co-operation in the establishment of nuclear power plants. The paper contains evaluations of scientific and technological fields in which the transfer of technology is necessary or desirable from the point of view of the active participation of countries in establishing their own nuclear power programmes based on WWER-type reactors.

ОПЫТ СССР В МЕЖДУНАРОДНОМ СОТРУДНИЧЕСТВЕ ПО МИРНОМУ ИСПОЛЬЗОВАНИЮ АТОМНОЙ ЭНЕРГИИ.

В СССР накоплен более чем 30-и летний опыт сотрудничества со многими странами в создании условий для подготовки национальных кадров, необходимых для обеспечения начала внедрения атомной энергетики в экономику этих стран. В данной области наиболее широкий и многогранный опыт имеется в сотрудничестве с европейскими странами–членами СЭВ, которые к настоящему времени уже достигли значительных результатов в развитии атомной энергетики. В докладе отражен также аналогичный опыт сотрудничества с некоторыми развивающимися странами. На базе формирования национальных кадров становится возможным дальнейший прогресс, связанный с освоением технологии, необходимой для создания и эксплуатации АЭС, а в ряде случаев – и с развитием более широкой инфраструктуры, необходимой для кооперации в их создании. В докладе приведены оценки научно-технических областей, в рамках которых передача технологии является необходимой или желательной с точки зрения активного участия стран в создании собственной атомной энергетики на базе реакторов типа ВВЭР.

Конец 19-го и начало 20-го века вошли в историю мировой науки как период великих открытий, связанных с познанием атома. В этот период формировалась принципиально новая отрасль науки – ядерная физика, развитие которой логически привело к открытию в 1932 г. нейтрона. Практическая ценность этого открытия была еще неизвестна, но ученые, работавшие в то время в ряде стран в области ядерной физики, понимали, как революционно меняются представления о строении материи, какие открываются новые, необычайно широкие горизонты познания.

Советские ученые-физики, в числе которых уже в то время были специалисты высшего мирового уровня, отчетливо понимали, что успехи новой отрасли науки в значительной мере будут зависеть от того, насколько тесно будут сотрудничать ученые, работающие в этой области.

Именно поэтому на I-ю Всесоюзную конференцию по физике атомного ядра, состоявшуюся в поселке Сосновка под Ленинградом в сентябре 1933 г., были приглашены и приняли участие в ее работе такие физики как Жолио-Кюри, Дирак, Перрен, Вайскопф, Грей, Бек, Россети и другие.

Ленинградская конференция, в работе которой принимали участие ведущие ученые-физики СССР и председателем оргкомитета которой был И.В. Курчатов, заложила прочные основы международного сотрудничества советских ученых в области ядерной физики, успешно осуществлявшегося и развивавшегося вплоть до начала второй мировой войны. Таких конференций по физике атомного ядра было проведено несколько вплоть до 1940 г.

Вторая мировая война, развязанная немецким фашизмом, принесла неисчислимые бедствия человечеству. Несмотря на то, что основная тяжесть людских и материальных потерь в этой войне легла на Советский Союз, именно борьба советского народа определила разгром фашизма, успех народов многих стран в борьбе за свободу и независимость.

Одним из самых тяжелых и долгосрочных последствий войны явилось создание в США атомного оружия, его применения против мирного населения японских городов и отказ американских создателей атомного оружия от его запрещения и уничтожения после окончания войны. Тем самым был дан старт гонке вооружений в принципиально новой области.

С этого времени, начиная с 1945 г., Советский Союз настойчиво выступает за то, чтобы атомная энергия использовалась только для мирных целей, ведет борьбу за мирный атом, предлагая всем другим странам сотрудничество в этой области. Вместе с тем, учитывая, что его неоднократные предложения по этому вопросу не находили никакой поддержки у руководящих деятелей ведущих западных стран, Советский Союз был вынужден затрачивать значительную часть своих ресурсов в тяжелые послевоенные годы на работы, связанные с созданием ядерного оружия. Только лишив США в конце сороковых годов монополии на ядерное оружие и проведя в июне 1953 г. успешные испытания водородной бомбы, СССР создал равноправную основу для своих предложений о запрещении ядерного оружия. Как прямое следствие такого развития событий IX сессия Генеральной Ассамблеи ООН единогласно приняла в декабре 1954 г. первую в истории человечества резолюцию о международном сотрудничестве в применении атомной энергии для мирных целей. Уже в момент голосования этих резолюций Советский Союз был полностью готов приступить к их практической реализации.

Создавая в силу сложившейся необходимости собственное ядерное оружие, Советский Союз вместе с тем одновременно проводил развернутые исследовательские и конструкторские работы по мирному использованию атомной энергии. Ярким свидетельством того, что Советский Союз не на словах, а на деле боролся за мирное использование атомной энергии, призывая к этому и другие страны, явилось создание и пуск в июне 1954 г в г. Обнинске, под Москвой первой в мире электростанции на атомной энергии. Эта атомная электростанция оказала неоценимую услугу советским специалистам и специалистам многих других стран в создании и развитии атомной энергетики.

В развитие своей позиции об использовании атомной энергии для мирных целей в январе 1955 г. в СССР было опубликовано правительственное сообщение "Об оказании помощи зарубежным странам в создании научно-исследовательских центров по ядерной физике".

Действуя в духе этого сообщения уже в апреле 1955 г., Советский Союз заключил первые двусторонние соглашения о сотрудничестве по мирному использованию атомной энергии с рядом стран социалистического содружества.

Международное сотрудничество является принципом внешней политики Советского Союза. В статье 28 Конституции СССР записано, что СССР неуклонно проводит ленинскую политику мира, выступает за упрочение безопасности народов и широкое международное сотрудничество, за последовательное осуществление принципа мирного сосуществования государств с различным социальным строем. С момента принятия Генеральной Ассамблеей ООН резолюции о международном сотрудничестве в применении ядерной энергии для мирных целей наша страна постоянно и активно участвует в таком сотрудничестве.

Целью сотрудничества СССР с зарубежными странами в этой области является взаимное ускорение научно-технического и социально-экономического прогресса, оказание помощи и содействия.

Сотрудничество СССР в мирном использовании ядерной энергии с любой другой страной основывается на общепринятых нормах отношений между суверенными и равноправными государствами. Советский Союз убежден, что сотрудничество в ядерной области, как и во всякой другой, должно строиться на равноправной основе с должным учетом интересов и возможностей участвующих сторон и их обязательств по международным соглашениям, договоренностям и контрактам.

Важнейшей задачей такого сотрудничества СССР считал оказание помощи социалистическим странам в деле создания и развития национальной атомной науки и техники, подготовке научных кадров.

Для выполнения обязательств по соглашениям о сотрудничестве советские организации уже на начальной стадии предложили три типа исследовательских атомных реакторов (тяжеловодный, водо-водяной корпусного и бассейнового типов) мощностью от 2-х до 10-ти МВт подкритическую сборку для учебных целей, три типа ускорителей заряженных частиц на энергии до 30 МэВ с необходимым оборудованием для физических экспериментов, мощные облучательные установки и радиохимические (изотопные) лаборатории. Для подготовки национальных кадров советскими специалистами были разработаны типовые программы и методики обучения.

Уже на первом этапе сотрудничества до конца 50-х годов в социалистических странах с помощью Советского Союза были сооружены и введены в действие 9 атомных реакторов, 6 циклотронов, 7 радиохимических и физических лабораторий. В то же время в Советском Союзе прошли обучение и стажировку более 200 специалистов и молодых ученых этих стран.

Таким образом, уже на этом этапе сотрудничества в социалистических странах были созданы значительные научно-исследовательские центры, работая в которых ученые и специалисты этих стран могли проводить серьезные научно-исследовательские работы, осуществлять научные разработки по использованию атомной энергии в различных областях народного хозяйства.

Учитывая принципиально важную роль фундаментальных исследований в развитии атомной науки и техники правительства ряда стран по инициативе Советского Союза приняли в марте 1956 г. решение о создании Объединенного института ядерных исследований (ОИЯИ). Задачей этой международной организации социалистических стран является объединение усилий для совместного выполнения фундаментальных исследований в различных областях ядерной физики с целью расширения возможностей использования атомной энергии в мирных целях.

Правительство СССР, выступившее инициатором создания ОИЯИ, безвозмездно передало в его ведение оборудование двух научно-исследовательских организаций Академии наук СССР, расположенных в подмосковном городе Дубна. Это оборудование, включающее ускоритель протонов – шестиметровый синхроциклотрон на энергию 680 МэВ и самый крупный в то время в мире синхрофазотрон на энергию протонов 10 ГэВ, позволило в короткий срок создать две первых лаборатории ОИЯИ и приступить к проведению научно-исследовательских работ по широкой, актуальной тематике. Позднее в ОИЯИ были созданы еще четыре крупные научно-исследовательские лаборатории.

За 30 лет своей деятельности Институт вырос в крупнейший международный научный центр, вся деятельность которого строится на основе широкого и многостороннего международного сотрудничества с научно-исследовательскими центрами, университетами и другими организациями многих стран, в том числе примерно с 200 научных организаций стран–участниц ОИЯИ.

Большое значение для Института имеет его сотрудничество с многими научными центрами Советского Союза, помощь и поддержка, оказываемые ему со стороны СССР. Так, в частности, Соглашение между ОИЯИ и ГКАЕ СССР открыло перед учеными института большие возможности для проведения научных исследований на самом мощном в СССР ускорителе Института физики высоких энергий.

Объединенный институт является организатором многих международных научных совещаний. Ежегодно проводится несколько крупных конференций, симпозиумов, школ-семинаров, около 40 научно-методических и других совещаний, а также выделяется значительное число стипендий для специалистов из стран–участниц ОИЯИ, в том числе – из развивающихся стран.

Наш собственный богатый опыт и опыт социалистических стран убедительно показывает, что развитие и становление работы по использованию атомной энергии для мирных целей в любой стране должно начинаться с создания исследовательских центров широкого профиля, оснащенных экспериментальными ядерно-физическими установками и оборудованием, подготовки национальных кадров для их эксплуатации и проведения научно-исследовательских работ.

Именно поэтому, стремясь содействовать применению энергии атома для мирных целей, Советский Союз с готовностью откликается на предложения о создании таких центров. В сотрудничестве с СССР указанные центры были созданы, помимо стран—членов СЭВ, в АРЕ и в Ираке, осуществлялось сотрудничество, направленное на создание таких центров с Индонезией и Ганой. С помощью СССР были также созданы радиологические центры в Марокко, Бирме, Пакистане и Ираке.

В последние годы Советским Союзом завершено создание и ввод в эксплуатацию Центра атомных исследований в Ливийской Арабской Джамахирии, являющегося по перечню и возможностям имеющегося в нем оборудования одним из лучших в развивающихся странах. Советский Союз ведет активное сотрудничество по созданию Центра атомных исследований широкого профиля в Республике Куба. В этой области оказывается также содействие Социалистической Республике Вьетнам.

Учитывая, что возможности и потребности в создании и оснащении подобных центров значительно различаются в отдельных развивающихся странах, Государственным Комитетом по использованию атомной энергии СССР проведена разработка отдельных типовых атомно-физических установок, из набора которых, отвечающего возможностям и целям отдельной страны, может быть сформирован центр ядерных исследований. В перечень этих установок ("модулей" центра) входят:

– исследовательский комплекс многоцелевого назначения на базе ядерного реактора бассейнового типа мощностью 10 МВт, лаборатории активационного анализа, нейтронной радиографии и физических лабораторий для проведения исследований на горизонтальных каналах реактора;
– лабораторный комплекс для ядерно-физических исследований на базе растворного реактора "АРГУС" (50 кВт);
– лабораторный комплекс для активационного анализа на базе циклотрона;
– лабораторный комплекс для активационного анализа на базе линейного ускорителя электронов;
– лабораторный комплекс для активационного анализа на базе генератора нейтронов;
– радиохимический корпус производства реакторных радионуклидов и меченых соединений;
– комплекс для лучевой терапии на базе линейных ускорителей электронов для медицинских целей.

Использование такого "модульного" подхода позволяет с минимальными затратами вести проектирование и сооружение центров ядерных исследований, возможности которых оптимально соответствуют интересам отдельных развивающихся стран.

Участвуя в сотрудничестве по созданию центров, Советский Союз осуществляет также подготовку национальных кадров, необходимых для их работы, и в дальнейшем, в случае необходимости, оказывает содействие в их обслуживании и эксплуатации.

Сотрудничество СССР с социалистическими странами на всех этапах его развития характеризовалось широким обменом информации, координацией научно-исследовательских работ и, во многих случаях, – их совместным проведением. Именно поэтому, после оказания на первом этапе помощи этим странам в создании и развитии национальной базы ядерных исследований и подготовки кадров, в 1960 г. была образована Постоянная комиссия СЭВ по использованию атомной энергии в мирных целях. Комиссия постоянно уделяет главное внимание координации научно-технических исследований, оценке целесообразности их проведения совместными усилиями стран или на скоординированной основе, выявлению наиболее важных направлений применения атомной энергии в отдельных отраслях народного хозяйства. В рамках работы комиссии осуществляется широкий обмен научно-технической информацией путем проведения конференций, симпозиумов, семинаров и совещаний специалистов.

Вся деятельность Постоянной комиссии направлена на обеспечение развития в странах СЭВ использования атомной энергии в народном хозяйстве этих стран с учетом специфики их развития, на основе сотрудничества, специализации и кооперации.

Одним из основных и главных направлений в использовании атомной энергии для мирных целей является развитие атомной энергетики. Именно поэтому СССР уже на ранних этапах своего сотрудничества уделял основное внимание передаче своих знаний и опыта, оказанию технической помощи зарубежным странам в создании объектов атомной энергетики.

Так, уже в 1960 г. с технической помощью Советского Союза в ГДР было начато сооружение атомной электростанции "Райнсберг". Эта станция, введена в эксплуатацию в 1966 г., успешно работает и по настоящее время. В этот же период было начато широкое сотрудничество в области атомной энергетики с рядом других социалистических стран–членов СЭВ.

На конец 1986 г. за рубежом в эксплуатации работало 18 блоков АЭС, построенных по советским проектам и с технической помощью СССР, еще 31 блок находился в стадии строительства. В соответствии с принятой на 42-м заседании Сессии СЭВ в 1986 г. Программой строительства АЭС и АСТ предусматривается довести к 2000 году суммарную мощность атомных электростанций в странах–членах СЭВ (без СССР) до 50 тыс. МВт, что позволит повысить в этих странах долю выработки электроэнергии на АЭС в среднем до 30–40%. Будет реализовываться также программа строительства атомных станций теплоснабжения (АСТ) и отбора тепла от АЭС для коммунальных нужд.

Эта программа, если учитывать ее масштаб и количество участвующих стран, является в настоящее время самой крупной в развитии мировой атомной энергетики. Но самой примечательной ее чертой является то, что она основана на широкой международной кооперации и специализации в производстве оборудования для АЭС. Такой подход, связанный с широкой передачей технологии в области мирного использования атомной энергии, полностью соответствует политике СССР в вопросах международного сотрудничества. Здесь уместно упомянуть, что в 1986 г. Советский Союз оказывал экономическое и техническое содействие в разных отраслях народного хозяйства 70-и зарубежным странам. Поставка оборудования и материалов для строительства промышленных предприятий и других объектов осуществлялась в 47 стран для укомплектования 888 объектов, в том числе 619 в 13 социалистических странах и 269 объектов в 34 развивающихся и других странах.

В области атомной энергетики первое межправительственное соглашение о кооперации и специализации производства оборудования для АЭС было заключено СССР в 1974 г. с ЧССР. Это соглашение было началом перехода сотрудничества СССР с другими странами на новый, более высокий и полностью отвечающий интересам этих стран уровень.

Указанное соглашение явилось основой долгосрочных производственных программ для многих машиностроительных, металлургических и электротехнических предприятий. В структуре экономики ЧССР начала создаваться новая отрасль – ядерно-энергетическое машиностроение. В результате эффективной помощи СССР в настоящее время чехославацкая промышленность в состоянии поставлять для собственных нужд и на экспорт свыше 80% всего технологического оборудования энергоблоков АЭС с реакторами ВВЭР-440. Одновременно в ЧССР успешно осваивается производство оборудования для энергоблоков АЭС с реакторами ВВЭР-1000.

Опыт двустороннего сотрудничества СССР с ЧССР в специализации и кооперировании производства оборудования для АЭС позволил перейти к осуществлению этой прогрессивной и полностью отвечающей национальным интересам участвующих сторон формы сотрудничества на многосторонней основе. В 1979 г. между НРБ, ВНР, ГДР, ПНР, СРР, СССР, ЧССР и СФРЮ было подписано Соглашение о многосторонней международной специализации и кооперировании производства и взаимных поставках оборудования для АЭС на 1981–1990 гг. По объемам производства и поставок это Соглашение является одним из крупнейших в рамках СЭВ да и пожалуй во всем мире. В его реализации принимает участие более 50 промышленных предприятий стран-участниц. Специализировано производство более 140 наименований оборудования, в том числе – корпуса реакторов и парогенераторы (ЧССР), устройства биологической защиты (НБР), теплообменное оборудование и системы контроля (ПНР), перегрузочные машины (ВНР), гидроемкости аварийного охлаждения и главные циркуляционные насосы (СРР), питательные и специальные насосы (СФРЮ). Освоение производства этого оборудования в странах-участницах проводилось с широким использованием технологии и опыта СССР. В результате в настоящее время промышленность подписавших Соглашение стран серийно выпускает всю номенклатуру оборудования для энергоблоков АЭС с реакторами ВВЭР-440. Завершается подготовка серийного производства оборудования по согласованной номенклатуре для энергоблоков с реакторными установками ВВЭР-1000 мощностью 1000 МВт.

В результате осуществляемой широкой специализации и кооперации в производстве оборудования для АЭС страны–участницы Соглашения получают возможность дальнейшего развития своей национальной промышленности, расширения номенклатуры экспорта и уменьшения валютных затрат при развитии атомной энергетики. Все это самым благоприятным образом влияет на научно-технический прогресс в этих странах, содействует их социально-экономическому развитию и укреплению независимости.

Широкое сотрудничество со странами СЭВ осуществляется СССР также в сооружении АЭС в этих странах по советским проектам. Некоторые страны СЭВ участвуют также в сооружении АЭС на территории СССР на компенсационной основе. Характерным примером является участие ВНР, ПНР и ЧССР в сооружении Хмельницкой АЭС мощностью 4 млн. кВт на основе Соглашения, заключенного в 1979 г. В соответствии с Соглашением после ввода в эксплуатацию первого блока АЭС СССР в течение 20 лет обеспечивает поставку электроэнергии в эти страны в объемах, пропорциональных их вкладу в строительство. В связи с этим ежегодные поставки электроэнергии в страны–участницы Соглашения с 1990 г. будут эквивалентны вводу в эксплуатацию в каждой из этих стран по одному энергоблоку АЭС мощностью от 400 МВт (в ВНР) до 1000 МВт (в ПНР).

В соответствии с соглашением от 1 июля 1981 г. совместными усилиями СРР и СССР на территории Советского Союза сооружается Южноукраинская АЭС, электроэнергия которой по специально построенным линиям электропередачи направляется в СРР и НРБ. Более половины установленных мощностей этой АЭС, состоящей из 4-х блоков по 1000 МВт каждый, будут обеспечивать экспортные поставки электроэнергии, эквивалентные сооружению 3-х блоков с ВВЭР-440 в НРБ и 2-х таких блоков – в СРР. Два блока Южноукраинской АЭС уже введены в эксплуатацию, строительство оставшихся двух ведется высокими темпами.

Такой подход к кооперации в сооружении АЭС обладает многими положительными особенностями, в том числе – существенным расширением возможностей оптимизации выбора площадки АЭС и снятием со страны-получателя электроэнергии всех забот, связанных с эксплуатацией АЭС, в том числе – с поставками свежего ядерного топлива, хранением, транспортировкой, переработкой отработавшего топлива, переработкой и захоронением радиоактивных отходов. Одним из существенных дополнительных преимуществ такой кооперации с СССР для стран, начинающих развивать свою собственную атомную энергетику, является возможность производственного обучения на рабочих местах национальных кадров, подготовка, стажировка и повышение квалификации строителей и монтажников АЭС.

Завершающим и решающим фактором в научно-техническом и экономическом сотрудничестве СССР с зарубежными странами в области атомной энергетики является обеспечение всех АЭС свежим ядерным топливом и услугами по обращению с отработавшим топливом.

Политика СССР в этих вопросах предельно ясна, логична, выгодна для владельцев АЭС и создает все необходимые условия для долгосрочного сотрудничества.

В соответствии с этой политикой СССР гарантированно обеспечивает ядерным топливом в течение всего периода эксплуатации все АЭС, построенные по советским проектам, вне зависимости от того, в какой стране построена АЭС и какие страны участвовали в поставке оборудования для нее. При этом поставка топлива производится по графику владельцев АЭС, включая, в случае пожелания, и опережающие поставки в любом объеме, вплоть до объемов, обеспечивающих эксплуатацию АЭС в течение всего проектного срока их службы.

Поставка топлива осуществляется с использованием советских транспортных средств и сопровождается в необходимом объеме помощью и консультативными услугами со стороны советского персонала.

Второй основной отличительной чертой этой политики является обязательство СССР, если это требует владелец АЭС, забирать все отработавшее топливо АЭС советского производства после его хранения в течении срока не менее пяти лет после выгрузки из реактора. При этом владелец АЭС оплачивает только расходы, связанные с транспортировкой топлива.

Конечно, владелец АЭС в случае его пожелания, может хранить это отработавшее топливо у себя так долго, как он пожелает, перерабатывать его собственными силами или с использованием других зарубежных партнеров, продавать или передавать безвозмездно в третьи страны это топливо или продукты его переработки при обязательном соблюдении одного, единственного условия – осуществления в требуемом объеме гарантий МАГАТЭ в отношении ядерных материалов. Следует отметить, что до настоящего времени все владельцы АЭС, построенных по советским проектам, предпочитали возвращать в СССР отработавшее ядерное топливо. Это вполне понятно, так как система экономического сотрудничества, предлагаемая Советским Союзом, является наиболее рациональной и экономически выгодной для владельцев АЭС, избавляет страны, с которыми СССР ведет экономическое сотрудничество, от необходимости решения технически сложных и дорогостоящих проблем, связанных с переработкой, хранением и захоронением больших количеств радиоактивных отходов высокой активности.

Можно отметить, что и производство ядерного топлива связано с освоением сложной технологии, включающей целый ряд различных по своему существу операций от выделения урана из руды и преобразования его в пригодные для обогащения химические соединения до сборки тепловыделяющих элементов в топливные кассеты. Все этапы этой работы, помимо дорогостоящего основного технологического оборудования, требуют использования большого количества разнообразных химических реактивов и вспомогательных материалов, связаны с получением больших объемов вредных промежуточных веществ и отходов, требующих специальной обработки. Производство ядерного топлива требуемого качества связано с осуществлением широкого, строгого и технически сложного поэтапного контроля качества во всем технологическом процессе, само существо и способы реализации которого непрерывно совершенствуются, что дополнительно усложняет производство.

Все это делает процесс производства топлива экономически оправданным лишь в случае его массового изготовления, что пока имеет место только в нескольких странах с достаточно широким развитием атомной энергетики. По нашим оценкам экономически неоправданным в настоящее время и близком будущем является подход, связанный с освоением на национальной основе технологического процесса производства ядерного топлива.

Все сказанное полностью относится и к переработке облученного топлива. Рентабельность этого процесса может быть достигнута только при условии усовершенствования его технологии, расширении использования продуктов переработки, в первую очередь – регенерированного урана, в масштабах, обеспечивающих экономическую эффективность. Если при этом учитывать существующие запасы природного урана и экономику его добычи, то можно придти к выводу, что в настоящее время перечисленные выше условия выполняются лишь в ограниченном числе стран. Кроме этого, чрезвычайно важным, в ряде случаев – определяющим обстоятельством здесь является необходимость переработки, хранения и захоронения больших количеств высокорадиоактивных продуктов переработки отработавшего ядерного топлива. Для многих стран, в первую очередь, стран, имеющих сравнительно небольшую территорию и высокую плотность населения, это обстоятельство является решающим в определении национальной политики, связанной с развитием атомной энергетики, обеспечением ее высокой безопасности и экономической эффективности.

Именно с учетом этих обстоятельств и была сформирована политика СССР в области обеспечения эксплуатации АЭС, построенных за рубежом по советским проектам.

С целью ускорения научно-исследовательских работ и внедрения их результатов в народное хозяйство страны–члены СЭВ разработали совместную комплексную программу научно-технического прогресса до 2000 г. и приступили к ее осуществлению. Эта программа, в частности, предусматривает ускоренное развитие атомной энергетики. Главная цель сотрудничества в этой области – глубокая качественная перестройка энергетических хозяйств стран–членов СЭВ, повышение эффективности и надежности электроснабжения, сокращение использования органического топлива, улучшение теплоснабжения городов, охраны окружающей среды и рациональное использование энергии.

Для достижения этой цели поставлена задача обеспечить:

– совершенствование и дальнейшее сооружение атомных электростанций с реакторами типа ВВЭР-440 и ВВЭР-1000 с повышенной технико-экономической эффективностью, высокой степенью стандартизации и унификации оборудования и качественно новыми высоконадежными системами управления, контроля и автоматизации технологических процессов;
– улучшение использования урана, создание новых, эффективных методов и средств обработки, транспортировки и захоронения радиоактивных отходов, а также снятия с эксплуатации отработавших нормативный срок атомных энергетических установок;
– создание атомных теплоэлектроцентралей для гражданского и промышленного тепло- и электроснабжения с транспортировкой тепла на дальние расстояния;
– разработку оборудования для реакторов на быстрых нейтронах, а также высокотемпературных ядерных энерготехнологических установок многоцелевого назначения, проведение исследований в области управляемого термоядерного синтеза.

Принципиально важным здесь является то, что выполнение Комплексной программы ведется на основе широкого международного сотрудничества.

Необходимо отметить, что политика СССР в области сотрудничества в мирном использовании ядерной энергии неразрывно связана с его политикой по нераспространению ядерного оружия, в соблюдении его обязательств, вытекающих из Договора о нераспространении ядерного оружия, а также других международных договоров, соглашений и договоренностей, что нашло свое отражение в "Положении об экспорте ядерных материалов, технологии, оборудования, установок и специальных неядерных материалов и услуг", которое было утверждено Советом Министров СССР 13 января 1982 г. Это "Положение" предусматривает, что ядерный экспорт из СССР может осуществляться при наличии обязательств со стороны стран-получателей, что полученные ими предметы советского экспорта, а также произведенные на их основе или в результате их использования ядерные и специальные неядерные материалы, установки и оборудование:

- не будут использоваться для производства ядерного оружия и других ядерных взрывных устройств, а также способствовать достижению какой-либо военной цели;
- будут находиться под контролем (гарантиями) МАГАТЭ в течение всего срока их фактического использования;
- будут обеспечены мерами физической защиты на уровне не ниже рекомендуемого МАГАТЭ;
- будут реэкспортироваться (экспортироваться) или передаваться из-под юрисдикции страны-получателя только на условиях, предусмотренных для первоначальной поставки.

В заключение необходимо подчеркнуть, что, исходя из своей политики развития и укрепления международного сотрудничества, Советский Союз готов и в дальнейшем, как это он неоднократно подтверждал своими практическими действиями, осуществлять и развивать сотрудничество в области атомной науки и техники, в частности, — в атомной энергетике, направленное на расширение использования атомной энергии для содействия экономическому и социальному развитию с различными странами вне зависимости от уровня их развития и возможностей в этой области, с полным учетом их национальных интересов.

IAEA-CN-48/187

ENEA'S INDUSTRIAL PROMOTION PROGRAMME IN SUPPORT OF ITALIAN NUCLEAR POWER PLANTS

G. LELLI
Comitato Nazionale per la Ricerca
e per lo Sviluppo dell'Energia Nucleare
e delle Energie Alternative (ENEA),
Rome, Italy

Abstract

ENEA'S INDUSTRIAL PROMOTION PROGRAMME IN SUPPORT OF ITALIAN NUCLEAR POWER PLANTS.

In connection with the implementation of the Italian Energy Plan, ENEA has been assigned the role of supporting industrial activities in the field of nuclear power plants through a technological support programme. The paper provides information on ENEA's Industrial Promotion Programme, strategic objectives pursued, financial and personnel resources utilized and the main results achieved. The programme, besides being finalized as regards safety aspects, in terms of preventing, mitigating and managing accidents, concerns the development of the main systems and components of a power plant, covering major aspects of design, building, verification methods and technologies. Besides the technical and technological results achieved both as regards new components and systems, the management structure and methods followed and experimented with in conducting the programme are presented.

1. INTRODUCTION

ENEA (Italian Commission for Research and Development of Nuclear Energy and Alternative Energy), in connection with the implementation of the National Energy Plan, has been assigned the role of promoting and encouraging industrial activity in the sector of nuclear energy.

ENEA is conducting in collaboration with the national industry an Industrial Promotion Programme to manage the necessary resources (financial, personnel, experimental facilities) according to the following general objectives:

— to achieve increasingly reliable and safe operating conditions in nuclear power plants;
— to enable Italian system designers to master licensing technologies and to allow rapid transfer of these to the sector of production and, in the meantime, to sustain and develop products and know-how where the Italian industry operates with total autonomy;
— to curtail progressively the building time and commissioning time of nuclear power plants;

— to increase and extend the competitiveness of Italian industry on international markets;
— to extend the technologies used in nuclear plants to conventional and energy intensive industrial plants;
— to stimulate innovation through the diffusion and the transfer to the entire production system, in particular to small and medium industries, of the technologies developed and/or acquired in the energy sector.

2. CHARACTERISTICS AND MANAGEMENT OF THE INDUSTRIAL PROMOTION PROGRAMME

The Industrial Promotion Programme, besides the primary objective of safety, pursues the strategic and economic aim of improving the autonomy of the national industry, reducing the purchase of products abroad, the abundance of licences and advice, and increasing its competitiveness on the foreign market with advanced, mature and economic products.

The Industrial Promotion Programme has led to several Outline Agreements which involve ENEA and the principal operators of the Italian nuclear sector. Among these Outline Agreements may be cited the one established with ENEL and Ansaldo: ENEL, the Italian utility, as a customer and general architect engineer of the Italian plants and Ansaldo, as a nuclear system designer, as the first sellers of the products developed in the ENEA Industrial Promotion Programme.

Through the Outline Agreements, ENEL and Ansaldo share the programmatic and executive parts of the work, guarantee the activities to ENEA and continuously test that these are up-to-date.

Programme decisions, as well as the execution of activities and funding, are shared between ENEA and the nuclear industry. The Industrial Promotion activities are on the one hand therefore related to safety and on the other hand to activities which are economically attractive and guarantee the diffusion and transfer of innovation to industry as a whole.

The process of programme selection and evaluation, involving ENEA, Ansaldo and ENEL, represents the first and most important part of the management of the Industrial Promotion Programme.

It provides the basis for the most important decisions and for the setting of annual or multiannual objectives which are annually reviewed and adjusted as needed.

The realization of these decisions and objectives is assigned to a more operational structure formed by a number of Management Committees according to different sub-programme tasks concerning specific areas of components and/or systems.

The main Management Committees were established for the following project areas:

— Safety research
— Systems design
— Nuclear steam supply system
— Fuel elements
— Turbine-generator set
— Thermal cycle
— Instrumentation
— Raw and semi-finished materials
— Minor components and other products
— Plant operational data evaluation.

The Management Committees, besides directing the technical work being performed at ENEA and industrial laboratories, at universities and service centres, also periodically provide proposals for a general strategic multiannual plan.

3. AREAS OF INTERVENTION

3.1. Safety aspects

The Chernobyl accident, on account of its gravity and its effect on public opinion, posed a number of questions as to the safety of nuclear plants.

ENEA has dedicated considerable effort to the analysis of this event in order to better understand the causes, to verify if such an event could hypothetically happen in the nuclear unified design (PUN) PWR plant project which Italy has adopted and to check the validity of its activities on safety.

The Chernobyl accident on the one hand has confirmed the validity of design, solutions, methods and technologies associated with western European nuclear plants, e.g. the adoption of a containment with a double function: active and passive; on the other hand, it has pointed up management problems of accident events and the need to convince public opinion with sound arguments to accept nuclear energy.

Control of the evolution of accident events and the mitigation of their consequences have always been a matter of particular attention in the ENEA Industrial Promotion Programme and the activities carried out, programmed in the light of the Three Mile Island accident, also covered the problems posed by the Chernobyl accident. In particular containment integrity and the efficiency of the emergency cooling system in severe accidents have been evaluated with extensive support from experimental and theoretical studies.

The evaluations following the Chernobyl accident have, on the one hand, confirmed the validity of the strategic objectives of the ENEA Industrial Promotion Programme and on the other, have enlarged such strategic objectives as the management of a plant during an accident.

TABLE I. INDUSTRIAL PROMOTION PROGRAMME: SAFETY ASPECTS

Systems / Objectives	Core — Fuel	Primary loop and auxiliary systems	Containment and auxiliary systems	Instrumentation and control
Accident prevention	BWR instability monitor (ANSALDO, ENEA) Mechanical components (FN, FIAT, CIEI, ENEA) Fuel rods (pellets and clads) (ANSALDO, CISE, FN, UNIV. PALERMO, ENEA)	Primary loop (SIET, UNIV. PISA, UNIV. BOLOGNA, ASTEN, ENEA) Steam generators (SIET, UNIV. BOLOGNA, ENEA) Piping and vessels (CISE, ISMES, UNIV. FIRENZE, TERNI, IRB, SGS, ENEA) Valves (FIAT, CIEI) Other components (FIAT CIEI, SIET, ANSALDO, CESI, ISMES, SISTEM ERG) Primary pump (FIAT–CIEI, ENEA)	Ventilation systems (AERIMPIANTI) Components (SIET, ANSALDO, CESI, ISMES)	Two-phase instrumentation (ENEA) Electric cables and thermocouples (CESI) Control room (ANSALDO, ENEA) Supervision system (ANSALDO) Protection and control system (ANSALDO, SEPA, ESACONTROL, ENEA) Other components (ANSALDO COMPONENTI, COE & CLERICI, NUOVO PIGNONE, ICAR, GILARDINI, TECNOMATIC)

Accident evolution	Fuel rods (LOFT Program, ENEA)	Primary loop components (BATTELLE, Consorzio LOFT, CONSIT, ENEA) Vessel (ASTEN, POLITEC. TORINO. ENEA)	Containment structures and components (CONSIT, COOP. LAVORO AMBIENTE, ANSALDO, ASTEN, UNIV. PISA, ENEA) Hydrogen burning control system (UNIV. PISA)	Two-phase instrumentation (ENEA) Hydrogen igniters (UNIV. PISA) Control room (ANSALDO, ENEA) Radiation monitoring system (SEPA, SEA, SILENA, ENEA)
Management and accident effect mitigation			Filtered venting (CONSIT, COOP. LAVORO AMBIENTE, ANSALDO, ENEA) Filters (COFIM, FBM, NUCLECO, TMI, INTERWAT, HYDRECO, ENEA) Bend foundation (ASTEN, SANDIA, ANL, ENEA)	Telemanipulators (ANSALDO) Radiation monitoring system (SEPA, SEA, SILENA, ENEA)

TABLE II. INDUSTRIAL PROMOTION PROGRAMME: SYSTEMS AND COMPONENTS

Phases	Plants	Steam generation plant	Electric energy generation plant	Materials and manufacture production plants	Fuel extraction and transportation plant
Design and	Design	Auxiliary pumps (NUOVO PIGNONE) Steam separators (ACO, TOSI) Fluid bed boilers (ACO) Feed pumps (WORTHINGTON)	Variable speed drives (ACO, MARELLI, TIBB) Magnetohydrodynamic (MHD Consortium, ENEA) Auxiliary systems components (DE CARDENAS, GIEM) Conditioning and ventilation systems (AERIMPIANTI)	Aluminium electrolysis cells (ALUMINIA, ENEA)	Offshore plants rotating joint (BELLELI) Methane pipelines, valves (NUOVO PIGNONE) Liquid-gas separators (NUOVO PIGNONE)
	Automation and control	Intelligent sensors (KENTTIECHI) Two-phase measuring instrumentation (ENEA)	Automation integrated systems (ANSALDO, ENEA) Turbine regulation system (TOSI) Local communication networks (ESACONTROL, ENEA)	Aluminium and aluminium sheet iron alloy (ALUMINIA, ENEA) Magnetic (TERNI)	

manufacture	Manufacture and assembly	Pipe bending (BELLELI) Pipe welding (BELLELI) Tube-grid coupling in condensers (ACO, BELLELI)	Erection yard management (TN) Mechanical assemblies (FOCHI) Blade testing vapour tunnel (TOSI) Electric assemblies (GAVAZZI)	Electrolytic titanium (EMG) Large forgings (TERNI) Special pipes (DALMINE) Centrifugal casting bodies (TUBIFICIO SOLBIATE)	Offshore plants robot welding (BELLELI) Electron-beam welding (BELLELI) Material without preheating for welding (BELLELI)
Optimization	Analysis and simulation	Boiler (ACO) Fluid bed boiler (ACO, ENEA) Post combustion chambers (ENEA) Combined cycles (ANSALDO)	Cooling towers (TOSI)	Iron alloys (SRP) Directionally solidified materials precision casting (CSM)	Water–coal mixtures (NUOVO PIGNONE)
	Experimental tests and qualification	Pipe welding (BELLELI) Burners (ACO) Preheaters (ACO, FEMI) Anticavitation valves (NUOVO PIGNONE)	Electric cables (CESI) Fan motors (GIEM) Fan and fire safety airlocks (BOLDROCCHI, DE CARDENAS) Experimental turbine (ACO, TOSI, ENEA)	Titanium fittings prototype (TECTURI) Filters (COFIM) Solenoid valves (BONETTI)	Offshore plants rotating joint (TECNOMARE, ENEA) Antiexplosion valves (AEROTECNICA MARELLI)
Management	Operation and maintenance	Cogeneration — RETE 2 (AGAC) Post combustion chambers (AERIMPIANTI)	Operational procedures (ENEA) S/V for turbine testing		
	Diagnostics and supervision	Burners (ANSALDO, ENEA) Pressure vessels (IRB, ENEA)	Turbogenerator (ACO, TIBB) Vapour turbine (ACO, TOSI, ENEA) Rotating machines expert systems (ENEA)	Aluminium and aluminium alloys (ALUMINIA, ENEA)	

Moreover, more weight and attention are being given, in spite of positive judgement of the design and technologies adopted, to activities related to eliminating the causes of fall-out and to activities which can mitigate the consequences of accidents, in terms of protection of people and the environment.

The safety activities of the Industrial Promotion Programme are related to systems, subsystems and components of a nuclear power plant. They aim essentially:

— to remove any potential cause of an accident;
— to control the evolution of a possible accident and to reduce its consequences;
— to manage the plant in the case of a severe accident;
— to increase performance.

A synthesis of the stated activities for the main systems referred to their main safety objectives is shown in Table I. For each activity information is given on the main industries and laboratories involved.

3.2. Systems and components

The Industrial Promotion Programme, in addition to the primary objectives related to safety and environmental impact, pursues the economic and industrial objective of increasing the performance of systems and components to be realized by Italian industry, by development of project and fabrication methodologies. This strategy has made it possible:

— to achieve an increase in safety levels not only in activities specifically selected and oriented to safety but also through a general increase of knowledge on the other aspects of engineering and technology relevant also to performance and to product competitiveness.
— to transfer the various results obtained in the nuclear field to other power plant systems and components of other industrial plants.

A general view of the major activities being conducted within the Industrial Promotion Programme on industrial plants is given in Table II. The table shows the different activities grouped into four major plants together with their finalization in the different phases of project fabrication, organization and operation. The table also shows that quite a number of activities are currently being carried out both on nuclear and non-nuclear systems and components, utilizing many results and research capabilities first developed for nuclear applications. The major industries and laboratories collaborating in the programme are listed in Table II.

3.3. Experimental facilities

The reliability of installation, both as regards quality of operation and safety, is of vital importance for industrial plants and in particular for nuclear power plants.

Different elements are involved in reliability, which are basically related to the different stages of the 'life' of industrial products, namely:

— optimization of the design: this requires know-how and suitable study facilities;
— development tests: they are needed for the optimum development of the prototype and require adequate test facilities, both for model testing (parts and components) and full-scale testing (complete equipment);
— qualification tests: they are intended to demonstrate the capability of the final prototype (or representative sample) to meet the service duties: for an effective qualification, suitable methodologies are required, in addition to the necessary experimental facilities;
— quality control: it applies to the series production, with the purpose of assuring that the characteristics of the latter are identical to those of the prototype;
— in-service diagnostics: it is intended to detect the existence of anomalies, defects and incipient failure during operation, and constitutes the ultimate and perhaps most decisive action towards the achievement of the maximum reliability.

Reliability is, therefore, the result of a set of sequential and complementary actions, involving different operators, and which necessitates experimental facilities.

The importance of development and qualification tests in the process of construction and demonstration of reliability has been recognized by the Industrial Promotion Programme, which has developed know-how and test facilities of high technological level.

Some of the facilities for testing and qualification of systems and components for industrial application are briefly reviewed in the following.

The Engineering Simulator, located at the ENEA Casaccia Centre, is a real time interactive instrument which allows the analysis of the behaviour of the Italian PWR reference plant during operational and accident transients. It is able to reproduce, with the precision required by international standards, electrical and thermohydraulic parameters for the nuclear island and for the conventional part of the power station, even during severe accident transients such as LOCA, steam line breaks and anticipated transient without scram (ATWS). The main fields of application of this instrument concern:

— dynamic plant analysis of the design; in particular, definition and control of the operational and emergency sequences, determination of the set points and of the control parameters of the protection and control system;
— analysis of the whole plant behaviour in the light of safety evaluations;
— layout of control room, with particular reference to the systems for displaying data to the operator in abnormal and emergency conditions;
— stimulation of the prototype protection and control systems, with the simulated plant signals, in order to verify and validate the aforesaid systems.

The VAPORE circuit (valve and pressurizer operation related experiments) is another facility located in Casaccia to test and qualify safety valves. A main feature of the circuit is the presence of a pressurizer like the one used in a PWR nuclear power plant, for generating and storing high pressure and temperature steam, and of a quencher, the same as used in a BWR nuclear power plant, for discharging steam to the water pool.

Using this circuit, valves of different sizes can be qualified in different operating conditions, as far as pressure and steam flow are concerned.

Climatic chambers with different volumes and vibrating tables are available at Boschetto Centre in Genoa. These facilities have been realized within the framework of ENEA–Ansaldo collaboration and can be used for environmental seismic and dynamic qualification.

Complex circuits to test the primary pumps, the recirculation pumps, the auxiliary pumps and the control rod drive mechanism of water reactors have been realized in collaboration with Fiat–CIEI and are available in Turin. The testing capabilities give the opportunities to make tests in real operational conditions of particular interest for the safety analysis of nuclear power plants.

Circuits for experiments on a significant scale of thermohydraulic components, e.g. steam separators and steam generators, are available in Piacenza c/o SIET. SIET is a company whose main shareholders are ENEA, CISE, Ansaldo, Tosi, Belleli and FBM.

4. MAIN RESULTS AND RESOURCES INVESTED

4.1. Main results

Independently of the technical results achieved within the framework of the Industrial Promotion Programme, a significant result involves the management instrument that has been developed and defined.

Considered as an instrument to manage innovation through public backing, the Industrial Promotion Programme is certainly an asset which can also be increasingly utilized in the future for other government interventions concerning development and industrial innovation.

The system of relationships among the different operators, the methodology to assess the opportunities of intervention and the programme planning and management standards as they have been realized and implemented in Industrial Promotion Programme activities on non-nuclear power plants, represent a basis of experience which may be utilized within the framework of technology transfer to developing countries.

As for the technical results of the Industrial Promotion Programme, the most important have been the know-how acquired and the technological developments carried out. The following major technical results may be briefly mentioned.

In regard to the system project, the general objective of supporting national industry responsible for designing nuclear power plants has largely been achieved thanks to the activities carried out within the framework of the Programme. Definition of the Italian standard design, termed 'unified design' has significantly enhanced the PWRs, especially in relation to modifications that had to be introduced into the Westinghouse design to adapt it to Italy's special requirements.

The Industrial Promotion Programme has resulted in the acquisition of capabilities and autonomous design computer codes, especially in the field of structural analysis, accident analysis and in the field of advanced design and management techniques for complex projects.

In regard to components, the activities performed concerned all critical components of the nuclear island, contributing to a rationalization of the roles and tasks of the different national operators.

The activities carried out have had to do with design studies, realization of prototypes and qualification tests mainly to improve the performance of components, especially as regards safety and reliability.

Based on a co-operation agreement between Ansaldo Componenti and ENEA, a new steam generator design was drawn up, incorporating the main improvements currently adopted by all manufacturers, and some specific features, such as the use of a new concept of tube support system (bi-structural grid) characterized by a low flow impedance and good wetting capabilities (minimum potential for dry-out) and a new design of primary moisture separators characterized by a high separation efficiency in conjunction with low pressure drops.

Another significant development programme concerns the primary circuit pumps. A prototype of the pumps has been fabricated with Fiat–CIEI and is now being tested in the circuit already described.

The major fuel programme has been concerned with the development of an innovative fuel for BWRs. Thanks to a plastic additive in the UO_2, this fuel reduces the phenomenon of interaction between the pellet and the cladding of the fuel rods. Consequently, it permits faster power transients, improving the plant load factor, and, therefore, its economy. In addition to a series of laboratory activities, other important tests have been carried out: the irrradiation of capsules in the Grenoble reactor, numerous tests of power ramps in the Studsvik reactor, and irradiation of rod bundles in the Halden reactor.

In the Caorso plant five elements with a high load factor have been irradiated and, during a planned outage for reloading, geometric and integrity data were collected. Then four elements with a high energetic yield were fabricated and inserted in the Caorso plant.

Significant product innovations and quality improvements have been achieved in all the thermomechanical components present in the secondary circuit and in the turbo-generator. In co-operation with Ansaldo Componenti, Belleli and FBM Hudson a series of design codes and methodologies has been developed in the field of pre heaters.

Significant results in the turbogenerator area were obtained with Franco Tosi Industriale and Ansaldo Componenti. Cost–performance requirements are dictating improvements in turbine design and fabrication, namely, new anti-erosion technological solutions for the blades: new design low pressure blades particularly for the fossil plants.

In the instrumentation sector, one of the principal activities concerns the protection and control system for PWR plants. It is being conducted in co-operation with Ansaldo, ENEA, Esacontrol, Sepa and Westinghouse. Among other things, the programme calls for realization, in Italy, of a prototype and its validation using the ENEA engineering simulator.

As regards raw materials and semifinished products the objective is to favour the development of technologies to produce strategic materials at present produced only abroad, or to support innovation in technologies already used in Italian manufacture. The products considered to date have been semifinished products for pressure vessels and for large forges, tubes for heat exchangers, cladding for fuel elements, and new anti-wear materials for valves and pumps.

4.2. Resources invested

To achieve the programme, ENEA mobilized, between 1975 and 1986, relatively vast resources, both financial and human. During this period it implemented programmes costing 268 billion Lire (current value). Of this amount, 205 billion Lire were allocated directly by ENEA and 63 billion Lire were contributed by industry with which co-operation agreements had been established.

In regard to personnel, the programme employed, from 1975 to 1986, 2800 people, of whom 1560 came from industry and 1240 from ENEA and other research centres.

Within the framework of its 1985–1989 Five Year Plan, the light water reactor Industrial Promotion Programme has been assigned over 300 billion Lire. In addition to this sum, other allocations have been made for activities outside the nuclear sector, i.e. for conventional power stations and for other energy-intensive plants.

5. POSSIBLE INTERNATIONAL CO-OPERATION

ENEA's Industrial Promotion Programme has enabled Italian industry to satisfy the requirements of the Italian National Energy Plan. These requirements, shared by other industrialized and developing nations, are based on the penetration of nuclear energy, on a national basis and on the utilization of its opportunities for high quality industrialization and economic development.

Because of the particular phase the Italian nuclear power plant programme is now going through, wide ranging co-operation with countries coping with similar problems appears highly promising and of reciprocal interest. This concerns both research and development of components and siting problems, with special reference to the safety of operations and territorial impact (earthquakes, demographic density, ecology, etc.).

In particular, the methodologies developed in the Italian Industrial Promotion Programme, especially in relations with small and medium-sized manufacturers, the available certification and testing facilities and studies on safety and on the socio-economic impact of power plants on the territory can provide the starting point for co-operation with other countries. This is in regard also to the transfer of know-how already acquired within the framework of the Industrial Promotion Programme and to the performance of joint development activities.

The specific sectors in which it might be possible to establish co-operative ties are the following:

— transfer of the experience acquired by ENEA in the management of development programmes in regard to the model adopted by the Industrial Promotion Programme for the selection of intervention, the evaluation of economic return, the planning of activities, the supervision of progress and the verification of results;
— making available the experience acquired and the models formulated in relation to agreements stipulated with the regions to favour the installation of nuclear power plants and to maximize the local contribution to realization of the plants;
— making available information and consulting services of the type furnished to small and medium Italian manufacturers;
— making available component and systems testing and qualification services in relation to the existing facilities in the Italian experimental areas as such or to be adapted to special requirements;
— joint ventures to perform special research and development programmes of common interest, with particular reference to safety analysis of the operation of nuclear power plants.

ADVANCED SYSTEMS

Technical Session 2.5

Chairman

D. VIGNON
France

A REVIEW OF THE SAFETY OF FUTURE LARGE EUROPEAN COMMERCIAL FAST BREEDER REACTORS

D. BROADLEY
National Nuclear Corporation Ltd,
Risley, Warrington, Cheshire,
United Kingdom

M. DEBRU
Novatome,
Lyon, France

G. HEUSENER
Kernforschungszentrum Karlsruhe,
Karlsruhe, Federal Republic of Germany

M. PEZZILLI
Comitato Nazionale per la Ricerca e per lo Sviluppo dell'Energia Nucleare e delle Energie Alternative (ENEA),
Rome, Italy

Abstract

A REVIEW OF THE SAFETY OF FUTURE LARGE EUROPEAN COMMERCIAL FAST BREEDER REACTORS.

Commercial fast breeder reactors have been under development in Europe and elsewhere in the world for more than 20 years. They offer an unrivalled opportunity to provide virtually unlimited energy for many hundreds of years. The paper outlines the safety advantages offered by the system and the measures taken to further enhance these inherent safety features; examples of these being automatic shutdown system diversity and an enhanced decay heat removal system which includes a capability for natural circulation. Even more advanced features such as the SADE system for automatic absorber rod insertion in the case of loss of station electrical supplies are also described. The fast reactor, having a very strong negative power and temperature coefficient of reactivity, is extremely stable during operation. Bearing in mind the extraordinary engineered safeguards incorporated into the designs and the development that has already been achieved in the fast breeder and other systems, it is extremely unlikely that the safety systems will fail. However, notwithstanding these very powerful arguments the fast breeder reactor community have traditionally made detailed assessments of the 'what happens if' questions and have made calculations, with relevant experimental backup, to give reliable estimates for the outcome of untripped faults. These calculations show such accidents to be containable to an extent which is more than fully commensurate with their likely frequency.

1. INTRODUCTION

From the very beginning the safety of liquid metal fast breeder reactors (LMFBRs) has been a very important issue, originally from a national and international standpoint but now, for the purposes of this paper, from a European point of view. Fundamental questions arise because of the concentration and specific rating of fissile material in the core and the potential hazards arising from the use of sodium coolant. In the 'sixties and 'seventies considerable attention was paid to hypothetical unprotected transients thought of at the time as being capable of giving a nuclear power excursion with possible energetic core disruption. Progressively safety analysis showed that such faults were of extremely low probability, but at the same time the energy yields, based on more realistic models backed up by experimental results, have declined. More recently attention has been paid to more realistic operational and accident situations but a common declaration of all who are involved in FBR programmes is the extremely small contribution that design basis faults make to the overall risk.

International ANS–ENS and other conferences [1–4] have concentrated on the methodology of all aspects of FBR safety and a considerable degree of agreement has been achieved. The aim of the paper is to present the status of the European safety case for the FBR.

2. FBR SAFETY CASE

The safety case for the FBR is based on exploitation of the fundamental and very substantial safety characteristics of the system. The fault prevention requirements are based on probabilistic and/or deterministic criteria in the countries involved in European collaboration, and although much time can be spent on debating the particular virtues of either system, it can be summarized that the frequency of severe accidents is very low and less than about 10^{-6} per year for the family of severe accidents. However, safety is not a stationary target and much effort continues to ensure that the case, thanks to the defence in depth, is consistent for all fault initiators. Examples are increased use of passive systems, redundant and diverse shutdown systems, local fuel fault detection, etc.

It must be emphasized that whilst the priority has been and remains to prevent accidents and to relegate all serious accidents into an area of very low probability termed the 'residual risk', nevertheless because the FBR is virtually devoid of what might be termed conventional design basis accidents, considerable attention has in the past been given to the study of classic untripped beyond design basis accidents.

This is not part of the safety case but will be discussed later in the paper.

3. ENGINEERED SAFEGUARDS

3.1. Reactor protection systems

As for other types of reactors, the reactor protection system (RPS) of an FBR has, for its main function, the avoidance of any unacceptable damage to the core for all the events considered in the safety analysis. This function implies:

— detection of any dangerous event (selection of scram parameters and associated instrumentation)
— initiation of the scram associated actions (logic systems)
— assurance of safe shutdown of the reactor (margin of negative reactivity by introduction of absorbers).

The RPS has to assure its function with a reliability consistent with the safety goal set out above. The specific case of the FBR, in comparison with the LWR for instance, is concerned with the dynamic behaviour of the core (void coefficient slightly positive in big cores). Generally speaking, the events leading to a strong deterioration in the ratio of power production to capacity of cooling can be considered as potential initiators of severe accidents. This means that all these events must be protected by a scram. Due to the expected occurrence of such initiators, the specified failure frequency of the RPS of the fast reactors must be of the order of 10^{-7} per year to meet the safety goal concerning severe accidents.

Different ways are possible to meet such a requirement. The RPSs of the European FBRs currently on line or in the design stage are very similar in principle and adopt most of the following options:

— the shutdown of the reactor is assured by at least two independent subsystems, separated electrically and geographically;
— these two systems are as much as possible diversified;
— the two subsystems are conceived with the single failure criterion;
— the absorbers and their mechanisms are diversified;
— a loss of external power supply leads directly to a scram;
— periodic tests are foreseen.

As an illustration Fig. 1 presents the Creys–Malville reactor protection system principle diagram. With such an organization a failure rate of less than 10^{-9}/year has been demonstrated for the event 'loss of supply'.

3.2. Decay heat removal systems

3.2.1. General remarks

Safe and reliable removal of the decay heat is an essential safety requirement for all reactor systems. In the case of liquid metal cooled reactors the fulfilment of

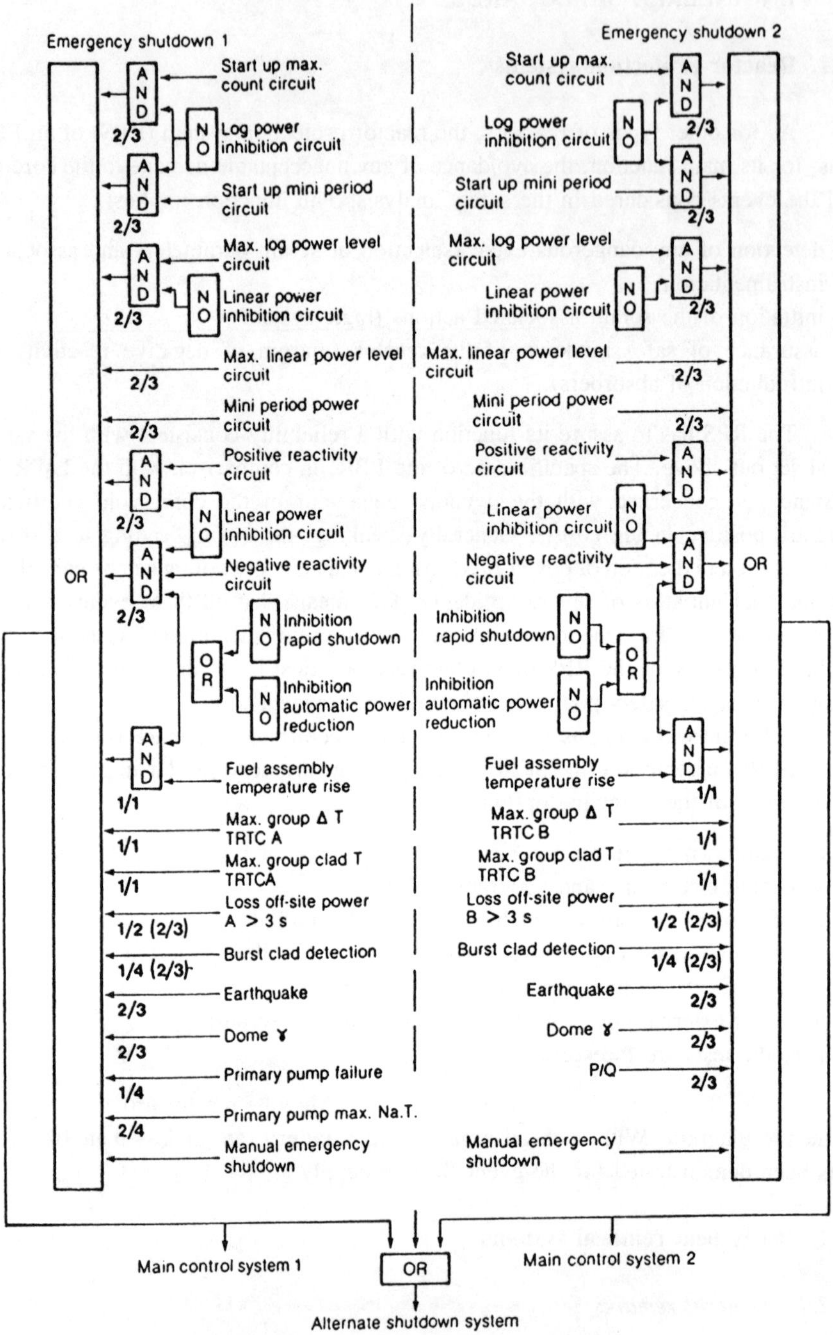

FIG. 1. Layout of Creys–Malville reactor protection system.

this requirement is strongly supported by basic physical properties of the coolant itself.

First the coolant, i.e. the sodium, is operated far below its boiling temperature; no elevated pressures are needed to prevent evaporation. Consequently, a loss of coolant caused by a pressure loss followed by coolant evaporation is impossible. The draining of the coolant is prevented by double wall structures and other passive safety means. Consequently it can be concluded that the necessary heat transport medium is always available.

The second well known property of liquid metal coolants is their excellent heat transport capabilities. This capability facilitates the design of the decay heat removal systems significantly.

The remaining elements needed to guarantee successful decay heat removal are:

— an appropriate heat sink, and
— a sufficient driving force for the coolant flow.

For both of these necessities diverse solutions can be made available. If diverse solutions are not being used the single solution relies on simple and basic laws of nature such as gravity.

All the European fast breeder projects basically use a decay heat removal approach which is very similar.

In normal situations the main heat transfer systems, i.e. the steam water systems, are used for decay heat removal purposes. The turbine is bypassed and the steam is directly fed to the condenser. Because of the high overcapacity of the main heat transport systems their use for decay heat removal (DHR) purposes is very reliable and a failure of this route of DHR is a very unlikely event.

In case the main heat transport system would not be available, e.g. in the case of non-availability of feedwater, a second completely independent heat transport system is provided, in which four heat exchangers are placed directly into the reactor vessel. The heat is taken from the primary coolant and is transported via an intermediate loop to coolers where the heat finally is transferred to the surrounding air.

This system in itself is redundant because it has significant margins (overcapacity). Furthermore, it is diverse with respect to the heat sink: the final heat sink is the surrounding air and a loss of this medium obviously need not be assumed. The driving force for these additional systems is provided by diverse energy sources — such as batteries or diesels — or, in the improbable case that these energy sources would not be available, by natural convection which will be initiated by gravity at slightly elevated temperatures. In the case of SNR-2 full and only reliance is placed on the natural convection.

3.2.2. Technical description of the solutions used at CDFR, SNR-2 and SPX-2

Though the general philosophy is very similar in all projects, some differences can be seen if we look at the designs. Some important features of the DHR systems

TABLE I. DESIGN FEATURES OF EMERGENCY DECAY HEAT REMOVAL SYSTEMS

	CDFR[a]	SPX-2[b]	SNF-2
Capacity	4 × 19 MW	4 × 25 MW	4 × 30 MW
Mode of operation			
Pool	Forced convection	Forced convection	Natural or forced convection
Intermediate loop	Natural convection	Forced convection	Natural convection
Air side	Forced convection	Natural convection	Natural convection

[a] Capacity of 67% with natural convection on air side.
[b] Natural convection considered in beyond design basis accident capacity about 30%.

are shown in Table I. CDFR uses four loops consisting of in-vessel cooler, intermediate loops and air coolers. Each loop has a capacity of 20 MW. The intermediate loop is operated with NaK. Forced convection is foreseen in the primary vessel and in the air coolers whereas the flow in the intermediate loop is driven by natural convection. There is however still 76% capacity available if the air coolers are cooled by natural draught.

In the case of SPX-2, forced convection is foreseen in the primary vessel and in the intermediate loop, whereas the air coolers are operated in the natural convection mode. Again, four loops are available each having a capacity of 26 MW. Non-availability of forced convection in the four loops is considered to be a beyond design event. However, even then the systems could be operated in natural convection mode and could keep the core in a safe state, including the primary circuit.

In the SNR-2 project natural convection is entirely relied on in the intermediate loop and the air cooler; thus in the case of loss of station service power the SNR-2 relies entirely on natural convection. Each loop has a capacity of 30 MW. In addition to the expected advantages in safety a saving in investment cost is assumed because the costly diesels could be avoided.

3.3. Sodium fires

The benefits of sodium coolant are enormous, as noted in Section 3.2.1, but as is well known it is combustible in air. There is however considerable experience in handling sodium and providing these practices are adhered to, in combination with current standards for separation and segregation, sodium fires are easily dealt with by simple engineering means.

3.4. Aseismic design

When compared with LWRs, the LMFBRs may seem more sensitive to earthquake loadings, taking into account the inherent characteristics of being low pressure systems in which thin wall tanks and pipes are used, with flexible structures to minimize the effects of thermal conditions. Thus there is a need to determine the optimal location for rigid structures and mechanical snubber in the plant layout and to maintain deflections and interface loads within structural integrity limits of specific materials and components.

The common view of the European countries on the need for specific design criteria and studies for a range of dynamic problems encountered in fast reactor design led to the definition of a common R&D programme in the framework of the European Fast Reactor Collaboration.

The proposed R&D work, addressed to those problems typical of pool-type fast reactors, has the following objectives:

— to improve the understanding of seismic behaviour of FBR structures and components;
— to refine existing, and develop new, methods to improve the aseismic design;
— to balance the requirements of aseismic design with the requirements of normal operating loads for major safety related structures and components.

R&D activities can be combined into six main groups:

— reactor–block analysis
— seismic behaviour of the core
— shutdown system behaviour
— piping seismic analysis
— methodology and criteria for seismic analysis
— on-site dynamic measurements and analysis.

3.5. Structural integrity

A common feature of all FBR designs is that the control rods are supported from the reactor roof and the core is supported from the reactor vessel. Thus it can be postulated that reactivity could be added if the core support were to fail in a catastrophic way. Only fast fracture of the vessel and diagrid, both of which are constructed from highly ductile austenitic 316L steel, are capable of adding reactivity at such a rate with the reactor on full power to give rise to a whole core accident.

It is a natural feature of all the designs that the primary vessel is at cold pool temperature, not subject to creep. It is subject only to static and low stress due to dead weight, and thermal transients on the load path itself are both rare and of relatively small magnitude.

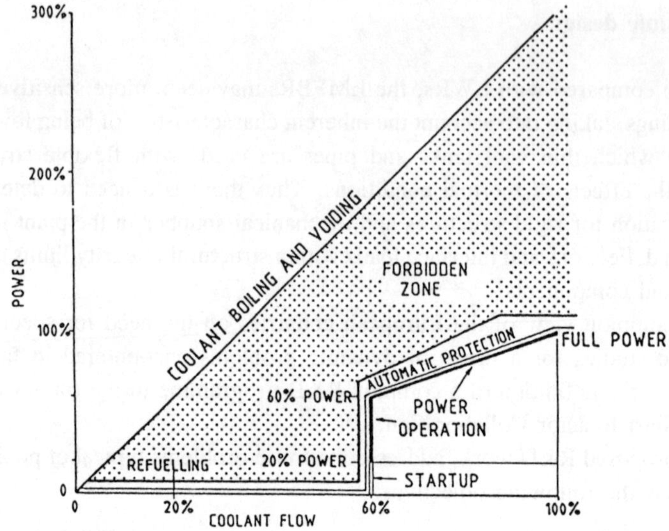

FIG. 2. Margins to coolant boiling in normal operation.

Fracture mechanics assessments of the more sensitive areas of the vessel and the core support reveal large critical crack sizes which combined with reliable sodium detectors provide an excellent argument for leak before break.

4. BEYOND DESIGN BASIS ACCIDENTS

4.1. Positive void coefficient

In normal operation the FBR has both a substantial negative power and a negative temperature coefficient of reactivity. Commercially attractive FBR core designs do have a positive void coefficient of reactivity; however, it is important to note that there is a large margin between normal operation and the whole core boiling which must precede core voiding. This is illustrated in Fig. 2 and shows clearly that flow must reduce or power increase by a factor of at least 3 for whole core boiling to occur. A typical operational envelope is also shown in this figure and the close relationship that exists between this envelope and the reactor protection systems. These systems are described in Section 3.1 and are based on fully redundant, diverse and segregated systems in which generally at least two and often as many as five independent sensors would intercept any deviation outside the normal operational envelope. Thus it is argued that the positive sodium void coefficient, whilst an undesirable safety feature, is covered by the automatic shutdown system, providing a risk which is acceptable and small compared with other negative sodium void coefficient related events. Note that local voiding does not represent a safety hazard, a single subassembly void being worth about 10 cents.

4.2. Primary containment

The FBR is characterized by having small and relatively few design basis accidents and because of this there has been a long tradition for the consideration of low probability potentially large consequence accidents affecting the whole core and termed generically 'whole core accidents' (WCAs). The study of these accidents has been experimentally backed up by in-pile tests carried out in the CABRI reactor in France. A variety of codes have been used to predict the outcome of a whole range of initiating events such as loss of site power, loss of heat transport system, control rod runout, etc.

Initially these codes predicted disassembly of the fuel by mechanical energy (fuel vapour pressure) but as they have become more refined and in particular as they have expanded to include fuel movement, as occurs in the in-pile tests, so the yield has reduced to the present very low levels. The evaluation was given by Hummel at the 1986 Guernsey Safety Conference [5]. In assessing the containment of these events the designers have been given variable targets over recent years but it seems reasonable that practical designs should be capable of some considerable resistance to WCAs. It is presently not straightforward to put numerical values on the containment requirement or capability of the current large reactor designs because of differing specifications but it emerges that whole core accidents will be containable using conservative stress limits.

In summary, the probability of severe accidents in the FBR is very low indeed but event if they were to occur there is every expectation that they will be containable within the primary containment.

5. DESIGN FOR INTRINSIC SAFETY

All reactor designers, irrespective of the system, would fundamentally wish to design out all potential accidents. This presupposes that the initiating events and the sequence of such events can be foreseen. This must in practice be tempered by the design balance in order to ensure that the designer has not introduced an unforeseen but more important accident potential. We would maintain that the FBR has a considerable degree of intrinsic safety and that the designer should harness rather than tamper with those basic attributes. The fact that the coolant is not pressure dependent is the most obvious and telling attribute along with its capacity for decay heat removal as outlined in Section 3.2.

We believe there is a real prospect for a nuclear power plant to survive the long term and essentially infinite loss of active DHR systems. This is being actively pursued and optimized in the European FBR programme as noted earlier. Progress in beyond design basis conditions is necessarily both expensive and slow.

Designs are possible which reduce still further the risk of core meltdown due to all but the most rapidly occurring events and these are under evaluation. However, such evaluation does take time and each step must be taken deliberately and carefully so that even safer concepts may emerge.

6. CONCLUSIONS

(1) The LMFBR, its primary circuit being unpressurized and possessing very substantial thermal inertia, has a number of important intrinsic safety features during normal operation and upset conditions which must not be overlooked when assessing its overall safety characteristics. Conventional engineered safeguards, consisting of the reactor protection and decay heat rejection systems, can and have been engineered to very high standards. The reactor protection systems are based on the latest technology, employing redundancy, diversity and segretation. The FBR has the unique feature that decay heat can be rejected directly from the primary circuit by totally passive means by natural convection, including the primary circuit itself.

(2) Assessment of the large European FBR reactors, embodying the above safety features and engineered safeguards, has shown that they meet the most stringent safety requirements; in particular the probability of a potentially severe accident is very low, in numerical terms a frequency of 10^{-7} per year or less.

(3) Despite the low probability of potentially severe accidents, the FBR worldwide community has traditionally and over many years made detailed assessments of the likely outcome of such accidents. Many hundreds of man-years have been devoted to this task, backed up by substantial experimental facilities. This work continues but substantial progress, particularly in recent years as the techniques have matured, gives considerable confidence that, even if severe faults were to occur, they would be contained.

REFERENCES

[1] Fast Reactor Safety Technology (Proc. Mtg Seattle, 1979), American Nuclear Society, La Grange, IL (1979).

[2] LMFBR Safety (Proc. Tropical Mtg Lyon, 1982), Société française d'énergie nucléaire, Paris (1982).

[3] AMERICAN NUCLEAR SOCIETY, EUROPEAN NUCLEAR SOCIETY, Fast Reactor Safety (Proc. Int. Tropical Mtg Knoxville, TN, 1985), Oak Ridge Natl Lab., TN (1985).

[4] BRITISH NUCLEAR ENERGY SOCIETY, Science and Technology of Fast Reactor Safety (Proc. Conf. Guernsey, 1986), BNES, London (1986).

[5] HUMMEL, H.H., "A retrospective view of fast reactor safety: EBR-I to the present", ibid.

IAEA-CN-48/233

РАЗВИТИЕ ЭНЕРГЕТИЧЕСКИХ РЕАКТОРОВ НА БЫСТРЫХ НЕЙТРОНАХ С НАТРИЕВЫМ ТЕПЛОНОСИТЕЛЕМ И ВОЗМОЖНЫЕ ПУТИ УЛУЧШЕНИЯ ИХ ТЕХНИКО-ЭКОНОМИЧЕСКИХ ПОКАЗАТЕЛЕЙ

М.Ф. ТРОЯНОВ, Л.А. КОЧЕТКОВ, А.И. КИРЮШИН,
Ю.Е. БАГДАСАРОВ, В.И. МАТВЕЕВ, А.А. РИНЕЙСКИЙ
Физико-энергетический институт,
Обнинск,
Союз Советских Социалистических Республик

Abstract–Аннотация

THE DEVELOPMENT OF FAST NEUTRON POWER REACTORS WITH A SODIUM COOLANT AND WAYS IN WHICH THEIR TECHNICAL AND ECONOMIC PERFORMANCE CAN BE IMPROVED.

During the years that have elapsed since the commissioning of power units with fast neutron BN-350 reactors (1973) and BN-600 reactors (1980), considerable experience has been acquired in the operation of fuel elements, sodium equipment and mechanisms and steam generators. Operating experience has confirmed the reliability and safety of both types of facilities. Nevertheless, during the last few years a number of improvements have been introduced in the operating mode, in the equipment design solutions and in the system flow sheets. These solutions were aimed at further increasing the reliability, safety and profitability of the power units. The BN-800 reactor is based to a considerable extent on the scientific and technical ideas and design development of the BN-600 reactor. During its design, considerable attention was paid to developing reliable equipment which would ensure a higher level of fuel burnup than that of the BN-600 and to mastering the closed fuel cycle. The BN-1600 reactor constitutes a new step in the development and creation of a fast breeder reactor with sodium coolant. However, even in its design, the basic scientific and technical ideas developed for the BN-600 and BN-800 reactors were maintained to a considerable degree. The experience of developing and operating fast sodium cooled reactors in the USSR has confirmed the expected positive safety characteristics of this type of reactor. At the same time, there are significant reserves for further improving the safety characteristics and this does not present any major difficulties.

РАЗВИТИЕ ЭНЕРГЕТИЧЕСКИХ РЕАКТОРОВ НА БЫСТРЫХ НЕЙТРОНАХ С НАТРИЕВЫМ ТЕПЛОНОСИТЕЛЕМ И ВОЗМОЖНЫЕ ПУТИ УЛУЧШЕНИЯ ИХ ТЕХНИКО-ЭКОНОМИЧЕСКИХ ПОКАЗАТЕЛЕЙ.

За годы, прошедшие после пуска энергоблоков с реакторами на быстрых нейтронах БН-350 (1973 г.) и БН-600 (1980 г.), был накоплен большой опыт работы твэл, натриевого оборудования и механизмов, парогенераторов. Опыт эксплуатации подтвердил надежность и безопасность обеих установок. Тем не менее, за прошедшие годы был внесен ряд усовершенствований в режимы работы, в конструктивные решения по оборудованию и в технологические схемы. Эти решения были направлены на дальнейшее повышение надежности, безопасности и экономичности энергоблоков. Реактор БН-800 в значительной степени заимствует научно-технические идеи и конструктивные разработки реактора БН-600. При его проектировании главное внимание обращено на создание надежного оборудования, обеспечение более высокого выгорания топлива по сравнению с реактором БН-600 и освоение замкнутого топливного цикла. Реактор БН-1600 является новым шагом в разработке и создании быстрого реактора-размножителя с натриевым теплоносителем. Однако, и при его проектировании в значительной степени были сохранены основные научно-технические идеи, разработанные для реакторов БН-600 и БН-800. Опыт разработок и эксплуатации БР с натриевым теплоносителем с СССР подтвердил ожидавшиеся положительные свойства этого типа реакторов с точки зрения безопасности. В то же время имеются значительные резервы и по дальнейшему улучшению характеристик безопасности, реализация которых не представляет принципиальных трудностей.

ВВЕДЕНИЕ

Программа ядерной энергетики с реакторами на быстрых нейтронах с натриевым теплоносителем в СССР в 90-х годах основана на использовании серии блоков единичной мощности 800 МВт (эл.). В этот же период предполагается провести необходимые исследования и завершить проектирование АЭС с реакторами типа БН мощностью 1600 МВт (эл.).

Проекты реакторов БН-800 и БН-1600 в значительной степени обоснованы в целом положительным опытом эксплуатации реакторов БН-350 и БН-600. На всех стадиях выбора и обоснования проектно-конструкторских и технологических решений учитывались требования безопасности реакторов и АЭС в целом. В топливном цикле сохраняется ставка на хорошо изученное и освоенное оксидное топливо. В качестве ближайшей перспективы рассматриваются гетерогенные оксидно-металлические активные зоны, позволяющие достичь лучших характеристик реактора и топливного цикла в целом.

Особенности физики и техники быстрых реакторов определяют возможность создания безопасного энергетического реактора на быстрых нейтронах. Эта задача является одной из главных на пути дальнейшего усовершенствования быстрых энергетических реакторов.

1. НЕКОТОРЫЕ РЕЗУЛЬТАТЫ ЭКСПЛУАТАЦИИ РЕАКТОРОВ БН-600 И БН-350

Опыт более чем семилетней эксплуатации атомной электростанции с реактором на быстрых нейтронах БН-600 рассматривается в целом как положительный. Оборудование энергоблока БН-600 освоено и работает надежно, что подтверждает правильность проектно-конструкторских решений по реактору интегрального типа и модульной концепции парогенератора.

На начало 1987 г. реактор выработал 21,5 млрд. кВт · час электроэнергии, в течение ряда лет атомная электростанция БН-600 работает с коэффициентом использования установленной мощности 72–74% и останавливается, в основном, только на перегрузку топлива (табл. I). Максимальное выгорание горючего в активной зоне составляет 7% т. а. (тяжелых атомов), в отдельных опытных сборках достигнуто выго-

ТАБЛИЦА I. НЕКОТОРЫЕ ЭКСПЛУАТАЦИОННЫЕ ХАРАКТЕРИСТИКИ АЭС БН-600 ЗА 1986 г. И С НАЧАЛА ЭКСПЛУАТАЦИИ

Наименование	С начала эксплуатации на 31.01.87 г.	1985 г.	1986 г.
Выработка электроэнергии, млн квт·ч	21 527,8	3809,5	3861,1
Расход электроэнергии на собственные нужды, %	6,93	6,59	6,79
Коэффициент использования установленной мощности, %	61,43	72,78	74
Коэффициент использования календарного времени, %	72,86	74,70	77,11
КПД блока, %	40,60	41,61	41,51
Число остановов блока, шт.	53	3	4
Число остановов петли, шт.	41	4	3
Средняя нагрузка блока, МВт (эл.)	510	582	585

рание 9% т. а. Предпринимаются усилия, направленные на повышение выгорания топлива в активной зоне.

На начало 1987 г. в реакторе БН-600 прошло 18 перегрузок топливных и экранных ТВС. В настоящее время осуществляется переход на новую, модернизированную активную зону. В реакторе БН-600, как известно, реализована самая высокая тепловая нагрузка на твэл (ее максимальное значение равно ~ 540 Вт/см). Для улучшения экономики топливного цикла было решено несколько снизить линейную нагрузку (на ~ 15%) за счет увеличения высоты активной зоны с 75 см до 100 см при уменьшении толщины торцевых экранов. Был разработан специальный переходный режим на новую активную зону практически без снижения мощности. В 1987 г. такой переход завершится.

Одновременно с плановой эксплуатацией ведутся исследования, направленные на изучение различных характеристик реактора, особенностей протекания переходных и аварийных режимов и оценки их влияния на работоспособность и ресурс основного реакторного оборудования. За время эксплуатации были отработаны основные режимы пуска, останова и работы на стационарном уровне мощности, проведены испытания аварийных режимов, в том числе режимов срабатывания быстрой и медленной аварийных защит (БАЗ и МАЗ), отключения теплоотводящей петли.

При исследованиях было установлено, что действительный характер прохождения переходных и аварийных режимов более благоприятен, чем оценивалось на стадии проектирования. Это, в конечном итоге, позволило существенно упростить алгоритмы переключений на оборудовании при аварийных режимах.

В настоящее время закончена серия экспериментов по исследованию режима естественной циркуляции (ЕЦ) в натриевых контурах, который рассматривался и рассматривается как резерв повышения безопасности реактора. Эти эксперименты были направлены на определение допустимых уровней мощности реактора, надежности и устойчивости естественной циркуляции. В одном из таких экспериментов был проведен останов блока с мощностью 50% от номинальной с переходом на естественную циркуляцию в первом и втором контурах. Исходный подогрев натрия в активной зоне реактора составлял 140° С. В работе находились все три петли теплообмена. Результаты эксперимента расцениваются как положительные: в первом и втором контурах была получена устойчивая естественная циркуляция теплоносителя.

Использование режимов естественной циркуляции расширяет эксплуатационные возможности и повышает безопасность реактора.

Реактор БН-350 стабильно работает на мощности 750 МВт, которая используется для выработки электроэнергии и опреснения морской воды. В следующем году исполнится 15 лет со дня пуска установки. Оборудование натриевых контуров существенно превысило проектный ресурс и продолжает успешно работать [1].

На реакторе ведутся экспериментальные исследования по конструкционным и топливным материалам активной зоны для разрабатываемых реакторов. В штатных тепловыделяющих сборках достигнуто максимальное выгорание ~ 9% т. а.

2. АТОМНАЯ ЭЛЕКТРОСТАНЦИЯ БН-800

Проектная стадия завершена по всей АЭС. Реактор и основное оборудование принципиально не отличаются от используемого на БН-600. Можно считать, что все компоненты энергоблока, за исключением оборудования машинного зала (турбина, сепаратор-пароперегреватель, турбопитательный насос), прошли промышленную проверку на БН-600. Принципиальные решения по паротурбинной части проверены или на АЭС с тепловыми реакторами (например, сепараторы пароперегревателя), или на ТЭС с органическим топливом (турбина, электрогенератор, электротехническое оборудование).

Реактор и оборудование натриевых контуров обоснованы соответствующими экспериментальными и расчетными исследованиями и переданы для изготовления промышленности. На заводе атомного машиностроения "Атоммаш" ведется подготовка к изготовлению корпуса реактора и другого оборудования.

В публикациях и докладах на международных конференциях подробно рассматривались конструкция реактора, тепловая схема АЭС, компоновочные решения, основные характеристики БН-800 [2]. В указанных материалах отмечалось, что по реактору и оборудованию первого контура, в основном, сохранены принципиальные решения БН-600. Наибольшие изменения произошли во втором–третьем контурах, включающих парогенераторы, натриевые насосы, пароэнергетическую часть. Изменениям и усовершенствованиям, направленным на упрощение, повышение надежности и снижение материалоемкости, подвергалось и другое оборудование установки. Данная стадия работы по установке БН-800 включает в себя организационные и научно-технические вопросы. Проходят согласование с контролирующими государственными организациями (Госатомнадзор, Пожарная инспекция) отдельные решения, связанные, главным образом, с безопасностью энергоблока. Расчетные исследования по безопасности охватывают широкий спектр отказов и неисправностей, могущих тем или иным образом повлиять на характеристики безопасности реактора.

Активная зона реактора отличается от активной зоны реактора БН-600 бо́льшим количеством ТВС (516), большей высотой активной зоны (1 м) и использованием 3-х зонного профилирования поля энерговыделения по радиусу. Для первой загрузки реактора рассматриваются ТВС с уменьшенным размером под ключ (94,5 мм) и твэлами диаметром 6,6 мм. Это, вместе с некоторым увеличением шага размещения ТВС, позволило существенно увеличить межкассетный зазор – до 5 мм. Кроме этого мероприятия, для обеспечения высокого выгорания топлива исследуются и другие меры: использование малораспухающих сталей, различных видов термомеханической обработки оболочек твэлов и чехлов ТВС, оптимизация тепловых параметров. В реакторе БН-800 используется такая же "сетка" органов СУЗ, как и в БН-600, но с некоторым изменением их функций. Основные проектные и физические характеристики реактора БН-800 приведены в табл. II.

3. АТОМНАЯ ЭЛЕКТРОСТАНЦИЯ БН-1600

По АЭС БН-1600 закончена стадия проектных проработок по выбору и обоснованию принципиальных решений в рамках АППУ. В основном подтверждены предварительно выбранные решения:

– интегральная компоновка с 4-мя теплоотводящими петлями (4 насоса, 8 промежуточных теплообменников), расположенными в корпусе диаметром 19 м;
– две турбины на реактор;
– теплогидравлические и теплотехнические параметры, в основном аналогичные БН-800.

Применительно к реактору типа БН-1600, принимая во внимание перспективный характер разработок и то обстоятельство, что в течение срока службы реактора коньюнктура с ядерным горючим может резко измениться, поставлена задача разработать реактор таким образом, чтобы можно было использовать активные зоны разных типов – как традиционную, так и активные зоны разных типов – как традиционную, так и активные зоны нетрадиционных компоновок с улучшенными физико-техническими характеристиками. Тем не менее, на первом этапе предполагается использование активной зоны традиционного типа на оксидном топливе. Рассматривается активная зона с ТВС размером "под ключ" 153 мм и два варианта твэлов: диаметром – 6,6 мм и 7,4 мм. Рассматривается также два варианта профилирования поля энерговыделения: двухзонное профилирование и трехзонное. Основные проектные и физические характеристики реактора БН-1600 с традиционной активной зоной представлены в таблице II.

ТАБЛИЦА II. ОСНОВНЫЕ ПРОЕКТНЫЕ И ФИЗИЧЕСКИЕ ПАРАМЕТРЫ УСТАНОВОК БН-800 И БН-1600

Наименование	БН-800	БН-1600
Тепловая мощность, МВт	2100	4200
Электрическая мощность, МВт	800	1600
Количество петель теплосъема, шт.	3	4
Температура Na на входе в теплообменник, °C	547	547
Температура Na на входе в активную зону, °C	354	354
Температура Na на входе в парогенератор, °C	505	506
Температура Na на выходе из парогенератора,	309	309
Температура пара на выходе из парогенератора, °C	490	490
Давление пара на выходе из парогенератора, МПа	13,7	13,7
Количество турбогенераторов, шт.	1	2
Мощность турбогенератора, МВт	800	800
Максимальное выгорание топлива в ТВС активной зоны, % т. а.	10	10
Время остановки реактора для перегрузки топлива, суток	6	8
Высота/диаметр активной зоны, см	95/245	100/345
Количество ТВС в среднем стационарном состоянии	517	384
Количество зон разного обогащения	3	2–3
Критическая загрузка в среднестационарном состоянии, кг Pu	2630	4980
Коэффициент воспроизводства, BR	1,27	1,31
Коэффициент избыточного воспроизводства, BG	0,25	0,28
Количество органов СУЗ/суммарная эффективность в % Δк/к	30/8,1	36/7,6
В том числе:		
– автоматических регуляторов (АР)	2/0,40	2/0,46
– компенсирующих стержней (КС)	18/4,5	22/3,6
Аварийной защиты, в том числе совмещенной с температурной компенсацией (АЗ, АЗ–ТК)	10/3,3	12/3,6
Длительность цикла между перегрузками, эфф. месяц	3,7	5
Потеря реактивности за эфф. месяц, % Δк/к	0,65	0,60
Температурный эффект реактивности при росте температур на 100° С, % Δк/к	−0,18	−0,19
Мощностной эффект реактивности при росте мощности от 0 до 100%, % Δк/к	−0,79	−0,93

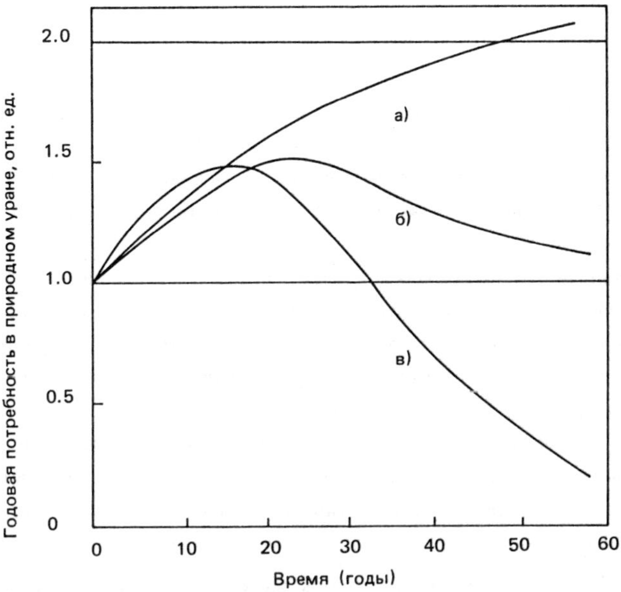

РИС. 1. Изменение годового расхода природного урана для развития ядерной энергетики (доля БР-45%) в зависимости от вида топлива в БР, где: a – оксидное; b – оксидное в а. з., металлическое в экранах и ВЗВ (гетерогенные активные зоны с долей ВЗВ до 30%); c – металлическое.

4. ПУТИ УЛУЧШЕНИЯ ПОКАЗАТЕЛЕЙ ВОСПРОИЗВОДСТВА

Вопрос о требуемых показателях воспроизводства быстрых энергетических реакторов является далеко не однозначным и трактуется по разному, в зависимости от исходных предпосылок. Большинство западных исследователей склоняется к мысли о том, что в настоящее время от быстрых реакторов не требуется высоких показателей воспроизводства и главное заключается в обосновании экономической конкуренции быстрых реакторов по сравнению с реакторами на тепловых нейтронах.

Однако для обеспечения долгосрочного развития ядерной энергетики при минимальных ресурсах относительно дешевого природного урана может потребоваться существенное улучшение топливного цикла быстрых реакторов:

– снижение времени внешнего топливного цикла до 1 года;
– увеличение коэффициента воспроизводства до 1,5 и более;
– улучшение топливных характеристик тепловых реакторов.

Эта ситуация иллюстрируется графиками на рис. 1.

При использовании оксидного топлива в быстрых реакторах типа БН-БН-800 и БН-1600 избыточное топливо нарабатывается в пределах 200 кг/ГВт (эл.) · год (КВ ≃ 1,25–1,3). Такие реакторы, при оговоренных выше предпосылках, не могут обеспечить ограничения потребности в природном уране ни в каком обозримом временном интервале. Реакторы с гетерогенными активными зонами оксидно-металлического типа позволяют увеличить наработку плутония до (350 –370) кг/ГВт (эл.) · год (КВ ≃ 1,5). Такие реакторы, примерно через 25 лет после начала развития, приводят к ограничению роста потребности в природном уране, а в дальнейшем и спаду потребности. Быстрые реакторы на металлическом смешанном топливе – 550 кг/ГВт (эл.) · год (КВ = 1,7–1,8) позволяют еще более существенным образом ограничить потребность в природном уране.

Из приведенного, достаточно условного графика, отражающего лишь один из возможных сценариев развития ядерной энергетики, следует также, что усовершенствование топливного цикла быстрых реакторов, если оно потребуется, приводит к положительному эффекту спустя значительное время: через 25–30 лет после начала массового ввода быстрых реакторов в ядерную энергетику.

В СССР, применительно к проекту реактора БН-1600, в качестве перспективных активных зон рассматриваются гетерогенные активные зоны оксидно-металлического типа [3], [4], [5]. Интерес к таким активным зонам диктуется двумя главными обстоятельствами:

– возможность использования хорошо изученного и освоенного оксидного топлива, особенно в связи с необходимостью получения высоких выгораний топлива;
– возможность заметного улучшения КВ – до уровня 1,5, а при некоторых дополнительных усовершенствованиях – до уровня 1,6.

Важным условием таких разработок является использование металлического урана в ненапряженных, щадящих, условиях (максимальная линейная тепловая нагрузка $q_l \leqslant 350$ Вт/см, максимальное выгорание составляет ~ 1–2% т. а.).

Рассматриваются две компоновки: с кольцевой гетерогенностью и с аксиальным воспроизводящим слоем (внутритвэльная гетерогенность).

Главный недостаток гетерогенных активных зон покассетного типа, к которым относятся и активные зоны с кольцевой гетерогенностью, связан с нестабильностью энерговыделения в ТВС внутренних зон воспроизводства (ВЗВ). Эта нестабильность приводит к "разбавлению" выходной температуры натрия, а также к появлению относительно холодных струй натрия в зоне над головками ТВС.

Первый недостаток может быть, в достаточной мере, скомпенсирован за счет лучшей стабильности, в целом, поля энерговыделения в гетерогенных активных зонах кольцевого типа, а также за счет использования в ТВС ВЗВ слабообогащенного урана [5]. Второй недостаток – появление относительно холодных струй натрия на выходе из ТВС определяет возможность возникновения дополнительных температурных напряжений в конструкциях, расположенных над активной зоной (колонна СУЗ, направляющие трубы СУЗ и т.п.). Это обстоятельство приводит к необходимости более тщательного исследования гидродинамики потока натрия, выходящего из ТВС и, возможно, специальных конструктивных мер.

Гетерогенные активные зоны с аксиальной внутритвэльной гетерогенностью свободны от перечисленных выше недостатков и, кроме того, имеют ряд преимуществ,

ТАБЛИЦА III. ОСНОВНЫЕ ХАРАКТЕРИСТИКИ ОКСИДНО-МЕТАЛЛИЧЕСКИХ ГЕТЕРОГЕННЫХ АКТИВНЫХ ЗОН

Наименование	Тип гетерогенности	
	активная зона с кольцевой гетерогенностью*	активная зона с аксиальной (внутритвэльной гетерогенностью**)
Общее количество ТВС, шт	463	414
Из них:		
топливных ТВС, шт.	336	414
воспроизводящих ТВС, шт.	127	–
Высота активной зоны, см.	100	100
Высота аксиальной зоны воспроизводства, см	–	22
Критическая загрузка по плутонию, кг	5120	4950
Коэффициенты воспроизводства:		
BR	1,520	1,511
BG	0,495	0,497
Изменение реактивности за 30 сут., % Δк/к	–0,15	–0,18
Максимальная линейная нагрузка оксидных твэл, кВт/м	45,6	44,5
Аксиальный коэффициент неравномерности тепловыделения	1,26	1,15
Радиальный коэффициент неравномерности (по активной зоне)	1,17	1,27

* Боковой экран – из UO_2; торцевой экран – над топливными ТВС – из UO_2, над воспроизводящими ТВС – из металлического урана.

** Боковой экран – из UO_2, торцевой экран – из металлического урана.

определяемых дополнительным выравниванием поля энерговыделения по высоте активной зоны.

В табл. III приводятся основные характеристики двух указанных типов гетерогенных активных зон.

Следует отметить, что гетерогенные активные зоны обладают и заметным недостатком: на 15–20% увеличивается загрузка плутония в топливный цикл.

5. НЕКОТОРЫЕ ВОПРОСЫ ЭКОНОМИКИ БЫСТРЫХ РЕАКТОРОВ

Экономические преимущества быстрых реакторов должны проявляться в условиях ограниченных запасов дешевого природного урана. Другого, столь освоенного

ТАБЛИЦА IV. ТЕХНИКО-ЭКОНОМИЧЕСКИЕ ХАРАКТЕРИСТИКИ БН-600 и ВВЭР-1000

Наименование	ВВЭР-1000	БН-600
Электрическая мощность, МВт	950	600
КПД АЭС, %	31,3	40,6
Масса оборудования, трубопроводов и защитного металла, т/МВт (эл.)	30	54
Объем железобетонных конструкций, тыс. $м^3$/МВт (эл.)	0,18	0,17
Трудовые затраты на выполнение строительно-монтажных работ по промсооружениям (по сравнению с ВВЭР-1000), чел.-дн./кВт (эл.)	1,0	1,15
Удельные капиталовложения на строительную часть (по сравнению с ВВЭР-1000), %	100	96
Суммарные удельные капиталовложения (по сравнению с ВВЭР-1000), %	100	150

источника наработки топлива и производства электроэнергии, каким являются быстрые реакторы, в настоящее время просто нет.

Одним из важных экономических показателей атомных электростанций является стоимость установленного киловатта (Куд). Абсолютное и относительное значение Куд АЭС различных типов могут оказывать соответствующее влияние на их долю в общей структуре ядерной энергетики, а также на выбор физических и других важнейших характеристик реакторов.

В 1980 г. закончено сооружение и введены в эксплуатацию атомные электростанции БН-600 и ВВЭР-1000. И хотя степень отработки этих реакторов существенно различна (первый полупромышленный быстрый реактор интегрального типа БН-600 и представляющий третье поколение реакторов водо-водяного типа головной энергоблок ВВЭР-1000), ввиду отсутствия более сопоставимых аналогов имеет смысл провести сравнение удельных натуральных и относительных стоимостных показателей тепловых и быстрых реакторов на примере этих установок.

В табл. IV приведены важнейшие натуральные и относительные стоимостные показатели электростанций с реакторами на тепловых (ВВЭР-1000) и быстрых нейтронах (БН-600).

Как видно из таблицы, разница в удельных натуральных и стоимостных показателях между ТР и БР не столь значительна, если учесть, что сопоставляемый быстрый реактор имеет существенно меньшую мощность. Согласно общим оценкам увеличение мощности энергоблока в два раза позволяет экономить до 10% суммарных капитальных вложений. Поэтому приведение БН-600 к одинаковой с ТР электрической мощности позволило бы снизить удельные капвложения в БР на 8–9%. Определенное влияние на стоимость установленного киловатта оказывает также район строительства АЭС. На основании приведенного анализа можно сделать следующий вывод по стоимости ТР и БР: в сопоставимых условиях (одинаковые электрическая мощность, район и сроки строительства) ожидаемая разница в удельных капвложениях реакторов БР и ВВЭР находится на уровне 30–40%. Приведенные в таблице данные по трудозатратам на выполнение строймонтажных работ, а также опыт сооружения БН-600 показывают, что удельная трудоемкость сооружения АЭС с БР мало отличается от АЭС ТР.

Несколько увеличенные удельные капвложения БР по сравнению с ВВЭР объясняются более высокой суммарной стоимостью оборудования. Увеличенная стоимость оборудования БР объясняется бо́льшей номенклатурой и увеличенной металлоемкостью. Поэтому снижение металлоемкости оборудования является одной из важнейших задач при конструировании и проектировании быстрых реакторов. Определенные успехи в этом направлении достигнуты в проекте реактора большой мощности 1600 МВт, а также при увеличении мощности реактора БН-600 до 800 МВт (реактор БН-800). За счет ряда усовершенствований и изменений в проекте общая металлоемкость БН-800 МВт снизилась по сравнению с БН-600 при существенном (с 600 до 800 МВт) увеличении мощности.

Основное наше внимание в настоящее время концентрируется на улучшении экономических показателей реакторов типа БН-800 и БН-1600. В частности, рассматриваются следующие возможности серьезных упрощений проектных решений:

– отказ от использования принципа самокомпенсации натриевых трубопроводов за счет применения освоенных промышленностью сильфонных компенсаторов необходимого сортамента;
– разработка корпусных конструкций парогенераторов для перспективных блоков;
– упрощение системы электрообогрева натриевых трубопроводов и оборудования как за счет сокращения средств автоматизации процессов электрообогрева, так и сокращения зон и ряда систем оборудования;
– сокращение материалоемкости и упрощение проектных решений оборудования и систем реактора и энергоблока в целом.

Имеется хорошая перспектива к тому, чтобы благодаря разрабатываемым усовершенствованиям задачи экономической конкурентоспособности быстрых реакторов были решены даже в условиях отсутствия дефицита урана, то есть в ныне существующей ситуации.

6. БЕЗОПАСНОСТЬ БЫСТРЫХ РЕАКТОРОВ

Опыт разработок и эксплуатации БР в СССР с одной стороны подтвердил ожидавшиеся положительные свойства этого типа реакторов и натриевого теплоносителя, с другой – показал эффективность проектно-конструкторских средств борьбы с известными отрицательными свойствами. Основные итоги этого опыта сводятся к следующему:

– устойчивая отрицательная обратная связь при возмущениях по мощности и температуре, определяемая практически мгновенными составляющими – допплер-эффектом и аксиальным расширением топлива;
– хорошая стабильность нейтронного поля во времени;
– отсутствие отравлений реактора и связанного с этим последующего ввода положительной реактивности;
– высокий внутренний коэффициент воспроизводства, возможность создания быстрого реактора без запаса реактивности на выгорание (с КВА $\simeq$ 1) с практически "идеальной" стабильностью поля энерговыделения;
– хорошая работоспособность оксидных топливных элементов при глубоких выгораниях;
– удержание натрием и улавливание холодными ловушками значительной доли радиоактивных осколков деления в случае выхода последних из топливных элементов в теплоноситель;
– низкая коррозионная активность натрия (отметим, что не было ни одного случая разуплотнения контуров, обусловленного коррозией конструкционных материалов в натриевой среде).

Недостатком с точки зрения физики является наличие положительного натриевого пустотного эффекта реактивности в реакторах большой мощности, который может быть существенно уменьшен за счет соответствующих (нетрадиционных) компоновок активной зоны.

В течение более чем 30-летнего опыта эксплуатации реакторов и стендов не было ни одного случая утечек больших количеств натрия. Это и понятно, поскольку натриевые контура и оборудование работают при низком давлении и натрий реакторной чистоты абсолютно не влияет на целостность конструкции с точки зрения коррозии. Все наблюдавшиеся утечки (главным образом, связанные с режимом разогрева) в том числе на БН-350 и БН-600 были ограничены диапазоном: несколько см^3 – несколько литров.

При разработке и эксплуатации быстрых реакторов (в том числе БН-350 и БН-600) локализация утечек натрия производится путем облицовки помещений (где могут в принципе возникнуть большие проливы) листовой углеродистой сталью, установки специальных поддонов с гидрозатворами и специальных трапов в дренажные баки большой емкости. Основными способами тушения возникающего натриевого пожара являются самотушение (за счет выгорания кислорода в помещении), тушение газовыми смесями на основе азота, порошковое тушение.

Особо необходимо остановиться на вопросе о нарушениях герметичности тепловыделяющей поверхности парогенератора и последствиях контакта натрия и воды. Многочисленные специальные экспериментальные исследования этой проблемы и имеющийся опыт эксплуатации установок показал, что в подобных случаях не возникает непосредственной угрозы с точки зрения радиационной или ядерной безопасности АЭС.

Разгерметизация трубопроводов первого контура не приводит к ядерноопасным авариям по следующим причинам:

- в реакторе интегрального типа все основное оборудование и трубопроводы первого контура находятся в общем корпусе и их разгерметизация не приводит к перегреву твэл;
- из корпуса выходят лишь натриевые трубопроводы вспомогательных систем малого диаметра, заключенные в страховочные кожуха до отсекающих вентилей (по 2 шт. с каждой стороны);
- внешние трубопроводы как правило снабжены пассивными устройствами разрыва циркуляции на случай возникновения сифонного эффекта.

Весьма велика теплоемкость первого контура реактора. Расчеты, подтвержденные прямыми экспериментами на БН-350 и БН-600, показывают, что в условиях полного прекращения теплоотвода от первого контура после срабатывания аварийной защиты рост средней температуры натрия в первом контуре не превышает 40°С/ч. С учетом большого запаса до температуры кипения натрия это дает огромный запас времени для принятия мер по ограничению последствий.

Уникальным свойством натрия является незначительное ухудшение коэффициента теплоотдачи при переходе в режим естественной циркуляции. Опыт эксплуатации показал, что в первом контуре при потере принудительных источников циркуляции устанавливается эффективная естественная циркуляция, обеспечивающая отвод остаточного тепловыделения.

По нашему мнению пути дальнейшего усовершенствования быстрых реакторов с натриевым охлаждением далеко не исчерпаны. Наиболее важными направлениями усовершенствований проектов быстрых реакторов, которые существенно улучшают характеристики безопасности, главным образом за счет использования пассивных принципов и средств, являются:

- дальнейшее увеличение возможностей длительного съема остаточных тепловыделений за счет естественной циркуляции теплоносителей по всем контурам системы аварийного расхолаживания. Эти возможности заложены в проект БН-800 уже сегодня, однако рассматриваются как резервные на случай гипотетических ситуаций (наложения большого числа отказов и ошибок);
- конструктивные решения по активной зоне и реактору в целом, обеспечивающие самопроизвольный ввод отрицательной реактивности при повышении мощности и снижении расхода теплоносителя;
- разработки проектов, позволяющих максимально использовать пассивные средства тушения загораний натрия при его протечках в технологические помещения без вмешательства обслуживающего персонала;
- разработка полностью интегральной концепции первого контура с внесением в корпус реактора всех вспомогательных систем, что полностью исключит наличие оборудования и трубопроводов без страховочных кожухов;
- разработка нетрадиционных компоновок активных зон, обеспечивающих нулевой или отрицательный натриевый эффект реактивности.

Таким образом быстрые энергетические реакторы с натриевым теплоносителем имеют значительные резервы по улучшению характеристик безопасности, реализация которых не представляет принципиальных трудностей.

ЛИТЕРАТУРА

[1] КОЧЕТКОВ Л.А. и др., ''Основные итоги эксплуатации опытно-промышленных АЭС с быстрыми реакторами БН-350 и БН-600'', Fast Breeder Reactors: Experience and Trends (Proc. Symp. Lyons, 1985), Vol. 1, IAEA, Vienna (1986) 37–48.

[2] БАГДАСАРОВ Ю.Е. и др., ''Реактор БН-800 – новый этап развития реакторов на быстрых нейтронах'', Fast Breeder Reactors: Experience and Trends (Proc. Symp. Lyons, 1985), Vol. 2, IAEA, Vienna,(1986) 209–216.

[3] ТРОЯНОВ М.Ф. и др., ''Концепция активных зон энергетических реакторов на быстрых нейтронах; оптимизация физических характеристик реактора БН-1600'', Fast Reactor Physics 1979 (Proc. Symp. Aix-en-Provence, 1979), Vol. 2, IAEA, Vienna (1980) 117.

[4] БОБРОВ С.Б. и др., ''Пути развития быстрых энергетических реакторов с высоким коэффициентом воспроизводства'', Ат. Энерг. **54** 4 (1983) 269.

[5] БАГДАСАРОВ Ю.Е. и др., ''Пути улучшения экономических и физических показателей быстрых реакторов'', Fast Breeder Reactors: Experience and Trends (Proc. Symp. Lyons, 1985), Vol. 1, IAEA, Vienna (1986) 301–315.

U.S. ADVANCED REACTOR SYSTEMS

F.X. GAVIGAN
United States Department of Energy,
Washington, D.C.,
United States of America

Abstract

U.S. ADVANCED REACTOR SYSTEMS.

Events in the late 1970s and early 1980s had major impacts on the nature and direction of U.S. energy programs; particularly nuclear. Among these were reduced growth in energy demand leading to an excess in generating capacity, recognition of abundant uranium reserves, the accident at Three Mile Island, and the termination of the Clinch River Breeder Reactor Plant (CRBRP) project. In response to these events, there was recognition of a need to restructure domestic nuclear programs with particular emphasis on increased safety margins, improved economics, and acceptance by industry and the public. Both the advanced Liquid Metal Reactor (LMR) and the High Temperature Gas Reactor (HTGR) programs were redirected to meet new stringent passive safety requirements and to achieve competitive economics in both capital and busbar costs. Emphasis on passive safety has led to a number of beneficial outcomes in the form of reduced costs, different safety philosophies, simpler plant designs, lower operating costs, and increased safety margins. Features such as direct cooling for removal of decay heat and core designs that produce inherently safe cores have resulted in a re-examination of the need for safety-grade control rooms and a move away from reliance on redundant and diverse engineered safety systems accomplishing heat removal and reactivity control through the action of passive and inherent characteristics. The result to date has been reactor designs that are reduced in risk and in cost, which are simpler to operate and maintain.

1. INTRODUCTION

Three advanced innovative reactor conceptual design programs were initiated in 1984. They include two LMR concepts, the General Electric Power Reactor Inherently Safe Module (PRISM) and the Rockwell International Sodium Advanced Fast Reactor (SAFR), and the modular HTGR.

Each reactor concept has adopted passive means of reactor shutdown and heat removal and thereby minimized the number of systems and components required for nuclear safety. In addition, each has adopted an approach of standardized modular design with maximum factory fabrication, transportability to site, and minimum site installation and construction. This overall approach is aimed at alleviating the concerns of the utilities and public by providing U.S. Nuclear Regulatory Commission (NRC) certified designs of high quality, shorter construction time, reduced cost, and high reliability/availability. In each concept, safety-related

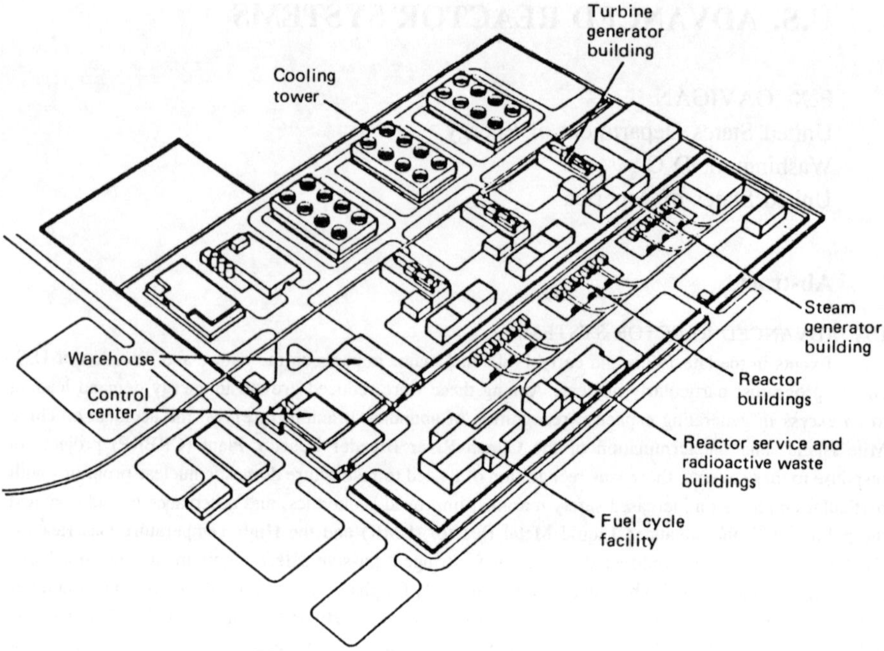

FIG. 1. PRISM plant layout.

equipment is limited to the reactor module; the balance of plant and intermediate heat transport systems have been decoupled from the safety systems and can be constructed to commercial high reliability standards. Each modular concept has the capability for incremental power block additions and module replacement to provide greater flexibility in meeting reduced utility growth rates.

Recent progress on the development of these cost-competitive inherently safe designs has been substantial; each concept has achieved the capability for inherent, passive reactivity shutdown and heat removal for the three most significant anticipated transient without scram events. In addition, plant capital costs are competitive with current generation Light Water Reactors (LWR's), and operating costs are competitive with both LWR and coal plants.

2. PRISM DESIGN

The commercial 1,245-MWe PRISM plant (Figure 1) consists of nine pool-type reactor modules grouped in three power blocks, each producing 415 MWe (net). Each power block contains three reactor module assemblies and their associated

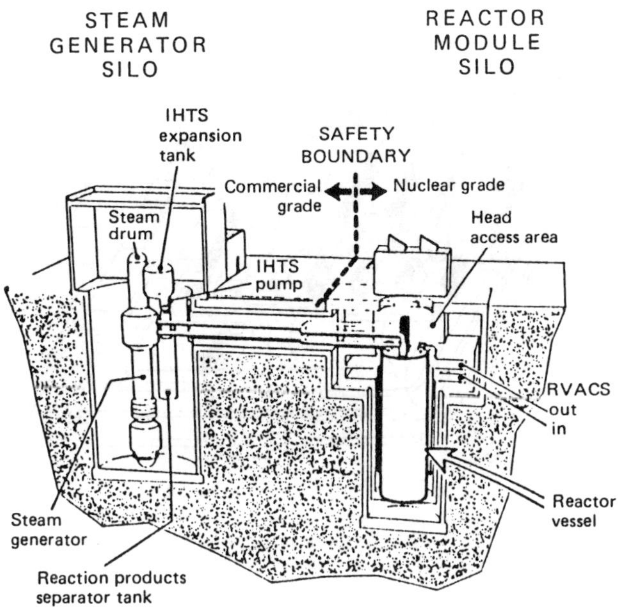

FIG. 2. PRISM nuclear steam supply system.

intermediate heat transport systems and steam generators. The power blocks are arranged such that they can be constructed sequentially and independently.

The use of common facilities such as the control room and reactor service and radwaste building allows rapid low cost capacity additions for succeeding power blocks. This provides decision flexibility and major cash flow advantages for a utility.

The reactor module assembly (Figure 2) is approximately 20 feet in diameter and 60 feet high. The entire assembly, less fuel and sodium, weighs about 1,100 tons[1], the upper limit of rail shippability. Double containment of the primary system sodium is provided with the containment vessel sized such that the reactor core will always remain covered and passively coolable in the event of a breach of the primary tank.

The reactor module is placed below ground in a cylindrical silo with seismic isolators, minimizing site specific engineering design requirements. Liquid sodium is circulated through the core by means of four immersed cartridge-type electromagnetic pumps. The primary radioactive system is

[1] 1 ton = 2000 lb = 907.2 kg.

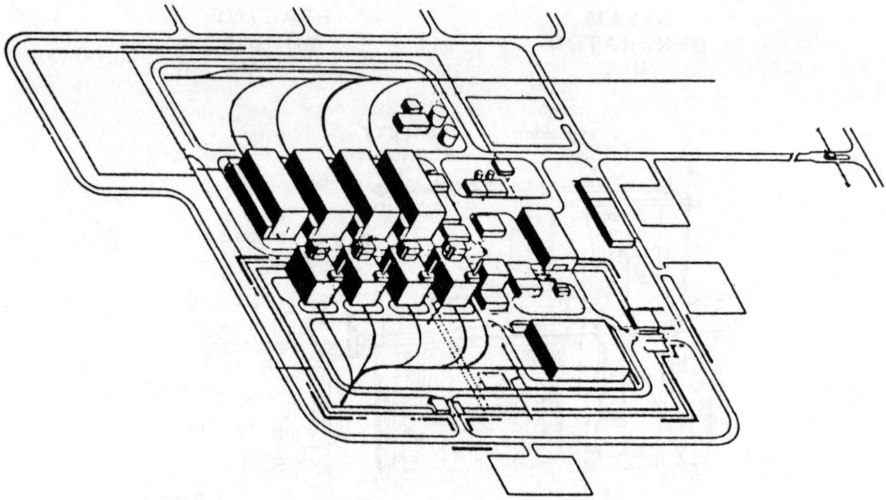

FIG. 3. SAFR plant layout.

completely sealed, and heat is transferred from the hot primary sodium through two intermediate heat exchangers to separate steam generators for each module. A total of six control rods regulate the core output.

PRISM fuel can be either metallic or mixed oxide. Both can be used in the same core barrel. Spent fuel is stored within the module for 1 year; thereby lowering the decay heat rate and permitting fuel to be removed later and stored dry in inert gas.

An important design feature of the PRISM is the passive backup decay heat removal provided by the Radiant Vessel Auxiliary Cooling System. This completely passive system can remove the reactor's decay heat without damage to the reactor. Operation is continuous and relies only on the laws of nature. No active mechanical devices are involved. Operator action is not required to activate the system nor can the action of an operator obstruct the system.

3. SAFR DESIGN

The commercial 1,400-MWe SAFR plant (Figure 3) consists of four pool-type reactor modules called Power Paks, each individually controlled and operated in a common control room. Each Power Pak consists of one reactor assembly and the associated heat transfer equipment coupled to a single 350-MWe

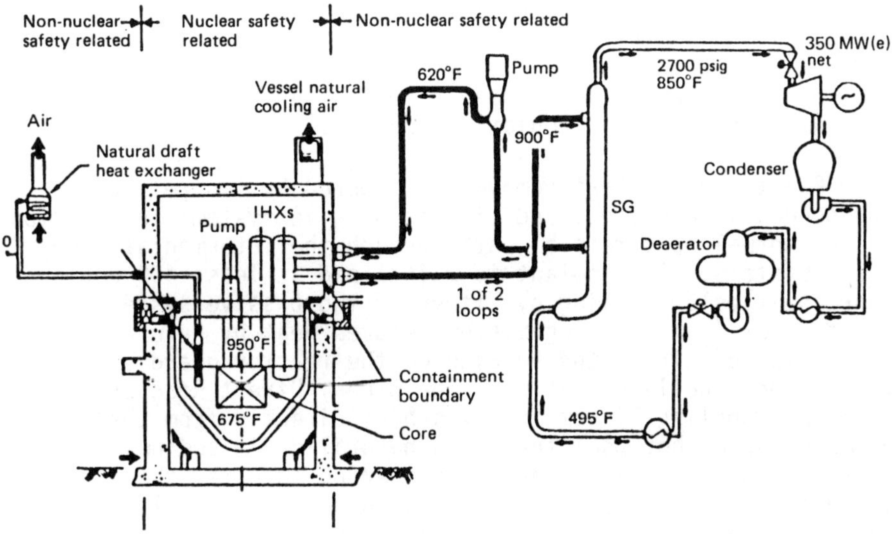

FIG. 4. *SAFR nuclear steam supply system.*

turbine generator unit operating with superheated steam. The Power Paks can be constructed sequentially and independently.

As with the PRISM concept, the use of common power plant and fuel cycle facilities allows rapid low cost capacity additions for additional power modules permitting flexibility and major cash flow advantages for a utility.

The stainless steel reactor vessel is 41 feet[2] in diameter and 48 feet high. The guard vessel surrounding the reactor vessel constitutes containment below the heat access area and maintains passively a safe sodium level above the core in the event of a reactor vessel leak.

The rectangular concrete nuclear island mat is located at grade. The reactor and auxiliary buildings are concrete, while the non-safety grade steam generator building is steel frame with metal siding. The reactor assembly (Figure 4) consists of one core, two coolant mechanical pumps, a natural circulation decay heat removal heat exchanger, and four intermediate loop heat exchangers. Reactor containment consists of the guard vessel surrounding the reactor and the double-sealed reactor vessel head with a backup low-leakage concrete box structure above the reactor vessel.

[2] 1 foot = 30.48 cm.

SAFR fuel can be either metallic or mixed oxide. Both can be used in the same core barrel. Spent fuel and blanket assemblies are stored for 1 year within the reactor vessel, thereby lowering the decay heat rate and permitting later dry storage with natural circulation cooling.

Reactor decay heat removal is insured by two reliable, independent, redundant, and diverse passive systems in addition to the normal heat removal path through the intermediate and steam systems. The coolant is maintained at least 400 degrees Fahrenheit[3] below boiling by either of two passive systems. The Reactor Auxiliary Cooling System removes heat by natural convection of air on the outside of the reactor guard vessel and is continually operating. The other, Direct Reactor Auxiliary Cooling System, removes heat directly from the primary system hot pool through a natural draft sodium-to-air heat exchanger. A very long grace period (greater than 1 day) is available for remedial action in the extremely unlikely event that all cooling systems fail to operate.

4. LMR PASSIVE SAFETY

Passive features of the LMR utilize natural laws such as gravity, thermal conductivity, thermal expansion, Doppler broadening, and sodium coolant density change to meet safety requirements and criteria. These fundamental properties provide the basis for highly reliable shutdown and heat removal systems that function without electrical or mechanical support and that are insensitive to station blackouts. Systems remain functional at all times, do not rely on operator action, and therefore cannot fail or be shut off.

4.1 REACTOR SHUTDOWN

Both SAFR and PRISM are designed to very exacting plant safety criteria utilizing to the fullest extent the inherent features of small, low pressure sodium-cooled fast reactor systems. Cores are designed to maximize the sensitivity of core critical geometry to inlet temperatures and temperature gradient across the core. In effect, the core acts as a thermostatic control for reactivity, reducing reactivity on increase of inlet sodium temperature or core temperature gradients and increasing reactivity for reductions in inlet sodium temperature or core temperature gradients. This thermal control of core reactivity is used to provide benign response

[3] $(T_{°F} - 32) \times \frac{5}{9} = T_{°C}$.

to all design basis accidents and to the following beyond design basis accidents:

- o Loss of primary coolant pumping power without scram
- o Transient overpower due to single rod withdrawal without scram
- o Loss of heat sink without scram.

Both LMR designs can meet these criteria with thermal convection coolant flow and the reactivity response characteristics inherent in the core designs. No additional engineered mechanical or electrical systems or operator corrective action is required to maintain stable safe responses to these off-normal events. Benign responses to the loss of coolant without scram and the loss of heat sink without scram were demonstrated in the Experimental Breeder Reactor II for metal fuel and in the Fast Flux Test Facility for oxide fuel.

Because the reactor power level automatically adjusts to loss of heat rejection capability through the secondary coolant system, the designs are insensitive to plant transients originating outside the primary reactor vessel, thus permitting the balance-of-plant to be constructed to non-safety grade high reliability industrial standards.

4.2 SHUTDOWN HEAT REMOVAL

Passive decay heat removal is a requirement for both the reactor core and spent fuel storage. This is accomplished for both PRISM and SAFR by thermally convecting air coolant systems outside the reactor guard vessel and the fuel storage containers. These systems function naturally and do not require operator initiation.

The combination of inherent reactor reactivity control and passive decay heat removal provides long grace periods for corrective action if required following an off-normal event.

5. HTGR DESIGN

The commercial modular HTGR plant consists of four reactor modules, each rated at 350 MW(t), coupled to two steam turbine generators yielding a net power output of about 550 MW(e). The concept is being developed in close cooperation with the utility members of the Gas Cooled Reactor Associates. The design is focused on meeting safety and economic requirements identified by these utilities and the top level regulatory requirements of the NRC. An advantage of the modular concept is the flexibility of providing sequential deployment of

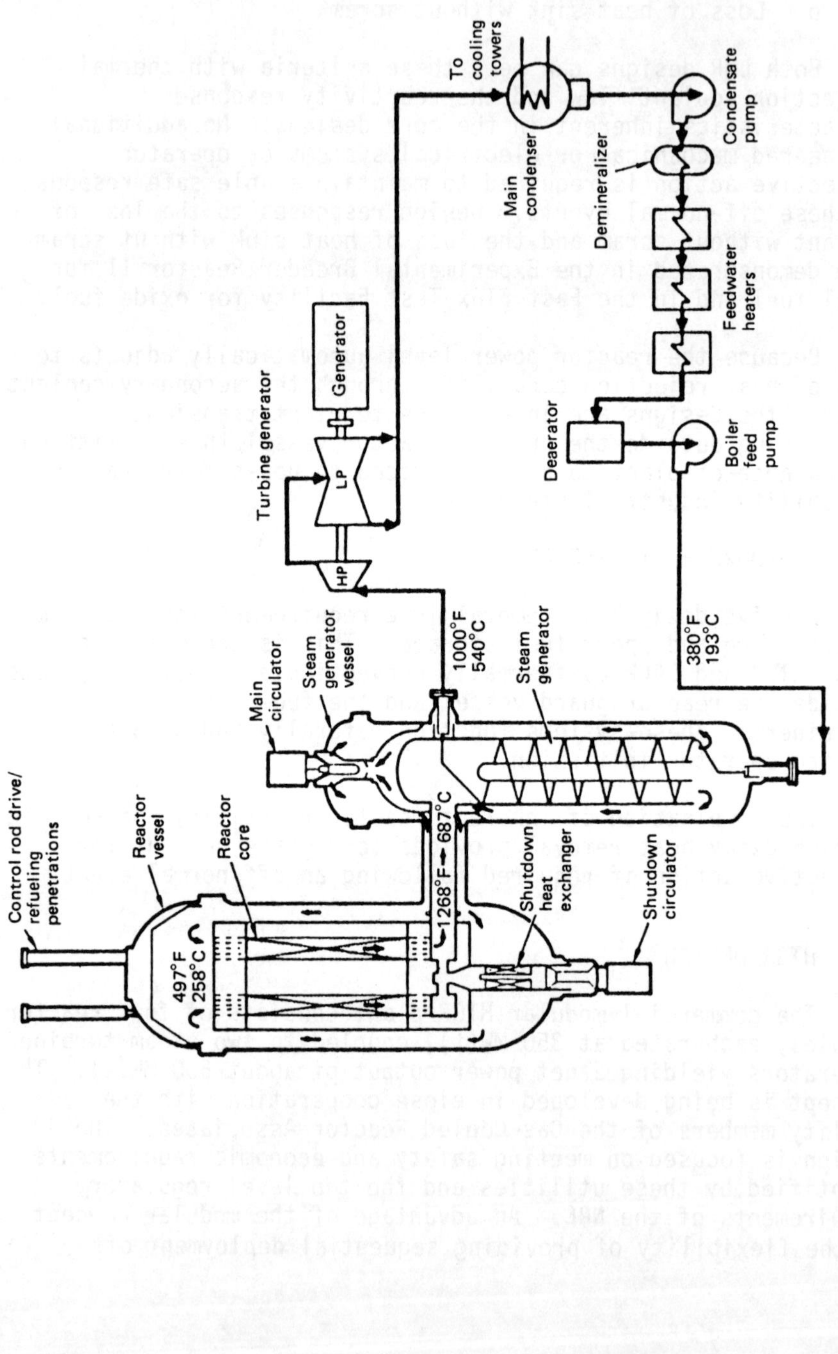

FIG. 5. Flow diagram for the modular HTGR.

individual reactor modules to match the end user's load growth requirements or financing constraints.

The four-module plant is divided into two major areas: the Nuclear Island comprising the reactor enclosures, reactor modules, and the safety-related systems; and the balance of the plant housing the electric power generating systems. Each reactor module is housed in a vertical cylindrical concrete enclosure that is fully embedded in the earth. Each reactor enclosure serves as an independent confinement structure having a vented and filtered exhaust system. The Nuclear Island portion of the plant also includes auxiliary structures that house common systems for fuel handling, helium processing, and other essential services.

The modular reactor components are contained within three steel vessels: a reactor vessel, a steam generator/circulator vessel, and a connecting concentric crossduct vessel (Figure 5). The vessels use existing LWR technology and have weight and dimensions within previously demonstrated fabrication and transportation limits.

The reactor vessel, 22.5 feet in diameter and 72 feet in length, contains the core, reflector, and associated supports. A shutdown heat exchanger and a shutdown cooling circulator are located at the bottom of the reactor vessel. Eighteen top-mounted standpipes contain the control rod drive mechanisms and hoppers containing boron carbide pellets for reserve shutdown. Six of these standpipes are also the access ports for refueling and in-reactor inspection. The active core region is composed of graphite fuel element blocks that are hexagonal in cross section 14 inches[4] across the flats and 31 inches long. The fuel is in the form of coated particles of low-enriched fissile uranium oxycarbide and fertile thorium oxide. The particles are bonded together in fuel rods, 1/2 inch in diameter and 2 inches long, which are contained within sealed vertical holes in the graphite fuel element blocks. Vertical coolant holes are also provided in the fuel element blocks. The fuel elements are stacked in columns to make up an annular-shaped core having a radial thickness of about 3 feet, an average outer diameter of 11.5 feet, and a height of 25 feet. Unfueled graphite blocks surround the active core to form replaceable inner and outer radial and upper and lower axial reflectors. Permanent reflector blocks are located at the outer periphery of the replaceable graphite blocks.

A helical coil steam generator and the electric motor-driven main helium circulator are contained in the steam

[4] 1 inch = 2.54 cm.

generator vessel that is 14 feet in diameter and 85 feet in length. Feedwater enters the steam generator through a bottom-mounted header, and superheated steam exists through a side-mounted nozzle. The main helium circulator is located above the steam generator.

In the primary flow circuit, the helium coolant, at approximately 500 degrees Fahrenheit, flows downward through the core, where it is heated. The hot helium, at approximately 1,270 degrees Fahrenheit, then flows through the inner crossduct and downward over the steam generator bundle. Cooled gas exiting the steam generator then flows upward in an annulus between the steam generator bundle and the vessel, is recompressed by the circulator, and is driven into the annulus between the inner and outer crossduct. The cool gas entering the reactor vessel flows up through channels in the lateral core restraint structure to the top of the core to complete the circuit. All surfaces of the steel pressure vessels are in contact with helium at the lower temperature.

In the secondary flow circuit, feedwater is transformed to superheated steam in the once-through, uphill boiling steam generator. The steam generator delivers 1,089,700 pounds[5] per hour of superheated steam at 2,515 psia[6] and 1,005 degrees Fahrenheit to a two-turbine generator unit. Exhaust steam from the turbine is condensed and returned to the steam generator through a standard condensate/feedwater system. Control of operations for the complete plant is performed from a single control room in the control building located adjacent to one end of the reactor services building.

Two independent and diverse reactivity control systems are provided. Reactor power is controlled by 6 inner and 12 outer articulated control rods that travel in vertical channels located in the inner and outer graphite reflector regions. Twelve reserve shutdown channels are provided that, when activated, permit small boron carbide spheres to enter channels located in the innermost row of fuel columns.

The annular core geometry and power density of 5.91 watts per cubic centimeter were selected to limit peak temperatures and hence fuel failure during loss of forced circulation events such that the user requirement of not exceeding EPA's PAG's[7] dose limits at the site boundary would be achieved.

---

[5] 1 lb = 0.4536 kg.

[6] 1 psia = 6895 Pa.

[7] Protective Action Guides.

Decay heat removal during shutdown, inspection, or maintenance periods can be accomplished using the main heat transport loop with the steam generated in the secondary circuit bypassing the turbine and condensing in the condenser. The decay heat can also be removed by a completely independent shutdown cooling system located at the bottom of the reactor vessel and comprised of a heat exchanger and helium circulator. In the shutdown cooling mode, hot helium enters the shutdown helium to water heat exchanger through a flow-activated shut-off valve. Provision of this capability is directly in response to user requirements to minimize downtime and to meet availability goals.

6. MODULAR HTGR PASSIVE SAFETY

The passive safety characteristics of the modular HTGR result from the ability to effectively utilize inherent features of the concept including the inert coolant, the capability of the refractory coated fuel to withstand high temperatures, the high thermal inertia and high temperature stability inherent in the graphite core and support structures, and the strong negative temperature coefficient of the reactor core. These unique features have been exploited in the modular HTGR to yield a reactor that does not depend on active engineered safety features or human actions for safety of the public or plant investment.

6.1 REACTOR SHUTDOWN

The modular HTGR core has been designed to have a large negative temperature coefficient. If the core experiences a significant temperature rise above its normal operating temperature, the inherent characteristics of the core are such the nuclear reaction will shut down without the intervention of control systems. This self-regulating features of the modular HTGR has been demonstrated in the operation of the Peach Bottom and Fort St. Vrain HTGR's in the United States and in tests at the AVR reactor(FR Germany).

6.2 PASSIVE COOLING OF CORE

The annular core geometry, core power density, and the total module power of the modular HTGR have been chosen such that the decay heat generated within the core can be passively removed by means of conduction, radiation, and natural convection without the fuel reaching a temperature at which the refractory coating will fail during an accident.

Primary cooling systems and shutdown cooling systems are available to remove heat so that core temperatures do not exceed normal levels. Even if both active cooling systems are unavailable, decay heat is dissipated by conduction and radiation to the reactor cavity cooling system (RCCS) in the reactor enclosure. The RCCS is a passive system that employs natural convection to transport the heat to an external sink. The heat transfer is sufficient to avoid damage to the fuel or reactor components. The most significant point, however, is that even if the RCCS is unavailable, passive radiation and conduction of heat to the silo structure and surrounding earth will limit maximum fuel temperatures to about 1,600 degrees Centigrade (2,912 degrees Fahrenheit); well below the failure temperature.

The high temperature stability and slow heatup characteristics of the graphite reactor core and fuel not only retain fission products within the coated particles but provide a forgiving reactor design that allows many many hours for operator corrective action.

7. LICENSABILITY

The exceptionally high degree of safety margin offered by the advanced LMR and HTGR designs will be an advantage in licensing. The designs provide inherent shutdown and decay heat removal, minimize the need for supplemental safety equipment and systems, eliminate required operator response and active equipment corrective actions during off-normal events, and provide long grace periods for corrective actions during off-normal events or station blackout conditions. The fault tolerant computerized plant control systems and the virtual elimination of energetic or loss of coolant accidents will present fewer challenges to Plant Protection Systems.

All three designs conform to the Advanced Reactor Policy Statement recently issued by the NRC. A comprehensive program of interactions with NRC on technical issues is being actively pursued with the goal of resolving the major technical and policy issues and obtaining a licensability determination from NRC prior to docketing the first plant for licensing. Further, it is the intent of the reactor vendors to obtain design certification for a standard design. Thus, additional plants and expansions, following certification, will not have to go through lengthy public hearings and NRC reviews concerning plant design.

NRC technical licensability reviews of the advanced designs will be completed in 1988 with licensability statements to be issued in January for the HTGR and in April for the LMR. Issues identified by NRC in these licensability statements will be addressed and resolved during the follow-on design phases of the advanced LMR and HTGR concepts.

8. RESOURCE REQUIREMENTS

The construction and operating costs of LMR's have dropped dramatically compared with the past due primarily to the passive safety design approach, the resulting elimination of complex engineered safety systems, and a reduction in the number of systems and structures that are classified as safety grade or category one. Cost estimates for overnight construction of an nth of a kind advanced LMR including contingency and escalation are in the range of $1,600 to $1,800 per kilowatt (FY 1986 dollars). The costs reflect a factor of 3 reduction in building area and a factor of 7 reduction in building volume from the values established for the CRBRP. These costs are in the same range as current best experience LWR plants. Busbar costs for the nth of a kind advanced LMR are in the range of 35 to 40 mills per kilowatt hour; roughly equivalent to current LWR experience and substantially less than the costs currently being experienced with coal plants.

The overnight construction cost of an nth of a kind advanced HTGR including contingency and escalation is in the range of $1,900 per kilowatt (FY 1986 dollars). Busbar cost for the same plant is approximately 45 mills per kilowatt hour; also less than current coal plant.

As design innovations and design refinements continue, further reductions in these costs are expected.

9. FUTURE PROGRAM

Conceptual design for the PRISM and SAFR advanced LMR concepts will be completed in December 1987. Following the completion of this work, the U.S. Department of Energy will concentrate resources on a single reference LMR concept selected from competitive proposals. Design activities will continue through FY 1993. During this period, all major research and development (R&D) activities will be completed to assure a high confidence design and to provide a basis for industry cost sharing of a prototype reactor module in the mid 1990's. Prototype operation will lead to NRC certification of the standardized LMR design allowing all future plants of that design to be built without repeating a lengthy licensing process and focusing instead on only the site specific issues needed for a plant license. Certification also provides a simplified means for incorporating design changes by having NRC review only the incremental changes to a design rather than initiating a new and complete licensing review process.

The conceptual design of the modular HTGR was completed in FY 1987. A modest amount of R&D remains in the areas of materials development, fission product liftoff testing, and gas circulator magnetic bearing development. Efforts are underway to jointly conduct R&D in these areas through international programs. As in the case of the advanced LMR, advanced design development and construction of a prototype HTGR will occur when sufficient industry cost sharing develops.

HIGH TEMPERATURE REACTORS IN THE FEDERAL REPUBLIC OF GERMANY

R. SCHULTEN
Institut für Reaktorentwicklung,
Kernforschungsanlage Jülich GmbH,
Jülich

E. BAUST, W. WACHHOLZ
Hochtemperatur-Reaktorbau GmbH,
Mannheim

Federal Republic of Germany

Abstract

HIGH TEMPERATURE REACTORS IN THE FEDERAL REPUBLIC OF GERMANY.

The high temperature reactor (HTR) represents a decisive innovation of the energy market, which can make an important contribution to the intermediate and long term supply of safe, environmentally compatible and economic energy. A high temperature reactor has been developed in the Federal Republic of Germany by the BBC/HRB company group as a pebble bed reactor. The first project was the construction of a 15 MW experimental reactor in Jülich, the AVR reactor. It went on line in 1967 and has demonstrated excellent operating behaviour for 20 years. The second high temperature nuclear power plant constructed in the Federal Republic of Germany is the THTR-300 in Hamm-Uentrop, designed for an output of 300 MW(e). This first large high temperature reactor with spherical fuel elements was handed over to the owner in June 1987. Federal German companies are offering small-sized reactors of 200 to 250 MW(th), which can be combined to form large power stations. Furthermore, a follow-on reactor to the THTR-300 with a power of 550 MW(e) is offered. Estimates made by the companies show that the cost of electricity in small reactors is competitive with the costs based on coal; the 550 MW(e) plant is competitive with other nuclear power plants. The HTR safety concept permits in addition to the emergency cooling system the utilization of the reactor's heat capacity in the case of incidents.

1. THE HTR LINE IN THE FEDERAL REPUBLIC OF GERMANY

The first step in Federal German HTR development was the construction of a 15 MW electric power experimental reactor in Jülich in the Federal State of North Rhine-Westphalia. This reactor, called AVR, was constructed by BBC/HRB and taken into operation in 1967. It has demonstrated good operating behaviour for 20 years (Fig. 1). Long years of operation of the experimental reactor at a maximum coolant gas temperature of 950°C have verified the suitability of the HTR for generation of nuclear process heat.

The HTR-300 as the second step of the HTR line represents the essential basis of commercialization of the high temperature reactor in the Federal Republic of Germany (Fig. 2).

FIG. 1. The 15 MW AVR nuclear power plant at Jülich.

The beginning of electric power generation by the THTR-300 nuclear power station in Westfalen power station in Hamm-Uentrop in the Federal Republic of Germany on 16 November 1985, the achievement of full reactor power on 23 September 1986 and the handover to the users' group on 1 June 1987 were milestones in the development of the pebble bed high temperature reactor. This large pebble bed reactor was built by a consortium formed by the companies BBC, HRB and Nukem.

The THTR-300 is the reference plant for the entire high temperature reactor line with all follow-on plants in the power range up to 600 MW. As the prototype includes large design reserves, higher power outputs up to about 600 MW can be achieved with almost identical overall dimensions and structure volumes. In a twin plant design, a power range up to 1200 MW can be covered.

With the THTR-300 the nuclear licensing procedure for high temperature reactors has been introduced in the Federal Republic of Germany, establishing the required know-how with experts and authorities. In addition, a competent manufacturer and supplier industry has been built up. Finally, also the competence on the user side has been substantially increased.

The commissioning results of the THTR-300 have fully confirmed the design of the large pebble bed high temperature reactor and have verified the mechanics of the pebble bed core on the original scale.

Based on the constructed AVR and THTR-300 plants, BBC/HRB developed HTR plant concepts in the power range between 100 (HTR-100) and 550 MW (HTR-500) (Fig. 3). These plants can be applied for

FIG. 2. The 300 MW(e) nuclear power plant at Hamm-Uentrop.

— electric power generation (also in arid areas by using dry cooling towers)
— combined generation of electricity and process steam up to 530°C
— combined generation of electricity and district heating.

A modular HTR concept developed by the companies KWU/Interatom is presented in Paper CN-48/151, "Inherent safety features of advanced light water reactors", in Volume 4 of these Proceedings.

As a further HTR application, small heating reactors of about 10 MW to 20 MW have been designed on the basis of the pebble bed reactor concept. The small heating reactor offers an excellent opportunity for providing densely populated areas with space heating, which eliminates the problem of air pollution from conventional heating plants.

2. THE CONCEPT OF THE HTR-500

The plant concept selected for HTR-500 as the THTR follow-on plant utilizes to a great extent the THTR-300 technology licensed and realized according to the current state of science and technology. The experience gained in the construction of the THTR-300 is fully utilized, permitting simplifications and optimizations. Thus, the transition to commercial HTR nuclear power plants means little risk for operators and manufacturers.

The power output of 550 MW meets the modified demand of the nuclear power plant market, which for reasons of network size, financing conditions and a smaller

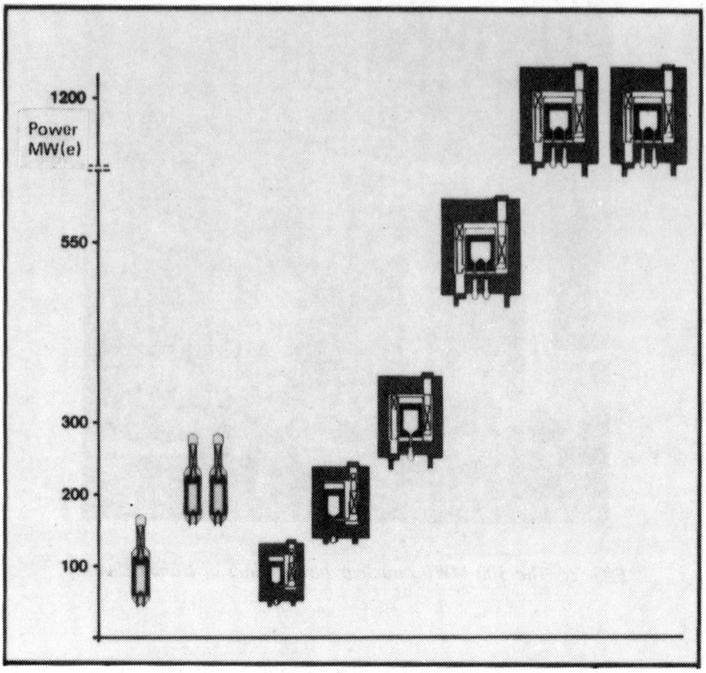

FIG. 3. Power spectrum of the HTR line.

increase in electricity generation shows worldwide a tendency towards power units in the range between 300 and 600 MW(e). The HTR-500 is designed for electricity generation with the possibility of process steam and district heat extraction.

Figure 4 shows a comparison of the dimensions of the HTR-500 and the THTR-300 on an identical scale. It is evident that the dimensions of the two plants are practically the same. The main buildings of the power plant are the reactor containment building, the reactor service building, the building for the fuel element storage, the valves and fittings building, and the turbine building. The prestressed concrete reactor vessel (Fig. 5), located in the centre of the reactor containment building, is designed as a prestressed concrete reactor vessel with a large cavity, as in the THTR-300. The complete primary system is integrated into the prestressed concrete reactor vessel. The fuel elements contain low enriched uranium; they pass through the reactor core only once.

The utilization of HTR specific characteristics as well as the optimization of the design of components and circuits mean that the electricity generating costs of an HTR-500 are competitive with those of other nuclear power plants.

The technical and safety concept of the HTR-500 has been confirmed by an expert committee invoked by the Federal Ministry of the Interior, which was composed of members of the Reactor Safety Commission, the technical supervisory association (TÜV) and the licensing authorities.

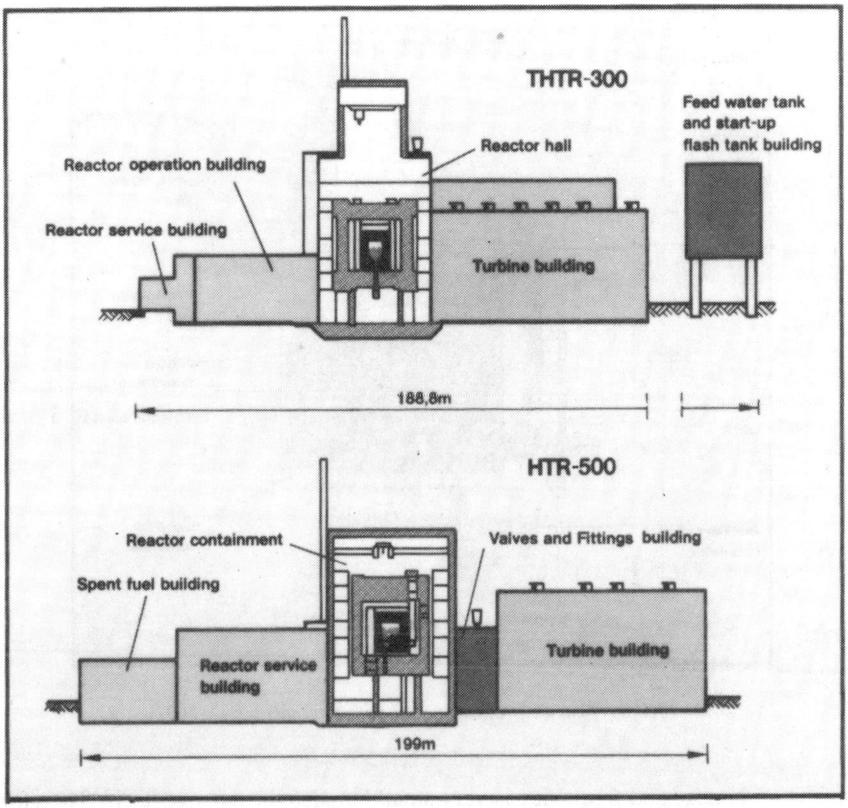

FIG. 4. Comparison of dimensions of THTR-300 and HTR-500.

3. THE SAFETY FEATURES OF THE HTR

3.1. Inherent safety characteristics of the HTR

Thanks to the design, the core structure and materials resistant to high temperatures, the HTR pebble bed reactor has good inherent safety characteristics.

On the one hand, the safety characteristics specific to the HTR result in extremely good natured and safe operating and accident behaviour which allows the use of simple and uncomplicated systems for operation and accident control. This is very important to the operator because

— the operating staff has ample time to react
— manual measures to eliminate malfunctions are possible
— the risk of capital loss is very low.

On the other hand, the major feature of HTR specific safety characteristics is the limitation of damage in the event of accidents. This means that not only the

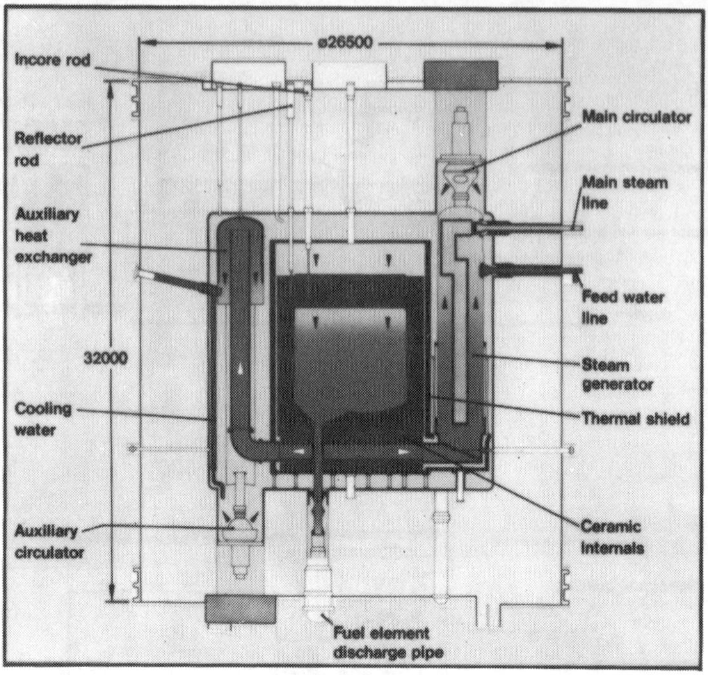

FIG. 5. Reactor pressure vessel with internals : HTR-500.

product of damage and frequency is very small but also the damage itself. Therefore the environment is not exposed to consequences of a serious nature even in the event of an accident which might appear highly theoretical.

The HTR's principal inherent characteristics are as follows:

- Negative temperature coefficient of reactivity assures self-stabilization and limitation of reactor power.
- Ceramic (graphite) core structure and fuel elements ensure resistance to high temperatures up to about 3500°C.
- Low ratio of power density to heat capacity results in a slow rise of the fuel element temperature under accident conditions.
- Inert, phase-stable gaseous coolant (helium) rules out the responsibility of total loss of coolant.

3.2. HTR-500 safety systems

3.2.1. Shutdown system

The HTR-500 is equipped with two redundant shutdown systems consisting of reflector rods and in-core rods.

The 48 reflector rods constitute a safety system used exclusively for reactor scram. When they are needed, the reflector rods drop into boreholes in the side reflector blocks under the force of gravity.

The 72 in-core rods are used for control and long term shutdown. They are manoeuvred by a pneumatic piston system. Long term shutdown by the in-core rods is effected exclusively by manual release and does not have to be initiated earlier than 10 hours after shutdown of the plant by the reflector rods.

3.2.2. Decay heat removal system

The decay heat removal concept is characterized by the following features:

— Use of the main heat removal system (main heat sink).
— Separate and redundant decay heat removal system with separate circulators and heat exchangers integrated in the primary system.
— Utilization of natural convection should the circulators fail.
— Restart of the decay heat removal system by manual measures, since prolonged failure of decay removal is tolerable.
— Integration of the very simple liner cooling system of the prestressed concrete reactor vessel into the decay heat removal concept in the event of total failure of the decay heat removal systems listed above.

The redundant decay heat removal heat exchangers are arranged in separate groups so as to ensure sufficient natural convection in the primary circuit should the respective circulators fail.

In the hypothetical event of failure of both decay heat removal loops and the main heat removal system, sufficient heat can be removed via the linear cooling system, normally used for cooling the prestressed concrete and its liner during operation.

3.2.3. Activity containment

The concept of activity containment is based on a multi-barrier principle.

The fission products are retained by the following barriers:

— the coated particle having a diameter of about 0.5 mm
— the graphite matrix of the fuel element of 6 cm diameter
— the prestressed concrete reactor vessel
— the reactor containment building.

The pyrocarbon and silicon carbide coatings on the fuel particles form a highly effective pressure and gas-tight containment of the fuel and the fission products up to high temperatures which safely retains the radioactivity at the place of generation.

Therefore the primary coolant has only a very low activity concentration during normal operation and under accident conditions so that the subsequent barriers are much less important than in other reactor types.

The gas-tight fail safe prestressed concrete reactor vessel having a wall thickness of 5 m and multiple redundant prestressing cables represents another barrier. In the event of depressurization accidents the maximum possible leakage cross-section at the metal penetrations and connections lines is limited to 33 cm^2 by structural devices. If rupture occurs in these components, the coolant therefore escapes very slowly. It takes about 1.5 h until pressure equalization is established. During this period the coolant gas is passed directly into the stack through pressure relief valves. When pressure equalization between the ractor containment building and the atmosphere has been established, the helium is discharged through the ventilation air filter system.

The HTR-500 is equipped with a special filter which under accident conditions is capable of retaining the metal fission products effectively.

3.3. HTR-500 accident behaviour

Practical experience gained from the licensing procedure and the operation of the AVR and the THTR-300 as well as risk analyses performed for the HTR plants have confirmed that the following accident categories determine the design of the safety system:

— failure resulting in a reduction of the decay heat removal capacity of individual systems or loops;
— unintentional power excursion and, as a result, temperature increase in the reactor core;
— depressurization accidents resulting in a reduced cooling capacity of the primary circuit;
— tube rupture in the steam generator, i.e. ingress of water into the primary system.

The analyses performed for the HTR-500 are summarized in Fig. 6. The time dependent curves of the maximum fuel element temperatures for representative accidents are shown. The load and failure limits of the fuel elements are given for comparison. The various temperature curves show the dependence on the additional failures assumed in decay heat removal. Figure 6 shows the following accident sequences: rapid cooldown by the main heat removal system (MLC), decay heat removal using two (CACS (2)) decay heat removal loops or only one (CACS (1)), helium circulator failure and decay heat removal via the decay heat removal heat exchangers by natural convection (LOC), and a depressurization accident with decay heat removal via one decay heat removal loop (CACS (1) (DEPRESS)).

In the event of design basis accidents, forced cooling of the reactor core remains intact. Paragraph 28.3 of the Federal Radiological Ordinance requires that the licensing procedure verifies that design basis accidents can be kept within the permitted limiting dose values. The fuel element temperatures are reduced below 500°C within a few hours, so that even most improbable accident failure combinations including

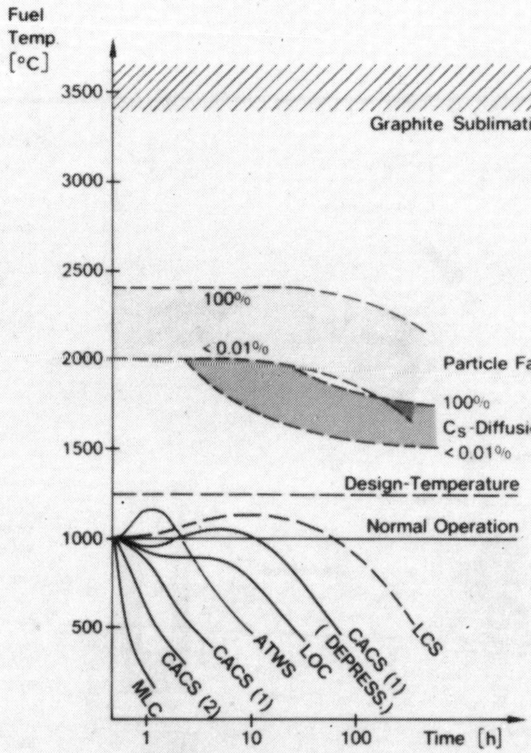

MLC = Rapid cooldown using the main heat removal system
CACS (2) = Decay heat removal by 2 decay heat removal loops
CACS (1) = Decay heat removal by 1 decay heat removal loop
ATWS = Failure of scram facility
LOC = Failure of helium circulators and decay heat removal via decay heat removal heat exchangers by natural convection
CACS (1) (DEPRESS) = Depressurization accident and decay heat removal via 1 decay heat removal loop
LCS = Total failure of decay heat removal systems and decay heat removal via liner cooling system only

FIG. 6. High temperature resistance of the fuel elements.

water or air ingress can be controlled without any problems. Below about 500°C the reaction rates of steam or oxygen with the graphite of the fuel elements are negligibly low.

In addition, Fig. 6 shows that even in the event of improbable accident sequences such as total failure of the decay heat removal system and heat removal exclusively via the liner cooling system (LCS), or failure of the scram system

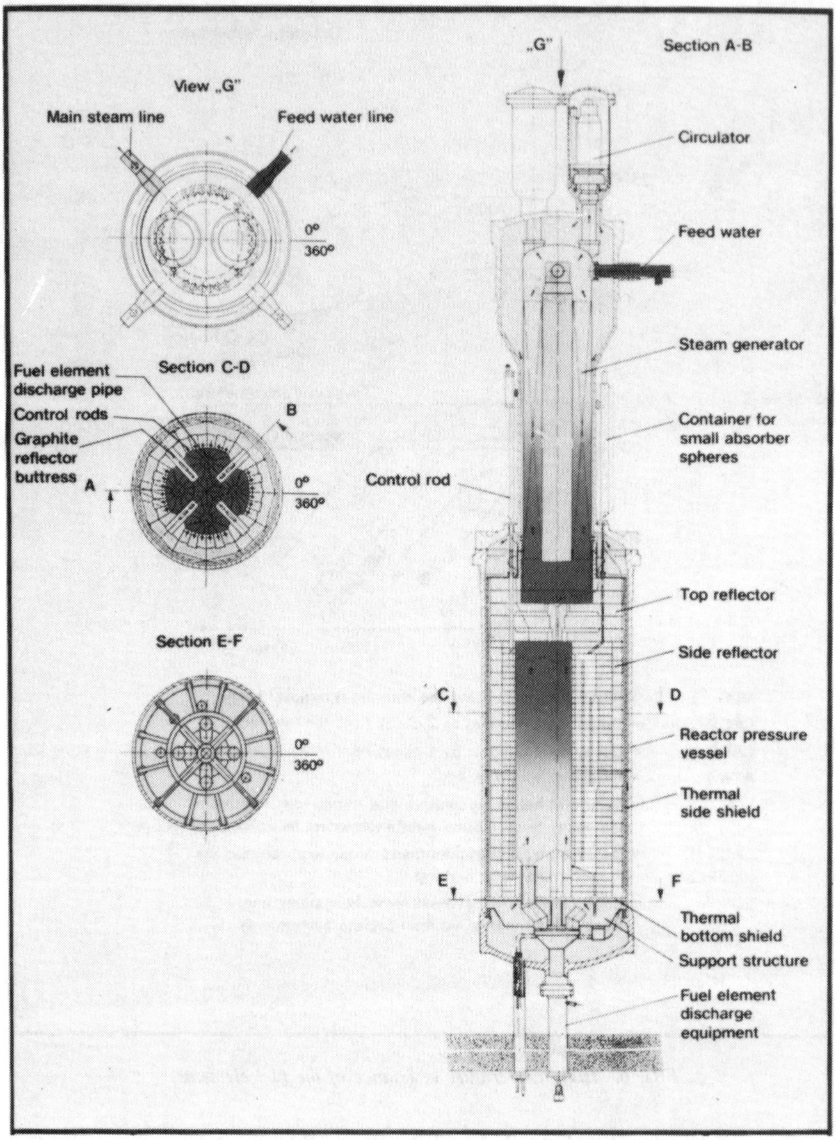

FIG. 7. Reactor pressure vessel with internals: HTR-100.

(ATWS), the fuel element temperatures remain well below the design temperature permitted for continuous operation. This ensures that there will be no release of activity exceeding that during normal operation.

4. HTR-100

As a reactor plant for special applications, BBC/HRB developed the HTR-100 on the basis of the AVR principle using the THTR technology for components and systems. The HTR-100 is designed for application in, for instance, the chemical industry for process steam generation with possible co-generation of electricity and as a reactor suited for special siting conditions (near industrial or urban centres). Special emphasis has been placed on the gratest possible extent of prefabrication and preassembly of the plant.

The concept is characterized by the integrated design of all the primary system components in a single steel ractor pressure vessel, the pebble bed reactor with upward flow of the helium coolant to the steam generator located above the core, and by control and shutdown of the reactor by reflector rods (Fig. 7). This is the AVR principle, which has been proven over an operating period of 20 years.

5. HEATING REACTOR (GHR)

The possibility of using nuclear energy for space heating in decentralized small units is being investigated in Switzerland under the sponsorship of the Swiss Federal Government. Within these investigations a small gas cooled heating reactor (GHR) has been developed by BBC/HRB based on the pebble bed concept.

For economic reasons, the reactor is located underground so as to minimize protective measures. Owing to the small dimensions of the reactor, this agreement results in a simple design. Larger plant sizes are obtained by adding further blocks.

6. LONG TERM DEVELOPMENT

The long term development objectives are direct application of high gas temperatures, e.g. for coal gasification in a process heat plant. With the nuclear heat generating system of the THTR-300 and the HTR-500 the system and components for nuclear process plant are available in principle. Further R&D work for the heat exchanging components, material development for high temperatures up to 950°C and certain adaptations of the reactor concept to the high temperatures are still required. Development of a new reactor is, however, not required with this concept.

7. CONCLUSION

The operation of the THTR-300 MW plant means a decisive step forward on the way towards commercial utilization of the pebble bed high temperature reactor developed to the threshold of the commercial stage. The THTR-300 demonstrates the technology of the large pebble bed high temperature reactor and represents the basis for the commercialization of a high temperature reactor within the power range between 100 and 600 MW. With the high temperature reactor an energy source has been created which is universally applicable on the thermal energy market, ensuring safe, economic and environmentally compatible energy supply. The HTR is particularly suited for export to developing countries and industrial threshold countries which are turning to nuclear energy for the first time. On an international level interest in the pebble bed high temperature reactor has also increased. Thus the HTR is of great importance to electric power generation.

IAEA-CN-48/265

ВОЗМОЖНОСТИ ИСПОЛЬЗОВАНИЯ АЭС С ВЫСОКО-ТЕМПЕРАТУРНЫМИ РЕАКТОРАМИ В ЧССР

К. БАРАБАС
Чешское высшее техническое учебное заведение,
Прага,
Чехословацкая Социалистическая Республика

Abstract – Аннотация

POSSIBLE AREAS OF UTILIZATION OF NPPs WITH HIGH TEMPERATURE REACTORS IN CZECHOSLOVAKIA.

The reasons for structural changes in electricity production in Czechoslovakia after the year 2000 are reviewed. The problems of using brown coal are presented, and in that context the possibility of using NPPs with high temperature reactors for the gasification of brown coal is discussed.

ВОЗМОЖНОСТИ ИСПОЛЬЗОВАНИЯ АЭС С ВЫСОКОТЕМПЕРАТУРНЫМИ РЕАКТОРАМИ В ЧССР.

Рассмотрены причины структурных изменений в производстве электроэнергии в ЧССР после 2000 г. Обсуждаются проблемы использования бурого угля в стране. В связи с этим рассмотрена возможность использования АЭС с высокотемпературными реакторами для газификации бурого угля.

Производство в ЧССР электроэнергии на АЭС составит к 1990 г. около 30% от общего производства электроэнергии в стране. В период 1991–2000 гг. строительство АЭС будет вестись ускоренными темпами и в 2000 г. доля электроэнергии, вырабатываемой на АЭС, составит 52–55%. Установленная мощность АЭС за этот период увеличится с 4280 до 11 280 МВт. Это значит, что производство электроэнергии примерно до 1997 г. будет обеспечиваться в значительной мере угольными тепловыми электростанциями. После 2000 г. произойдут быстрые структурные сдвиги в производстве электроэнергии и постепенно и тепла для теплоснабжения.

Чем будут вызваны эти структурные изменения?

1. Ускоренное развитие атомной энергетики мы вынуждены обеспечить в первую очередь потому, что в период 1994–2000 гг. планируется вывод из эксплуатации морально устаревших тепловых электростанций (мощность 5000 МВт) – это только в Северочешском буроугольном бассейне (СББ), который представляет собой главную энергетическую базу ЧССР.
2. Вследствие уменьшения суммарной мощности тепловых электростанций мы должны обеспечить практически весь прирост новых мощностей для дальнейшего развития экономики за счет строительства АЭС.
3. Ускоренное развитие АЭС должно содействовать улучшению состояния окружающей среды. Этот фактор имеет важное значение не только для ЧССР, но и практически для всех стран Европы.

Вследствие вывода из эксплуатации тепловых электростанций в СББ в целом в относительно короткие сроки возникнут некоторые важные проблемы, которые должны быть вовремя решены. Все это требует тщательной подготовки по времени. С какими главными проблемами мы будем сталкиваться?

(a) В первую очередь речь идет об использовании бурого угля, потребляемого на тепловых электростанциях, отслуживших свой срок. Это составит около 30 млн. т бурого угля. Несмотря на то, что объем добычи угля будет из-за уменьшающихся запасов этого бассейна сокращаться, мы сможем в период до 2040 г. рассчитывать на 17 млн. т ежегодно. В будущем мы должны найти такой способ использования этого угля, который полностью соответствовал бы более интенсивному процессу развития всей экономики. Это необходимо и потому, что в последние годы общий к. п. д. современного способа использования угля понижается (имеется в виду весь процесс, начиная с добычи бурого угля и кончая его сжиганием на классических электростанциях). Снижение общего к. п. д. вызвано, прежде всего, более сложными геологическими условиями, продвижением выемки на большие глубины и колебанием качества угля. Все это приводит не только к ухудшению общего к. п. д. при традиционном способе использования угля, а также к повышению себестоимости добычи.

(b) Помимо экономической точки зрения, нужно уделять внимание и экологическим аспектам использования бурого угля непосредственно в бассейне. Поэтому необходимо в процессе выработки электроэнергии для народного хозяйства уделять одинаковое внимание всем трем Э, т. е. Э – энергии, Э – экономике, Э – экологии. Эти условия мы должны полностью соблюдать, если мы хотим избежать ошибок.

(c) Особо важным вопросом является и то, что высокотемпературные реакторы имеют высокие положительные характеристики безопасности, что позволяет использовать эти реакторы прямо в технологических процессах химических или металлургических комбинатов. Прежде всего это высокая теплоемкость графитового модератора и относительно низкая плотность выделяемой энергии около 8 МВт/м^3 против 90 МВт/м^3 в реакторах типа ВВЭР (PWR) и т. д.

(d) При решении затронутой выше проблемы мы не можем оставить в стороне социальную проблематику. Здесь имеется ввиду, прежде всего то, что вследствие вывода угольных электростанций мощностью 5000 МВт и снижения добычи бурого угля высвободятся рабочие руки, для которых необходимо вовремя обеспечить возможность переквалификации и наличие вакантных рабочих мест. Исходя из вышесказанного видно, что нам придется использовать добываемый в СББ нетрадиционным способом бурый уголь (например, газификация угля с использованием тепла и энергии от АЭС с высокотемпературными реакторами). Этот вариант позволил бы не только обеспечить приведенные выше требования, а также создать первый этап горизонтально-интегрированной энергетической системы (ГИЭС) в СББ.

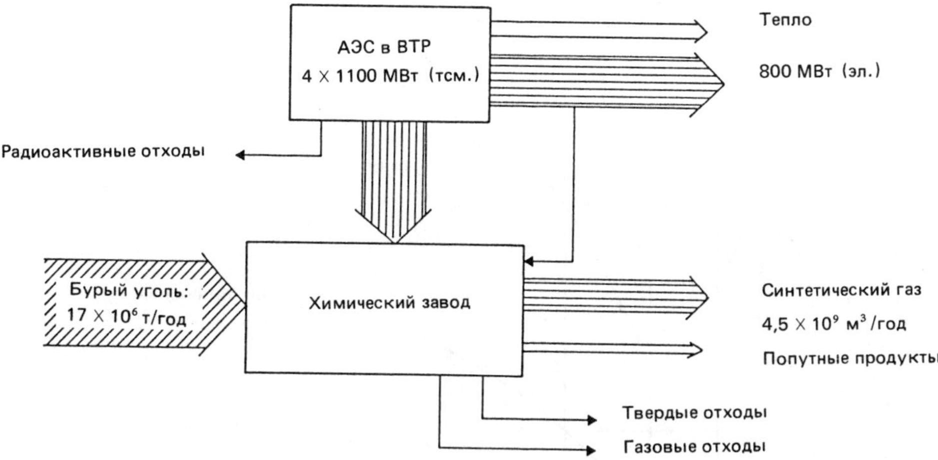

РИС. 1. Первый этап ГИЭС с комбинатом по газификации угля.

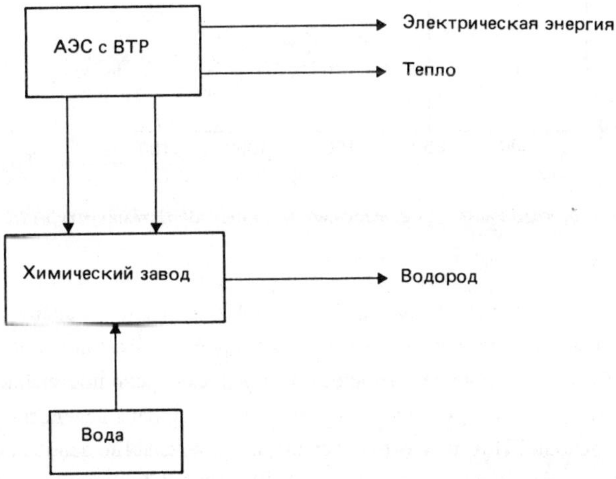

РИС. 2. Второй этап ГИЭС с комбинатом по производству водорода.

На этом первом этапе был бы построен комбинат, в который входил бы завод по газификации бурого угля (рис. 1).

Постройка такого комбината к 2005 г. реальна, и она дала бы бо́льшую маневренность всей ГИЭС, потому что помимо производства электроэнергии и тепла мы имели бы еще один энергетический источник (например, синтетический природный газ или синтетическое жидкое топливо).

Это решение позволило бы создать условия для того, чтобы после исчерпания запасов бурого угля газифицирующий завод можно было заменить заводом по произ-

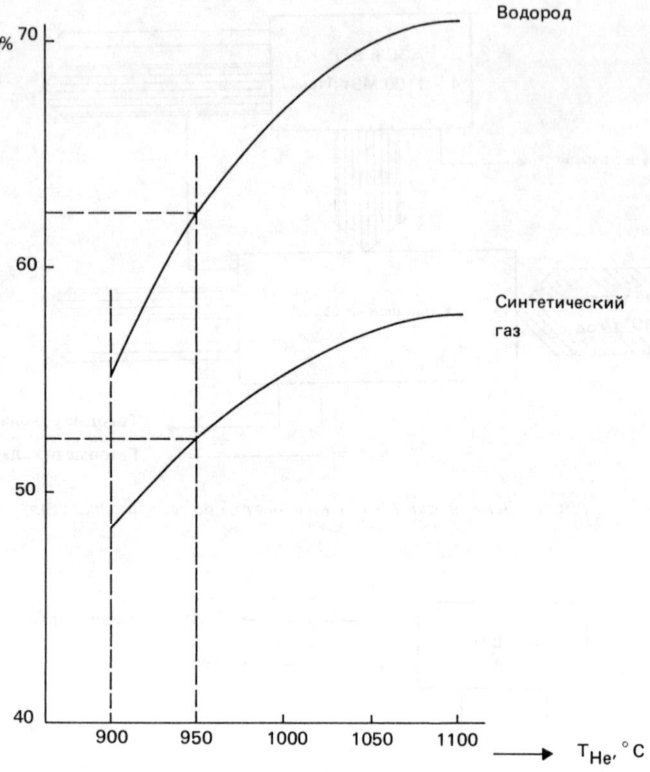

РИС. 3. Общий к. п. д. комбината (η) в зависимости от выходной температуры He (T_{He}) реактора.

водству водорода за счет использования энергии АЭС с высокотемпературными реакторами. Воды как для АЭС, так и для нужд химического завода по производству водорода будет в этом районе достаточно, т. к. предусмотрено постепенно затопить открытые карьеры, в которых добыча бурого угля завершена вследствие исчерпания запасов. Итак, основа ГИЭС не изменилась бы, и строительство завода по водородной технологии представило бы уже второй этап ГИЭС (рис.2.)

На этом этапе в большой степени улучшилось бы состояние окружающей среды во всем районе, т. к. водородная технология является практически безотходной. За счет реализации этих мероприятий в значительной мере возросла бы (в экологическом плане) возможность строительства в этом районе новых промышленных предприятий. Но это уже действительно вопрос будущего, в целях решения которого необходимо пройти первый этап ГИЭС.

На первом этапе осуществлялась бы газификация бурого угля за счет энергии АЭС с высокотемпературными реакторами. Продуктом газификации был бы синтетический природный газ. Реализация этого этапа намечается на период 2005–2040 гг. Предполагаем, что средняя теплотворная способность бурого угля будет колебаться в пределах 10,5–11,9 МДж/кг, и этот факт решающим образом повлияет на общий к. п. д. процесса в целом. Производительная мощность химического завода по газификации бурого угля составила бы 17 млн. т угля в год.

На АЭС будут работать 4 высокотемпературных реактора мощностью 1100 МВт (тепл.) каждый. Следовательно, общая теплопроизводительность АЭС составит 4400 МВт (тепл.) и общая эл. мощность – 800 МВт (эл.). Для газификации будет высвобождена мощность в 2400 МВт (тепл.). Кроме электроэнергии и тепла комбинат обеспечивал бы продукцию 4,5 млд. $м^3$ синтетического природного газа в год.

На рис. 3 приводится общий к. п. д. комбината на первом этапе и сравнение с общим к. п. д. комбината на втором этапе, т. е. после введения водородной технологии.

В заключение можно сказать, что наша страна особо заинтересована в строительстве такого комбината, как с экономической, так и с экологической точки зрения. Поэтому мы внимательно следим за результатами в области исследований высокотемпературных реакторов, которые проводятся в первую очередь в СССР, ФРГ, США и Японии.

Я уверен, что высокотемпературные реакторы будут играть большую роль в развитии энергетики, прежде всего в традиционных промышленных регионах Европы.

к. п. д. процесса выросла. Производительная мощность химического завода по газификации бурого угля составила бы 17 млн. т угля в год.

На АЭС будут работать 4 высокотемпературных реактора мощностью 1100 МВт (тепл.) каждый. Следовательно, общая теплопроизводительность АЭС составит 4400 МВт (тепл.) и общая эл. мощность – 800 МВт (эл.). Для газификации будет высвобождена мощность в 2400 МВт (тепл.). Кроме электроэнергии в сеть комбинат обеспечивал бы производство 4,3 млрд. м^3 синтетического природного газа в год.

На рис. 3 приводится общий к. п. д. комбината на первом этапе и сравнение с общим к.п.д. комбината на втором этапе, т.е. после введения водородной технологии.

В заключение можно сказать, что наша страна особо заинтересована в строительстве такого комбината, как с экономической, так и с экологической точки зрения. Поэтому мы внимательно следим за результатами в области исследований высокотемпературных реакторов, которые проводятся в первую очередь в СССР, ФРГ, США и Японии.

Я уверен, что высокотемпературные реакторы будут играть большую роль в развитии энергетики, прежде всего в традиционных промышленных регионах Европы.

LIGHT WATER HIGH CONVERTER REACTOR: THE LWR TECHNOLOGY OF THE LATE 1990s

H. MOLDASCHL
Kraftwerk Union AG,
Erlangen,
Federal Republic of Germany

R. BROGLI
Eidgenössisches Institut für Reaktorforschung,
Würenlingen,
Switzerland

B. KUCZERA
Kernforschungszentrum Karlsruhe GmbH,
Karlsruhe,
Federal Republic of Germany

Abstract

LIGHT WATER HIGH CONVERTER REACTOR: THE LWR TECHNOLOGY OF THE LATE 1990s.

By making use to the highest possible extent of the existing and well proven PWR plant system technology the high converter reactor can act as an active plutonium stockpile. It builds on the established technology of the U-Pu fuel cycle, being compatible with the Federal German fuel cycle concept of reprocessing and waste disposal. Such a self-sustaining reactor symbiosis of FBRs and high converter reactors can result in acceptably low average total power generation costs. The Kraftwerk Union, the Kernforschungszentrum Karlsruhe, the Federal Institute of Reactor Research, Würenlingen, and the Technical University of Braunschweig as an associate are co-operating in the R&D project to determine whether high converter reactor design concept is feasible or not.

1. OBJECTIVES

The need for nuclear energy, the role of nuclear power as an important measure to promote national energy independence and the need to balance energy resources make it necessary to consider the steady trend of LWR improvements.

The commercial success of current PWR nuclear power stations is the seed for R&D work to carry this technology even further. Among the goals for future plants, that of significantly improving fuel utilization is prominent.

Light water reactor operation results in a relatively large amount of plutonium, which represents capital to be used for improving fuel utilization. But burning plutonium in standard light water reactors, a method successfully put into practice, can improve fuel utilization only marginally.

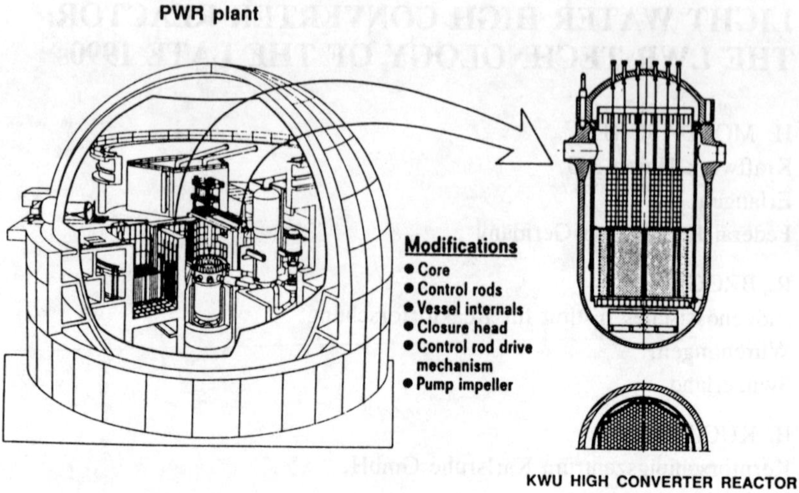

FIG. 1. Limited modifications of a standard PWR plant.

It was recognized very early on that only in a fast spectrum core is it possible to convert fully the predominantly non-fissile part of natural uranium in such a way as to extract energy for power production. The best utilization in the closed fuel cycle can be attained by fast breeder reactors. However, primarily on account of a much lower growth rate in electricity consumption than originally predicted, the commercialization of the fast breeder may be delayed to the next century. Thus LWR improvements in terms of economics and operational and environmental safety must be accelerated.

Various measures have been proposed by different institutions and suppliers to improve fuel utilization in current PWRs having a standard fuel rod lattice and being operated in the once-through cycle mode, e.g. the advanced pressurized water reactor (APWR). The most effective interim measures are:

— reflector improvements
— use of hydraulically driven spectral shift displacement rods
— application of low-leakage management strategies in combination with the use of burnable poison.

However, all these suggestions, even if applied in combination, will not bring about an ore savings effect exceeding approximately 20%. This has to be compared with the ore saving potential of about 40% to be achieved by recycling plutonium and residual uranium and, of course, the up to 60-fold net improvement to be gained with breeder reactors, taking into account losses during reprocessing and refabrication. In addition, some of the measures for current LWRs require substantial development and testing before being implemented.

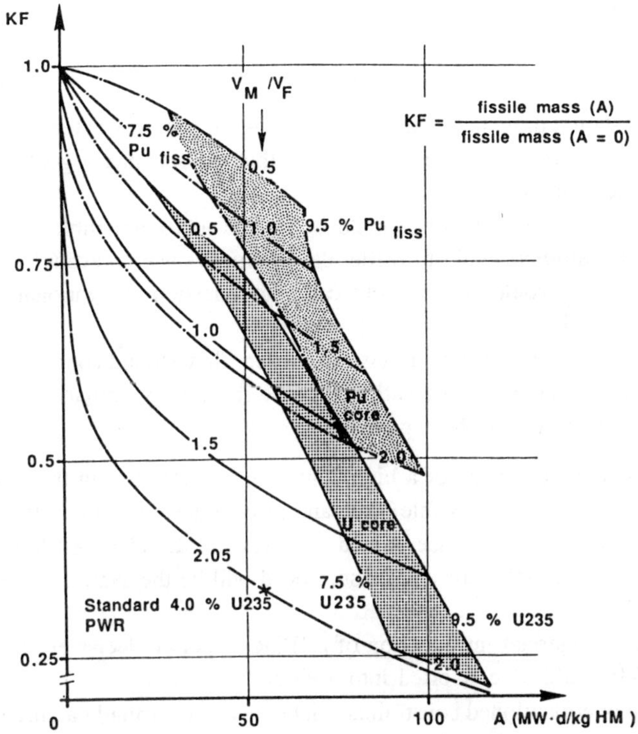

FIG. 2. Average fissile mass conversion rate KF and discharge burnup A.

Kraftwerk Union (KWU) considers that a really substantial ore utilization effect is justified only if a conversion ratio beyond 0.9 can be attained, since ore savings require a plant with a high conversion rate.

Nevertheless, other requirements must also be met:

— development of an advanced light water reactor concept
— long term ore (uranium) savings
— high burnup with consequential cost savings.

Light water high converter reactors (LWHCRs), which are the logical and natural development of the standard PWR (Fig. 1) can increase the conversion rate to values of 0.9 and more and thus can result in an ore saving of up to 15% over a conventional reactor and an increase of the number of fuel cycle options for the utilities [1–8].

A summary of the neutron physics potential of PWRs due to a tightening of the lattice and an increase of the fissile inventory in a Pu, Pu/U or U core is given in Fig. 2 [9].

2. DEVELOPMENT CRITERIA

There are three general criteria for a development based on standard PWRs:

— First, it should draw to the largest extent possible on proven technology because this would give the greatest confidence that the secondary goal of improving economics can be met.
— Secondly, the development should be in line and compatible with the aforementioned ultimate goal of breeder development since no event has occurred in the past that would in principle call into question the rationale underlying breeder development.
— Thirdly, whatever interim targets are chosen, they should contain a high degree of flexibility, allowing adaptations in case the energy scenario changes again, this time from low to high growth.

The essential advantage of a high converting reactor lies in the first criterion, namely to use as much as possible basic and proven design and construction principles and operation at experience gained over several decades. All the components except the core, core internals and closure head will be the same for the LWRHCR and the PWR.

Timely commercial introduction of a HCR would be decisively facilitated if a standard PWR could be converted into a HCR.

If the above-mentioned constraints can be met, it is virtually assured that capital cost can be kept to less than 5% more than that of a conventional PWR. This is a necessary requirement for the commercial viability of the HCR.

3. EVOLUTIONARY STEPS AND THE HCR

KWU has for many years been consistently and successfully pursuing the following important objectives for improving fuel element and core design as well as fuel management procedures:

— Reduction of fuel cycle cost by increasing the average fuel discharge burnup up to 50 MW·d/kg.
— Improving fuel utilization using advanced fuel element design and fuel management strategies, e.g. applying gadolinia burnable poison and all-zirconium fuel elements in connection with low leakage fuel management procedures.
— Enhancement of operational flexibility by designing the core
  — for flexible fuel cycle length up to two years
  — stretch-out capability
  — load-following capability.

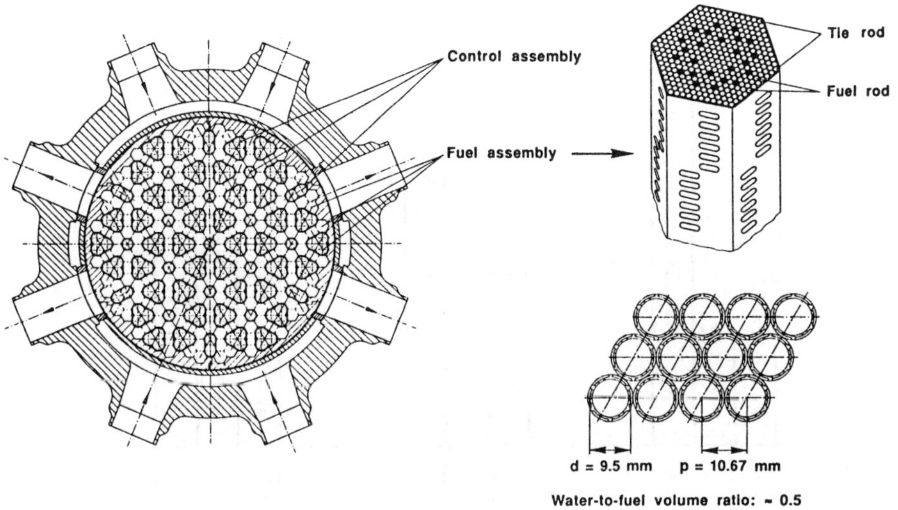

FIG. 3. Reactor core and control assembly positions.

— Improvement of fuel utilization by recycling reprocessed plutonium and residual uranium, 17 000 Pu rods having been irradiated to local burnups exceeding 50 000 MW·d/t.

The KWU high converter concept means a quasi-standard pressurized water reactor with elements of more or less uniformly enriched fuel rods, arranged in a tight hexagonal array with a pitch/diameter ratio p/d = 1.12 (Fig. 3). High fuel enrichment and high conversion will provide high burnup values of 50 000 MW·d/t up to long range values of 70 000. This requirement suggests the use of stainless steel rather than Zircaloy cladding. An additionally long time between refuelling distinguishes the concept clearly from standard PWRs, whilst the high conversion rate is one of the main incentives for employing this concept in a closed U-Pu-fuel cycle.

Since the water-to-fuel volume ratio is decreased from 2.06 to approximately 0.50, a fissile enrichment of roughly 8% Pu_{fiss} leading to a fissile inventory of nearly 9 tonnes for a 1300 MW(e) PWR plant is required. A homogeneous fuel assembly design is currently preferred over a heterogeneous seed and blanket concept due to the higher degree of affinity to the proven fuel technology of the standard PWR.

It is well understood within the nuclear community that the degree of safety, reliability and economic performance achieved by present day LWRs represents a standard that has to be maintained or even exceeded with any new reactor type: Safety relates to both temperature and void reactivity effects and to heat removal during normal operation and anticipated operational occurrences, as well as in postulated loss-of-coolant accidents.

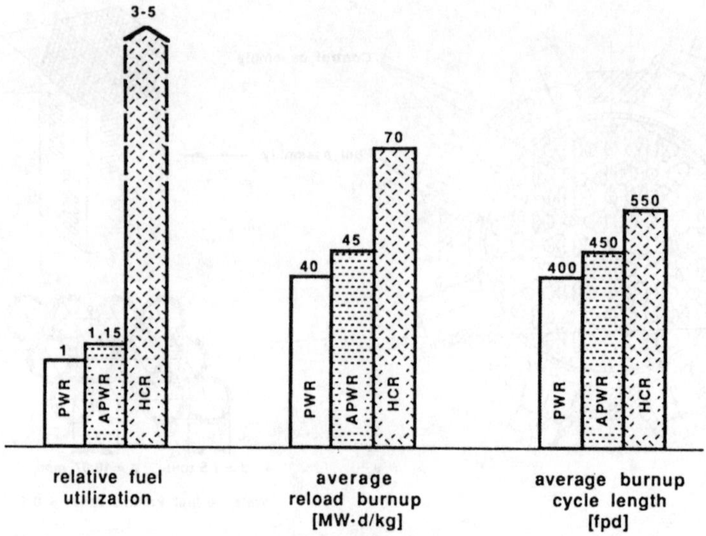

FIG. 4. Comparison between significant fuel cycle parameters of PWR, APWR, HCR.

4. SUMMARY OF DESIGN GOALS AND ESSENTIAL FEATURES OF THE HCR CONCEPT

The HCR is a progressive development on the basis of standard 'Convoy' PWRs. The advantage of standardization, demonstrated in the well known Convoy concept, can be applied nearly perfectly to HCR's technology.

So we should summarize our design goals (Fig. 4):

— thermal power (HCR) = thermal power (PWR)
— conversion rate $\gtrsim$ 0.9
— reload burnup > 50 MW·d/kg heavy metal
— void reactivity feedback as to meet all licensing rules of the Federal German Reactor Safety Commission
— coolability in the operation mode and in emergency cases.

Figure 5 shows the essential core design data in comparison with those of a standard 1300 MW(e) PWR.

5. MODIFICATION OF THE BASIC CONCEPT

The current investigations additionally comprise a broad spectrum of concept modifications which can provide the technical flexibility necessary should the occasion arise.

	HCR	PWR
Thermal power, MW	3 765	3 765
No. of fuel assemblies	349	193
Pin diameter, mm	9.5	10.75
p/d	1.12	1.34
Lattice	triangular	square
Fuel assembly shape	hexagonal	square
Type of spacer	helical fins	grids
Average reload enrichment, w/o	~7.5 + 0.2	≳ 3.3

FIG. 5. HCR core design data.

Here we are less interested in measures such as:

— burnable poisons put into the guide thimbles of control assemblies or homogeneously mixed with the fuel
— sophisticated loading strategies (balanced fuel management)

since they belong to the standard features of KWU's Convoy reactors and can be directly applied to HCRs.

Occasionally we are thinking also along advanced lines which are meaningful modifications of the basic concept of the HCR, e.g.

— tuning the geometrical parameters such as
  — core height
  — pitch
  — rod diameter
  — fuel assembly geometry and rod topology
— variation of the $^{235}U/Pu_{fiss}$ mass ratio
— use of meaningful design measures which are in principle feasible such as
  — fertile rods inserted to the control rod guide tubes or special thimbles
  — water displacement rods for long term and short term spectral shift
  — axial blanket

or any advantageous combinations of these.

6. ACHIEVEMENT OF DEVELOPMENT

Although the HCR can be based to the highest possible extent on well established standardized PWR component and plant system technology, certain areas require both analytical and experimental investigation and verification. These areas relate especially to thermohydraulic, mechanical and neutron physics core design and associated safety and licensing items, as well as fuel irradiation performance.

The main development items to be dealt with are:

- critical heat flux departure from nucleate boiling and pressure drop tests
- void reactivity experiments in a zero power critical facility in order to demonstrate an inherently negative void reactivity behaviour
- emergency core cooling experiments in order to give evidence of coolability after a loss of coolant accident
- furthermore, questions such as the following have to be addressed:
  - design specifications for size, number and positioning of fuel and control assemblies
  - thermohydraulic and mechanical reflector design
  - fuel assembly hold-up device optimization.

A joint research and development project conducted by KWU in co-operation with the Kernforschungszentrum Karlsruhe (KfK), the Federal Institute of Reactor Research (EIR), Würenlingen, with the Technical University of Braunschweig as an associate, has been established (Fig. 6). Each partner is conducting an R&D programme that covers the items for development.

The overall objective of this R&D programme is to have the technical feasibility, including that for licensability, established by the early 1990s as a prerequisite for the decision whether to embark upon a demonstration plant programme.

The most important key points under investigation are described below.

6.1. Physics

The question of highest significance and priority, i.e. whether the void reactivity effect of a very closely packed lattice will be sufficiently negative, is being analysed in the PROTEUS II experiments currently in progress at the EIR. International literature shows contradictory results concerning this issue. On the basis of present knowledge it seems that a positive judgement of the outcome of the void reactivity experiments can be made with respect to the situation in the reactor. We even may expect that a conversion ratio of 0.95 can be achieved with a negative void coefficient, which is an important inherent safety feature.

6.2. Thermohydraulics

To prove departure from nucleate boiling (DNB) and in order to prove standard DNB correlations to be applicable to tight lattices with helical fins, a large high pressure water test facility with a maximum assembly power of 5 MW has been installed at the KWU Karlstein research centre. The results of these experiments are expected to become available during 1987. They will be supplemented by results from Frigen R12 facilities operated by the Technical University of Braunschweig (TUBS) together

Technical key area		main activity	institution	experimental device
physics:	void coefficient negative?	reaction rates; void reactivity	EIR	PROTEUS II
emergency core cooling:	core coolable under emergency conditions?	coolability under gravity feed conditions	KfK	FLORESTAN
		coolability under forced feed conditions from the top	EIR	NEPTUN III
		H_2O high pressure experiments	KWU	BENSON
thermo-hydraulics:	core coolable under stationary conditions?	H_2O-DNBR experiments: pressure loss and critical heat	KWU	KARLSTEIN
		FRIGEN-DNBR-experiments	KWU, TUBS* KfK	KRISTA
irradiation experiments:	clad stability up to ≥ 60 MW·d/kg	material behaviour under in-pile conditions	KWU	KWO
mechanical design:	are all necessary design measures realizable?	fuel assembly hold-up device, core internals	KWU	---

* Technical University Braunschweig, FRG

FIG. 6. Joint development programme for pitch/diameter 1.12.

with KfK with the main objective of investigating differential coolant subchannel conditions.

There are certain indications that cladding tubes with helical fins of optimized inclination may crucially increase heat transfer conditions [10] to such levels that even in tight lattices heat transfer can be ensured.

6.3. Emergency core cooling

Early stainless steel clad LOCA ballooning experiments performed at the KfK REBEKA facility produced satisfactory deformation behaviour at high temperatures.

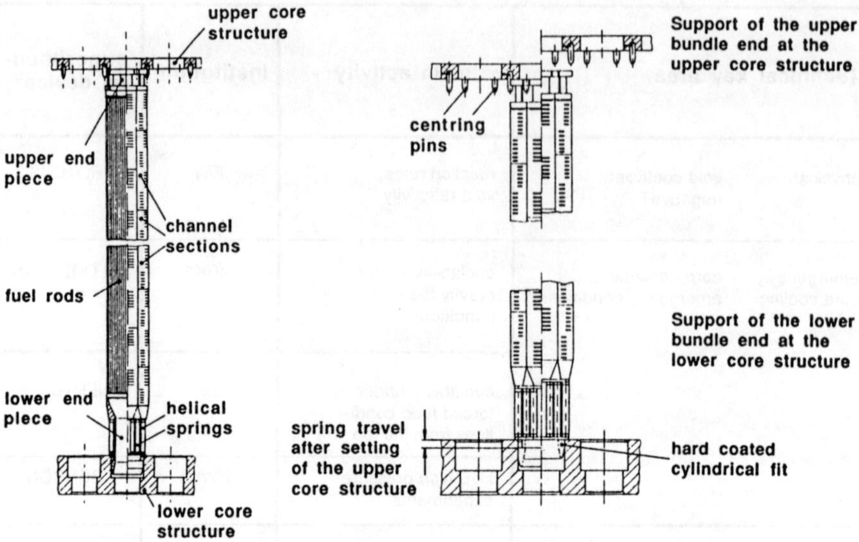

FIG. 7. HCR fuel assembly with spring loaded hold-up system.

The results have demonstrated a well coolable lattice geometry after a postulated LOCA, and recent flooding experiments performed for a very tight lattice with pitch/diameter = 1.06 at the FLORESTAN facility (KfK) suggest that even extremely tight rod configurations appear coolable in principle.

Results from additional tests at the NEPTUN (EIR) facilities based on rod configurations with p/d ~ 1.12 will be the basis for computer code adaptation and verification within the development co-operation.

6.4. In-pile irradiation

Various SS single test rods with and without fuel are scheduled for irradiation at the Obrigheim PWR station to check the suitability of the envisaged clad material for high burnups. Test fuel bundles and fuel assemblies are scheduled for irradiation in a power reactor in the near future.

6.5. Mechanical design of pressure vessel internals

Mechanical design problems will have to be solved for all components within the pressure vessel, e.g.

— fuel assembly design
— fuel assembly hold-up device (Fig. 7)
— control assembly and control assembly drive mechanism

— radial reflector design which minimizes neutron fluence to permissibly small values
— upper core structure which can stand up to a loss of coolant accident and earthquake.

Design details of all these components influence the integral concept.

— Upper core structure details influence, among others, emergency core cooling conditions. A new design of the upper core structure meets the demands.
— High pressure losses resulting from the tight lattice configuration induce high buoyancy forces on the fuel assembly. An entirely novel concept has been developed for tying the fuel elements to the grid plate.
— A new reflector design based on the KWU modular steel dummy principle reduces the pressure vessel neutron fluence to values that guarantee a pressure vessel lifetime as long as that of a standard PWR.
— A safety pawl in the control assembly driving mechanism eliminates the risk of control rod ejection.

7. CONCLUSIONS

KWU's concept of a high conversion reactor is based on the following considerations.

— The KWU HCR technology makes use to the highest possible extent of existing and well proven PWR plant system and component technology, resulting in the prospect of comparatively low development cost and relatively rapid commercialization.
— Due to its high conversion ratio, the KWU HCR, in contrast to thermal Pu-recycling, does not burn the plutonium stock, but it acts as an 'active plutonium stockpile' reserving the fissile inventory demand for fast breeder reactor expansion once breeder reactors have to be deployed on a large scale.
— The KWU HCR builds on the U-Pu fuel cycle type whose technology — including chemical reprocessing — has already been established or is in an advanced stage of development and is compatible with the Federal German fuel cycle concept, i.e. a reprocessing and waste disposal philosophy.
— An ultimately desirable self-sustaining symbiotic reactor mix comprising FBRs and HCRs permits several HCRs to be fuelled from the breeding gain of one FBR, resulting in acceptably low average total power generation costs.

The co-operative project should prove whether the ambitious KWU HCR design is feasible or not. The experimental and analytical results achieved so far lead us to be optimistic.

The current investigations comprise in addition a broad spectrum of concept modifications which will provide the technical flexibility necessary in the introductory period of LWHCR systems.

Thus the light water high converter reactor derived from KWU's LWRs represents a remarkable innovative potential to be used in future decades.

REFERENCES

[1] EDLUND, M.C., High conversion ratio plutonium recycle in pressurized water reactors, Ann. Nucl. Energy **2** (1975) 801.

[2] HENNIES, H.H., MÄRKL, H., Überlegungen zur Modifizierung eines LWR im Hinblick auf eine bessere Uranausnutzung, Jahrestagung Kerntechnik, P. 953, Berlin (West), 1980.

[3] OLDEKOP, W., BERGER, H., ZEGGEL, W., General features of advanced pressurized water reactors with improved fuel utilization, Nucl. Tech. **59** (1982) 212.

[4] FREWER, H., "KWU-advanced nuclear technology in Europe", KWU Symp. German Industrial Exhibition, Tokyo, April 1984.

[5] BROGLI, R., GOETZMANN, C., KUCZERA, B., "Assessing high conversion PWR concepts", 4th European Nuclear Conference, Geneva, 1986.

[6] GOETZMANN, C.A., KUCZERA, B., "Design Features, Development Status and Long Term Prospects of Light Water High Conversion Reactors", Advanced Light and Heavy Water Reactors for Improved Fuel Utilization, IAEA-TECDOC-344, IAEA, Vienna (1984) 7.

[7] CHAWLA, R., SEIFRITZ, W., The possible role of U ^{235}Pu fueled advanced pressurized water reactors, Nucl. Tech. **71** (1985) 228.

[8] BROGLI, R., KUCZERA, B., MOLDASCHL, H., "Technical feasibility investigations related to advanced tight-lattice cores in standard PWRs", Int. Top. Mtg on Advances in Reactor Physics, Mathematics and Computation, Paris, April 1987.

[9] AXMANN, J., CHENG, X., OLDEKOP, W., Neutronenphysikalische Aspekte unterschiedlicher Moderator-zu-Brennstoff-Volumenverhältnisse bei Druckwasserreaktoren, Atomkernenerg. Kerntech. **48** 4 (1986) 209.

[10] KÖHLER, W., KASTNER, W., "Heat transfer and pressure loss in rifled tubes", 8th Int. Heat Transfer. Conf., San Franciso Aug. 1986.

IAEA-CN-48/191

PROGRESS OF THE UNITED STATES ADVANCED LIGHT WATER REACTOR PROGRAM

D.J. McGOFF, F. ROSS
United States Department of Energy,
Washington, D.C.,
United States of America

Abstract

PROGRESS OF THE UNITED STATES ADVANCED LIGHT WATER REACTOR PROGRAM.

The U.S. Advanced Light Water Reactor (ALWR) Program is oriented to provide a viable light water reactor (LWR) option for the 1990s in the USA. The program includes development of a comprehensive set of ALWR design requirements, certification of improved large LWRs, and development of mid-size LWRs that offer favorable prospects for significant design simplifications and use of passive safety features. The ALWR Requirements Program is intended to apply the extensive utility experience with nuclear power operation to the development of design requirements that will improve the next generation of plants. Certification of at least two ALWR standard plant designs by the early 1990s will provide increased confidence that the past risks associated with continual design changes and back-fits resulting from regulatory review will be minimized. The mid-size LWR plant concepts offer the opportunity to incorporate further evolutionary changes in the designs which are highly desirable if they can be achieved realistically. These designs build upon the extensive experience base of three decades of reactor operation, but also take advantage of potential simplification and innovations in design and construction that are unique to their lower power rating. The ALWR program will be of significant benefit in providing a range of options for future deployment of light water reactors.

1. INTRODUCTION

Notwithstanding the success of light water reactors as a major contributor in meeting the electrical generating needs of many nations throughout the world, there is incentive to continue to improve them through an evolutionary process.

The U.S. ALWR program consists of the closely coordinated cooperative programs of the Electric Power Research Institute (EPRI), sponsored by the electric utility industry, and the Department of Energy (DOE), together with the cooperative efforts of the Nuclear Regulatory Commission (NRC).

This program includes three principal elements:

- o Development of a comprehensive set of ALWR plant design requirements, approved by the U.S. utilities and agreed upon by the NRC.

- o Support for design certification (licensing of the design) by the NRC of at least two large (1250 to 1350 MWe) ALWR plants by the early 1990's.

- o Development of mid-size (about 600 MWe) boiling water reactor (BWR) and pressurized water reactor (PWR) plant concepts that offer favorable prospects for significant design simplifications, enhanced safety margins, reduced construction durations, and advantageous economics.

2. ALWR REQUIREMENTS PROGRAM

As a fundamental basis of the program, the ALWR Utility Requirements Program is intended to apply the extensive utility experience with nuclear plant operation to the development of design requirements that will improve the next generation of plants.

The utilities are specifying the following conditions for advanced light water reactor designs:

- o Significantly simpler design, construction, operation, and maintenance.

- o Designs based on proven technology and with increased margins in important areas.

- o Standard designs that are readily licensable and may be constructed in a shorter time.

- o Very low probability of core damage accidents and extremely low probability of any public risk in the event of an accident.

- o Designs in which there is sufficient confidence that a prototype demonstration plant is unnecessary.

The Requirements Document consists of 13 chapters covering the key design, performance, and operating requirements of the overall plant and the principal systems. The reactor suppliers, major architect-engineering firms, and the nuclear utilities are working with EPRI to prepare this document. Table 1 shows some of the typical "top level" requirements applicable to the overall plant appearing in this document.

The NRC has agreed to review and issue a safety evaluation report on the Requirements Document. The intention is to promote early identification and resolution of issues that are likely to be encountered in the licensing of ALWR plant

TABLE I. SOME TOP LEVEL ALWR REQUIREMENTS

ADVANCED	CURRENT
GREATER AVAILABILITY: ANNUAL AVAILABILITY GREATER THAN 87 PERCENT	~70%
LONGER LIFE: DESIGN LIFE OF 60 YEARS	40 YEARS
LOWER WASTE PRODUCTION: REDUCED PRODUCTION (2500 FT^3) OF LOW LEVEL WASTE	10 000-35 000 FT^3
REDUCED PLANT SCHEDULE: 48 MONTH CONSTRUCTION	6-10 YEARS
REDUCED OCCUPATIONAL EXPOSURE: LESS THAN 100 MAN-REM/YEAR	>600 MAN-REM/YEAR
REDUCED LIFE-CYCLE COSTS: 65 MILLS PER KILOWATT-H	TODAY'S AVERAGE IS 67% HIGHER
MEET SAFETY GOALS: NO OBSERVABLE OFF-SITE HEALTH EFFECTS FOR ANY EVENT WITH FREQUENCY OF GREATER THAN ONCE PER MILLION REACTOR YEARS	INDIVIDUAL PLANT ASSESSMENT
PROTECTION OF INVESTMENT: NO SEVERE CORE DAMAGE FOR EVENTS WITH FREQUENCY GREATER THAN ONCE PER 100 000 REACTOR YEARS	NOT CURRENTLY COVERED

1 ft^3 = 0.02832 m^3.

designs. The first two chapters covering the Overall Requirements and the Power Generation Systems, have already been sent to NRC for review, and the comments on these chapters are currently being resolved. During 1987, the submittal of three additional key chapters, covering the Reactor, Reactor Coolant System, and Engineered Safeguards Systems (such as decay heat removal, coolant inventory control, and accident mitigation/containment systems) is anticipated. Preparation of the remaining chapters is proceeding at an aggressive pace for submittal over the next year.

3. ALWR DESIGN CERTIFICATION

One of the most important objectives of our national ALWR strategy is to obtain NRC design certification of at least two ALWR standard plant designs by the early 1990's. In effect, this will provide increased confidence that the past risks associated with continual design changes and back-fits resulting from regulatory review will be minimized.

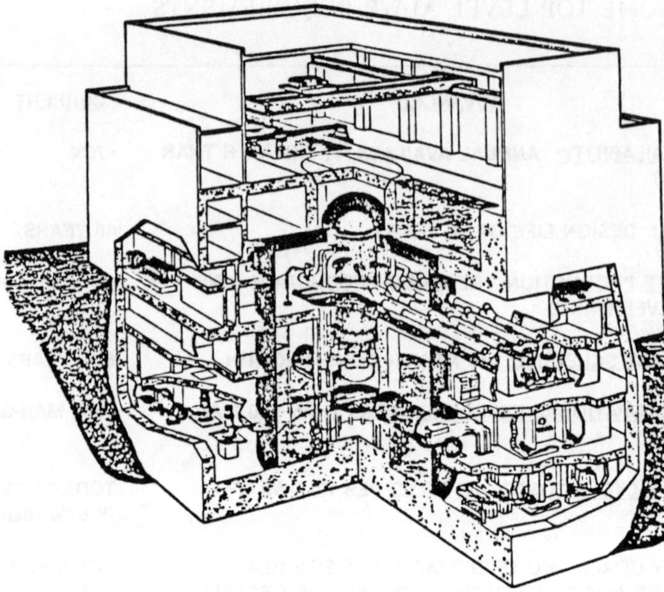

FIG. 1. Advanced boiling water reactor building.

The current DOE program includes support for Final Design Approval and Design Certification by the NRC of two large ALWR plant designs. The first is the General Electric (GE) Advanced Boiling Water Reactor (ABWR) design that was developed over the past 5 years by GE in collaboration with Japanese industry. The second design being submitted for Design Certification is a Combustion Engineering Advanced Pressurized Water Reactor (APWR) design, using the "System 80" Palo Verde plant, currently operating in the Arizona Public Service Company system, as a starting point. In 1988, we expect that most of the safety analysis reports will have been submitted for NRC review. Assuming a favorable review, we project that these plants will be certified in 1991.

Figure 1 shows an artist's rendition of the ABWR plant. Applying the latest worldwide experience, this design is aimed at providing improved operability, improved capacity factor, reduced occupational radiation exposure of workers, and enhanced safety and reliability. It is anticipated that significantly reduced costs for the plant construction, maintenance, operation, and fuel cycle will result from the design improvements and simplifications that were incorporated.

Some of the major improvements incorporated in the design are as follows:

- o Internal recirculating pumps mounted in the bottom of the reactor which eliminate the external recirculating piping, pipe penetrations of the reactor, and congestion in this compartment in the current BWR plants.
- o New, improved control rod drive mechanism design.
- o Greatly improved reactor containment and reactor building design and configuration that provide more space for maintenance and lower radiation exposure of maintenance workers.
- o Advanced fuel design.
- o Latest, state-of-the-art digital/solid state control and instrumentation. Use of multiplexing to greatly reduce the amount of instrumentation and control cabling and wiring.
- o Three separate divisions in the Emergency Core Cooling System.

The Combustion Engineering APWR will use the operating "System 80" plant design as a starting point. Modifications and refinements that are necessary to satisfy the EPRI Requirements Document and resolve current severe accident safety issues will be incorporated in the design as appropriate. As a result, amendments to the Standard Safety Analysis Report previously submitted for the Palo Verde design, will be prepared and submitted to the NRC, together with the additional safety analyses and probabilistic risk assessments necessary for licensing.

4. MID-SIZE ALWR PLANT DEVELOPMENT

The mid-size (600 MWe) LWR plant concepts offer the opportunity to incorporate further evolutionary changes in the designs which are highly desirable if they can be achieved realistically. These designs build upon the extensive experience base of the last three decades of reactor operation, but also take advantage of potential simplifications and innovations in design and construction that are unique to their smaller rating--such as the application of more-passive systems, or the increased use of modularization to improve construction. With today's pattern of modest growth in load demand of the United States, these plants of smaller size,

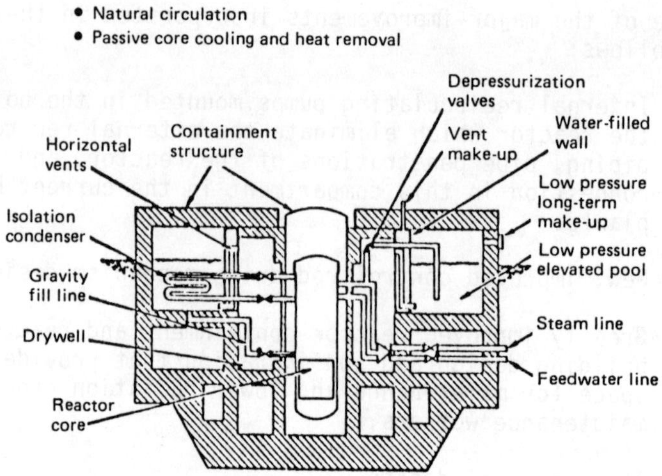

FIG. 2. 600 MWe BWR concept.

lower capital cost, and substantially reduced construction duration offer a promising alternative in meeting utility needs.

Recognizing these potential attributes, a program to further develop a BWR mid-size plant concept and a PWR mid-size plant concept is being conducted. We expect that the results over the next 2 1/2 years will provide a definitive basis for concluding that the merits of the mid-size plant designs warrant proceeding with efforts to license these designs for deployment in the mid-1990's.

The General Electric 600 MWe BWR concept is illustrated in Figure 2.

The main features of this design include the following:

o A natural circulation reactor that eliminates the complexities of a forced circulation system (pumps and recirculation piping, and reactor pipe penetrations).

o An isolation condenser for passive shutdown cooling (decay heat removal) without loss of reactor coolant inventory, and without the need for the steam or feedwater systems for shutdown heat removal.

- o A gravity driven core cooling system, working in combination with an elevated suppression pool of water and reactor depressurization valves, to provide abundant cooling water to the reactor in the event of a large loss of coolant accident. The system utilizes predominantly passive features.

- o A passive steam injector system, not shown on the sketch, that provides high pressure feedwater to the reactor to back up the normal feedwater system.

In the current program, these key features are being proof-tested to verify their performance and reliability. Plant arrangements and construction studies also will be conducted to achieve improved constructibility, such as through the increased use of modularization and prefabrication.

Since the start of the program, GE has made good progress in defining these key features and testing requirements, specifically including:

- o Gravity driven cooling system test requirements and specification.

- o Depressurization valve requirements and specification.

- o Reference containment design selection, and peak temperature definition.

- o Steam injector test requirements and test specification.

- o Preliminary plant constructibility study.

These tests will be conducted in 1988 and 1989 to establish the efficacy and attributes of this mid-size plant concept.

Relative to the Westinghouse 600 MWe PWR concept, the Reactor Coolant System configuration being considered is illustrated in Figure 3. In this design, the conventional pumps used in large commercial plants--that include seals generally requiring significant maintenance and a separate lubrication system--are replaced with "canned rotor" pumps, such as used in the Naval Reactor plants and in the first commercial nuclear plant (Shippingport). These pumps are completely hermetically enclosed, with no seals and no separate lubrication system. In the mid-size plant concept, these pumps are mounted in an inverted position in the bottom head of the steam generators, thereby eliminating the pump to steam

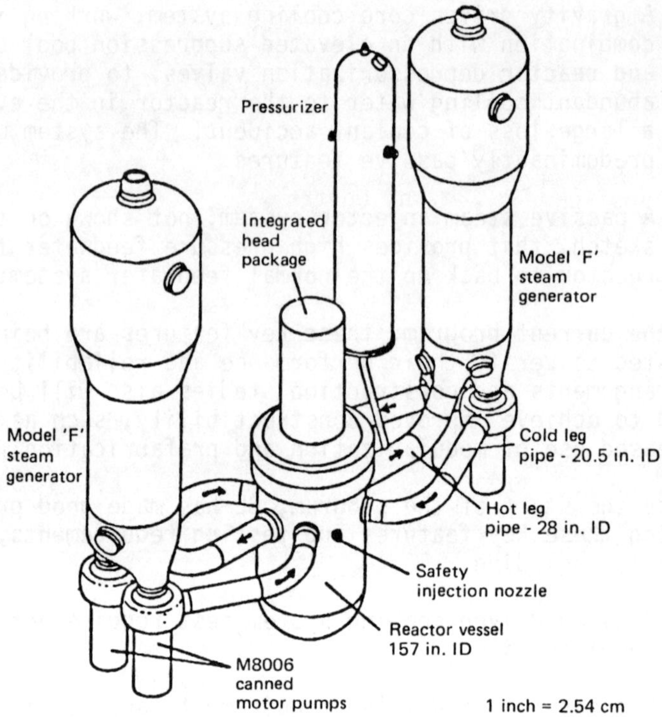

FIG. 3. Westinghouse/EPRI 600 MWe advanced reactor coolant system.

generator "cross-over" piping and facilitating a more compact piping configuration.

The Westinghouse design also will incorporate greatly simplified reactor cooling safety systems with more passive features. Passive containment cooling features also will be evaluated. Substantial effort will be devoted to optimizing the plant arrangement and constructibility. Modularization and prefabrication of piping systems and structures will be applied extensively where practicable to achieve significant reductions in construction duration and improvements in construction quality.

This work will continue through 1989 to complete concept development of the PWR mid-size plant.

Other important studies on passive safety systems also are being performed by Babcock and Wilcox under the DOE program. These will include work on reactor decay heat removal, passive containment cooling, reactor cooling, and pressure suppression.

5. SUPPORTING DESIGN AND CONSTRUCTION STUDIES

As important supporting elements of both the ALWR "large" plant and mid-size plant activities described above, the program includes significant studies directed toward construction improvements, and toward the application of advanced instrumentation and control systems.

The construction studies are being performed by the Duke Power Company and by the Stone and Webster Engineering Corporation. Drawing on the extensive experience of the U.S. utilities, reactor suppliers, architect-engineers and constructors represented in workshops, these studies will investigate all important aspects of construction--such as construction technology, construction management, design for construction, etc.--to develop a compendium of good construction and design practices that should significantly improve construction quality and reduce construction duration and cost of future plants. Through June 1987, two workshops already have been held (of a total of eight in the program), with very substantive and useful results.

The advanced instrumentation and control studies being performed by Combustion Engineering are directed toward selective, "high pay-off" improvements in plant instrumentation and control that should improve plant reliability and operability, and reduce construction time. The areas being investigated include advanced data communications, control system performance and reliability, alarm presentation and annunciator systems, and advanced sensors selected proof-testing. Babcock and Wilcox also is studying state-of-the-art improvements to overall plant control systems, that should significantly improve the reliability of plant operation.

6. CONCLUSIONS

We believe that the ALWR program will be of significant benefit in providing a range of attractive options for future deployment of light water reactors. Improved large reactor plants will be available by 1991. In addition, by the mid-1990's, a new generation of mid-sized plants, which provides a higher degree of design simplicity and passive safety features, and which may be of interest to localities where their size more closely matches the needs for growth in electrical generating capacity, can be available.

6. SUPPORTING DESIGN AND CONSTRUCTION STUDIES

As important supporting elements of both the ALWR large plant and mid-size plant activities described above, the program includes significant studies directed toward construction improvements, and toward the application of advanced instrumentation and control systems.

The construction studies are being performed by the Duke Power Company and by the Stone and Webster Engineering Corporation. Drawing on the extensive experience of the U.S. utilities, reactor suppliers, architect-engineers and constructors represented in workshops, these studies will investigate all important aspects of construction--such as construction technology, construction management, design for construction, etc.--to develop a compendium of good construction and design practices that should significantly improve construction quality and reduce construction duration and cost of future plants. Through June 1987, two workshops already have been held, [illegible] the program, with [illegible] results.

The advanced instrumentation and control studies are being [illegible] plant [illegible]. The items being [illegible] control [illegible] presentation and [illegible] selected [illegible] which is state-of-the-art [illegible] systems, that should [illegible]

7. CONCLUSION

We believe that the ALWR program will be of significant benefit in providing a range of attractive options for future deployment of light water reactors. Improved large reactor plants will be available by 1991. In addition, by the mid-1990's, a new generation of mid-sized plants, which provides a higher degree of design simplicity and passive safety features, and which may be of interest to localities where their size more closely matches the needs for growth in electrical generating capacity, can be available.

БЕЗОПАСНОСТЬ И ЭФФЕКТИВНОСТЬ ЯДЕРНОЙ ЭНЕРГЕТИКИ: КРИТЕРИИ, ПУТИ СОВЕРШЕНСТВОВАНИЯ

В.А. ЛЕГАСОВ, В.М. НОВИКОВ
Институт атомной энергии имени И.В. Курчатова,
Москва,
Союз Советских Социалистических Республик

Abstract – Аннотация

NUCLEAR POWER SAFETY AND EFFICIENCY: CRITERIA, WAYS OF IMPROVEMENT.

Nuclear power plant operation experience has shown that the ideas prevailing hitherto on the subject of nuclear power safety were too optimistic. Safety and economic performance are becoming the 'tight spots' slowing down the broad development of nuclear power. Since an accident at a nuclear power plant may assume international dimensions, safety requirements should be formulated on the basis of the expected scale of development of nuclear power in the world. An analysis of typical nuclear power development scenarios shows that two stages can be identified in ensuring nuclear safety. In the first stage (up to the year 2000), it will be based on contemporary reactors for which a programme of measures to improve safety will be implemented. In the second stage it will be necessary to develop and introduce safer new generation reactors. The physical reasons determining the possibility of major design basis accidents and ways of preventing or eliminating them are examined. This serves as background for formulating a number of criteria on which the design of a safer new generation reactor should be based.

БЕЗОПАСНОСТЬ И ЭФФЕКТИВНОСТЬ ЯДЕРНОЙ ЭНЕРГЕТИКИ: КРИТЕРИИ, ПУТИ СОВЕРШЕНСТВОВАНИЯ.

Опыт эксплуатации атомных электростанций показал, что доминировавшие до сих пор представления о безопасности ядерной энергетики были слишком оптимистичными. Безопасность и экономические показатели становятся "узким местом", замедляющим широкое развитие ядерной энергетики. Поскольку авария на атомной электростанции может принимать международные масштабы, требования в отношении безопасности следует разрабатывать на основе ожидаемых масштабов развития ядерной энергетики в мире. Анализ сценариев развития ядерной энергетики показывает, что в обеспечении ядерной безопасности можно выделить два этапа: на первом этапе (до 2000 года) она будет основываться на современных реакторах, для которых будет осуществляться программа мер по повышению безопасности. На втором этапе необходимо будет разработать и внедрить более безопасные реакторы нового поколения. Изучаются физические причины, определяющие вероятность крупных аварий, учитываемых в основе проекта, и пути их предотвращения или ликвидации. Это служит основой для разработки ряда критериев, на которых следует основывать разработку более безопасных реакторов нового поколения.

1. БЕЗОПАСНОСТЬ И ЭКОНОМИЧНОСТЬ – ОСНОВНЫЕ ПРОБЛЕМЫ РАЗВИТИЯ ЯДЕРНОЙ ЭНЕРГЕТИКИ

Обстоятельства, определяющие необходимость широкого развития ядерной энергетики (ЯЭ) в СССР и других странах-членах СЭВ, имеют устойчивый характер и по своей сути долгосрочны. На долю этих стран приходится более 25% мирового производства энергоресурсов. Причем потребление энергоресурсов растет быстрее, чем в странах ЕЭС. Программа глубоких экономических преобразований и социального развития стран–членов СЭВ может быть выполнена, если удовлетворение энергетических потребностей будет стабильным и не создаст новых отягощающих проблем. В этих условиях особое значение приобретает развитие ядерной энергетики.

По отношению к уровню, который ЯЭ должна достигнуть к концу столетия, и тем более по отношению к уровню, планируемому на первые десятилетия следующего века, путь, пройденный ею к настоящему времени, можно рассматривать как первоначальный.

Опыт, полученный на этом этапе, позволяет по-новому оценить справедливость основных концепций о развитии ЯЭ, сформулированных ранее, и там, где это потребуется, внести соответствующие коррективы.

Начальный этап развития ЯЭ четко выявил две основные проблемы, от решения которых зависит, оправдает ли ЯЭ связываемые с ней надежды. Существенно и то, что, если не будет найдено удовлетворительное решение этих проблем, то в дальнейшем их тормозящее действие только усилится и они могут превратиться в фактор, определяющий предел роста ЯЭ. Эти проблемы следующие: – обеспечение безопасного пути развития ЯЭ. Острота этой проблемы выявилась особенно четко в прошлом году, когда стало ясно, что аварии на АЭС это не исключительные явления, присущие только какому-то одному типу ядерных реакторов или какому-то одному региональному подходу к строительству АЭС. Скорее всего аварии последних лет ("Три-майл-айленд", Чернобыль, аварийные ситуации в ФРГ и на АЭС "Девис-Бесс" в США) показали, что доминировавшие до последнего времени представления об уровне безопасности ЯЭ слишком оптимистичны. Это в особенности относится к запроектным авариям с тяжелыми последствиями, связанными с разрушением реактора и выходом радиоактивных (р/а) веществ в окружающую среду. Следует отметить, что сюда примыкает проблема безопасности предприятий внешнего топливного цикла (изготовление, хранение, транспорт ядерного топлива, переработка ядерного топлива), масштаб которых во времени может только возрастать.

Вторая проблема – это экономическая эффективность ядерной энергетики.

Известный оптимизм в прогнозах развития ЯЭ в 70- е годы определялся представлениями об умеренной капиталоемкости ЯЭ. Однако в действительности уже на начальном этапе развития ЯЭ происходило непрерывное увеличение стоимости АЭС, причем более высокими темпами, чем для ТЭС. Хотя это увеличение в отдельных случаях вызвано волевым характером регламентирующих решений в целом, эта тенденция носит объективный характер. Можно определенно утверждать, что ужесточение требований безопасности к АЭС только усилит эту тенденцию. В эту же сторону действует фактор увеличения сроков строительства АЭС и изготовления оборудования. Высокая капиталоемкость при росте ЯЭ может превратиться в силу, определяющую предел развития ЯЭ.

Отсюда следует чрезвычайная важность научных разработок по ускорению строительства АЭС, стабилизации стоимости, а затем и удешевления АЭС. Однако этого недостаточно. Требуется в полной мере сохранить главное преимущество ЯЭ – относительно низкую топливную составляющую вырабатываемой энергии. Для этого следует прежде всего активизировать научные разработки по совершенствованию топливных циклов АЭС современных проектов и созданию новых топливных циклов.

Наконец широкий масштаб развития ЯЭ требует разработки стратегии развития, которая бы оптимально определяла динамику соотношений между собственно АЭС и обеспечивающими их предприятиями ядерного топливного цикла. В противном случае в ходе развития могут возникнуть диспропорции, приводящие к снижению темпов роста и удорожанию топливной составляющей – этого главного козыря ЯЭ.

2. КОНЦЕПЦИЯ ДВУХ ЭТАПОВ ОБЕСПЕЧЕНИЯ БЕЗОПАСНОГО ПУТИ РАЗВИТИЯ ЯЭ

Конкретные уроки последних лет должны оказать существенное влияние на концепцию развития ЯЭ. Однако не менее важное значение имеют перспективы того, как будут удовлетворяться энергетические потребности человечества на ближайшее будущее и какая роль здесь отводится ядерной энергетике.

Перспективы развития ЯЭ и опыт, полученный на нынешнем начальном этапе ее развития, позволяет из всего комплекса проблем безопасности ЯЭ выделить проблему аварий с разрушением активной зоны реактора и выходом активности в окружающую среду. Поскольку такие аварии могут иметь интернациональные последствия, то оценка верхнего допустимого уровня для них определяется ожидаемым мировым масштабом развития ЯЭ. Примем, что удельное энергопотребление к середине следующего столетия составит около 5 кВт на душу населения. Тогда с учетом прогнозных оценок роста народонаселения земного шара полная мощность энергоустановок к 2050 г. составит около 40 ТВт. В соответствии с оценками [1, 2] примем, что 30% этой мощности составит мощность ядерных энергоустановок. Пусть ядерные энергоисточники могут быть охарактеризованы p - средним значением вероятности разрушения активной зоны реактора, которое может привести к последующему выходу р/а продуктов в окружающую среду [1/реактор·год]. Исходя из этих посылок, можно получить математическое ожидание таких аварий. На рис. 1a, 1b представлены соответствующие графики для математических ожиданий как функции времени при различных значениях параметра p. Там же представлен коридор разброса ожидаемой величины в пределах одной дисперсии – σ. Граница допустимого значения величины определяется характером событий, последующих за разрушением активной зоны, и совокупным риском последствий таких аварий. Оценка этой величины содержит много неопределенных факторов и к тому же часто выполняется в рамках многокритериального подхода. Поэтому, исходя из принципиальной неполноты информации по оценке риска и учитывая опыт, полученный на начальном этапе развития ЯЭ и социально-психологический ущерб от имевших место крупномасштабных аварий на АЭС, примем, что ожидаемая величина в пределах одной дисперсии не должна выходить за значение равное единице. Это означает, что с вероятностью 68% до 2050 г. в мире произойдет не более одной аварии, приводящей

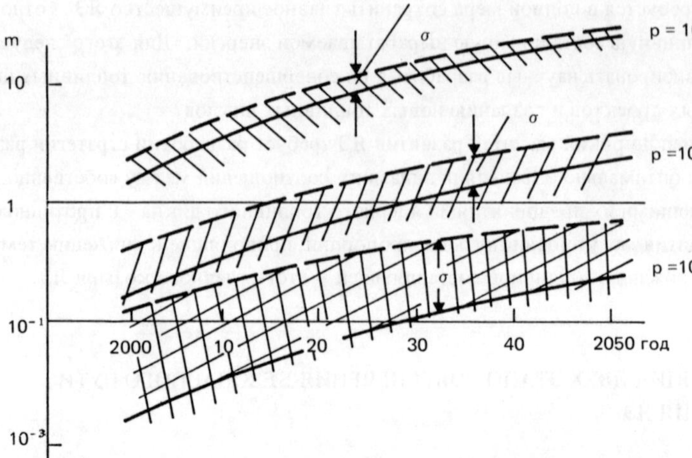

РИС. 1 (а) Математическое ожидание (m) и дисперсия (σ) числа аварий.

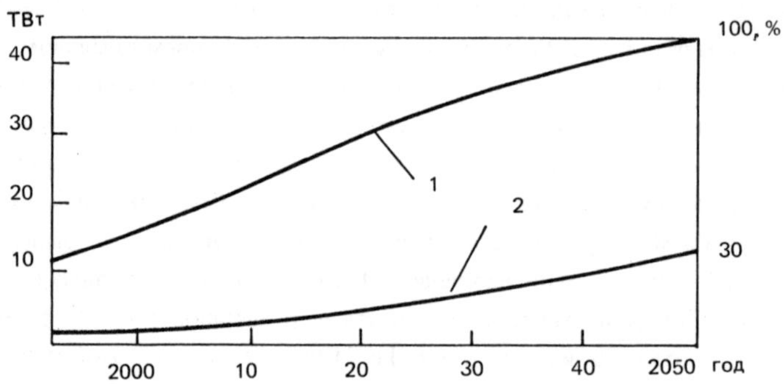

РИС. 1 (b) Прогноз развития энергетики, где: 1 – полное производство энергии; 2 – ядерная энергетика.

к разрушению активной зоны реактора и возможному последующему выходу р/а веществ за пределы станции.

Как следует из рис. 1а, 1b этому условно удовлетворяет значение $p = 10^{-6}$, что на два порядка величины меньше соответствующего значения, регламентирующего для реакторов сегодняшнего дня вероятность проектных аварий с частичным разрушением активной зоны без превышения установленного нормативными документами уровня выхода р/а веществ за границы станции [3]. Немедленный переход на повышенные требования (т. е. $p = 10^{-6}$) привел бы к резкому снижению темпов роста ЯЭ на ближайшее время и временному снижению ее конкурентоспособности. Однако в этом и нет абсолютной необходимости. Как следует из рис. 1, на ближайшее время масштаб развития ядерной энергетики таков, что допустимо большее значение величины p.

По мнению авторов, это обстоятельство позволяет сформулировать двухэтапную концепцию обеспечения безопасного пути развития ядерной энергетики. На первом этапе, продолжающемся до 2000 г., развитие ЯЭ базируется на уже развитые технологии реакторостроения. Однако в них вносятся соответствующие корректировки, надежно обеспечивающие уровень безопасности, характеризуемый значением $p \lesssim 10^{-4}$. Такой подход дает возможность максимально использовать развитую базу реакторостроения и всю ее инфраструктуру. В этот же период начинается разработка физики и технологии более безопасных реакторов нового поколения, для которых в качестве исходного требования выдвигается условие $p \lesssim 10^{-6}$. Работа на первом этапе позволит с одной стороны не снижать темпы развития ЯЭ и решить энергетические проблемы до 2000 г., в основном базируясь на систему мероприятий по повышению безопасности нынешнего поколения реакторов, с другой определит контуры реактора нового поколения и технологические возможности его внедрения в ЯЭ за 2000 г. На втором этапе, который начинается где-то сразу за 2000 г., должны внедряться ядерные реакторы повышенной безопасности. Причем здесь опять просматривается возможность поэтапного решения: до 2020–2030 гг. удовлетворительны реакторы, для которых $p = 10^{-5}$, а затем необходимо обеспечить переход на реакторы, характеризуемые значением $p \lesssim 10^{-6}$.

3. НАПРАВЛЕНИЯ СОВЕРШЕНСТВОВАНИЯ БЕЗОПАСНОСТИ ЯДЕРНЫХ РЕАКТОРОВ НА ПЕРВОМ ЭТАПЕ (ДО 2000 г.)

Как было отмечено в предыдущем параграфе, обеспечение должного уровня безопасности позволяет, а экономическая эффективность ЯЭ требует, чтобы ближайшее развитие ЯЭ базировалось на максимальном использовании развитых на сегодняшний день технологий в реакторостроении и на ядерном топливном цикле.

Сегодня в СССР и других странах–членах СЭВ работают энергетические реакторы первого поколения. Среди них на первое место выдвинулись тепловые реакторы с легководным теплоносителем и замедлителем – ВВЭР. Накопленный опыт их эксплуатации позволяет сделать вывод, что они, как правило, работают надежно и в целом обладают удовлетворительным на сегодня уровнем безопасности. Поэтому реакторы типа ВВЭР должны составить основу первого этапа развития электроэнергетики. Однако надо считаться с тем, что для них (как впрочем и для других современных реакторов) остается конечной вероятность запроектных аварий с выходом р/а веществ за пределы АЭС. В основном вероятность этих аварий обусловлена возможностью нестандартных ошибок обслуживающего персонала, ограниченной надежностью реакторного оборудования АЭС. Следовательно, обеспечение безопасного пути развития ЯЭ на АЭС с ВВЭР должно проходить через поиск, разработку и внедрение мероприятий по повышению их безопасности и улучшению условий локализации радиоактивных продуктов при возникновении запроектных аварий. Эти мероприятия должны быть проведены на уже существующих АЭС и заложены во вновь создаваемые. Перечень этих мероприятий по повышению безопасности АЭС должен стать предметом целенаправленных исследований на ближайшее время.

Для проектируемых АЭС соответствующие технические мероприятия должны быть направлены на обеспечение надежной гарантии того, что уровень радиоактивного воздействия даже в случае запроектной аварии не превышал допустимый уровень для населения. Это, например, может потребовать оснащение контейнмента АЭС дополнительными фильтрами для улавливания газообразных р/а отходов, а также поддонами для предотвращения попадания р/а отходов в почву и уноса их грунтовыми водами. Не исключено, что подобные мероприятия окажутся полезными и на существующих АЭС.

Энергетическая программа СССР предусматривает внедрение в топливно-энергетический комплекс ядерных энергоисточников как для совместного производства тепла и электричества (АТЭЦ), так собственно для коммунально-бытового теплоснабжения (АСТ). Для АТЭЦ на базе ВВЭР путь повышения безопасности, очевидно во многом совпадает с таковым для АЭС с ВВЭР. Для АСТ в результате исследований по выбору типа реакторной установки выбор пал на низкотемпературный водо-водяной реактор кипящего корпусного типа с полной тепловой мощностью 500 МВт. В настоящее время ведется сооружение двух АСТ (в Горьком и Воронеже) с двумя блоками АСТ-500 каждая. В проект АСТ-500 уже заложено значительное повышение надежности и безопасности, благодаря:

- использованию естественной циркуляции теплоносителя, обеспечивающей высокую надежность теплоотвода от активной зоны;
- интегральной компоновке оборудования основного контура, позволяющей свести к минимуму разветвленность контура;
- снижению давления в корпусе реактора и энергонапряженности активной зоны (в сравнении с реакторами для АЭС);
- повышению теплоаккумулирующей способности контуров.

Тем не менее и здесь не исключена дополнительная работа по повышению безопасности. В частности следует выделить проблему образования, контроля и удаления из первого контура радиолитического водорода.

К ближайшему этапу развития ЯЭ относятся и новые направления в реакторостроении – это освоение высокотемпературных реакторов – ВТГР и дальнейшее совершенствование быстрых реакторов-размножителей с натриевым теплоносителем – БН.

Применение реакторов ВТГР решает несколько важных задач, расширяющих область применения ядерной энергетики. Потенциально высокая безопасность ВТГР определяется присущими этому классу реакторов внутренними свойствами, способностью противостоять различным серьезным нарушениям и отказам оборудования, а также относительной медленностью развития последствий аварий. Однако и здесь требуется дополнительный анализ, направленный на разработку мер повышения безопасности. В частности требует большего внимания анализ роли высокого давления в ВТГР и запасенной химической энергии при возгорании графита. Последнее обстоятельство также важно и для реакторов типа БН, где велики запасы химической энергии, выделяющейся при возгорании натрия.

Таким образом задача первого этапа ускоренного развития ЯЭ – это обеспечение безопасного пути развития ЯЭ на базе освоенных реакторов типа ВВЭР и АСТ, разработка мер по повышению безопасности уже действующих реакторов типа РБМК и освоение технологически подготовленных реакторов типа ВТГР и БН.

4. ВТОРОЙ ЭТАП РАЗВИТИЯ ЯЭ – КАКИМ ДОЛЖЕН БЫТЬ БОЛЕЕ БЕЗОПАСНЫЙ РЕАКТОР НОВОГО ПОКОЛЕНИЯ?

Масштабы предполагаемого развития ЯЭ определяют необходимость достижения уровня безопасности ядерного реактора к середине следующего столетия, который в частности характеризуется значением $p \lesssim 10^{-6}$. Реально ли достижение этого значения традиционным путем через совершенствование активных средств обеспечения безопасности на реакторах сегодняшнего дня? Ответить на этот вопрос категорически вряд ли возможно. Положительный ответ не исключается, хотя наращивание внешних, активных средств безопасности неизбежно связано с удорожанием ядерных энергоисточников. К тому же при таком подходе они становятся чрезвачайно сложными в эксплуатации, что естественно сделает их малопривлекательными и таким образом может затормозить рост ЯЭ в мире.

Поэтому в рамках разработки концепции более безопасного реактора нового поколения следует внимательно проанализировать новые подходы, некоторые из которых во многом уже определились. Имея это в виду, рассмотрим основные физические причины, определяющие ядерную и радиационную опасности аварий, приводящих к разрушению ядерного реактора.

4.1. Избыточная реактивность

Феномен цепной ядерной реакции требует, чтобы эффективный коэффициент размножения нейтронов в ядерном реакторе равнялся единице. Соображения экономической эффективности приводят к необходимости иметь начальный запас реактивности, достаточный для компенсации выгорания топлива и отравляющего действия продуктов деления в течение кампании реактора. Компенсация этой избыточной реактивности в современных реакторах осуществляется внешними средствами – стержнями регулирования. При экстремальных воздействиях на ядерный реактор могут происходить такие изменения в конфигурации активной зоны, при которых стержни регулирования оказываются так или иначе блокированными. Другими словами, существует принципиальная возможность отделения активных средств обеспечения безопасности от самого объекта. Вероятность неконтролируемой цепной реакции очевидно является при прочих равных условиях монотонно растущей функцией начального запаса реактивности. Величина этого параметра в современных реакторах весьма значительна: 20% – для ВВЭР, 6% – для ВТГР (рис. 2). С другой стороны, экономический проигрыш от частоты перегрузок топлива наоборот уменьшается с ростом начального запаса реактивности. Это по существу и предопределяет его величину в надежде, что системы

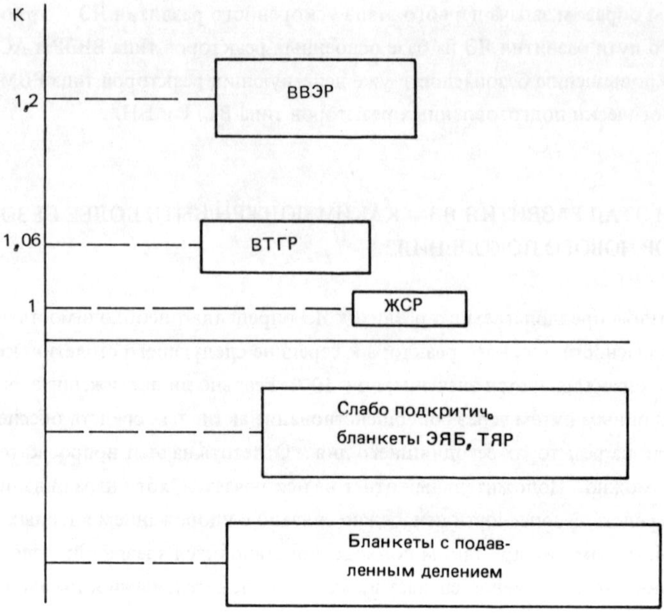

РИС. 2. Запас реактивности в различных ЯЭУ.

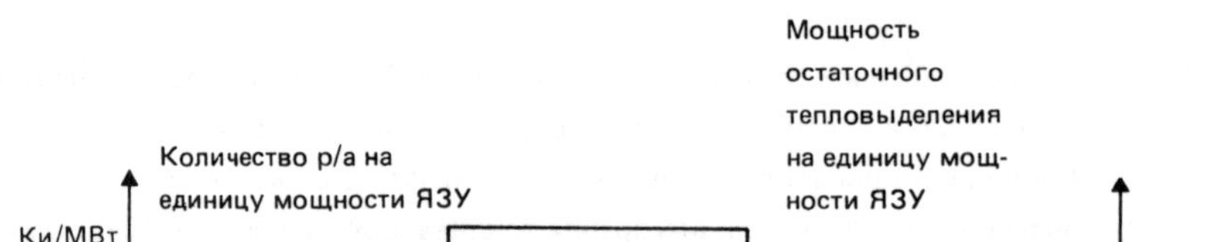

РИС. 3. Радиоактивность и остаточное тепловыделение в различных ЯЭУ.

обеспечения ядерной безопасности справятся с ситуацией. Определенную роль здесь сыграл психологический фактор: ясно, что если бы ядерная система могла работать как энергетическая с $К_{эф} < 1$ (например, электроядерная установка и т.п.), то несмотря на возможный экономический выигрыш от перехода на работу с дополнительным запасом реактивности скомпенсированными стержнями регулирования (например, большое накопление вторичного топлива в бланкете электроядерной установки), на это вряд бы решились по интуитивным соображениям безопасности. Именно это обстоятельство определяет известное тяготение авторов схем гибридных термоядерных установок к схемам с так называемым подавленным делением [4]. Для реакторов деления ситуация иная: принципиальная необходимость иметь $К_{эф.} = 1$ снимает психологический барьер против работы реактора с большим запасом начальной реактивности.

Различные пути снижения опасности, связанной с наличием запаса реактивности, так или иначе концентрируются вокруг трех основных.

(a) Оснащение реактора дополнительными активными внешними средствами снижения риска неконтролируемой цепной реакции. Сюда относятся новые типы быстрых регуляторов, повышение надежности существующих, введение резервных регуляторов и т.п.

(b) Введение в конструкцию реактора пассивных внутренних средств регулирования критичности. Под пассивными внутренними средствами в отличие от активных внешних мы имеем в виду неотъемлемые от системы по физике и химии средства регулирования, так что управление критичностью осуществляется за счет внутренних физико-химических свойств системы.

(c) Переход на такую конструкцию и такой режим работы реакторов, которые обеспечивают скольугодно малую избыточную реактивность при любых изменениях в конфигурации активной зоны.

4.2. Остаточное тепловыделение и концентрация р/а продуктов в активной зоне реактора

Радиоактивные продукты и связанное с ними остаточное тепловыделение неизбежное следствие процессов деления в ядерном реакторе. Остаточное тепловыделение представляет основную часть забот по обеспечению безопасного расхолаживания реактора в аварийных ситуациях, когда отказывают штатные средства аварийного охлаждения. Оно может стать главной причиной выхода р/а продуктов в окружающую среду. Опасность таких последствий при прочих равных условиях монотонно растет с ростом концентрации р/а продуктов в ядерном реакторе. С другой стороны экономическая эффективность использования ядерного топлива (во всяком случае при открытом ядерном цикле) требует высокой глубины выгорания загруженного в реактор топлива и, следовательно, накопления р/а продуктов в активной зоне. Современные реакторы характеризуются значением радиоактивности продуктов деления на уровне кКи/МВт (тепл.) (рис.3). Существуют проработки реакторов (например, реакторы с циркулирующим горючим и др.), в которых предпринята попытка снизить количество радиоактивности и тем самым остаточное тепловыделение в активной зоне реактора [5].

Пути снижения опасности, связанной с остаточным тепловыделением, можно представить по той же схеме.

(a) Дополнительные активные внешние средства аварийного расхолаживания реактора (например, дополнительные резервуары с водой для аварийного расхолаживания ВВЭР и т. п.).

(b) Внутренние, пассивные средства расхолаживания, обеспечивающие надежное поддержание температуры активной зоны на приемлемом уровне в течение долгого времени, необходимого для ремонта или демонтажа реактора.

(c) Предыдущие два подхода направлены на увеличение гарантии нерасплавления активной зоны при сохранении в ней концентрации р/а продуктов на прежнем, высоком уровне. Третий путь решения проблемы – это переход к такой конструкции и такому топливному циклу, которые позволят существенно снизить накопление самих р/а продуктов в активной зоне реактора. При этом перенос их из активной зоны в систему регенерации топлива и на склад р/а отходов должен позволить эту часть радиоактивности держать при таких концентрациях, когда остаточное тепловыделение неопасно. Таким образом, хотя общее количество р/а продуктов естественно сохраняется, значительная часть их оказывается перенесенной в условия меньшей энергонапряженности. Кроме того, такое распределение р/а продуктов может дополнительно снизить суммарный риск от опасных аварий в системе, если выполнены условия принципа "дробления" опасности.

Действительно, величина риска выхода р/а, связанного с остаточным тепловыделением, пропорциональна $cf(c)$, где c – количество р/а в установке, f – монотонно-растущая функция, определяемая остаточным тепловыделением в данной установке. Разделение c_0 полного количества р/а на c_1– количество р/а в реакторе и c_2 – в системе регенерации (хранения) приводит очевидно к риску $c_1 f_1(c_1) + c_2 f_2(c_2)$. Нетрудно видеть, что минимум этой функции (при условии $c_1 + c_2 = c_0$) лежит ниже значения $c_0 f_1(c_0)$.

4.3. Запасенная неядерная энергия

Приоритет, отданный максимальной эффективности использования ядерного топлива, приводит к применению в ядерных реакторах материалов, которые в аварийных ситуациях могут химически взаимодействовать с воздухом и (или) водой, выделяя при этом значительные количества энергии. Так, например, в реакторах типа ВВЭР-1000 энергия, выделяющаяся при взаимодействии циркониевых оболочек с парами воды при высоких температурах, составляет около одного ТДж. В реакторах типа ВТГР мощностью 400 МВт (эл.) сгорание графита приводит к выделению около 3 ТДж тепла, а внутренняя энергия сжатого гелиевого теплоносителя добавляет к запасенной неядерной энергии еще около 1,5 ГДж. В реакторах типа БН химическая энергия взаимодействия натрия с водой так же составляет значительную величину. Такие количества запасенной неядерной энергии соизмеримы с ядерной энергией, выделяющейся в твэлах при остаточном тепловыделении за время порядка часа и представляют серьезную опасность в аварийных ситуациях. В частности, они повышают уязвимость ядерных энергоисточников при целенаправленных внешних взаимодействиях.

Пути снижения потенциальной опасности, определяемой запасенной неядерной энергией, также можно представить в рамках использованной ранее схемы.

(a) Дополнительное оснащение активными внешними средствами блокирования химических реакций компонент конструкции ядерного реактора.

(b) Введение пассивных внутренних средств безопасности. Например, переход к модульному исполнению ядерного энергоисточника, включение инертных развязок в теплообменнике натрий-вода и т. п.

(c) Переход к конструкциям, исключающим или предельно снижающим использование химически активных компонент (или газа высокого давления) в ядерных энергоисточниках.

Очевидно, любая комбинаторика условий означает движение в сторону большей безопасности. Однако более естественно сгруппировать их по основному признаку. Тогда получается три возможных подхода к концепции более безопасного реактора нового поколения.

Первый подход характеризуется упором на оснащение современных реакторов дополнительными активными, внешними средствами безопасности. Это тот подход, который должен быть реализован на первом этапе развития ЯЭ.

Другие два подхода могут составить конкуренцию первому, если окажется, что на этом пути трудно добиться более высоких показателей безопасности. Таким образом ко второму этапу развития ЯЭ необходимо выйти, проработав возможности двух других подходов.

Основу концепции второго подхода составит отказ от приоритета технических средств обеспечения безопасности в пользу максимального использования внутренних пассивных средств безопасности. Примером движения в этом направлении может служить разработка в СССР ядерного энергоисточника для коммунального теплоснабжения – АСТ-500, в проект которой заложены многие принципы обеспечения безопасности пассивными средствами (естественная циркуляция теплоносителя, повышенная теплоемкость контуров и др.).

Наконец в рамках разработки концепции более безопасного реактора нового поколения следует изучить возможности третьего подхода, который можно рассматривать как асимптотический, предельный подход, при котором минимизируются факторы, определяющие вероятность максимальных, запроектных аварий. В этом направлении так же сделаны первые шаги. Например, концептуальные проработки реакторов с жидкосолевым высокотемпературным теплоносителем и интенсивной системой регенерации топливной композиции [6].

ЛИТЕРАТУРА

[1] THERMAL BREEDER CONSULTANTS GROUP, "Status and prospects of thermal breeding: Preliminary report", Nuclear Power and its Fuel Cycle (Proc. Int. Conf. Salzburg, 1977), Vol. 1, IAEA, Vienna (1977) 513.

[2] World list of nuclear power plants, Nucl. News 25 2 (1982) 83–102.

[3] Комиссия по вопросам ядерного регулирования США, "Официальное правительственное заявление по поводу целей безопасности при эксплуатации АЭС", Оффис оф Паблик Эффэас, Вашингтон, №83–39, 14 марта 1983 г.

[4] LEE, I.D., MOIR, R.W., Fission-Suppressed Blankets for Fissile Fuel Breeding Fusion Reactors, Rep. UCRL-84104, Lawrence Livermore Natl. Lab., CA (1980).

[5] GAT, U., "The ultimate safe (US) reactor", Proc. 4th Int. Conf. on Emerging Nuclear Energy Systems (ICENES 4), Madrid, 1986.

[6] NOVIKOV, V.M., "Molten salt reactors and molten salt carriers for industrial heat supply", ibid.

SAFETY PRINCIPLES FOR ADVANCED PLANT

M.R. HAYNS, D.W. PHILLIPS
Safety and Reliability Directorate,
United Kingdom Atomic Energy Authority,
Culcheth, Warrington,
United Kingdom

Abstract

SAFETY PRINCIPLES FOR ADVANCED PLANT.

One of the criticisms of the nuclear industry is that existing designs of reactors have evolved from systems designed originally for other, usually military, applications. The logic of this line of thinking then continues — if designers had stopped to consider the need of large scale electricity generating plant specifically, then other design solutions might have been preferred. The authors do not subscribe to this argument as a reason for abandoning existing plant, but it is useful to consider the essential safety principles which should be applied when considering new designs or developments of existing designs for the 'advanced plant' which ought to be considered for the next generation. These safety principles are discussed under the following generic headings: (1) reactivity control; (2) heat removal from the core: (a) at power, (b) decay heat removal; (3) containment; and (4) materials properties. How these principles apply in practice is considered by reference to both revolutionary and evolutionary advanced designs. Revolutionary designs claim that they utilize 'inherent' or 'passive' safety features which make them benign and incapable of causing harm to people. Evolutionary designs follow a route of improvements from existing, well developed designs which incorporate many elements of 'inherent' or passive safety but rely upon the base of experience gathered in operating existing designs over several decades. The authors argue that no reactor design to date is truly inherently safe and that all must rely to a greater or lesser extent on engineered features. Application of the safety principles provides criteria against which to judge such designs. The authors believe that the evolutionary route provides the best way forward on both safety and economic grounds.

1. INTRODUCTION

In releasing the energy of nuclear fission a reactor must be provided with a means of controlling the nuclear chain reaction, removing the heat generated and ensuring that potentially harmful radionuclides are kept safely within the fuel. Current trends favour large reactors with relatively high power densities whose safe operation is ensured by means of a range of 'engineered safety features' which act to control the system. These ESFs *have* to be very reliable; the basic hazard posed by such plant is the combination of a great deal of energy and a large amount of hazardous material in the same location. In addition to ESFs all large nuclear plant, in common with other industrial plant, relies to a greater or lesser extent on the correct operation of the plant by human beings. The year 1986 saw the catastrophic effects of a combination of poor design, inadequate ESFs and operator error and malpractice in the accident at Chernobyl. One of the many consequences of this event has been to refocus attention on a range of alternative nuclear reactor designs which are claimed by their protagonists to exhibit ''inherent safety features''. These are important issues. The public will require reassurance that reactors currently being operated are adequately safe. Pressure to change course and adopt alternative, perhaps radical designs, has already been seen in various media articles and a strong justification as to why we are not planning to adopt them is needed. Below, some of the features of nuclear reactors central to both safety and operability are explored in order to examine the possibility for increasing safety levels in advanced plant.

2. REACTIVITY CONTROL

Power reactors operate with an excess of reactivity to provide margins which allow a degree of load following and to extend the core lifetime when refuelling is off-load. The reactivity excess is balanced by neutron absorbers which control the reactivity level and hence the power production.

Control is made possible by the small contribution (typically $<0.6\%$) made to overall reactivity by delayed neutrons. The majority of the reactivity thus comes from prompt neutrons whose lifetimes are the order of 1 ms or less and this makes their control through the use of absorber movement difficult to engineer. It is important, therefore, to ensure that the available reactivity margins are sufficient to ensure that the reactor does not become 'prompt critical' and hence uncontrollable by engineered systems. Inherent natural processes such as Doppler broadening can limit the fuel temperature rise resulting from a prompt criticality transient and hence reduce the potential for prompt criticality transients to degrade the core and inhibit core cooling. A further consideration for breeder reactors is that their cores are designed to be in a configuration which does not maximize reactivity so that disruption of the core could increase reactivity.

These points are discussed further below but the need for an element of inherent control of reactivity in any reactor design is an important and generally an overriding consideration. A reactor requires reactivity control which ensures stability under normal operation to reduce thermal fatigue effects on structures and natural passive processes which lead to a safe and controlled shutdown in response to any disruptive transient. These two requirements can be in competition since stability in reactivity for small transients can slow the reactivity response in the case of large and rapid transients. Indeed, a very stable behaviour may not be compatible with ease of startup or shutdown, or with load following.

The central feature of reactivity control by inherent means is that changes in core conditions produce differing effects on core components in terms of reactivity (and for thermal reactors, moderation). Such changes include temperature and pressure, core ageing and refuelling, and mechanical disruption of the core geometry. The diversity of possible effects means that reactivity control is most readily considered in terms of specific transients and this approach is taken here.

2.1. Local core changes

Accidents initiated locally within a core may not be terminated quickly because of an insensitivity of the global reactivity control to local reactivity transients. This insensitivity is less likely in small cores, but the individual discrete components in small cores may then have high reactivity worth. In this case single failure can affect global control. The implication is that small homogeneous cores may exhibit superior reactivity control characteristics for both 'local' and global reactivity transients.

2.2. Temperature changes

The various core components have different reactivity significance and temperature coefficients and both these may change when the core is refuelled or as it proceeeds to high burnup. Similarly, the overall moderation characteristics depend upon the properties of the various core components. Safety and stability requirements for a safe reactor are that the reactivity should decrease in response to an increase in fuel temperature at both full power and in other states. Also, overcooling of the core should not lead to reactivity rises which are not readily controllable and reactor startup and high burnup power operation should be safe and readily controlled. These requirements have contradictory elements and almost certainly cannot be met by inherent features alone. Reactivity control over the full range of operational and fault conditions requires active engineered systems to compensate for, and where necessary to overcome, the natural inherent features which change reactivity. In a safe reactor the natural inherent features should be used to mitigate the risk important effects of transients without worsening either the effects of transients or the overall operability.

2.3. Core geometry changes

The core of a safe reactor should be in the most reactive configuration when in normal operation. This would ensure that any configuration change would decrease reactivity both locally and globally. Such changes include slow and predictable effects due to refuelling or mechanical distortions and rapid effects due to sudden structural failure. This goal is achievable in thermal fission reactors provided that the negative reactivity influence of absorber/moderator/structural components is not lost as a result of geometry change. In the LMFBR designs currently being developed this goal is in general not possible to achieve; additional considerations, such as the core structural design and appropriate consideration of possible core disruption events, must be brought into play.

3. HEAT REMOVAL FROM THE CORE

A reactor core remains safe and stable if it remains in thermal equilibrium. The control of the heat removal rate is straightforward provided that the rate is relatively stable. For example, full load power production may typically be one thousand times greater than the long term decay heat power production but the change from one state to the other may be accomplished under controlled conditions which make feasible the use of diverse heat removal systems matched to the two states.

Control may be less straightforward under certain operational and transient full power conditions and a range of feedback mechanisms influencing the core power exist. Negative feedback is provided by the Doppler temperature coefficient, which decreases the neutron flux available for fission with increasing temperature; and thermal expansion, which operates similarly by decreasing the density of fissionable atoms in the core. Also, for under-moderated thermal reactors, loss of moderator (which is also the coolant in LWRs) serves to reduce power too. These negative feedback mechanisms have to dominate potential positive feedback mechanisms such as loss of coolant in over-moderated reactors (which we now know was the basic mechanism for the power excursion at Chernobyl) or mechanical means of increasing the core density, e.g. displacement of fuel rods by mechanical means, in fast neutron reactors. As long as the overall power coefficient is negative, under all circumstances, then the fission reaction will be self limiting. This serves to show how reactivity and heat removal are closely related and should in general be considered together.

For any level of reactivity, heat removal processes have a greater margin of safety, and natural convection is able to give a greater contribution to cooling, for cores with low power densities. In fact for many 'inherently safe' design concepts the requirement that decay heat removal should be achieved without forced convection is a major design constraint which leads to smaller reactors and de-rated cores with low power densities. Low core power densities are a valuable safety feature in two quite distinct ways, as explained below.

3.1. Extended accident time-scales

After tripping, either by engineered or inherent means, the heat output of a fission reactor falls initially to about 5% and eventually to below 0.1% of the full power output. During the early part of the transient, natural heat transfer is usually insufficient for any practical power reactor geometry to cool the core and unacceptable core temperatures can only be avoided if the core is itself a sufficiently large heat sink. Whilst this is generally true, the detailed position may vary according to reactor type. Thus, for the LMFBR, the actual core itself is small, with low thermal capacity (although the pool design provides a very high coolant thermal capacity) and after a trip, the core may temporarily be over-cooled by the main pump coast-down. After this, many current LMFBR designs indicate adequate cooling from natural circulation, with the high thermal capacity coolant providing the means for extending the time during which mitigating action could be taken. Lower core power densities also favour this characteristic, which may be enough to maintain the core in a safe condition until the decay heat output falls within the capability of the natural cooling available. A secondary benefit of extended accident time-scales is that they provide an opportunity for operator action to intervene to aid recovery. Such action may be of limited relevance to an inherently safe reactor since there will be little scope for the repair or realignment of safety features which are governed by the basic structural design rather than by engineered active systems consisting of many individual components.

3.2. Natural cooling

A safe reactor should have a capability to remove decay heat by natural rather than forced cooling. This is practical in many cases, as core power densities are not too high relative to the coolant heat removal capability. The major design options are whether the passive decay heat removal is always operating as opposed to being positively 'switched on', and whether elements of diverse decay heat removal paths should be provided using, for example, steam generators and air heat exchangers.

The reliance upon natural circulation flows as a major natural heat transfer mechanism is not without some difficulties. In complicated geometries multiple flow paths may be possible and some of these may have insufficient cooling capability. Also, cavitation boiling and stagnation may occur and adversely affect core cooling both locally and overall. Finally, a passive convective flow may be difficult or impossible to enhance or divert without engineered systems. All these considerations suggest that given the difficulty in predicting circulatory flow in complicated geometries with a wide range of possible core conditions, the safety demonstration for decay heat removal must be based on a wide range of tests and a good knowledge of possible fault conditions (including structural failures) and scaling effects.

Natural circulation flows are more stable and effective if large height differences exist between hot and cold zones. This may suggest that decay heat removal through steam generators is less attractive than through external heat exchangers mounted high on or in the reactor building. However, decay heat removal without natural circulation may also be possible if heat removal paths are short and thermal conductivities are high. Convective transfer must ultimately play some part, either in core cooling or further down the heat transfer chain in the interface with the ultimate heat sink. It cannot be ignored as it provides a means for overheating structures which the heat is transferred to. This is an additional safety consideration.

4. CONTAINMENT

The containment system can rely principally on engineered features, as is the case with most contained power reactors operating today. Natural features are used to complement the engineered features of the containment system, and to a greater extent, as in the case of floating or underground design concepts. In this sense containment is directly related to siting, although the origin of the need for containment also lies in the appreciation of the risk potential of an uncontained LWR in a non-remote site.

An outer containment building enclosing the whole primary circuit serves two safety functions. First, it provides a final barrier to the release of fission products if the inner barriers fail, and it can be designed to remain effective even under energetic accidents. The second function is to provide protection to the primary circuit against the effects of some external hazards. However, even in an advanced design concept, the containment is seldom a purely passive system since it must be able to transfer the heat from the primary circuit to some external heat sink and may additionally feature other safety items such as mechanical pressure relief, pressure suppression, isolation and electrical combustible gas igniter systems. Thus, the containment system tends to be an active engineered system which includes a passive structure as an obvious component.

A containment system is passive only for the limited case where natural heat transfer processes are sufficient to cool the interior without significant degradation of the containment function. In practice this requires large containment buildings with the wall and surface areas maximized and perhaps with external and internal convection processes enhanced by the provision of specific structures. The ability of such a structure and the allied convective heat transfer mechanisms to cool liquid pools with low vapour pressures, such as might arise from a molten core, may not be adequate and in these conditions radiative heat transfer may be important.

The assessed risk of a nuclear reactor depends upon the distribution of population around the site and remote siting is a well-established way of minimizing risk. Remote siting is also an inherent feature in that population growth around the site can be inhibited and in emergencies the population can be temporarily relocated by accident management interdiction. The main benefit of remote siting is in reducing the assessed probability of severe reactor accidents causing early deaths in the off-site population. Remote siting cannot effect the risk to the operators and may have little effect on off-site delayed health effects or economic consequences of severe accidents.

5. MATERIALS PROPERTIES

Safe reactors should not be vulnerable to chemical degradation in structures and components important to safety such as in the primary circuit. Therefore, the choice of materials is restricted to avoid the chemical/metallurgical incompatibilities which could lead, at one extreme, to corrosive weakening of structures and, at the other extreme, energetic runaway chemical reactions. Some examples of incompatibilities are well known (e.g. embrittlement of stainless steel by trace quantities of chlorine, voidage swelling of stainless steel in fast neutron fluxes, bearing seizure in pure helium or sodium environments and zirconium–steam exothermic oxidation) but materials incompatibility is a complicated phenomenon requiring detailed examination of specific designs and such incompatibilities may not express themselves early in the plant lifetime and could be dependent on the method of fabrication as well as the operational or faulted environment. The actual safety implications for specific materials problems will depend upon the time-scale involved. Thus, a gradual degradation may render a design economically non-viable but may not pose a severe safety problem. Rapid interactions pose immediate safety problems requiring different safety considerations.

In these respects materials compatibilities cannot be established without long term experiments in prototypical environments which model both the gross physico-chemical conditions and the trace elements which may be present in low or time dependent concentrations. It is perhaps in this way that the questions of safety and operability or cost are most closely coupled, since the desire to avoid some of the more obvious chemical incompatibilities and hence potential for fires or explosions may lead to long term degradation of structural competence and hence to an increased potential for ageing related mechanisms to cause structural failures. Operability or cost may be influenced directly through increased capital cost, shortened plant lifetime and restrictions on the manner of operation to avoid corrosion or fatigue effects.

6. RAMIFICATIONS FOR REACTOR DESIGN

Even with the very brief description above of the requirements of all reactors for adequate reactivity control and shutdown provision and heat removal under operation and post shutdown conditions it would appear obvious that current designs have evolved through reliance upon engineered systems. Because of the basic heat transfer requirements to get rid of heat from the core, usually a large core can only be contemplated if existing natural processes are helped by engineered systems. Similarly, control and feedback require sophisticated instrumentation and detection systems to guarantee stable operation. The only means by which such reliance can be reduced is by making the reactor *smaller*. This means physically smaller, although a combination of small size *and* lower power density are sometimes proposed. It is for this reason that economics becomes such an important issue for these designs as 'economies of scale' are possibly lost and the cost per kW·h could be much higher than with existing plant. Consequently, much of the debate concerning such designs centres upon economic considerations. Since a lot of the basic data for the necessary calculations cannot be available until after prototype development, this ensures that unquantifiable, subjective interpretations can fuel these debates for some considerable time. Additionally, smaller reactors (and/or reduced rating) means more individual units for a given output with the possibility of an adverse effect on the overall risk.

A further ramification of the implementation of the concept of inherent safety on design is that it must be *simple*. Simplicity is fundamental to the 'passive' or natural processes called upon to provide the essential functions in such reactors. If no reliance needs to be placed on ESFs then, of course, certain advantages are immediately apparent, viz:

(1) If there is no equipment for operators to use, the chance of them using it incorrectly is removed.
(2) If there is no equipment to maintain, the chance of common mode failure due to maintenance error is removed.
(3) If there is no equipment exposed, it cannot be sabotaged.
(4) If staff do not need to access plant, occupational dose levels can be reduced.
(5) If there is no equipment which depends upon high reliability on site electricity — problems, e.g. with diesel generators, are eliminated.
(6) If safety systems are really simple, there is the possibility of de-institutionalizing regulation.

These are some of the benefits which could be claimed if reliance upon ESFs could be totally removed. No such situation has been achieved to date — although simplification in many areas of reactor operation may be achieved in the future. A compromise of having *some* engineered features may negate the philosophical argument but represents perhaps a more balanced approach, i.e. if ESFs can be provided, why not do so?

7. EVOLUTION TO THE NEXT GENERATION

The need to control reactor neutronics and temperatures in a safe, reliable and economic manner constrains design options in many ways. Existing mainstream designs of commercial reactors offer examples of how a successful design solution can be achieved. They also indicate how different degrees of implementation of the two basic safety elements — engineered safety and inherent safety — have been achieved. Other, perhaps more radical, designs have been proposed and occasionally developed to a small scale prototype stage and these also offer some insight into how the balance between safety, reliability and cost is difficult to maintain and even more difficult to demonstrate.

Any examination of existing or proposed reactor designs soon reveals that comparisons must be done on a whole plant basis and that every aspect of plant design is ultimately related to every other aspect. It is therefore misleading to base a comparison on only one or a few conditions. Moreover, whilst safety aspects can be compared at one stage of design development, reliability and economic aspects can only emerge properly with operating experience.

Continual improvements in plant design, for both safety and efficiency, have been effected since the earliest commercially usable electricity generating plant went into service in the 1950s. There have, however, been several milestones which precipitated particular effects in adapting and evolving existing plant. Most obvious, in the West, was the accident at Three Mile Island, which had, and is still having, a profound effect upon the provision of safety equipment, personnel training and operational procedures, particularly in the USA. A similar, though perhaps less intense response occurred in the UK following the Windscale fire in 1957. Currently, however, we do not expect such dramatic 'quantum leaps' in safety thinking partly because of the confidence we have that a really serious accident has been made much less likely by the lessons learned from these earlier events but also, and perhaps more importantly, because of the much more detailed monitoring of potential initiating events which allows a continuous appraisal of a range of safety systems. Thus, for example, the failure of the under voltage relays in the reactor protection systems at the Salem plant in the USA was communicated to operating utilities worldwide to enable any necessary procedural changes, to be put into effect.

Nearly a decade has passed since the Three Mile Island accident and enormous amounts of effort have been expended in re-appraising the safety of existing reactors. This applies particularly to LWRs but a proportion is of relevance to gas cooled reactors and to the developing LMFBR systems. Consequently a great number of improvements or changes to enhance operability have been identified and, indeed, in many reactors in the USA, engineered systems have been retro-fitted. However, there are good prospects for continued evolutionary development, some of which are presented for illustration below.

In the United Kingdom the PWR design has been revamped for the UK licensing requirements and many aspects of its design would merit an 'inherent safety label'. Others seem to be just good common sense (or engineering judgement) which should be expected in any new design. In the USA Westinghouse Corporation has collaborated with Japan to produce an advanced PWR, and the Electric Power Research Institute (EPRI) has come up with a similar approach but in this case, for a boiling water reactor. Some of the improvements which can be considered now are, for example:

(1) Elimination of low points in pipework (no sumps present to inhibit refluxing (natural circulation)).
(2) An increase in water inventories to ensure that the core is always covered.
(3) Re-design of main circulation pumps to remove active seals (hermetically sealed pumps). This to remove the dependence upon essential service water supplies for pump seals — a cause of small loss of coolant accidents in PWRs.

(4) Replacement of borated water by 'grey' control rods.
(5) Diversity in pumping power — steam driven pumps (this feature is included in the Sizewell B design and has been implemented by the French in their PWRs).

Many such changes can be envisaged, each of which offers a distinct improvement for a specific system. More general trends can be discerned too. 'Containment' has been identified as being crucial to arguments for insulating the environment from potential severe accidents. In this case this is not accident *prevention* in the sense that containment per se cannot influence whether a serious core melt accident may happen or not, but its function as a barrier between whatever may ensue from such an accident and the environment is becoming much more appreciated. One of the principal outcomes of the research on fission product source terms is the realization of the potential effectiveness of containment, even in conditions well beyond its design basis. In this context, 'containment' is used in the LWR sense, i.e. as a large concrete (or steel) vessel which surrounds the NSSS. Nevertheless, the general principles also apply to reactors with different realizations of the containment concept.

The first improvement which may be envisaged along the evolutionary route is simply to understand better the capabilities of containments which have been provided for existing plant, especially in their response to beyond design basis accidents and the potential for inadvertent leakages (through left open valves, etc.). Once this has been done, and there is little doubt that 'containment' has been the poor relation so far as severe accident management and the possibilities for release mitigation can be investigated. In the future lie several 'advanced' containment concepts which offer greater reliability in severe accident conditions. (Note that this implies a divergence from accepted practice in the definition of the design basis). Some of the more developed ideas are:

(1) Provision of enhanced passive heat sinks (e.g. ice condenser — implemented on some PWRs — or the pressure suppression pool — implemented on BWRs and the RBMK at Chernobyl.
(2) Severe accident management — controlled containment venting — with or without filters, chill venting, etc.
(3) Underground siting — several feasibility studies have been made, particularly in Europe.

Other possibilities include the adoption of lower power densities, lower fuel ratings and more sophisticated fuel management procedures.

For fast neutron reactors various other options are available. These include advanced fuels such as carbide or nitride which offer some of the advantages (without the particular problem of low melting point eutectic formation) of the metal fuel being supported in the USA for various Integral Fast Reactor (IFR) concepts. Also, more use of natural circulation as a bonus for using sodium as a coolant and 'fail safe' shutdown systems may offer benefits which could be exploited even further.

More generally, the dramatic advances in microprocessors, information technology and control systems offer good prospects for very much improved instrumentation, control and man–machine interactions although this may lead mainly to the transfer of human factors efforts from hardware to software. Successful development of this field, when coupled with our heightened awareness of and improvements in operability, training, operator psychology, etc., offer real advances in efficiency and safety. Developments in other fields of technical endeavour will also assist — particularly in materials, component reliability, inspection and maintainability of plant. These are, however, still evolving at present and could, like many of the other possibilities mentioned above, apply equally to the radical designs, too.

8. CONCLUSIONS

In summary, there are excellent prospects for improvements in certain areas which could be incorporated in an evolutionary approach to future reactor design. One of the principal problems appears to be that current designs are safe enough *now* and that these improvements will provide at least as good a level of safety as the alternatives, at the time when the latter might be brought into service. The evolutionary approach offers a contrast in concept to revolutionary changes in reactor design. The basis of such revolutionary designs include the following features:

(1) Lower power density and fuel rating
(2) Reliance upon natural processes
(3) Simplicity
(4) Passive systems
(5) Less reliance on operator actions.

There is, of course, room for debate as to how 'revolutionary' several of the currently supported design concepts are. Indeed, the principal selling points of some, the high temperature (gas cooled) reactors (HTRs) in particular, are that they are not revolutionary at all and only call upon well proven materials, components and other design solutions. The HTRs in particular can claim a lineage back through the early UK Magnox gas cooled reactors. Similarly, the IFR utilizes well developed engineering in the use of sodium as a coolant; even the use of metal fuel in the current realization of that design is hardly revolutionary as it covers the first type of fuel to be used in early breeder programmes in the UK, USA and France. In contrast to HTR and IFR, only the PIUS system from Sweden meets a stringent definition of 'revolutionary' in that the means for providing shutdown, the use of natural circulation in a large volume of water and the overall design are quite different from any other reactor. Even here, however, it is envisaged that the fuel would be in the same form as that used in current LWRs.

It is important to distinguish between some 'inherently safe' systems on offer which call upon a strong development history from related, currently utilized reactors, and those which represent significant departures. In many ways both the IFR and HTR (in its several forms) should properly be seen as evolutionary divergences from current design materials practices. Therefore, it is only a matter of *degree* as to how much improvement in safety is really an offer and this must be balanced against the need for further engineering development, even for systems claiming such a long inheritance, before they could be deployed in commercial electricity generation.

The PIUS system is different again. Notwithstanding the claims of its protagonists, the design cannot be underwritten until the prototype has been built and shown to live up to all expectations and a full and extensive safety analysis performed to show that the benefits claimed extend to all possible accident initiators.

There is no black and white division between current reactors and how they may be developed and possible alternatives which purport to offer advantages in terms of safety. For current plant designs, work is being done to increase the safety margins available. Whilst some 'new' systems may offer some advantages over existing systems and be rooted in the knowledge base already accumulated, it is difficult to justify the radical changes in direction required in order to implement them for a return which may be an increased safety margin over one which is already adequate and can be improved. Further, if these radical designs are more expensive to construct and operate than current plant, further inhibition to the development of nuclear power may be introduced, perhaps inadvertently by attempting to follow unattainable goals of absolute safety.

All the above represents a logical appraisal of these new systems, of course from a point of view within the nuclear industry. The political appreciation of the same issue may be rather different. For example, the prospect of benign or passive reactors is very appealing. When this is coupled with the real, or imagined difficulties with existing reactors and their potential for harm, it is easy to see why such arguments become very appealing. Anti-nuclear groups are even beginning to take up a stance that if we have to have nuclear power then why not utilize these alternatives which are available now and are so much better than what we have? This, of course is a "the grass is always greener" interpretation of reality or perhaps, less kindly, a deliberate attempt to divert resources and attention to what is known to be unattainable — absolute safety.

Overall, it would seem that there is no technical basis for a complete diversion of effort into any of the new designs on offer. Attention to detail and the implementation of hard won knowledge for existing reactors appears the most secure route for the next few decades for electricity generation. However, the industry should not turn its back on new ideas and concepts as they come along because there is always the need to learn from whatever source. In many countries we concentrate upon the need to supply a single grid with essentially base load nuclear power stations and low efficiency, small units are of little interest. However, in many parts of the world such units could be exceptionally valuable in remote regions, in cold (or hot) regions, for desalination and for a range of industrial uses. If designs like PIUS can be shown to be so benign that true urban siting is possible then the demand for such a system would be very strong. Several countries have already developed designs for such applications. The Canadians have 'SLOWPOKE', a small (10–100 MW) unit designed for unattended operation in the Canadian Arctic. The Soviet Union claims to have a unit for space heating ready for test during 1987. The Argentinians claim to have a unit for remote siting. Such radical reactor designs may not fit the bill for every country's needs at present but it is possible that the rest of the world will find uses for them.

ACKNOWLEDGEMENT

This paper is based on a presentation made to an International Institute for Applied Systems Analysis (IIASA) task force meeting in May 1987.

units could be exceptionally valuable in remote regions, in cold (or hot) regions, for desalination and for a range of industrial uses. If designs like PIUS can be shown to be so benign that true urban siting is possible then the demand for such a system would be very strong. Several countries have already developed designs for such applications. The Canadians have SLOWPOKE, a small (10–100 MW) unit designed for unattended operation in the Canadian Arctic. The Soviet Union claims to have a unit in space being readied for test during 1987. The Argentinians claim to have a unit for remote siting. Such radical reactor designs may not fit the bill for every country's needs at present but it is possible that the rest of the world will find uses for them.

ACKNOWLEDGEMENT

This paper is based on a presentation made to an International Institute for Applied Systems Analysis (IIASA) task force meeting in May 1987.

CHAIRMEN OF SESSIONS

Volume 2

Technical Session 2.1	A.A. ABAGYAN	Union of Soviet Socialist Republics
Technical Session 2.2	A. VUORINEN	Finland
Technical Session 2.3	L. TITUS	Canada
Technical Session 2.4	Chuanying WANG	China
Technical Session 2.5	D. VIGNON	France

SECRETARIAT OF THE CONFERENCE

Scientific Secretariat

Chief:	L. BENNETT	
Members:	F. CALORI	E. MUELLER-KAHLE
	B. CSIK	A. NECHAEV
	P. DE	V. ONUFRIEV
	J. FISCHER	R. PONTIER
	J. HIRLING	K. SCHENK
	A. KARBASSIOUN	B. THOMAS
	G. LINSLEY	F. WALD
	J. MARQUES DE SOUZA	

Administrative Secretariat

Administrative Secretary:	E. PILLER

Editors

Proceedings Editors:	R. PENISTON-BIRD
	E. KATZ
	E. REILLY
French Editor:	J.-N. AQUISTAPACE
Russian Editor:	O. MELNIK
Spanish Editor:	L. HERRERO

HOW TO ORDER IAEA PUBLICATIONS

An exclusive sales agent for IAEA publications, to whom all orders and inquiries should be addressed, has been appointed in the following country:

UNITED STATES OF AMERICA	UNIPUB, 4611-F Assembly Drive, Lanham, MD 20706-4391

In the following countries IAEA publications may be purchased from the sales agents or booksellers listed or through major local booksellers. Payment can be made in local currency or with UNESCO coupons.

ARGENTINA	Comisión Nacional de Energía Atómica, Avenida del Libertador 8250, RA-1429 Buenos Aires
AUSTRALIA	Hunter Publications, 58 A Gipps Street, Collingwood, Victoria 3066
BELGIUM	Service Courrier UNESCO, 202, Avenue du Roi, B-1060 Brussels
CHILE	Comisión Chilena de Energía Nuclear, Venta de Publicaciones, Amunategui 95, Casilla 188-D, Santiago
CHINA	IAEA Publications in Chinese: China Nuclear Energy Industry Corporation, Translation Section, P.O. Box 2103, Beijing IAEA Publications other than in Chinese: China National Publications Import & Export Corporation, Deutsche Abteilung, P.O. Box 88, Beijing
CZECHOSLOVAKIA	S.N.T.L., Mikulandska 4, CS-116 86 Prague 1 Alfa, Publishers, Hurbanovo námestie 3, CS-815 89 Bratislava
FRANCE	Office International de Documentation et Librairie, 48, rue Gay-Lussac, F-75240 Paris Cedex 05
HUNGARY	Kultura, Hungarian Foreign Trading Company, P.O. Box 149, H-1389 Budapest 62
INDIA	Oxford Book and Stationery Co., 17, Park Street, Calcutta-700 016 Oxford Book and Stationery Co., Scindia House, New Delhi-110 001
ISRAEL	Heiliger & Co. Ltd. 23 Keren Hayesod Street, Jerusalem 94188
ITALY	Libreria Scientifica, Dott. Lucio de Biasio "aeiou", Via Meravigli 16, I-20123 Milan
JAPAN	Maruzen Company, Ltd, P.O. Box 5050, 100-31 Tokyo International
PAKISTAN	Mirza Book Agency, 65, Shahrah Quaid-e-Azam, P.O. Box 729, Lahore 3
POLAND	Ars Polona-Ruch, Centrala Handlu Zagranicznego, Krakowskie Przedmiescie 7, PL-00-068 Warsaw
ROMANIA	Ilexim, P O. Box 136-137, Bucharest
SOUTH AFRICA	Van Schaik Bookstore (Pty) Ltd, P.O. Box 724, Pretoria 0001
SPAIN	Díaz de Santos, Lagasca 95, E-28006 Madrid Díaz de Santos, Balmes 417, E-08022 Barcelona
SWEDEN	AB Fritzes Kungl. Hovbokhandel, Fredsgatan 2, P.O. Box 16356, S-103 27 Stockholm
UNITED KINGDOM	Her Majesty's Stationery Office, Publications Centre, Agency Section, 51 Nine Elms Lane, London SW8 5DR
USSR	Mezhdunarodnaya Kniga, Smolenskaya-Sennaya 32-34, Moscow G-200
YUGOSLAVIA	Jugoslovenska Knjiga, Terazije 27, P.O. Box 36, YU-11001 Belgrade

---

Orders from countries where sales agents have not yet been appointed and requests for information should be addressed directly to:

Division of Publications
International Atomic Energy Agency
Wagramerstrasse 5, P.O. Box 100, A-1400 Vienna, Austria